JN261695

ひとりで学べる
線型代数 1
ベクトル空間と行列式
近藤庄一

数学書房

まえがき

– 先生が書いたテキストを読んで問題を解く．先生は学生からの質問に答えるだけで，自らは何も教えない．最初は「何だよ！この授業は...」と思っていました．いや，今も思っているかもしれません．しかし，この講義のない授業からは，自ら学ぶ姿勢の大切さについて学べたと思います．

– この授業の形式を聞いたとき，変わった授業だなと思いました．今まで，こういう授業を受けていなかったからそのときはそう思ったけど，終わってみて思ったのは，ノートを取っている他の授業よりも，明らかに，この授業の方が理解できたということです．

– 自分でテキストを読んで理解した上で問題を解く，前には質問に答えてくれる先生が居る，とても理想的な形式だと思います．

– 大学の授業は，頑張ってノートを取り，テスト前に復習するみたいな感じで，頭を使って授業していないけど，こういう形式だと，そうでないからよいと思いました．

これは私がこのテキストを用いて行った「線型代数」の受講生からのポジティブな評価です．

　数学には，いくつかの基本的な前提があります．それらの前提は，容易に理解できるものから，数学の体系に必要な（必ずしも，理解が容易でない）要請までさまざまですが，それらの前提から，論理的に，ある結論（主張）を導き出すことを通して，数学は体系的に形成されています．得られた結果（アイデアに溢れた魅力的な数学）は論文や著書といった文書の形で表現され伝えられるので，数学を学ぶためには，テキストを読み理解するという行為が不可欠です．これは，数学を学ぶ多くの学生・研究者が日常的に体験する行為です．したがって，数学の学習では，説明されている事項を読んで理解すること，それらの理解をもとに問題を考えること，そして，それらを成し遂げる力を自ら養うことが重要であると，私は考えました．

　受講生の自主的な学習意欲を引き出し，そのような能力を培うことは，どのようにして可能になるのか．私の得た結論は「講義しない」ことでした．すなわち，先生が黒板に要点を書きながら内容を説明する，一方，受講生は，説明を聞きながら板書されたメモをノートに

書き写すといった形式の講義を止めることです．そこで，各回の講義内容を詳細に記述したプリントを配布し，受講生には，授業時に，プリントの説明を理解した上で，問題を解いて貰い，次の講義時に，その答案を採点して返却することにしました．プリントの説明で理解困難な箇所があれば，個別に説明し，問題の解き方や解法途中での行き詰まりにも，助言をしました．配布するプリントも，各年度ごとに書き換え，このテキストの形になりました．テキストの各章は講義1回分に対応しています．テキストに付けられた「ひとりで学ぶ」は，受講生がこのテキストで自主的に学ぶことに由来します．

「線型代数」は数学を学ぶための基礎科目の1つです．しかし，初学者にとっては，基本的な事項の理解に多大な困難が伴います．したがって，数学を学ぼうとする学習者が独力で学べるように配慮されて書かれたテキストが望まれます．現状のテキストは，平易な入門書であったり，逆に，説明が簡略で，既習者にとっても，理解が困難なテキストが多いように思われます．学問としての数学を普及するには，特定の専門家を対象にした難解なテキストではなく，高度な理論や最新の理論が初学者にも容易に学べるように，体系的に整備された平易なテキストの刊行が必要です．このテキストが，そのようなテキストの一冊となることを願って書きました．

このテキストでは「線型代数」で扱われる標準的な内容を2分冊に配分しました．第1分冊では，ベクトル空間と行列式を，また，第2分冊では，線型写像と計量空間を取り上げました．これらの2分冊を修得するならば，「線型代数」に関する十分に高度な知識を修得できると思います．

配布したプリントに対する受講生からの「ネガティブ」な評価は「例題を増やしてほしい」「問題の解答がほしい」でした．そこで，指摘を受けた箇所での例題を増やし，また，問題には，すべて，丁寧な解答を付けました．解答は，初学者の参考となるように，略解（メモ）ではなく，説明を補い，文章の形で書きました．問題（および解答）の多くは，個別に明記することなく参考にした他著者のテキストから借用しました．それらの問題を作られた著者の方々のご宥恕を請うとともに，著者の方々に深く感謝申し上げます．

2008年2月　近藤庄一

目次

まえがき

1 章 用語と記号 ... 1
数 ... 1　集合 ... 3　部分集合 ... 4　和集合 ... 5　共通部分 ... 5　空集合 ... 7
問題 1 ... 8

2 章 スカラーの集合 ... 9
演算 ... 9　体 ... 9　簡約律 ... 10　部分体 ... 12　拡大体 ... 12　問題 2 ... 16

3 章 ベクトル空間の演算 ... 17
スカラー倍 ... 18　ベクトル空間 ... 19　加法群 ... 19　多項式 ... 20　縦ベクトル ... 23
問題 3 ... 24
補足：体 K 上の多項式と除法の定理 ... 25

4 章 部分空間 ... 31
部分空間 ... 31　連立方程式の解集合 ... 34　生成元 ... 36　1 次結合 ... 36　問題 4 ... 38

5 章 1 次結合 ... 39
1 次結合 ... 39　連立方程式の解法 ... 40　階段形 ... 41　消去法 ... 45　問題 5 ... 46

6 章 連立 1 次方程式の解法 ... 47
基本変形 ... 47　係数行列 ... 48　行ランク ... 48　問題 6 ... 54

7 章 生成元の取り替え ... 55
生成元の取り替え 1 ... 56　成分行列 ... 57　1 次関係 ... 58　問題 7 ... 62

8 章 1 次独立な元 ... 63
1 次独立 ... 65　1 次従属 ... 67　問題 8 ... 70

9 章 基底と次元 ... 71
生成元の取り替え 2 ... 71　生成元の取り替え 3 ... 72　基底 ... 74　次元 ... 74
標準基底 ... 75　問題 9 ... 78

10 章 有限生成な空間 ... 79
有限次元 ... 81　基底の拡張 ... 85　問題 10 ... 86

11 章 基底の変換 ... 87
基底の取り替え 1 ... 87　基底の取り替え 2 ... 88　正方行列 ... 90　変換行列 ... 90
問題 11 ... 94

12 章 行列の積 ... 95
行列の積 ... 96　単位行列 ... 98　正則行列 ... 101　逆行列 ... 101　問題 12 ... 102

13 章 正則行列 ... 103
行列とベクトルの積 ... 103　問題 13 ... 110

14 章 行列式の性質 ... 111
行列式の性質（横ベクトルの場合）... 112　上三角行列 ... 113　下三角行列 ... 115
問題 14 ... 118

目次

15 章 行列式の計算 119
行列式の性質（縦ベクトルの性質）... 119　Vandermonde の行列式 ... 122　差積 ... 125
問題 15 ... 126

16 章 行列式の展開公式 127
余因子 ... 127　展開公式 1, 2 ... 127　Sarrus の方法 ... 132　問題 16 ... 134

17 章 Cramer の公式と逆行列 135
Cramer の公式 ... 137　余因子行列 ... 139　展開公式 3 ... 140
問題 17 ... 142

18 章 行列式を表す式 143
互換 ... 148　符号値 ... 149　問題 18 ... 150

19 章 置換と逆置換 151
置換 ... 151　逆置換 ... 152　対称群 ... 155　恒等置換 ... 156　問題 19 ... 158

20 章 互換と巡回置換 159
巡回置換 ... 161　対称式 ... 163　交代式 ... 163　偶置換 ... 165　奇置換 ... 165
問題 20 ... 166

21 章 行列式の定義 167
行列式の定義式 ... 167　転置行列 ... 170　問題 21 ... 174
補足：行列式の交代性 175

22 章 行列式に関する等式 179
$m \times n$ 行列 ... 179　行列の和 ... 179　行列の積 ... 180　行列の区分け ... 183
問題 22 ... 186

23 章 行列のランク 187
行に関する基本変形 ... 187　行に関する階段形 ... 188　列に関する基本変形 ... 188
列ランク ... 188　列に関する階段形 ... 189　問題 23 ... 194

24 章 行列の小行列式 195
小行列式 ... 195　小行列式ランク ... 195　ランク ... 201　問題 24 ... 202

25 章 基本変形を表す行列 203
基本行列 ... 206　問題 25 ... 210

問題の解答 211

参考文献 325

数学者および記号一覧 326

索引 327

1
用語と記号

　ベクトル空間は「ある構造」をもつ集合として定義されます（3章）．この「ある構造」をもつ集合を構成している 元（要素）を**ベクトル**といいます．ベクトル空間を理解するためには，その空間を構成している元（ベクトル）が満たす条件を知ることが必要です．

　もう一つ，ベクトルという用語と共に使われる「スカラー」という用語があります．スカラーは，例えば「速さ」の大きさを表す量（数）として用いられます．一方，運動の方向を考慮して「速さ」を考えたものが「速度」です．「速度」は，ベクトルの条件を満たすという意味でベクトルになります．したがって，スカラーとベクトルとは異なる概念です．

　ベクトルに対比して「**数**」を**スカラー**といいます．実際，スカラーとしては実数や複素数が用いられ，ベクトル空間の理論が作られてきました．スカラーは「大きさ」なので「スカラー倍」という用語も使われます．「スカラーの集合」も「ある構造」をもっています．

　数は，日常，どのように理解されているのか「新明解国語辞典」（三省堂，第5版）で調べてみると

　　《数》[数学で] 自然数および，その概念を順次拡張して得られる整数・実数・複素数など，いずれか一つの範囲を定めて，数学のある理論を展開する時に，その範囲に属する一つひとつの要素の称

と説明されています．また「新装改訂　新潮国語辞典」では

　　《数》[数学] 正数・負数・零・整数・分数・自然数・有理数・無理数・虚数・複素数などの総称

1章

とあります．平凡社「世界大百科事典」（2003年版）には，おおまかな分類として次のように書かれています．

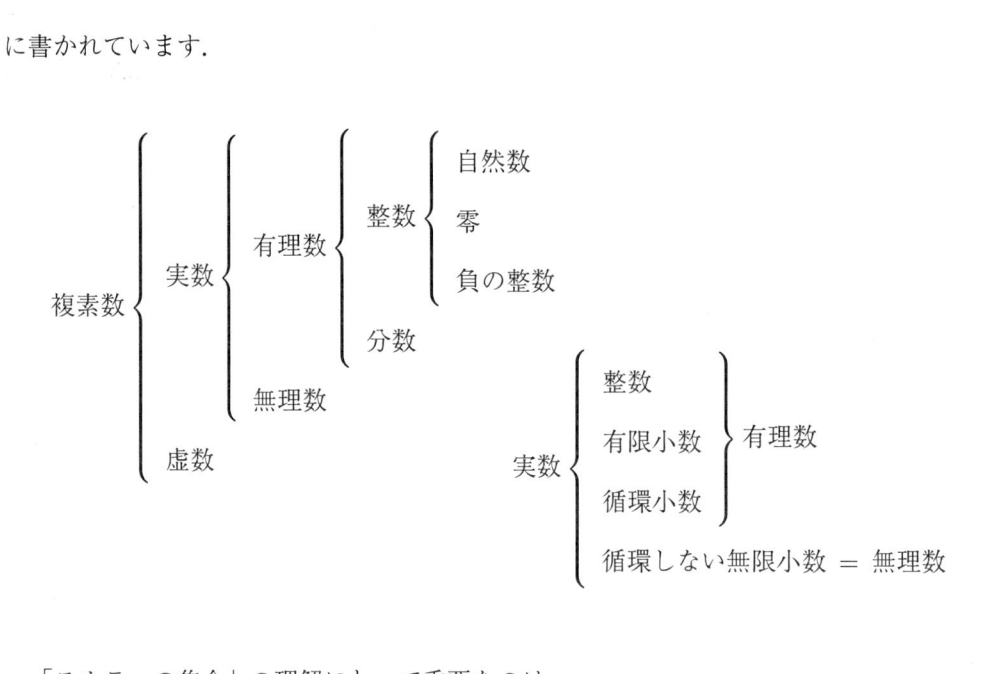

$$
複素数 \begin{cases} 実数 \begin{cases} 有理数 \begin{cases} 整数 \begin{cases} 自然数 \\ 零 \\ 負の整数 \end{cases} \\ 分数 \end{cases} \\ 無理数 \end{cases} \\ 虚数 \end{cases}
$$

$$
実数 \begin{cases} \left. \begin{array}{l} 整数 \\ 有限小数 \\ 循環小数 \end{array} \right\} 有理数 \\ 循環しない無限小数 = 無理数 \end{cases}
$$

「スカラーの集合」の理解にとって重要なのは

$$有理数 \subset 実数 \subset 複素数$$

という系列です．これら3つの集合は，いずれも，それ自身のなかで四則演算（加減乗除）ができます．

四則演算ができる集合を，数学では**体**（たい）と呼んでいます．例えば，有理数の集合は有理数体，実数の集合は実数体，複素数の集合は複素数体と呼ばれます．

スカラーとして用いる集合は，体です．上述したように，ベクトル空間の理論は実数や複素数をスカラーとして作られたので，例えば，スカラーとして「実数体」を考えたときには，そのベクトル空間を実数体上のベクトル空間，または，単に，実ベクトル空間といいます．同様に「複素数体」をスカラーとする場合には，複素数体上のベクトル空間，または，複素ベクトル空間といわれます．一般的に，ある体（四則演算ができる集合）K を考えて，その体 K の元（要素）をスカラーとする場合には，体 K 上のベクトル空間といいます．

用語と記号

集合という用語は，これまでにも用いていますが，現在，数学で扱われる集合は，必要とされるいくつかの公理（基本的な要請）を満たす対象として定義されます（興味のある読者は「集合」について書かれた他のテキストを参照してください）．このテキストで扱う集合は，いずれも，具体的で明確な条件を満足する元の'集まり'として定義されます．集合を表す場合，一般には，アルファベットの**大文字**が用いられます．また，集合を構成している**元**（その集合に属する**要素**）は，**小文字**を用いて表されます．

この習慣に従って，このテキストでは「体」を表すのに，大文字の K を用います．特に，よく用いられる集合は，特別な記号（文字）を用います．例えば，有理数の集合（有理数体）は，記号 $\mathbb{Q}$ を用いて表します．また，整数の集合，実数の集合（実数体）および，複素数の集合（複素数体）は，それぞれ，記号 $\mathbb{Z}$, $\mathbb{R}$ および $\mathbb{C}$ を用いて表します．これらは，一般的に用いられている記号です．

$\mathbb{Z} :=$ 整数の集合

$\mathbb{Q} :=$ 有理数の集合（有理数体）

$\mathbb{R} :=$ 実数の集合（実数体）

$\mathbb{C} :=$ 複素数の集合（複素数体）

ここで，記号 $A := B$ は，右辺の B を左辺の記号 A で表す場合に用います．

元 x が集合 A に**属する**（あるいは x が A の元である）ことを記号

$$x \in A$$

で表します．その否定，つまり x が A に**属さない**（A の元でない）場合は，記号

$$x \notin A$$

を用います．ここで，記号 $/$ は，一般に，その記号の意味を否定する場合に用いられます．したがって，等号の否定は $\neq$ となります（記号 $\not=$ は用いられません．このテキストの記号は，多くのテキストで用いられている使用法に従っています）．

1 章

集合 A がどのような元によって構成されているのかを表現する 2 つの方法があります．いずれの場合も，**記号 { }を用いて**表します．

1 つは，集合 A を構成している元をすべて書き並べる方法です．例えば，奇数の集合は

$$\{\,\ldots,\,-3,\,-1,\,1,\,3,\,5,\,\ldots\,\}$$

と表されます．また，例えば，実数の集合（実数体）$\mathbb{R}$ の場合に

$$\mathbb{R} = \{\,\text{実数}\,\}$$

と書くこともあります．

もう 1 つの方法は，記号 $\{\ \mid\ \}$ を用いて，記号 $\mid$ の左側には，元を記して，記号 $\mid$ の右側には，その元が満たす条件を書く方法です．説明のために，いま，条件 P が，ある集合 X の元 a に関するものであることを表すために，ここでは，記号 P(a) を用いることにします．この記号を使うと，条件 P が成立する X の元の集合 A は

$$A = \{\,a \mid a \in X \ \text{かつ，条件 P}(a)\ \text{が成立する}\,\}$$

と表すことができます．ここで a は記号 $\mid$ の右側に書かれている条件を説明するために用いられる文字なので，他の文字で置き換えられます．例えば

$$A = \{\,s \mid s \in X \ \text{かつ，条件 P}(s)\ \text{が成立する}\,\}$$

としても同じです．また，この表現は，少し変形されて用いられることもあります．例えば

$$A = \{\,a \in X \mid \text{条件 P}(a)\ \text{が成立する}\,\}$$

と書かれることがあります．

集合 A の元が，すべて，集合 B の元である（すなわち $x \in A$ ならば $x \in B$ となる）場合，集合 A は集合 B に**含まれる**，または A は B の**部分集合**であるといい，記号

$$A \subset B$$

で表します（同じ意味を表す記号として $\subseteq$ があります．このテキストでは，記号 $\subset$ を用います）．

包含関係 $A \subset B$ は，また，次のようにも表現できます．いま，集合 A, B を

$$A = \{\, a \in X \mid 条件\ \mathrm{P}(a)\ が成立する\,\}, \quad B = \{\, b \in X \mid 条件\ \mathrm{Q}(b)\ が成立する\,\}$$

とします．この場合，包含関係 $A \subset B$ は，元 $a \in X$ に対して

条件 $\mathrm{P}(a)$ が成立するならば，条件 $\mathrm{Q}(a)$ が成立する

を意味します．特に，**集合 A と B が等しい**，つまり，等号 $A = B$ となるのは 2 つの条件

$$A \subset B \quad および \quad B \subset A$$

が成立することです．したがって $A = B$ を示すためには，これら 2 つの条件を証明することが必要です．

集合 A, B に対して，それらのいずれかに属する元の集合を A, B の**和集合**といい，記号 $A \cup B$ で表します．すなわち

$$A \cup B := \{\, x \mid x \in A\ または\ x \in B\,\}$$

です．また，集合 A, B の**共通部分**は，記号 $A \cap B$ で表されます．すなわち

$$A \cap B := \{\, x \mid x \in A\ かつ\ x \in B\,\}$$

です．

例 1 集合 A, B に対して，包含関係

$$A \cap B \subset A, \quad A \subset A \cup B$$

が成立します．なぜならば，もし $x \in A \cap B$ ならば，これは $x \in A$ かつ $x \in B$ を意味します．したがって $x \in A$ です．これより，前式が成立します．

次に，条件 $x \in A \cup B$ は $x \in A$ または $x \in B$ が成立することを意味します．すなわち，これらのいずれかが成立する場合に $x \in A \cup B$ です．いま $x \in A$ とすると，それらの条件の 1 つが成立するので $x \in A \cup B$ です．よって $A \subset A \cup B$ を得ます． □

例 2 集合 A, B, C に対して，等式

$$A \cap (B \cup C) = (A \cap B) \cup (A \cap C)$$

が成立します．この等式を示すために

$$\text{左辺} \subset \text{右辺} \quad \text{および} \quad \text{右辺} \subset \text{左辺}$$

を証明します．はじめに 左辺 ⊂ 右辺 を示します．いま $x \in A \cap (B \cup C)$ と仮定すると $x \in A$ かつ $x \in B \cup C$ です．したがって

$$x \in A \quad \text{であり，さらに} \quad x \in B \quad \text{または} \quad x \in C$$

が成立します．これは

$$x \in A \quad \text{であって，さらに} \quad x \in B$$

であるか，または

$$x \in A \quad \text{であって，さらに} \quad x \in C$$

を意味します．これらを記号で表せば

$$x \in A \cap B \quad \text{または} \quad x \in A \cap C$$

となります．すなわち $x \in (A \cap B) \cup (A \cap C)$ です．これで 左辺 ⊂ 右辺 が示されました．

次に 右辺 ⊂ 左辺 を示します．いま $x \in (A \cap B) \cup (A \cap C)$ と仮定すると，これは

$$x \in A \cap B \quad \text{または} \quad x \in A \cap C$$

です．もし $x \in A \cap B$ ならば $x \in A$ かつ $x \in B$ となります．しかし $x \in B$ ならば $x \in B \cup C$ が成立します（例 1）．これより

$$x \in A \cap B \quad \text{ならば} \quad x \in A \quad \text{かつ} \quad x \in B \cup C$$

です．これを記号で表せば $x \in A \cap (B \cup C)$ となります．

同様に考えて，条件 $x \in A \cap C$ から $x \in A \cap (B \cup C)$ が導かれるので 右辺 $\subset$ 左辺 が示されます． □

いかなる元も含まない集合も 1 つの集合と見なして，この集合を**空集合**といい，記号 $\emptyset$ で表します．例えば，集合 A を

$$A = \{\, a \mid 条件\ P(a)\ が成立する\,\}$$

であるとして，もし，条件 $P(a)$ を満たす元 a が存在しなければ，集合 A は空集合 $\emptyset$ です．特に，空集合 $\emptyset$ は，すべての集合 X の部分集合と考え

$$\emptyset \subset X$$

と約束します．この約束は，数学では「誤った前提からは，どのような結論も導かれる」と考える推論に対応します．

命題，定理，系，補題という用語を，このテキストでは，区別して用います．一般に，ある事項に関する主張を「命題」といいます．そして，証明された命題，すなわち，正しい命題が「定理」です．しかし，数学の理論を説明する場合，数学の用語や定義の理解から，容易に得られる事項があります．その中には，以降の説明で有用な事項があります．それらを，このテキストでは「命題」として記述してあります．

一方，すでに「定理」として広く知られている事項，あるいは，特に，重要と思われる事項は「定理」と書くことにしました．また，定理や命題から容易に導かれる結果や，証明の際に導かれた有用な結果は「系」としてあります．さらに「補題」は，命題や定理の証明に，たびたび用いられる基本的な「命題」のことです．

問題 1

問 1 次の集合 S が空集合 $\emptyset$ かどうかを判別し，その理由を述べなさい．
$$S = \{\,(a,\ b) \mid a, b \in \mathbb{Z},\ a^2 + 3b^2 = 139\,\}$$

問 2 いま ω ᵒᵐᵉᵍᵃ を 1 の 3 乗根，すなわち
$$\omega = \frac{-1 + \sqrt{-3}}{2}, \quad \text{ここで} \quad (\sqrt{-3})^2 = -3$$
である複素数 $\omega \in \mathbb{C}$ として，複素数体 $\mathbb{C}$ の部分集合 E, F を
$$E = \{\,a + b\omega \mid a, b \in \mathbb{Q}\,\}, \quad F = \{\,a + b\sqrt{-3} \mid a, b \in \mathbb{Q}\,\}$$
とおきます．このとき $E = F$ を示しなさい．

問 3 自然数 m が奇数ならば，自然数
$$4^m + 5^m$$
は 9 の倍数であることを，数学的帰納法を用いて証明しなさい．

問 4 集合 A, B, X に対して $A \subset X$ かつ $B \subset X$ ならば $A \cup B \subset X$ を証明しなさい．

問 5 集合 A, B に対して，次の 3 つの条件が同値である（すなわち 3 つの条件は，互いに，必要十分条件である）ことを示しなさい．

(1) $A = A \cap B$

(2) $A \subset B$

(3) $A \cup B = B$

問 6 集合 A, B, C に対して，次の等式を説明しなさい．
$$A \cup (B \cap C) = (A \cup B) \cap (A \cup C)$$

問 7 集合 A, B および X に対して，もし
$$A \cap X = B \cap X, \quad A \cup X = B \cup X$$
が成り立つならば $A = B$ であることを説明しなさい．

問 8 (i) 整数 $a \in \mathbb{Z}$ の 2 乗 a^2 は，ある整数 c により
$$a^2 = 3c \quad \text{または} \quad a^2 = 3c + 1$$
の形に表されることを示しなさい．

(ii) 集合
$$T = \{\,(a, b) \mid a, b \in \mathbb{Q},\ a^2 + b^2 = 3\,\}$$
が空集合 $\emptyset$ かどうかを判別し，その理由を述べなさい．

2
スカラーの集合

演算は，通常に用いられている加法や乗法の概念を抽象化したものです．すなわち，ある集合 X に 1 つの演算が定義されているとは，その集合 X に属する元 $x, y \in X$ の対(つい) (x, y) に対して，その集合 X に属するある元 $z \in X$ を対応させる規則のことです．

例 1 整数の集合 $\mathbb{Z}$ における加法 $+$ とは，例えば，対 $(2,3)$ には 5 を対応させ，対 $(1,-2)$ には -1 を対応させる規則のことです．この場合 5 や -1 を，それぞれ $2+3$ および $1+(-2)$ と表します．すなわち

$$5 = 2+3, \quad -1 = 1+(-2)$$

です．したがって，記号 $2+3$ および $1+(-2)$ は，それぞれ，対 $(2,3)$ および $(1,-2)$ に演算 $+$ を適用した結果である 5 および -1 を表しています．

一方，同じ対 $(2,3)$ および $(1,-2)$ に 6 および -2 を対応させる乗法 $\cdot$ では 6 や -2 を，それぞれ $2 \cdot 3$ および $1 \cdot (-2)$ と表します． □

ある集合 K が**体**(たい)であるとは，その集合 K に 2 つの演算，つまり，加法 $+$ と乗法 $\cdot$ が定義されていて，次の条件を満足する場合をいいます．ただし $x, y, z \in K$ です．

1. 加法 $+$ に関して

    (1) **結合律** $(x+y)+z = x+(y+z)$ が成り立つ．

    (2) すべての元 x に対して $x+0 = 0+x = x$ となる元 (**ゼロ元**) 0 が存在する．

    (3) どの元 x に対しても $x+(-x) = (-x)+x = 0$ となる元（**マイナス元**）$(-x)$ が存在する．

2 章

    (4) **可換性** $x+y=y+x$ が成り立つ．

2. **乗法** $\cdot$ に関して

    (1) **結合律** $(x \cdot y) \cdot z = x \cdot (y \cdot z)$ が成り立つ．

    (2) すべての元 x に対して $1 \cdot x = x \cdot 1 = x$ となる元（**単位元**）1 が存在する．

    (3) 元 x が $x \neq 0$ ならば $xy = yx = 1$ となる元（**逆元**）y が存在する．

    (4) **可換性** $x \cdot y = y \cdot x$ が成り立つ．

3. **分配律** $x \cdot (y+z) = x \cdot y + x \cdot z$, $(x+y) \cdot z = x \cdot z + y \cdot z$ が成り立つ．

　加法および乗法の条件 (2) は，すべての元に対して成立する特別な元（ゼロ元，および，単位元）が存在することを意味します．一方，条件 (3) は，それぞれの元に対して，個別に，特別な元（マイナス元，および，逆元）が存在することを主張しています．この違いは重要です．乗法の条件 (3) の元（元 x の逆元）y は，記号 x^{-1} または $\dfrac{1}{x}$ で表されます．

　これらの条件は，いずれも，よく知られているものなので，体(たい)における演算は，通常の演算と同様に行うことができます．このテキストでは，便宜上，加法 $+$ による値 $x+y$ を元 x, y の**和**，また，乗法 $\cdot$ による値 $x \cdot y$ を元 x, y の**積**と呼ぶことにします．通常は，乗法の記号 $\cdot$ を省略して xy と表します．

簡約律 体 K では，次が成立する．

(1) $a+x = b+x$ ならば $a=b$ である．

(2) $x \neq 0$ である元 x に対して $a \cdot x = b \cdot x$ ならば $a=b$ である．

証明 (1) 等式の両辺に，元 x のマイナス元 $-x$ を加えると

$$(a+x) + (-x) = (b+x) + (-x)$$

です．これを，加法の結合律を用いて書き直すと

$$a + (x + (-x)) = b + (x + (-x))$$

です．したがって，加法の条件 (3) から

$$a + 0 = b + 0$$

となり，ゼロ元 0 の定義（加法の条件 (2)）より $a = b$ を得ます．

(2) いま $x \neq 0$ なので，乗法の条件 (3) から，元 x の逆元 $x^{-1} \in K$ が存在します．等式の両辺に，逆元 x^{-1} を掛けると

$$(ax)x^{-1} = (bx)x^{-1}$$

です．これを，乗法の結合律を用いて書き直すと

$$a(xx^{-1}) = b(xx^{-1})$$

となるので，乗法の条件 (3) および (2)（単位元 1 の定義）から $a = b$ を得ます． □

加法が定義されている場合，元 y のマイナス元 $-y$ が 1 つしか存在しないことを確かめてください．そこで，**引き算**を

$$x - y := x + (-y)$$

で定義します．体 K では，元 $a \in K$ が $a \neq 0$ ならば，逆元 a^{-1} が存在するので，元 $b \in K$ に対して，元 $a^{-1}b$ を，元 b を a で割った（**割り算**による）値と見なすことができます．テキストによっては，元 $a^{-1}b$ を記号 b/a または $\dfrac{b}{a}$ で表すことがあります．

これらの引き算，および割り算を用いると，上記の「簡約律」は，それぞれ「等式の両辺から同じ元を引く」，「等式の両辺を同じ元で割る」と理解できます．

例 2 有理数では，四則演算（加減乗除）ができるので，体の条件は満たされます．特に 0 でない有理数 $\dfrac{m}{n}$ の逆元は $\dfrac{n}{m}$ です．したがって，有理数の集合 $\mathbb{Q}$ は，通常の演算に関して，体です．同じように，実数の集合 $\mathbb{R}$ や複素数の集合 $\mathbb{C}$ も，通常の演算に関して，体です．それぞれを，**有理数体**，**実数体**，および，**複素数体**といいます．しかし，整数の集合 $\mathbb{Z}$ は，体ではありません．例えば 0 でない整数 2 に対して，掛けて 1 となる（乗

2章

法の条件 (3) を満たす）整数は存在しません．実際，逆数 $\frac{1}{2}$ は整数ではありません．逆元をもつ整数は ± 1 だけです． □

例 3 実数体 $\mathbb{R}$ の部分集合

$$K = \{\, a + b\sqrt{2} \mid a, b \in \mathbb{Q} \,\}$$

を考えます．この集合 K は，有理数体 $\mathbb{Q}$ を含みます．すなわち

$$\mathbb{Q} \subset K \subset \mathbb{R}$$

です．また，通常の演算で，この集合 K は体になります．実際，元 $x, y \in K$ に対して，和 $x+y$ および，積 xy が $x+y \in K$, $xy \in K$ となることを確かめてください．また，ゼロ元 0 および，単位元 1 も $0, 1 \in K$ です．マイナス元も $-x \in K$ となります．もし $a + b\sqrt{2} \neq 0$ ならば $a^2 - 2b^2 \neq 0$ となるので，この逆元は

$$\frac{1}{a+b\sqrt{2}} = \frac{a}{a^2-2b^2} + \frac{-b}{a^2-2b^2} \cdot \sqrt{2}$$

です．実際，右辺の $\frac{a}{a^2-2b^2}$, $\frac{-b}{a^2-2b^2}$ が有理数なので，これは K の元です．

結合律，分配律，および，可換性については，すでに，複素数体 $\mathbb{C}$ で成立しているので，その部分集合である K でも，成立します．

ある体 F の部分集合 H が，体 F の演算で体になるならば，その体 H を F の**部分体**といい，一方 F は H の**拡大体**といわれます．したがって，上述の体 K は，有理数体 $\mathbb{Q}$ の拡大体で，実数体 $\mathbb{R}$ の部分体です．また，実数体 $\mathbb{R}$ は，有理数体 $\mathbb{Q}$ の拡大体で，複素数体 $\mathbb{C}$ の部分体です．

上述の例は，いずれも，無限個の元をもつ体（**無限体**）です．一方，有限個の元から成る体（**有限体**）も存在します（例 4）． □

加法に関する条件 (2) および乗法に関する条件 (2) から，どの体 K もゼロ元 0 と単位元 1 を含みます．しかし，もし，体 K において $1 = 0$ ならば，どの元 $x \in K$ に対しても

$$x = 1 \cdot x = 0 \cdot x = 0$$

となるので，結局 $K = \{0\}$ となります．このテキストでは $1 \neq 0$ である体，すなわち，少なくとも 2 つの元 $0, 1$ を含んでいる体だけを考えます．

例 4 いま 2 個の元（ゼロ元 0 と単位元 1）から成る体を考えます．そのような体の構成法については，例えば，拙著『初等的数論の代数』（サイエンティスト社, 1996）の第 1 章を参照してください．この体は，通常，記号 $\mathbb{F}_2$ で表されます．すなわち

$$\mathbb{F}_2 = \{0, 1\}$$

です．そこで，演算の条件（体の条件）を用いると，演算表は次のようになります．

+	0	1
0	0	1
1	1	0

·	0	1
0	0	0
1	0	1

例えば，加法 + に関する場合，条件 (2) から

$$0 + 0 = 0, \quad 1 + 0 = 0 + 1 = 1$$

となります．また，乗法 · の条件 (2) を用いると

$$0 \cdot 1 = 1 \cdot 0 = 0, \quad 1 \cdot 1 = 1$$

です．一方 $0 \cdot 0 = 0$ となることも各自で確かめてください．証明されていない等式は

$$1 + 1 = 0$$

です．体 $\mathbb{F}_2$ は 2 個の元 $0, 1$ から成るので，和 $1 + 1$ は

$$1 + 1 = 0 \quad \text{または} \quad 1 + 1 = 1$$

のどちらかです．しかし，もし $1 + 1 = 1$ ならば，加法の簡約律から $1 = 0$ です．これは $1 \neq 0$ に反します．よって，等式 $1 + 1 = 0$ が成立します．これより $-1 = 1$ です．このように，有限体では通常とは異なる等式が成立します．

2 章

有限体に特徴的なことの1つは

どの有限体も，元の個数は，ある素数のベキである

ことです．この事実は，ベクトル空間の理論から導かれる重要な結果の1つです（証明には，ベクトル空間の次元（9章）が必要です）．これらの有限体は，すべて，**数学的に構成する**ことができます． □

この例でも，**ゼロ元および単位元を表す記号**として $0, 1$ を用いました．通常，どの体に対しても，同じ記号 $0, 1$ が用いられます．しかし，それらは使われている文脈によって，どの体に属するのか区別することができるので，同じ記号を用いても，混乱することはありません．

スカラーの集合として**体を用いるメリット**は，その体に属する元を係数とする1次方程式の解が，また，その体の元になることです．実際，体 K では，もし，元 $a \in K$ が $a \neq 0$ ならば，逆元 $a^{-1} \in K$ が存在するので，どの1次方程式

$$aX + b = 0$$

も，体 K の元 $-a^{-1}b \in K$ を解にもちます．

しかし，例えば，整数の集合 $\mathbb{Z}$ は体でないので，整数係数の1次方程式を解くためには有理数が必要になります（例えば，方程式 $2X + 3 = 0$ の解は有理数 $-\frac{3}{2}$ です）．有理数の集合は体（有理数体）です．ベクトル空間の理論は，連立1次方程式を解くことと密接に係わっています．したがって，スカラーの集合が体であることは重要です．

演算の順序は，括弧（ ）で示されている演算を先に，そして，乗法・を加法+より先に行うことも，通常の演算と同様です．特に，同一の演算を繰り返して行う場合は，結合律により，元の順序を変えない限り，どこから演算を行っても結果は同じです．

このことから，同一演算に関しては，括弧を省略して記述してもよいことになります．例えば，和 $(a+b)+c$ は，単に $a+b+c$ と書いてよく，これは，乗法・に関しても同様

です．つまり，積 $(a \cdot b) \cdot c$ は $a \cdot b \cdot c$ と表せます．また，乗法の記号 が省略されることも，通常の演算と同様です．したがって，積 $a \cdot b \cdot c$ は abc と記述できます．

体 K での演算（加法と乗法）は，いずれも，可換性が成り立つので，同一の演算を繰り返し行う場合，並んでいる元の順序を入れ換えて演算を行うことができます．特に，同じ元 a に対する m 個の和 $a + \cdots + a$ および，積（ベキ乗）$a \cdots a$ を，それぞれ，記号 ma および a^m で表します．すなわち

$$ma := a + \cdots + a, \quad a^m := a \cdots a$$

と定義します（記号 $\cdots$ は省略記号です）．ここで，第 1 式の左辺の ma は自然数 m と元 a の積でないことに注意します．例えば $a = 1$ ならば，記号 $m \cdot 1$ は体 K の単位元 1 の m 個の和

$$m \cdot 1 = 1 + \cdots + 1$$

を意味します．例 4 では

$$2 \cdot 1 = 1 + 1 = 0$$

が成立します．一般的に体を考えた場合，通常と異なる，このような等式が成立するので，注意が必要です．有理数体や実数体のように，その体が自然数を含む場合は，元 ma を自然数 m と元 a の積と見なしても

$$m \cdot a = (1 + \cdots + 1) \cdot a = a + \cdots + a$$

となるので，上記の等式は成立します．

上述したように，演算の場合，元の省略記号として，通常，記号 $\cdots$ が用いられます．日本語の組版で使用されている記号 …… は用いられません．また，演算以外で，元に関する省略記号を用いる場合には，記号 $\ldots$ が使用されます．例えば，自然数 $1, 2, \ldots$ と表します．

問題 2

問 1 体 K のゼロ元 0,単位元 1 および,元 x のマイナス元 $-x$ が 1 つしか存在しないことを証明しなさい.

問 2 体 K では,元 $a, b \in K$ に対して,等式

(1) $a \cdot 0 = 0 \cdot a = 0$

(2) $(-a) \cdot b = a \cdot (-b) = -(ab)$

(3) $(-a)(-b) = ab$

が成立することを証明しなさい.

問 3 体 K の元 $a, x \in K$ に対して,もし $ax = 0$ かつ $a \neq 0$ ならば $x = 0$ を証明しなさい.

問 4 複素数体 $\mathbb{C}$ の部分集合
$$E = \{\, a + b\omega \mid a, b \in \mathbb{Q} \,\}$$
が複素数体 $\mathbb{C}$ の部分体であることを示しなさい.ここで
$$\omega = \frac{-1 + \sqrt{-3}}{2}, \quad (\sqrt{-3})^2 = -3$$
です(問題 1,問 2).

問 5 3 つの元からなる体
$$\mathbb{F}_3 = \{0,\ 1,\ a\}$$
が存在すると仮定します.ここで a は $a \neq 0, 1$ である 3 個目の元です.体の条件を用いて,演算表

+	0	1	a
0	0	1	a
1	1	x	y
a	a	y	z

$\cdot$	0	1	a
0	0	0	0
1	0	1	a
a	0	a	w

の値 x, y, z, w を求めなさい.

問 6 集合
$$H = \{(a,\ b) \mid a, b \in \mathbb{R}\}$$
の加法 $+$ と乗法 $\cdot$ を,元 $x = (a, b),\ y = (c, d)$ に対して
$$x + y = (a + c,\ b + d), \quad x \cdot y = (ac,\ bd)$$
で定義します.ゼロ元 0 および,単位元 1 を求めなさい.

また,この演算により,集合 H が体になるかどうかを判別し,その理由を述べなさい.

3
ベクトル空間の演算

「平面上のベクトル」の加法に関する基本性質として

交換法則　$\vec{a} + \vec{b} = \vec{b} + \vec{a}$

結合法則　$(\vec{a} + \vec{b}) + \vec{c} = \vec{a} + (\vec{b} + \vec{c})$

が知られています．また，零ベクトル $\vec{0}$ の性質として

$$\vec{a} + \vec{0} = \vec{0} + \vec{a} = \vec{a}, \qquad \vec{a} + (-\vec{a}) = \vec{0}$$

があります．これらは，体の演算の1つとして説明した，加法の条件（2章）と同じです．したがって「平面上のベクトル」の集合には，ある種の「加法」が定義されています．

「平面上のベクトル」では，さらに，実数倍の基本性質として

(1)　$(m+n)\vec{a} = m\vec{a} + n\vec{a}$

(2)　$m(\vec{a} + \vec{b}) = m\vec{a} + m\vec{b}$

(3)　$m(n\vec{a}) = (mn)\vec{a}$

(4)　$1\vec{a} = \vec{a}$

があります．ここで $\vec{a}, \vec{b}$ は平面のベクトルで，また m, n および 1 は実数です．

実は，どのベクトル空間にも，ある種の「加法」が定義されています．また，上述の実数倍と同様な性質をもつ演算「スカラー倍」が定義されています．

いま，集合 X に，演算として，加法 + が定義されているとします．演算は，集合 X の元の対 (x, y) に対して，同じ集合 X に属する元を対応させる規則です（2章）．加法 +

3 章

により，もし，対 (x,y) に元 z が対応するならば，それを $x+y=z$ と書きます．すなわち，記号 $x+y$ は，加法 $+$ という演算により，対 (x,y) に対応する元（集合 X の元）を表します．演算として，**加法 $+$ が定義されている**ことを，簡単のために

$$x, y \in X \quad \text{ならば} \quad x+y \in X$$

と表すことにします．

一方，集合 X に，ある**体 K がスカラーとして作用する**とは，体 K の元 a と集合 X の元 x との対 (a,x) に対して，集合 X に属するある元を対応させる演算が存在することです．対 (a,x) に対して，元 $y \in X$ が対応する場合，それを，記号 $y = ax$ と書くことにします．つまり，記号 ax は，対 (a,x) に対して**スカラー倍**という演算により対応する元（集合 X の元）を表します．ここでも，集合 X に体 K がスカラーとして作用することを，簡単のために

$$a \in K, \ x \in X \quad \text{ならば} \quad ax \in X$$

と表すことにします．

集合 X に，**加法 $+$ が定義**されていて，**体 K がスカラーとして作用する**とします．もし

I. 加法 $+$ に関する 4 つの条件

    (1) 結合律 $(x+y)+z = x+(y+z)$ が成り立つ．

    (2) すべての元 x に対して $x+0 = 0+x = x$ となる元 (**ゼロ元**) 0 が存在する．

    (3) どの元 x に対しても $x+(-x) = (-x)+x = 0$ となる元（**マイナス元**）$-x$ が存在する．

    (4) 可換性 $x+y = y+x$ が成り立つ．

II. スカラーに関する 4 つの条件

    (1) $\quad (a+b)x = ax+bx$

(2)　　$a(x+y) = ax + ay$

(3)　　$a(bx) = (ab)x$

(4)　　$1 \cdot x = x$

が成立するならば，集合 X を体 K 上のベクトル空間といいます．ただし $a, b, 1 \in K$ で，また $x, y, z \in X$ です．

　スカラーに関する条件 (1), (2) は**分配律**，また (3) は**結合律**と呼ばれます．条件 (4) は明らかな条件に見えますが，対 $(1, x)$ に対応する元 $1 \cdot x$ を定義しているという意味で，自然な要請です．

　一般に，集合 X に加法 + が定義されていて，加法 + に関する 4 つの条件を満たす場合，集合 X は**加法群**と呼ばれます．これらの条件は，体の演算の 1 つとして説明した，加法の条件と同じです．したがって，加法群では，ゼロ元 0 および，元 x のマイナス元 $-x$ は，いずれも 1 つしか存在しない，すなわち，一意的です．また

加法の簡約律　　$x + z = y + z$　ならば　$x = y$

が成立します．

　ベクトル空間がもつ「構造」の 1 つは，**加法群**であることです．通常の加法は，もちろん，上記の 4 つの条件を満すので，有理数体 $\mathbb{Q}$，実数体 $\mathbb{R}$ そして，複素数体 $\mathbb{C}$ は加法群です．このことは，すべての体で成立します．つまり，体は，加法 + に関して加法群です．また，整数の集合 $\mathbb{Z}$ も，通常の加法で加法群になります．

　しかし，自然数の集合は加法群ではありません．例えば，自然数 1 のマイナス元 -1 は自然数ではないので加法群の条件 (3) が成立しません．自然数 n がマイナス元をもつためには負数 $-n$ が必要です．自然数に，それらの負数，および，ゼロ 0 を付け加えて得られる集合が整数の集合 $\mathbb{Z}$ です．その意味で，整数の集合 $\mathbb{Z}$ は重要な加法群です．

　ベクトル空間は，したがって，通常の加法と同様な性質をもつ，ある種の加法 + が定義され，さらに，指定された体の元に対して，スカラー倍（ある種の掛け算）ができる集合と

3章

いうことになります．特に，実数体 $\mathbb{R}$ 上のベクトル空間を**実ベクトル空間**，複素数体 $\mathbb{C}$ 上のベクトル空間を**複素ベクトル空間**といいます．

例 1 いま L を体 K の拡大体とします（2章，例3）．この場合，体 L は，部分体 K 上のベクトル空間です．なぜならば，体 L は，加法 + に関して加法群です．また，スカラーとして部分体 K を考えると，部分体 K の演算は L の演算と同一なので，体の演算の性質（2章）から，上記のスカラーに関する4条件が成立します．

特に，体 K は，それ自身 K の部分体なので，体 K 上のベクトル空間です． □

例 2 複素数体 $\mathbb{C}$ は，部分体である実数体 $\mathbb{R}$ 上のベクトル空間，つまり，実ベクトル空間です．したがって，複素数の集合 $\mathbb{C}$ を平面（複素平面）と見なすことにより，平面は，実ベクトル空間になります．これは「平面上のベクトル」と同じことを意味します． □

例 3 実数体 $\mathbb{R}$ の元（実数）を係数とする文字 t の**多項式**全体の集合を記号 $\mathbb{R}[t]$ で表します．文字 t は**不定元**または**変数**といわれます．文字としてはどの文字でも使用できます．例えば，記号 $\mathbb{R}[X]$ は，実数を係数とする文字 X の多項式全体の集合を意味します．

このテキストでは，文字 t を使用します．また n 次以下の多項式の全体を記号 $\mathbb{R}[t]_n$ で表します．すなわち

$$\mathbb{R}[t]_n := \{ a_0 + a_1 t + \cdots + a_n t^n \mid a_0, a_1, \ldots, a_n \in \mathbb{R} \}$$

です．この場合

$$\mathbb{R}[t]_0 \subset \mathbb{R}[t]_1 \subset \cdots \subset \mathbb{R}[t]_n \subset \cdots \subset \mathbb{R}[t]$$

であり，特に $\mathbb{R}[t]_0$ は0次の多項式の集合，すなわち，定数を多項式と見なした集合です．よって0次の多項式の集合 $\mathbb{R}[t]_0$ は実数の集合 $\mathbb{R}$ と考えてよいので $\mathbb{R}[t]_0 = \mathbb{R}$ とします．

集合 $\mathbb{R}[t]_n$ は，多項式の加法 + と実数倍により，実ベクトル空間になります．なぜならば，いま，集合 $\mathbb{R}[t]_n$ の元（多項式）$f, g \in \mathbb{R}[t]_n$ を

$$f = a_0 + a_1 t + \cdots + a_n t^n, \quad g = b_0 + b_1 t + \cdots + b_n t^n$$

とします．この場合，和 $f+g$ は

$$f+g = (a_0+b_0) + (a_1+b_1)t + \cdots + (a_n+b_n)t^n$$

です．したがって

$$f, g \in \mathbb{R}[t]_n \quad \text{ならば} \quad f+g \in \mathbb{R}[t]_n$$

となります．この加法 $+$ に関して，集合 $\mathbb{R}[t]_n$ は加法群です．すなわち

(1) 結合律 $(f+g)+h = f+(g+h)$ が成り立つ．

(2) ゼロ元 0 が存在する．

(3) 多項式 f のマイナス元 $-f$ が存在する．

(4) 可換性 $f+g = g+f$ が成り立つ．

を満たします．実際，結合律および可換性を確かめてください．また，すべての係数が 0 である多項式（ゼロ多項式）がゼロ元 0 です．上述したように，このゼロ多項式 0 を実数の 0 と同一視します．したがって $0 \in \mathbb{R}[t]_n$ です．

多項式 $f = a_0 + a_1 t + \cdots + a_n t^n$ のマイナス元 $-f$ は

$$-f = (-a_0) + (-a_1)t + \cdots + (-a_n)t^n$$

なので $f \in \mathbb{R}[t]_n$ ならば $-f \in \mathbb{R}[t]_n$ です．これで，加法群の 4 つの条件が示されました．

次に，スカラーとして実数を考えます．多項式 f の実数 c 倍は

$$c \cdot f = ca_0 + ca_1 t + \cdots + ca_n t^n$$

です．したがって

$$c \in \mathbb{R}, \; f \in \mathbb{R}[t]_n \quad \text{ならば} \quad cf \in \mathbb{R}[t]_n$$

が成立します．この実数倍が 4 つの条件

(1) $(a+b)f = af + bf$

3 章

(2) $\quad a(f+g) = af + ag$

(3) $\quad a(bf) = (ab)f$

(4) $\quad 1 \cdot f = f$

を満たすことを各自で確かめてください．ここで $a, b, 1 \in \mathbb{R}$ です．したがって n 次以下の多項式の集合 $\mathbb{R}[t]_n$ は，加法 $+$ と実数倍により，実数体 $\mathbb{R}$ 上のベクトル空間になります．

この例で説明した事項は，一般に，体 K の元を係数とする多項式に対して成立します．体 K の元を係数とする多項式については，この章の補足に説明があります． □

例 4 体 K の元を成分として，それらを順に横に並べた組（**横ベクトル**）の集合

$$K^3 = \{(a_1, a_2, a_3) \mid a_1, a_2, a_3 \in K\}$$

を考えます．この集合 K^3 に，**加法** $+$ を

$$(a_1, a_2, a_3) + (b_1, b_2, b_3) = (a_1+b_1, a_2+b_2, a_3+b_3)$$

で定義します．ここで，左辺の記号 $+$ は新しく定義する加法で，右辺の $+$ は体 K の加法を意味します．この場合，ゼロ元，および，元 (a_1, a_2, a_3) のマイナス元が，それぞれ

$$0 = (0, 0, 0), \quad -(a_1, a_2, a_3) = (-a_1, -a_2, -a_3)$$

となることを確認してください．

また，体 K の元をスカラーとして，元 $c \in K$ のスカラー倍を

$$c \cdot (a_1, a_2, a_3) = (ca_1, ca_2, ca_3)$$

で定義します．ここでも，左辺の積 $\cdot$ は新しく定義するスカラー倍で，右辺の積 ca_i は体 K の乗法です（スカラー倍を表す記号 $\cdot$ も，通常は，省略されます）．

これらの加法 $+$ とスカラー倍により，集合 K^3 が体 K 上のベクトル空間になることを確かめてください． □

ベクトルの表し方としては 2 通りの表し方が用いられます．例 4 のように，横ベクトルで表す法と，縦ベクトルにより

$$K^3 = \left\{ \begin{pmatrix} a_1 \\ a_2 \\ a_3 \end{pmatrix} \middle| \ a_1, a_2, a_3 \in K \right\}$$

と表す法です．この場合，加法 + は

$$\begin{pmatrix} a_1 \\ a_2 \\ a_3 \end{pmatrix} + \begin{pmatrix} b_1 \\ b_2 \\ b_3 \end{pmatrix} = \begin{pmatrix} a_1 + b_1 \\ a_2 + b_2 \\ a_3 + b_3 \end{pmatrix}$$

となり，また，スカラー倍は

$$c \cdot \begin{pmatrix} a_1 \\ a_2 \\ a_3 \end{pmatrix} = \begin{pmatrix} ca_1 \\ ca_2 \\ ca_3 \end{pmatrix}$$

となります．

この定義は，成分の個数が 3 個の場合だけでなく，もっと一般に，成分の個数が n 個の場合にも拡張できます．その場合を記号 K^n で表し，集合 K^n を n **次元ベクトル空間**と呼びます．このテキストでは，ベクトル空間 K^n の元を**縦ベクトル**で表します．すなわち

$$K^n = \left\{ \begin{pmatrix} a_1 \\ \vdots \\ a_n \end{pmatrix} \middle| \ a_1, ..., a_n \in K \right\}$$

です．特に $K = \mathbb{R}$ の場合，つまり，実数体 $\mathbb{R}$ 上のベクトル空間 $\mathbb{R}^n$ は重要です．空間 $\mathbb{R}^n$ を n **次元実ベクトル空間**といいます．実ベクトル空間 $\mathbb{R}^2$ および $\mathbb{R}^3$ は，それぞれ，**平面**，および，**空間**と同一視されます．

問題 3

問 1 体 K 上のベクトル空間 X の元 $0, x \in X$ に対して，等式
$$0 \cdot x = 0, \quad a \cdot 0 = 0, \quad (-1) \cdot x = -x$$
を証明しなさい．ここで，左辺の係数は $0, a, -1 \in K$ です．

問 2 体 K 上のベクトル空間 X では，体 K の元 $a \in K$ および，元 $x \in X$ に対して
$$ax = 0 \quad \text{ならば} \quad a = 0 \quad \text{または} \quad x = 0$$
が成立することを証明しなさい．

問 3 複素数を成分とする集合
$$W = \{(x, y) \mid x, y \in \mathbb{C}\}$$
に対して，加法 + および，元 $c \in \mathbb{C}$ のスカラー倍を
$$(x, y) + (w, z) = (x + w, y + z), \quad c \cdot (x, y) = (cx, \bar{c}y)$$
で定義します．ここで $\bar{c}$ は複素数 c の共役な複素数です．この加法と複素数倍で，集合 W が複素ベクトル空間となることを説明しなさい．

問 4 平面 $\mathbb{R}^2$ 上の点 $\mathrm{P} = (a, b)$, $\mathrm{Q} = (c, d)$ および，実数 $r \in \mathbb{R}$ に対して，和と実数倍を
$$\mathrm{P} + \mathrm{Q} = (a + c, b + d), \quad r \cdot \mathrm{P} = (ra, 0)$$
で定義します．これらの演算は，加法群およびスカラーに関する条件のなかで，どれを満たし，どれを満たさないかを判別しなさい．

問 5 いま $\mathcal{F}(\mathbb{R})$ を実数体 $\mathbb{R}$ 上で定義された実数値関数（すなわち，実数体 $\mathbb{R}$ から実数体 $\mathbb{R}$ への関数）の集合として，関数 $f, g \in \mathcal{F}(\mathbb{R})$ および実数 $c \in \mathbb{R}$ 対して，和と実数 c 倍を
$$(f + g)(r) := f(r) + g(r), \quad (cf)(r) := c \cdot f(r)$$
で定義します．ここで $r \in \mathbb{R}$ です．

これらの演算で，集合 $\mathcal{F}(\mathbb{R})$ が実ベクトル空間となることを説明しなさい．

問 6 実数列 $a_1, a_2, \ldots$ を $\{a_n\}$ と書くことにします．いま，すべての実数列 $\{a_n\}$ の集合
$$S(\mathbb{R}) := \{\{a_n\} \mid a_n \in \mathbb{R}\}$$
を考えます．実数列 $\{a_n\}, \{b_n\} \in S(\mathbb{R})$ および，実数 $c \in \mathbb{R}$ に対して，和とスカラー倍を
$$\{a_n\} + \{b_n\} := \{a_n + b_n\}, \quad c \cdot \{a_n\} := \{ca_n\}$$
で定義すると，これらの演算で，集合 $S(\mathbb{R})$ が実ベクトル空間になることを説明しなさい．

補足
体 K 上の多項式と除法の定理

体 K の元を係数にもつ（すなわち，体 K 上の），文字 t に関する**多項式**は

$$f = a_0 + a_1 t + \cdots + a_n t^n \tag{$*$}$$

の形に表される式です．ここで $a_0, \ldots, a_n \in K$ です．係数 $a_0, \ldots, a_n$ のなかには 0 である元も含まれます．しかし $a_k = 0$ の場合は，その項 $a_k t^k$ を省略できます．また $a_k = 1$ のときは，その項を，単に t^k と書きます．例えば

$$a + 0t + 1t^2 + bt^3 + 0t^4 = a + t^2 + bt^3$$

です．すべての係数が 0 である多項式を記号 0 で表します．また 2 つの多項式が等しくなるのは，対応する係数がすべて等しい場合です．上式 $(*)$ で表される多項式 f を

$$f = \sum_{k=0}^{n} a_k t^k$$

と略記します．ただし $t^0 := 1$ です．もし

$$a_m \neq 0 \quad かつ \quad a_{m+1} = 0, \ldots, a_n = 0$$

ならば，この m を f の**次数**といい，記号 $m = \deg(f)$ で表します．すなわち

$$\deg(f) := \max\{k \mid a_k \neq 0\}$$

です．ここで，記号 $\max\{\ \}$ は，集合 $\{\ \}$ に含まれる最大の整数を表します．ただし，ゼロ多項式 0 の次数は定義しません．よって $f \neq 0$ ならば $\deg(f) \geq 0$ です．特に $\deg(f) = 0$ の多項式 f は $a_0 \neq 0$ である定数 a_0 だけからなる多項式 $f = a_0$ です．

いま $n = \deg(f)$ として，多項式 $f \in K[t]$ は，上式 $(*)$ で表されるとします．ここで $a_n \neq 0$ です．この係数 $a_n \in K$ を多項式 $f \in K[t]$ の最高次の係数といいます．特に，

補足

最高次の係数が 1 である多項式は**モニック**な多項式といわれます．したがって，モニックな定数多項式は 1 です．そこで $a = a_n$, $b_i = a_n^{-1} a_i$ とおくと，多項式 f は

$$f = a(b_0 + b_1 t + \cdots + b_{n-1} t^{n-1} + t^n)$$

と書き直されます．これより，どの多項式 f も，モニックな多項式の定数倍として表され，その定数 a は，多項式 f の最高次の係数です．

体 K 上の文字 t に関する多項式全体の集合を，記号 $K[t]$ で表します．この集合 $K[t]$ に，通常の方法で，加法 $+$ および，乗法 $\cdot$ を定義します．すなわち，多項式

$$f = \sum_{k=0}^{n} a_k t^k, \quad g = \sum_{k=0}^{m} b_k t^k$$

の和 $f + g$ は

$$f + g := \sum_{k=0}^{r} (a_k + b_k) t^k$$

です．ただし $r = \max\{n, m\}$ です．この場合，例えば $n \leq m$ ならば $r = m$ であり，係数 a_{n+1}, …, a_r は，いずれも $a_{n+1} = 0$, …, $a_r = 0$ とします．

また，積 fg は

$$fg := \sum_{k=0}^{n+m} \left(\sum_{i+j=k} a_i b_j \right) t^k$$

です．記号 $\sum_{i+j=k}$ は $i + j = k$ となる元 $a_i b_j$ のすべての和を意味します．

これらの演算では，体 K の元 a と文字 t は可換であり，実際の計算では，多項式を単項式の和と考えて，通常の演算のように計算できます．すなわち，多項式の集合 $K[t]$ では，次の条件が成立することを各自で確かめてください．

1. 加法 $+$ に関して，加法群である（3 章）．

2. 乗法 $\cdot$ に関して，結合律，および，可換性が成立し，単位元 1 が存在する．

3. 分配律が成り立つ．

体 K 上の多項式と除法の定理

一般に，集合 R に加法 $+$ と乗法 $\cdot$ が定義され，上記の条件を満足する場合，集合 R は，**環**^{かん}であるといわれます．環では，体の条件のなかで，乗法に関する条件 (3)（$x \neq 0$ である元 x に対する逆元 x^{-1} の存在）が仮定されていないことに注意します．例えば，整数の集合 $\mathbb{Z}$ は環です．この環 $\mathbb{Z}$ は（有理）**整数環**といわれます．また，多項式の集合 $K[t]$ は体 K 上の文字 t に関する**多項式環**と呼ばれます．体 K 上の多項式環 $K[t]$ では，次のよく知られた命題が成立します．

命題 1 多項式 $f, g \in K[t]$ に対して

$$fg = 0 \quad \text{ならば} \quad f = 0 \quad \text{または} \quad g = 0$$

である．また 0 でない多項式 f, g に対して，等式

$$\deg(fg) = \deg(f) + \deg(g)$$

が成り立つ．

証明 ここでは $f, g \neq 0$ かつ $n = \deg(f), m = \deg(g)$ と仮定して $fg \neq 0$ を示します．いま，多項式 f, g の係数を $a_i, b_j \in K$ として

$$f = a_0 + \cdots + a_n t^n, \quad g = b_0 + \cdots + b_m t^m$$

と表します．この場合

$$fg = a_0 b_0 + \cdots + a_n b_m t^{n+m}$$

です．最高次の係数 a_n, b_m は，いずれも $a_n, b_m \neq 0$ なので $a_n b_m \neq 0$ です（問題 2，問 3）．したがって $fg \neq 0$ です．また，この式より $\deg(fg) = n + m$ を得ます． □

系（簡約律） 多項式 $f, g, h \in K[t]$ に対して，もし $f \neq 0$ かつ $fg = fh$ ならば $g = h$ である．

証明 条件から $f(g - h) = 0$ です．いま $f \neq 0$ なので，命題から $g - h = 0$ です． □

次は，多項式に関する基本的な定理です．証明では，数学的帰納法が用いられます．

補足

除法の定理 体 K 上の多項式 $g \in K[t]$ が $g \neq 0$ ならば，すべての多項式 $f \in K[t]$ に対して，等式

$$f = sg + r$$

を満たす K 上の多項式 $s, r \in K[t]$ が一意的に存在する．ただし $r = 0$ または

$$0 \leq \deg(r) < \deg(g)$$

である．

証明 もし $\deg(g) = 0$ ならば，多項式 g は 0 でない定数，すなわち，体 K の元 $g \in K$ なので，逆元 $g^{-1} \in K$ が存在します．よって $s = fg^{-1}$, $r = 0$ とおけば

$$sg + r = (fg^{-1})g + 0 = f$$

となり，定理の等式が成立します．

そこで，多項式 g が $\deg(g) > 0$ の場合に定理を示します．証明には，多項式 f の次数 $n = \deg(f)$ に関する**強い形の数学的帰納法**を用います（強い形の数学的帰納法については，拙著『初等的数論の代数』（サイエンティスト社）の第1章を参照してください）．すなわち

1. $n = 0$ ならば，定理が成立する

2. 次数が n より小さい多項式に対しては，定理が成立すると仮定するならば，次数が $n = \deg(f)$ である多項式 f に対しても定理が成立する

の2つの事項が示されれば，すべての多項式 $f \in K[t]$ に対して，定理が成立することになります．

事項1 を示すために，いま $\deg(f) = 0$ とします．この場合 $\deg(f) < \deg(g)$ なので $s = 0, r = f$ とおけば，定理の等式

$$s \cdot g + r = 0 \cdot g + f = f$$

が得られます．これで，事項 1 が示されました．

事項 2 を示すために $m = \deg(g)$ とおき $m \leq n$ と仮定します．いま，多項式 f, g を

$$f = a_0 + \cdots + a_{n-1}t^{n-1} + a_n t^n, \quad g = b_0 + \cdots + b_{m-1}t^{m-1} + b_m t^m$$

と表します．最高次の係数 a_n, b_m は $a_n \neq 0, b_m \neq 0$ です．この場合 K は体なので $b_m^{-1} \in K$ であり

$$a_n b_m^{-1} t^{n-m} g = a_n b_m^{-1} t^{n-m}(b_0 + \cdots + b_{m-1}t^{m-1} + b_m t^m)$$

$$= a_n b_m^{-1} b_0 t^{n-m} + \cdots + a_n b_m^{-1} b_{m-1} t^{n-1} + a_n t^n$$

です．これより $h = f - a_n b_m^{-1} t^{n-m} g$ とおくと

$$h = (\cdots + a_{n-1}t^{n-1} + a_n t^n) - (\cdots + a_n b_m^{-1} b_{m-1} t^{n-1} + a_n t^n)$$

$$= \cdots + (a_{n-1} - a_n b_m^{-1} b_{m-1}) t^{n-1}$$

と表されるので $\deg(h) < n$ です．

したがって，帰納法の仮定 2 より，多項式 h に対しては

$$h = qg + r$$

となる多項式 q, r が存在します．ただし $r = 0$ または

$$0 \leq \deg(r) < \deg(g)$$

です．これより

$$f = a_n b_m^{-1} t^{n-m} g + h = a_n b_m^{-1} t^{n-m} g + (qg + r) = (a_n b_m^{-1} t^{n-m} + q)g + r$$

となります．そこで

$$s = a_n b_m^{-1} t^{n-m} + q$$

とすれば，定理の等式が得られます．これで，事項 2 が示されました．

補足

次に，多項式 s, r の **一意性** を証明します．いま，他に条件を満たす多項式 $u, v \in K[t]$ が存在する，すなわち

$$f = ug + v$$

と仮定します．ただし $v = 0$ または $0 \leq \deg(v) < \deg(g)$ です．多項式 r は $r = 0$ または $\deg(r) < \deg(g)$ なので

$$v - r = 0 \quad \text{または} \quad 0 \leq \deg(v - r) < \deg(g) \tag{1}$$

に注意します．さらに

$$sg + r = ug + v \quad \text{すなわち} \quad v - r = (s - u)g \tag{2}$$

となります．はじめに $v - r \neq 0$ と仮定します．等式 (2) より

$$\deg(v - r) = \deg(s - u) + \deg(g) \geq \deg(g)$$

です（3 章，命題 1）．これは不等式 (1) に反します．

したがって $v - r = 0$ です．いま $g \neq 0$ なので，等式 (2) から $s - u = 0$ です（3 章，命題 1）．これより $v = r, u = s$ を得ます． □

定理で得られる多項式 s, r は，それぞれ，多項式 f を g で割ったときの **商** および **余り** と呼ばれます．

4 部分空間

 ベクトル空間 X に含まれている部分集合 W が，もとの空間 X で定義されている加法とスカラー倍に関して，それ自身，ベクトル空間となる場合，その集合 W をベクトル空間 X の **部分空間** といいます．重要なベクトル空間の多くは，あるベクトル空間の部分空間として得られます．次の結果は，部分集合が部分空間となる条件を与えています．

命題 1 体 K 上のベクトル空間 X の部分集合 W が 3 条件

(i) $x, y \in W$ ならば $x + y \in W$

(ii) $c \in K,\ x \in W$ ならば $cx \in W$

(iii) $0 \in W$

を満たすならば，部分集合 W は X の部分空間である．

証明 条件 (i), (ii) により，空間 X で定義されている加法 $+$ とスカラー倍を用いて，部分集合 W の加法 $+$ とスカラー倍が定義できます．

 これらの演算により，集合 W がベクトル空間であることを示すためには，加法とスカラー倍に関する条件が，すべて，成立することを確かめる必要があります．

 加法に関する条件のなかで，結合律と可換性については，ベクトル空間 X の加法として，すでに成立しているので，確かめる必要はありません．また，条件 (iii) から，ゼロ元 0 も W に含まれています．残る加法の条件 (3) は，元 $x \in W$ に対するマイナス元 $-x$ の存在です．しかし，等式

$$-x = (-1) \cdot x$$

4 章

(問題 3, 問 1) に注意すると，上記の条件 (ii) から，もし $x \in W$ ならば $(-1) \cdot x \in W$ となるので $-x \in W$ です．これで，部分集合 W は加法群であることがわかります．

次に，スカラー倍に関する条件ですが，これらは，すでに，ベクトル空間 X のスカラー倍の条件として成立しているので，それらを確かめる必要はありません．

以上により，部分集合 W は，ベクトル空間 X で定義された加法とスカラー倍に関して，それ自身，ベクトル空間になります． □

注意 体 K 上のベクトル空間 X の部分集合 W が X の部分空間となるための，命題 1 の 3 条件は，次の 3 条件と同値になります．

(a) $x, y \in W$ ならば $x + y \in W$

(b) $c \in K, \ x \in W$ ならば $cx \in W$

(c) $W \neq \emptyset$

なぜならば，はじめに，部分集合 W が命題 1 の 3 条件を満たすとします．条件 (a), (b) は，条件 (i), (ii) と同じです．条件 (iii) から $0 \in W$ なので $W \neq \emptyset$ です．したがって，条件 (c) を満たします．

逆に，部分集合 W が上記の 3 条件を満たすとします．条件 (i), (ii) は，条件 (a), (b) と同じです．条件 (c) から，ある元 $x \in W$ が存在します．ゼロ元 $0 \in K$ に対して $0 \cdot x = 0$ です（問題 3, 問 1）．ここで，右辺の 0 は，空間 X のゼロ元です．条件 (b) から $0 \in W$ となるので，条件 (iii) を満たします． □

例 1 実ベクトル空間 $\mathbb{R}^3$ の部分集合

$$W = \left\{ \begin{pmatrix} a \\ b \\ c \end{pmatrix} \in \mathbb{R}^3 \ \middle| \ a + b - 3c = 0 \right\}$$

を考えます（この W は空間内の原点 O を通る平面を表します）．この部分集合 W が命題 1 の 3 条件を満たすことを示します．

いま，元 $\alpha, \beta \in W$ を
$$\alpha = \begin{pmatrix} a \\ b \\ c \end{pmatrix}, \quad \beta = \begin{pmatrix} p \\ q \\ r \end{pmatrix}$$
とすると
$$a + b - 3c = 0, \quad p + q - 3r = 0$$
です．また，ベクトル空間 $\mathbb{R}^3$ の加法の定義（3 章）から
$$\alpha + \beta = \begin{pmatrix} a+p \\ b+q \\ c+r \end{pmatrix}$$
であり，この場合
$$(a+p) + (b+q) - 3(c+r) = (a+b-3c) + (p+q-3r) = 0$$
となるので $\alpha + \beta \in W$ です．同様にして，ベクトル空間 $\mathbb{R}^3$ のスカラー倍の定義から
$$s\alpha = \begin{pmatrix} sa \\ sb \\ sc \end{pmatrix}$$
であり
$$sa + sb - 3(sc) = s(a+b-3c) = 0$$
なので $s\alpha \in W$ です．さらに
$$0 + 0 - 3 \cdot 0 = 0$$
より，ゼロ元
$$0 = \begin{pmatrix} 0 \\ 0 \\ 0 \end{pmatrix}$$

4 章

も $0 \in W$ です．以上により，命題 1 の 3 条件が満たされ，したがって，部分集合 W は実ベクトル空間 $\mathbb{R}^3$ の部分空間です． □

例 2 複素数体 $\mathbb{C}$ は，実数体 $\mathbb{R}$ 上のベクトル空間です（3 章，例 2）．また，実数体 $\mathbb{R}$ は，複素数体 $\mathbb{C}$ の部分集合で，それ自身，実ベクトル空間です（3 章，例 1）．したがって，実数体 $\mathbb{R}$ は実ベクトル空間 $\mathbb{C}$ の部分空間です． □

例 3 実数係数の連立 1 次方程式

$$\begin{cases} X_1 - X_2 + 3X_3 - 4X_4 = 0 \\ -2X_1 + 3X_2 - 8X_3 + 11X_4 = 0 \\ 3X_1 - 4X_2 + 11X_3 - 15X_4 = 0 \end{cases}$$

の（実数）解 $(a_1, \ldots, a_4)$ を実ベクトル空間 $\mathbb{R}^4$ の元（縦ベクトル）

$$\begin{pmatrix} a_1 \\ \vdots \\ a_4 \end{pmatrix}$$

と考えると，解の集合（**解集合**）S は，ベクトル空間 $\mathbb{R}^4$ の部分集合です．

解集合 S は，実は，ベクトル空間 $\mathbb{R}^4$ の部分空間です．そのことを示すために，まず，解を求めます．

はじめに，第 2 式に第 1 式の 2 倍を加え，また，第 3 式に第 1 式の -3 倍を加えると

$$\begin{cases} X_1 - X_2 + 3X_3 - 4X_4 = 0 \\ X_2 - 2X_3 + 3X_4 = 0 \\ -X_2 + 2X_3 - 3X_4 = 0 \end{cases}$$

となります．ここで，第 3 式に第 2 式を加えると 0 です．したがって，第 1 式に第 2 式を加えると

$$\begin{cases} X_1 + X_3 - X_4 = 0 \\ X_2 - 2X_3 + 3X_4 = 0 \end{cases}$$

を得ます．これより
$$\begin{cases} X_1 = -X_3 + X_4 \\ X_2 = 2X_3 - 3X_4 \end{cases}$$
です．解は X_3 と X_4 により決まると考えてよいので，それぞれを，実数 r および s とすれば，解は
$$\begin{cases} X_1 = -r + s \\ X_2 = 2r - 3s \\ X_3 = r \\ X_4 = s \end{cases}$$
の形に表されます．すなわち，解集合 S は
$$S = \left\{ \begin{pmatrix} -r+s \\ 2r-3s \\ r \\ s \end{pmatrix} \;\middle|\; r, s \in \mathbb{R} \right\}$$
となります．ここで，元 $u \in S$ は
$$u = \begin{pmatrix} -r+s \\ 2r-3s \\ r \\ s \end{pmatrix} = r \begin{pmatrix} -1 \\ 2 \\ 1 \\ 0 \end{pmatrix} + s \begin{pmatrix} 1 \\ -3 \\ 0 \\ 1 \end{pmatrix}$$
と書き直されるので，いま
$$x_1 = \begin{pmatrix} -1 \\ 2 \\ 1 \\ 0 \end{pmatrix}, \quad x_2 = \begin{pmatrix} 1 \\ -3 \\ 0 \\ 1 \end{pmatrix}$$
とおくと $u = rx_1 + sx_2$ です．これより，解集合 S は
$$S = \{\, rx_1 + sx_2 \mid r, s \in \mathbb{R} \,\}$$

4 章

となります．示したいことは，解集合 S が命題 1 の 3 条件を満たすことです．それは，次の命題から導かれます． □

命題 2 体 K 上のベクトル空間 X の有限個の元 $x_1, \ldots, x_r \in X$ を用いて得られる集合

$$W = \{a_1 x_1 + \cdots + a_r x_r \mid a_1, \ldots, a_r \in K\}$$

は X の部分空間である．

この命題は，集合 W が X の部分集合であること，および，命題 1 の条件を満たすことを確認することにより証明されます（各自で証明を試みてください（問題 4，問 2））．この形の集合 W を元 $x_1, \ldots, x_r$ で**生成される** X の部分空間といい，また，元 $x_1, \ldots, x_r$ は W の**生成元**と呼ばれます．

この用語を使うと，例 3 の集合 S は，元 x_1, x_2 で生成される $\mathbb{R}^4$ の部分空間であると表現することができます．また，集合 W の定義で用いられている 1 次式

$$a_1 x_1 + \cdots + a_r x_r$$

の形で表される元を $x_1, \ldots, x_r$ の **1 次結合**といいます．

例 4 例 1 でも，同様の事実が成立します．すなわち，実ベクトル空間 $\mathbb{R}^3$ の部分集合

$$W = \left\{ \begin{pmatrix} a \\ b \\ c \end{pmatrix} \in \mathbb{R}^3 \;\middle|\; a + b - 3c = 0 \right\}$$

も，ある元により生成される $\mathbb{R}^3$ の部分空間です．なぜならば，部分集合 W の元

$$w = \begin{pmatrix} a \\ b \\ c \end{pmatrix}$$

は，条件から，等式 $a + b - 3c = 0$ を満たすので，方程式

$$X_1 + X_2 - 3X_3 = 0$$

の解です．例 3 のようにして方程式を解くと，いま，方程式は 1 個なので

$$X_1 = -X_2 + 3X_3$$

と書き換えます．これより，解は X_2 と X_3 により決まると考えてよいので，それぞれを実数 r および s とすれば，解は

$$\begin{cases} X_1 = -r + 3s \\ X_2 = r \\ X_3 = s \end{cases}$$

の形に表されます．すなわち，解集合 W は

$$W = \left\{ \begin{pmatrix} -r + 3s \\ r \\ s \end{pmatrix} \,\middle|\, r, s \in \mathbb{R} \right\}$$

となります．さらに，各 $w \in W$ は

$$w = \begin{pmatrix} -r + 3s \\ r \\ s \end{pmatrix} = r \begin{pmatrix} -1 \\ 1 \\ 0 \end{pmatrix} + s \begin{pmatrix} 3 \\ 0 \\ 1 \end{pmatrix}$$

と書き直されるので，いま

$$u = \begin{pmatrix} -1 \\ 1 \\ 0 \end{pmatrix}, \quad v = \begin{pmatrix} 3 \\ 0 \\ 1 \end{pmatrix}$$

とおくと $w = ru + sv$ です．これより W は

$$W = \{\, ru + sv \mid r, s \in \mathbb{R} \,\}$$

となります．つまり W は，元 u, v により生成される $\mathbb{R}^3$ の部分空間です． □

問題 4

問 1 体 K 上のベクトル空間 X において，ゼロ元 0 だけからなる集合 $\{0\}$ が X の部分空間であることを証明しなさい．

問 2 体 K 上のベクトル空間 X の有限個の元 $x_1, \ldots, x_r \in X$ を用いて得られる集合
$$W = \{\, a_1 x_1 + \cdots + a_r x_r \mid a_1, \ldots, a_r \in K \,\}$$
がベクトル空間 X の部分空間である（4 章，命題 2）ことを証明しなさい．

問 3 実ベクトル空間 $\mathbb{R}^2$ の部分集合（平面内の原点 O を通る直線）
$$V = \left\{ \begin{pmatrix} x \\ y \end{pmatrix} \in \mathbb{R}^2 \,\middle|\, 2x + y = 0 \right\}$$
は 1 つの元で生成される部分空間であることを示しなさい．

問 4 体 K を，それ自身，体 K 上のベクトル空間と考えた場合（3 章，例 1），部分空間 S が $S \neq \{0\}$ ならば $S = K$ となることを示しなさい．

問 5 実数 $c, d \in \mathbb{R}$ に対して，実数列の実ベクトル空間 $S(\mathbb{R})$（問題 3，問 6）の部分集合
$$Y = \{\, \{a_n\} \in S(\mathbb{R}) \mid a_{n+2} = c a_{n+1} - d a_n \}$$
は $S(\mathbb{R})$ の部分空間であることを示しなさい．

問 6 もし W_1, W_2 が体 K 上のベクトル空間 X の部分空間ならば，共通部分 $W_1 \cap W_2$ も X の部分空間であることを示しなさい．

問 7 も体 K 上のベクトル空間 X の部分空間 W_1, W_2 に対して，和 $W_1 + W_2$ を
$$W_1 + W_2 := \{\, x_1 + x_2 \mid x_1 \in W_1, x_2 \in W_2 \,\}$$
で定義します．和 $W_1 + W_2$ が X の部分空間であることを示しなさい．

問 8 体 K 上のベクトル空間 X の元 $x_1, \ldots, x_r$ および $s \leq r$ に対して，もし，元 $x \in X$ が元 $x_1, \ldots, x_s$ の 1 次結合ならば，元 x は $x_1, \ldots, x_r$ の 1 次結合であることを説明しなさい．

問 9 実ベクトル空間 X の元 $w \in X$ が元 $x, y, z \in X$ の 1 次結合ならば，元 w は，また，元 $x+y, y+z, z+x$ の 1 次結合であるかどうかを判別し，その理由を述べなさい．

問 10 体 K 上のベクトル空間 X の部分空間 W_1, W_2 に対して，もし，和集合 $W_1 \cup W_2$ が X の部分空間ならば $W_1 \subset W_2$，または $W_2 \subset W_1$ が成立することを説明しなさい．

問 11 空間の原点 O を通る平面 W は実ベクトル空間 $\mathbb{R}^3$ の部分空間です（4 章，例 1）．ここで $W \neq \mathbb{R}^3$ かつ $W \neq \{0\}$ です．いま
$$Y = \{x \in \mathbb{R}^3 \mid x \notin W\} \cup \{0\}$$
とおくと，この Y は $\mathbb{R}^3$ の部分空間であるかどうかを判別し，その理由を述べなさい．

5
1次結合

体 K 上のベクトル空間 X の元 $x_1, \ldots, x_r \in X$ を用いて1次式

$$a_1 x_1 + \cdots + a_r x_r$$

の形に表される元を $x_1, \ldots, x_r$ の **1次結合** といいます．ここで $a_i \in K$ です．この1次結合は，ベクトル空間の理論にとって重要な用語です．特に，集合

$$W = \{\, a_1 x_1 + \cdots + a_r x_r \mid a_1, \ldots, a_r \in K \,\}$$

は X の部分空間です（4章，命題2）．この W を元 $x_1, \ldots, x_r$ で**生成される部分空間**といい，元 $x_1, \ldots, x_r$ を部分空間 W の**生成元**といいます．元 $x_1, \ldots, x_r$ で生成される部分空間を，このテキストでは，記号 $\langle x_1, \ldots, x_r \rangle$ で表します．すなわち

$$\langle x_1, \ldots, x_r \rangle := \{\, a_1 x_1 + \cdots + a_r x_r \mid a_1, \ldots, a_r \in K \,\}$$

と定義します．

例 いま，実ベクトル空間 $\mathbb{R}^3$ の3つの元を

$$x_1 = \begin{pmatrix} 2 \\ -1 \\ -1 \end{pmatrix}, \quad x_2 = \begin{pmatrix} 1 \\ 1 \\ -2 \end{pmatrix}, \quad x_3 = \begin{pmatrix} 1 \\ 3 \\ -4 \end{pmatrix}$$

として，元

$$y_0 = \begin{pmatrix} 2 \\ 0 \\ -1 \end{pmatrix}$$

5章

が x_1, x_2, x_3 の 1 次結合かどうかを調べてみます. これは

$$y_0 = a_1 x_1 + a_2 x_2 + a_3 x_3 \tag{1}$$

となる元 $a_1, a_2, a_3 \in \mathbb{R}$ が存在するかで決まります. 等式 (1) は

$$\begin{pmatrix} 2 \\ 0 \\ -1 \end{pmatrix} = a_1 \begin{pmatrix} 2 \\ -1 \\ -1 \end{pmatrix} + a_2 \begin{pmatrix} 1 \\ 1 \\ -2 \end{pmatrix} + a_3 \begin{pmatrix} 1 \\ 3 \\ -4 \end{pmatrix}$$

と表されます. ベクトル空間 $\mathbb{R}^3$ の演算の定義より

$$右辺 = \begin{pmatrix} 2a_1 \\ -a_1 \\ -a_1 \end{pmatrix} + \begin{pmatrix} a_2 \\ a_2 \\ -2a_2 \end{pmatrix} + \begin{pmatrix} a_3 \\ 3a_3 \\ -4a_3 \end{pmatrix} = \begin{pmatrix} 2a_1 + a_2 + a_3 \\ -a_1 + a_2 + 3a_3 \\ -a_1 - 2a_2 - 4a_3 \end{pmatrix}$$

です. したがって, 上記の等式 (1) は

$$\begin{cases} 2a_1 + a_2 + a_3 = 2 \\ -a_1 + a_2 + 3a_3 = 0 \\ -a_1 - 2a_2 - 4a_3 = -1 \end{cases}$$

と書き直せるので, 等式 (1) を満たす元 $a_i \in \mathbb{R}$ を見つけるのは, **連立 1 次方程式**

$$\begin{cases} 2X_1 + X_2 + X_3 = 2 \\ -X_1 + X_2 + 3X_3 = 0 \\ -X_1 - 2X_2 - 4X_3 = -1 \end{cases}$$

の解を求めることと同じです. 前章の例 3, 例 4 で示したように, **解は係数の計算で求まる**ので, 係数を右側に書き表しておきます. ここでは, 係数を順に並べたものを '**係数の表**' と呼ぶことにします.

$$\begin{array}{l} 2X_1 + X_2 + X_3 = 2 \\ -X_1 + X_2 + 3X_3 = 0 \\ -X_1 - 2X_2 - 4X_3 = -1 \end{array} \qquad \begin{array}{rrrr} 2 & 1 & 1 & 2 \\ -1 & 1 & 3 & 0 \\ -1 & -2 & -4 & -1 \end{array}$$

解の求め方（**解法**）は, 係数の表が

(i) 各行（横列）の0でない最初の元は1である．

(ii) その1がある列（縦列）では，その1以外は0である．

(iii) このような1は下にある行ほど右にある．

(iv) 最初の行から順に1のある行が続き，それ以下の行は0だけである．

となるように，方程式を変形することです．この4つの条件を満たす係数の表は

階段形（行に関する階段形）

$$
\begin{array}{cccc}
1\ *** & 0\ *** & 0\ *** & 0\ *** \\
0\ \cdots & 1\ *** & 0\ *** & 0\ *** \\
0\ \cdots & 0\ \cdots & 1\ *** & 0\ *** \\
0\ \cdots & 0\ \cdots & 0\ \cdots & \\
\vdots & \vdots & \vdots & \ddots \\
0\ \cdots & 0\ \cdots & 0\ \cdots & 1\ *** \\
0\ \cdots & 0\ \cdots & 0\ \cdots & 0\ \cdots\ 0 \\
\vdots & \vdots & \vdots & \vdots & \vdots \\
0\ \cdots & 0\ \cdots & 0\ \cdots & 0\ \cdots\ 0
\end{array}
$$

のような形（**階段形**）になります．上述の例で，その手順を説明します．

まず，最初の係数が1になるように，第2式を -1 倍して，第1, 2式を**入れ替え**ます．

$$
\begin{array}{l}
X_1 - X_2 - 3X_3 = 0 \\
2X_1 + X_2 + X_3 = 2 \\
-X_1 - 2X_2 - 4X_3 = -1
\end{array}
\qquad
\begin{array}{rrrr}
1 & -1 & -3 & 0 \\
2 & 1 & 1 & 2 \\
-1 & -2 & -4 & -1
\end{array}
$$

その1がある縦列では1以外が0となるように，第2, 3式に第1式の $-2, 1$ **倍を加え**ます．

$$
\begin{array}{l}
X_1 - X_2 - 3X_3 = 0 \\
 3X_2 + 7X_3 = 2 \\
 -3X_2 - 7X_3 = -1
\end{array}
\qquad
\begin{array}{rrrr}
1 & -1 & -3 & 0 \\
0 & 3 & 7 & 2 \\
0 & -3 & -7 & -1
\end{array}
$$

5 章

同じように変形するために，第 2 式を $\frac{1}{3}$ 倍します．

$$
\begin{array}{ll}
X_1 - X_2 - 3X_3 = 0 & \quad\begin{matrix} 1 & -1 & -3 & 0 \end{matrix} \\
 X_2 + \tfrac{7}{3}X_3 = \tfrac{2}{3} & \quad\begin{matrix} 0 & 1 & \tfrac{7}{3} & \tfrac{2}{3} \end{matrix} \\
 -3X_2 - 7X_3 = -1 & \quad\begin{matrix} 0 & -3 & -7 & -1 \end{matrix}
\end{array}
$$

次に，第 1, 3 式に第 2 式の 1, 3 倍を加えると

$$
\begin{array}{ll}
X_1 - \tfrac{2}{3}X_3 = \tfrac{2}{3} & \quad\begin{matrix} 1 & 0 & -\tfrac{2}{3} & \tfrac{2}{3} \end{matrix} \\
 X_2 + \tfrac{7}{3}X_3 = \tfrac{2}{3} & \quad\begin{matrix} 0 & 1 & \tfrac{7}{3} & \tfrac{2}{3} \end{matrix} \\
 0 = 1 & \quad\begin{matrix} 0 & 0 & 0 & 1 \end{matrix}
\end{array}
$$

となり，最後の式は矛盾です．したがって y_0 は x_1, x_2, x_3 の 1 次結合では表されません．

そこで，**別の元（ベクトル）**を考えてみます．いま

$$
y_1 = \begin{pmatrix} -4 \\ 1 \\ 3 \end{pmatrix}
$$

として，この y_1 が x_1, x_2, x_3 の 1 次結合かどうかを知るためには，等式

$$
y_1 = a_1 x_1 + a_2 x_2 + a_3 x_3 \tag{2}
$$

を満たす元 $a_i \in \mathbb{R}$ が存在するかどうかを調べることです．この等式は

$$
\begin{pmatrix} -4 \\ 1 \\ 3 \end{pmatrix} = a_1 \begin{pmatrix} 2 \\ -1 \\ -1 \end{pmatrix} + a_2 \begin{pmatrix} 1 \\ 1 \\ -2 \end{pmatrix} + a_3 \begin{pmatrix} 1 \\ 3 \\ -4 \end{pmatrix}
$$

と書き直せるので，そのような元 $a_i \in \mathbb{R}$ を見つけるのは，連立 1 次方程式

$$
\begin{cases}
2X_1 + X_2 + X_3 = -4 \\
-X_1 + X_2 + 3X_3 = 1 \\
-X_1 - 2X_2 - 4X_3 = 3
\end{cases}
$$

の解を求めることと同じです．解は係数の計算だけで求まるので，係数の変化を右側に書き表しておきます．まず，方程式と，その係数の表は

$$2X_1 + X_2 + X_3 = -4 \qquad\qquad 2 \quad 1 \quad 1 \quad -4$$
$$-X_1 + X_2 + 3X_3 = 1 \qquad\qquad -1 \quad 1 \quad 3 \quad 1$$
$$-X_1 - 2X_2 - 4X_3 = 3 \qquad\qquad -1 \quad -2 \quad -4 \quad 3$$

です．この方程式も上記と同様な方法で解きます．最初の係数が 1 になるように，第 2 式を -1 倍して，第 1, 2 式を入れ替えます．

$$X_1 - X_2 - 3X_3 = -1 \qquad\qquad 1 \quad -1 \quad -3 \quad -1$$
$$2X_1 + X_2 + X_3 = -4 \qquad\qquad 2 \quad 1 \quad 1 \quad -4$$
$$-X_1 - 2X_2 - 4X_3 = 3 \qquad\qquad -1 \quad -2 \quad -4 \quad 3$$

その 1 がある縦列では 1 以外が 0 となるように，第 2, 3 式に第 1 式の $-2, 1$ 倍を加えます．

$$X_1 - X_2 - 3X_3 = -1 \qquad\qquad 1 \quad -1 \quad -3 \quad -1$$
$$3X_2 + 7X_3 = -2 \qquad\qquad 0 \quad 3 \quad 7 \quad -2$$
$$-3X_2 - 7X_3 = 2 \qquad\qquad 0 \quad -3 \quad -7 \quad 2$$

第 3 式は第 2 式と同一なので，省略できます．次に，第 2 式を $\frac{1}{3}$ 倍します．

$$X_1 - X_2 - 3X_3 = -1 \qquad\qquad 1 \quad -1 \quad -3 \quad -1$$
$$X_2 + \tfrac{7}{3}X_3 = -\tfrac{2}{3} \qquad\qquad 0 \quad 1 \quad \tfrac{7}{3} \quad -\tfrac{2}{3}$$

第 1 式に第 2 式を加えます．

$$X_1 \quad - \tfrac{2}{3}X_3 = -\tfrac{5}{3} \qquad\qquad 1 \quad 0 \quad -\tfrac{2}{3} \quad -\tfrac{5}{3}$$
$$X_2 + \tfrac{7}{3}X_3 = -\tfrac{2}{3} \qquad\qquad 0 \quad 1 \quad \tfrac{7}{3} \quad -\tfrac{2}{3}$$

これで，係数の表は，上述した 4 条件を満たす形（階段形）に変形されました．

係数の表を階段形に変形した後に，それらの係数をもつ方程式の形（上記の左側の式）に戻して，対角の 1 を係数にもつ未知数（X_1 および X_2）を求めると

$$\begin{cases} X_1 = \tfrac{2}{3}X_3 - \tfrac{5}{3} \\ X_2 = -\tfrac{7}{3}X_3 - \tfrac{2}{3} \end{cases}$$

5章

となります．これより，解は X_3 により決まると考えて，それを実数 r とすれば，解は

$$\begin{cases} X_1 = \frac{2}{3}r - \frac{5}{3} \\ X_2 = -\frac{7}{3}r - \frac{2}{3} \\ X_3 = r \end{cases}$$

の形に表されます．これを縦ベクトルで表すと

$$\begin{pmatrix} X_1 \\ X_2 \\ X_3 \end{pmatrix} = \begin{pmatrix} \frac{2}{3}r \\ -\frac{7}{3}r \\ r \end{pmatrix} + \begin{pmatrix} -\frac{5}{3} \\ -\frac{2}{3} \\ 0 \end{pmatrix} = r \begin{pmatrix} \frac{2}{3} \\ -\frac{7}{3} \\ 1 \end{pmatrix} + \begin{pmatrix} -\frac{5}{3} \\ -\frac{2}{3} \\ 0 \end{pmatrix}$$

となります．したがって，連立方程式の解集合 W は

$$W = \left\{ r \begin{pmatrix} \frac{2}{3} \\ -\frac{7}{3} \\ 1 \end{pmatrix} + \begin{pmatrix} -\frac{5}{3} \\ -\frac{2}{3} \\ 0 \end{pmatrix} \,\middle|\, r \in \mathbb{R} \right\}$$

です．これより，求める係数 (a_1, a_2, a_3) は

$$\begin{pmatrix} a_1 \\ a_2 \\ a_3 \end{pmatrix} = r \begin{pmatrix} \frac{2}{3} \\ -\frac{7}{3} \\ 1 \end{pmatrix} + \begin{pmatrix} -\frac{5}{3} \\ -\frac{2}{3} \\ 0 \end{pmatrix}$$

と表されます．したがって，係数 (a_1, a_2, a_3) は，実数 $r \in \mathbb{R}$ を変えることにより多数存在します．それに応じて，元 y_1 を表す等式 (2) も多数存在します．

例えば $r = 0$ ならば，係数 $(a_1, a_2, a_3) = \left(-\frac{5}{3}, -\frac{2}{3}, 0 \right)$ となるので

$$y_1 = -\frac{5}{3}x_1 - \frac{2}{3}x_2$$

です．また $r = 1$ ならば $(a_1, a_2, a_3) = (-1, -3, 1)$ なので

$$y_1 = -x_1 - 3x_2 + x_3$$

と表されます．したがって，元 y_1 を元 x_1, x_2, x_3 の1次結合として表す表し方は一意的（1通り）ではありません．しかし，いずれにしても $y_1 \in \langle x_1, x_2, x_3 \rangle$ です． □

1 次結合

いま，体 K 上のベクトル空間 X の元 $y \in X$ は，他の元 $x_1, \ldots, x_r \in X$ の 1 次結合として

$$y = a_1 x_1 + \cdots + a_r x_r, \quad a_i \in K \qquad (*)$$

と表されるとします．この場合，元 y を元 $x_1, \ldots, x_r$ の 1 次結合として表す表し方 $(*)$ が**一意的**（1 通り）であるとは，上式 $(*)$ の元 $x_1, \ldots, x_r$ の係数が $a_1, \ldots, a_r \in K$ 以外に存在しないこと，すなわち

$$y = a_1 x_1 + \cdots + a_r x_r = b_1 x_1 + \cdots + b_r x_r$$

ならば，等式 $a_1 = b_1, \ldots, a_r = b_r$ が成立することを意味します．

連立 1 次方程式の解法では 3 つの操作

(1) 第 i 式を c 倍する．

(2) 第 i 式に他の第 j 式の c 倍を加える．

(3) 第 i 式と第 j 式を入れ替える．

を用いました．ただし $c \in K, c \neq 0$ です．第 3 の操作は，方程式の解法では本質的ではありません．また，同一な式が複数個存在する場合は，操作 (2) を用いると，その中の 1 つを残して，他をゼロ式にできます．ゼロ式は，解法に不要なので

(4) ゼロ式，または，同一な式は 1 つを残して他を取り除いてよい．

が成立します．これにより，方程式の個数が減少します．

これらの操作を用いて，係数の表を階段形に変形し，連立 1 次方程式を解く方法は Gauss（ガウス）の**消去法**（掃き出し法）といわれます．消去法は，解が存在しない場合も含めて，すべての解（解の集合）を求めることができる**アルゴリズム**（計算法）です．また，上述の 4 つの操作は「線型代数」で重要な操作です．

問題 5

問 1 実ベクトル空間 $\mathbb{R}^4$ の 4 つの元が

$$y = \begin{pmatrix} 0 \\ 1 \\ -4 \\ -2 \end{pmatrix}, \quad x_1 = \begin{pmatrix} 1 \\ 1 \\ 4 \\ -3 \end{pmatrix}, \quad x_2 = \begin{pmatrix} -1 \\ 0 \\ -7 \\ 1 \end{pmatrix}, \quad x_3 = \begin{pmatrix} -4 \\ -3 \\ -18 \\ 10 \end{pmatrix}$$

ならば，元 y は x_1, x_2, x_3 の 1 次結合で表されるかどうかを判定しなさい．

問 2 実ベクトル空間 $\mathbb{R}^3$ の元

$$y = \begin{pmatrix} -3 \\ 1 \\ a \end{pmatrix}, \quad x_1 = \begin{pmatrix} 1 \\ -2 \\ 3 \end{pmatrix}, \quad x_2 = \begin{pmatrix} -1 \\ 1 \\ -1 \end{pmatrix}$$

に対して $y \in \langle x_1, x_2 \rangle$ であるための実数 a の値を求めなさい．

問 3 実数を係数とする 3 次以下の多項式がつくる実ベクトル空間 $\mathbb{R}[t]_3$ の元 $f = -12 + 5t + 4t^3$ を $1, (t-1), (t-1)^2, (t-1)^3$ の 1 次結合として表しなさい．

問 4 いま $\mathcal{F}(\mathbb{R})$ を実数 $\mathbb{R}$ 上で定義された実数値関数（すなわち，実数 $\mathbb{R}$ から実数 $\mathbb{R}$ への関数）のつくる実ベクトル空間とします（問題 3，問 5）．

実数 x の関数 $e^x \in \mathcal{F}(\mathbb{R})$ は $x^2, \sin x, \cos x \in \mathcal{F}(\mathbb{R})$ の 1 次結合でないことを示しなさい．

問 5 空間 $\mathbb{R}^3$ 内の原点 O を通る 2 つの平面

$$W_1 = \left\{ \begin{pmatrix} x \\ y \\ z \end{pmatrix} \in \mathbb{R}^3 \;\middle|\; 5x + y + z = 0 \right\}, \quad W_2 = \left\{ \begin{pmatrix} x \\ y \\ z \end{pmatrix} \in \mathbb{R}^3 \;\middle|\; x - y + z = 0 \right\}$$

の共通部分 $W_1 \cap W_2$ は，原点 O を通る直線であることを示しなさい．

問 6 平面 $\mathbb{R}^2$ の原点 O および 2 点 A, B に対して $\angle$AOB の 2 等分線と辺 AB の交点を P とするとき

$$\text{OA} : \text{OB} = \text{AP} : \text{BP}$$

が成立することを説明しなさい．

また，点 A, B を表すベクトルを，それぞれ $u = \overrightarrow{\text{OA}}, v = \overrightarrow{\text{OB}}$ とするとき，次を求めなさい．

(1) ベクトル $\overrightarrow{\text{OP}}$ を u, v で表しなさい．

(2) $\angle$OAB の 2 等分線と辺 OP の交点（3 角形 OAB の内心）M に対して，ベクトル $\overrightarrow{\text{OM}}$ を u, v で表しなさい．

6
連立 1 次方程式の解法

体 K の元を係数とする連立 1 次方程式

$$\begin{cases} a_{11}X_1 + \cdots + a_{1n}X_n = b_1 \\ \vdots \\ a_{m1}X_1 + \cdots + a_{mn}X_n = b_m \end{cases}$$

は 3 つの操作（**基本変形**）

(1) 第 i 式を c 倍する．

(2) 第 i 式に他の第 j 式の c 倍を加える．

(3) 第 i 式と第 j 式を入れ替える．

を用いて，係数の表が

(i) 各行（横列）の 0 でない最初の元は 1 である．

(ii) その 1 がある列（縦列）では，その 1 以外は 0 である．

(iii) このような 1 は下にある行ほど右にある．

(iv) それ以下の行の成分は，あるとしても 0 だけである．

となるように変形することにより，解が存在しない場合も含めて，すべての解（解の集合）を求めることができます．ここで $c \in K$, $c \neq 0$ です．

連立 1 次方程式をこのように変形して解を求める方法が**消去法**です．すなわち，係数の表を階段形（上記の 4 つの条件を満たす形, 5 章の表）に変形した後に，得られた成分を係数

6 章

にもつ方程式の形に戻します．その場合，もし，左辺 $= 0$ で，その右辺 $\neq 0$ となる等式があれば，それは矛盾なので，方程式の解は存在しません．

連立 1 次方程式の係数の表を，以下では，**係数行列**と呼ぶことにします．階段形（5 章）の各行の 0 でない最初の元は 1 です．連立 1 次方程式の係数の表を係数行列の階段形に現れた，それらの 1 の個数を係数行列の**行ランク**（階数）といいます．

例 1 実数係数の連立 1 次方程式

$$\begin{cases} X_1 + 2X_2 - 3X_3 = 1 \\ 5X_1 + 5X_2 - 6X_3 = 2 \\ 2X_1 - X_2 + 3X_3 = 1 \end{cases}$$

を考えます．この方程式の係数行列（係数の表）は

$$\begin{array}{cccc} 1 & 2 & -3 & 1 \\ 5 & 5 & -6 & 2 \\ 2 & -1 & 3 & 1 \end{array}$$

です．この場合，すでに，第 1 行の最初の係数が 1 なので，その 1 がある縦列では 1 以外の成分が 0 となるように，第 2, 3 行に，それぞれ，第 1 行の $-5, -2$ **倍を加えます**．

$$\begin{array}{cccc} 1 & 2 & -3 & 1 \\ 0 & -5 & 9 & -3 \\ 0 & -5 & 9 & -1 \end{array}$$

同じように変形するために，第 2 行を $-\dfrac{1}{5}$ **倍します**．

$$\begin{array}{cccc} 1 & 2 & -3 & 1 \\ 0 & 1 & -\frac{9}{5} & \frac{3}{5} \\ 0 & -5 & 9 & -1 \end{array}$$

次に，第 1, 3 行に，それぞれ，第 2 行の $-2, 5$ 倍を加えると

$$\begin{array}{cccc} 1 & 0 & \frac{3}{5} & -\frac{1}{5} \\ 0 & 1 & -\frac{9}{5} & \frac{3}{5} \\ 0 & 0 & 0 & 2 \end{array}$$

です．最後の行を方程式の形で表すと

$$0 = 2$$

となるので，これは矛盾です．したがって，解は存在しません． □

例 2 実数係数の連立 1 次方程式

$$\begin{cases} X_1 - 4X_2 + 5X_3 + 5X_4 \quad\quad = 1 \\ X_1 - 2X_2 + X_3 + 2X_4 - X_5 = 2 \\ -X_1 + 2X_2 - X_3 - X_4 + 4X_5 = -3 \\ 2X_1 - 6X_2 + 6X_3 + 5X_4 - 7X_5 = 5 \end{cases}$$

の解を求めます．この方程式の係数行列は

$$\begin{array}{cccccc} 1 & -4 & 5 & 5 & 0 & 1 \\ 1 & -2 & 1 & 2 & -1 & 2 \\ -1 & 2 & -1 & -1 & 4 & -3 \\ 2 & -6 & 6 & 5 & -7 & 5 \end{array}$$

です．この行列を上記の 4 つの条件を満たすように変形します．まず，第 2 行に第 1 行の -1 倍を加え，第 3 行に第 1 行を加えて，さらに，第 4 行に第 1 行の -2 倍を加えます．

$$\begin{array}{cccccc} 1 & -4 & 5 & 5 & 0 & 1 \\ 0 & 2 & -4 & -3 & -1 & 1 \\ 0 & -2 & 4 & 4 & 4 & -2 \\ 0 & 2 & -4 & -5 & -7 & 3 \end{array}$$

6章

この場合，第2行の最初の未知数の係数は 2 なので，例えば，第3行を $-\frac{1}{2}$ 倍して，第2行と入れ替えます．

$$\begin{array}{rrrrrr} 1 & -4 & 5 & 5 & 0 & 1 \\ 0 & 1 & -2 & -2 & -2 & 1 \\ 0 & 2 & -4 & -3 & -1 & 1 \\ 0 & 2 & -4 & -5 & -7 & 3 \end{array}$$

次に，第1行に第2行の4倍を加え，第3, 4行に第2行の -2 倍を加えます．

$$\begin{array}{rrrrrr} 1 & 0 & -3 & -3 & -8 & 5 \\ 0 & 1 & -2 & -2 & -2 & 1 \\ 0 & 0 & 0 & 1 & 3 & -1 \\ 0 & 0 & 0 & -1 & -3 & 1 \end{array}$$

第1行に第3行の3倍を加え，第2行に第3行の2倍を加え，さらに，第4行に第3行を加えます．

$$\begin{array}{rrrrrr} 1 & 0 & -3 & 0 & 1 & 2 \\ 0 & 1 & -2 & 0 & 4 & -1 \\ 0 & 0 & 0 & 1 & 3 & -1 \\ 0 & 0 & 0 & 0 & 0 & 0 \end{array}$$

これで，係数行列は階段形に変形されました．これより，係数行列の行ランクは3です．

そこで，得られた階段形の成分を係数にもつ方程式の形に戻すと

$$\begin{cases} X_1 - 3X_3 + X_5 = 2 \\ X_2 - 2X_3 + 4X_5 = -1 \\ X_4 + 3X_5 = -1 \end{cases}$$

です．次に，得られた各方程式の左端にある未知数（行ランクを定義する成分 1 に対応する未知数）X_1, X_2, X_4 を他の未知数 X_3, X_5 で表すと，この場合は

$$\begin{cases} X_1 & = 3X_3 - X_5 + 2 \\ X_2 & = 2X_3 - 4X_5 - 1 \\ X_4 & = -3X_5 - 1 \end{cases}$$

となります．これより，解は**未知数** X_3, X_5 **により決まる**と考えられます．

そこで，それらの未知数 X_3, X_5 を実数 r, s とすれば，解は

$$\begin{cases} X_1 = 3r - s + 2 \\ X_2 = 2r - 4s - 1 \\ X_3 = r \\ X_4 = -3s - 1 \\ X_5 = s \end{cases}$$

の形に表されます．これを縦ベクトルで表すと

$$\begin{pmatrix} X_1 \\ X_2 \\ X_3 \\ X_4 \\ X_5 \end{pmatrix} = r \begin{pmatrix} 3 \\ 2 \\ 1 \\ 0 \\ 0 \end{pmatrix} + s \begin{pmatrix} -1 \\ -4 \\ 0 \\ -3 \\ 1 \end{pmatrix} + \begin{pmatrix} 2 \\ -1 \\ 0 \\ -1 \\ 0 \end{pmatrix}$$

です．したがって，求める解集合 W は

$$W = \left\{ r \begin{pmatrix} 3 \\ 2 \\ 1 \\ 0 \\ 0 \end{pmatrix} + s \begin{pmatrix} -1 \\ -4 \\ 0 \\ -3 \\ 1 \end{pmatrix} + \begin{pmatrix} 2 \\ -1 \\ 0 \\ -1 \\ 0 \end{pmatrix} \middle| r, s \in \mathbb{R} \right\}$$

となります．どのような連立 1 次方程式も，このようにして解くことができます． □

例 3 式に対する**基本変形**と同様な変形を，ベクトル空間の元に適用すると，ある元が他の元の 1 次結合かどうかを判別できます．例として，実ベクトル空間 $\mathbb{R}^4$ の元

6章

$$y = \begin{pmatrix} -6 \\ 6 \\ -10 \\ 8 \end{pmatrix}$$

が3つの元

$$x_1 = \begin{pmatrix} 3 \\ -9 \\ 2 \\ -4 \end{pmatrix}, \quad x_2 = \begin{pmatrix} -2 \\ 6 \\ -1 \\ 0 \end{pmatrix}, \quad x_3 = \begin{pmatrix} 1 \\ -1 \\ 2 \\ -4 \end{pmatrix}$$

の1次結合かどうかを考えます．そのために，ここでは，元（縦ベクトル）を**横ベクトル**

x_1	3	-9	2	-4
x_2	-2	6	-1	0
x_3	1	-1	2	-4
y	-6	6	-10	8

にして変形します．まず，第1成分が1になるように，第1行と第3行を**入れ替え**ます．

x_3	1	-1	2	-4
x_2	-2	6	-1	0
x_1	3	-9	2	-4
y	-6	6	-10	8

次に，第2行，第3行，および第4行に，それぞれ，第1行の $2, -3, 6$ **倍を加え**ます．

x_3	1	-1	2	-4
$x_2 + 2x_3$	0	4	3	-8
$x_1 - 3x_3$	0	-6	-4	8
$y + 6x_3$	0	0	2	-16

連立 1 次方程式の解法

同じように変形するために，第 2 行を $\dfrac{1}{4}$ 倍します.

$$
\begin{array}{lcccc}
x_3 & 1 & -1 & 2 & -4 \\
\frac{1}{4}x_2 + \frac{1}{2}x_3 & 0 & 1 & \frac{3}{4} & -2 \\
x_1 - 3x_3 & 0 & -6 & -4 & 8 \\
y + 6x_3 & 0 & 0 & 2 & -16
\end{array}
$$

次に，第 1 行に第 2 行を加え，第 3 行に第 2 行の 6 倍を加えると

$$
\begin{array}{lcccc}
\frac{1}{4}x_2 + \frac{3}{2}x_3 & 1 & 0 & \frac{11}{4} & -6 \\
\frac{1}{4}x_2 + \frac{1}{2}x_3 & 0 & 1 & \frac{3}{4} & -2 \\
x_1 + \frac{3}{2}x_2 & 0 & 0 & \frac{1}{2} & -4 \\
y + 6x_3 & 0 & 0 & 2 & -16
\end{array}
$$

です．ここで，第 4 行に第 3 行の -4 倍を加えると

$$
\begin{array}{lcccc}
\frac{1}{4}x_2 + \frac{3}{2}x_3 & 1 & 0 & \frac{11}{4} & -6 \\
\frac{1}{4}x_2 + \frac{1}{2}x_3 & 0 & 1 & \frac{3}{4} & -2 \\
x_1 + \frac{3}{2}x_2 & 0 & 0 & \frac{1}{2} & -4 \\
y - 4x_1 - 6x_2 + 6x_3 & 0 & 0 & 0 & 0
\end{array}
$$

となります．これにより，第 4 行 $= 0$ なので

$$y - 4x_1 - 6x_2 + 6x_3 = 0 \quad \text{すなわち} \quad y = 4x_1 + 6x_2 - 6x_3$$

です．したがって y は x_1, x_2, x_3 の 1 次結合になります． □

問題 6

問 1 消去法により，実数係数の連立方程式

(1) $\begin{cases} X_1 - X_2 = 3 \\ -X_1 + 4X_2 = -2 \end{cases}$
(2) $\begin{cases} 2X_1 - 3X_2 - X_3 = 1 \\ 6X_1 + 3X_2 + 2X_3 = 4 \\ -2X_1 + X_3 = -2 \end{cases}$

の解集合を求めなさい．

問 2 実数係数の連立方程式

(1) $\begin{cases} X_1 + X_2 + X_3 + 2X_4 = 1 \\ 3X_1 + 2X_2 + 2X_3 + 4X_4 = 1 \\ -3X_1 - X_3 - X_4 = 3 \\ -2X_1 - X_2 + 2X_3 + X_4 = 0 \end{cases}$
(2) $\begin{cases} X_1 + 2X_2 + 2X_3 - X_4 + 2X_5 = 0 \\ -2X_1 - 4X_2 - 5X_3 + 3X_4 - 4X_5 = -3 \\ -X_1 - 2X_2 - X_3 - 2X_5 = 3 \\ X_1 + 2X_2 + X_4 + 5X_5 = -7 \\ 3X_1 + 6X_2 + 5X_3 - 2X_4 + 3X_5 = -2 \end{cases}$

の解集合を求めなさい．

問 3 実数係数の連立方程式
$$\begin{cases} (a+2)X + 4Y = 0 \\ -2X + (a-7)Y = 0 \\ (a-1)X + (b+3)Y = 0 \end{cases}$$
が $X = 0$, $Y = 0$ 以外の解をもつような実数 $a, b \in \mathbb{R}$ を求めなさい．

問 4 実ベクトル空間 $\mathbb{R}^4$ の元
$$y = \begin{pmatrix} 0 \\ -1 \\ 1 \\ 1 \end{pmatrix}, \quad x_1 = \begin{pmatrix} 1 \\ -2 \\ 1 \\ -1 \end{pmatrix}, \quad x_2 = \begin{pmatrix} 1 \\ -5 \\ 4 \\ 1 \end{pmatrix}, \quad x_3 = \begin{pmatrix} 1 \\ -1 \\ 4 \\ 2 \end{pmatrix}, \quad x_4 = \begin{pmatrix} 3 \\ -4 \\ 1 \\ -4 \end{pmatrix}$$
および，部分空間 $W = \langle x_1, x_2, x_3, x_4 \rangle$ に対して $y \in W$ であるかどうかを判別しなさい．

問 5 実ベクトル空間 $\mathbb{R}^4$ の元
$$w = \begin{pmatrix} a \\ b \\ c \\ d \end{pmatrix}, \quad x_1 = \begin{pmatrix} -1 \\ 0 \\ 1 \\ 2 \end{pmatrix}, \quad x_2 = \begin{pmatrix} 0 \\ 1 \\ -1 \\ 0 \end{pmatrix}, \quad x_3 = \begin{pmatrix} 1 \\ 1 \\ 0 \\ -1 \end{pmatrix}$$
に対して 1 次結合
$$w = qx_1 + rx_2 + sx_3, \quad q, r, s \in \mathbb{R}$$
が存在するための実数 $a, b, c, d \in \mathbb{R}$ の満たす条件を求めなさい．

7
生成元の取り替え

体 K 上のベクトル空間 X の元 $x_1, \ldots, x_r \in X$ が生成する部分空間

$$W = \langle x_1, \ldots, x_r \rangle$$

を考えます（4章，命題 2）．次はよく用いられる結果です（これは 4 章の命題 2 の書き換えであることを各自で確かめてください）．

補題 1 空間 X の部分空間 $W = \langle x_1, \ldots, x_r \rangle$ の元 $y_1, \ldots, y_s \in W$ が生成する X の部分空間 $Y = \langle y_1, \ldots, y_s \rangle$ は W の部分空間である．すなわち $Y \subset W$ が成立する．

部分空間 $W = \langle x_1, \ldots, x_r \rangle$ に対して，元 $y \in W$ を生成元 $x_1, \ldots, x_r$ の 1 次結合として表す表し方は，必ずしも一意的（1 通り）でなく（5 章，例），また，用いる生成元の個数も，生成元の選び方により変わることがあります（例 1）．したがって，部分空間 $W = \langle x_1, \ldots, x_r \rangle$ の生成元 $x_1, \ldots, x_r$ に対する望ましい条件は

(a) 生成元の個数はできるだけ少ない個数である．

(b) 元を生成元の 1 次結合として表す場合，その表し方が一意的である（5 章）．

ことです．これらの条件を満たす生成元は，次の定理を用いて得ることができます．

定理 2（生成元の取り替え 1） 体 K 上のベクトル空間 X の部分空間 $W = \langle x_1, \ldots, x_r \rangle$ の生成元に関して，次の操作が成立する．

(1) 生成元 x_i を，元 $c \in K$, $c \neq 0$ を用いて得られる元 $y_i = cx_i$ で置き換えられる．すなわち $W = \langle x_1, \ldots, cx_i, \ldots, x_r \rangle$ である．

7 章

(2) 生成元 x_i を，他の生成元 x_j および元 $c \in K$ を用いて得られる元 $y_i = x_i + cx_j$ で置き換えられる．すなわち $W = \langle x_1, \ldots, x_i + cx_j, \ldots, x_r \rangle$ である．

(3) 生成元 x_i と x_j を入れ替えられる．すなわち $W = \langle x_1, \ldots, x_j, \ldots, x_i, \ldots, x_r \rangle$ である．

(4) ゼロ元 0 は生成元から取り除いてよい．また，同一な生成元がある場合は，その 1 つを残して，他を生成元から取り除いてよい．

これらの操作により得られた元の組は，ふたたび，部分空間 W の生成元である． □

例 1 実ベクトル空間 $\mathbb{R}^3$ の 3 つの元

$$x_1 = \begin{pmatrix} -1 \\ 2 \\ -1 \end{pmatrix}, \quad x_2 = \begin{pmatrix} 1 \\ 1 \\ -2 \end{pmatrix}, \quad x_3 = \begin{pmatrix} 3 \\ 1 \\ -4 \end{pmatrix}$$

で生成される部分空間 $W = \langle x_1, x_2, x_3 \rangle$ を考えます．

生成元の取り替え（定理 2）は，連立 1 次方程式の解法（6 章，消去法）で用いた 4 つの操作，すなわち

(1) 第 i 式を c 倍する．

(2) 第 i 式に他の第 j 式の c 倍を加える．

(3) 第 i 式と第 j 式を入れ替える．

(4) ゼロ式，または，同一な式は 1 つを残して他を取り除いてよい．

と類似なので，同じ方法（6 章，例 3）が利用できます．すなわち，生成元 x_1, x_2, x_3 を横ベクトルにして，**成分行列**（成分の表）を階段形（5 章）に変形します．ここでは，右側には，変換された係数を書き，左側には，それに対応する元を書いておきます．得られた元は，部分空間 W の新しい生成元です（定理 2）．

まず，第 1 成分が 1 になるように，第 1 行と第 2 行を入れ替えて，その 1 がある縦列では 1 以外が 0 になるように変形します．

$$
\begin{array}{cccc}
x_1 & -1 & 2 & -1 \\
x_2 & 1 & 1 & -2 \\
x_3 & 3 & 1 & -4
\end{array}
\quad \rightarrow \quad
\begin{array}{cccc}
x_2 & 1 & 1 & -2 \\
x_1 + x_2 & 0 & 3 & -3 \\
x_3 - 3x_2 & 0 & -2 & 2
\end{array}
$$

次に，第 2 行を $\frac{1}{3}$ 倍し，第 2 成分を 1 に変形して，その列の他の成分を 0 にします．

$$
\rightarrow
\begin{array}{cccc}
x_2 & 1 & 1 & -2 \\
\frac{1}{3}x_1 + \frac{1}{3}x_2 & 0 & 1 & -1 \\
x_3 - 3x_2 & 0 & -2 & 2
\end{array}
\quad \rightarrow \quad
\begin{array}{cccc}
\frac{2}{3}x_2 - \frac{1}{3}x_1 & 1 & 0 & -1 \\
\frac{1}{3}x_1 + \frac{1}{3}x_2 & 0 & 1 & -1 \\
x_3 - \frac{7}{3}x_2 + \frac{2}{3}x_1 & 0 & 0 & 0
\end{array}
\quad (\#1)
$$

この階段形で得られた（右側の）元を

$$
w_1 = \begin{pmatrix} 1 \\ 0 \\ -1 \end{pmatrix}, \quad w_2 = \begin{pmatrix} 0 \\ 1 \\ -1 \end{pmatrix}, \quad w_3 = \begin{pmatrix} 0 \\ 0 \\ 0 \end{pmatrix} \tag{1}
$$

とおきます（階段形の右側は，縦ベクトルを横ベクトルで表しています）．定理 2 により，これらの元は部分空間 W の生成元です．ただし，元 w_3 は生成元として不要です（定理 2 (4)）．したがって，等号

$$
W = \langle w_1, w_2 \rangle
$$

が成立します．こうして，部分空間 W の生成元を 3 個から 2 個に減らすことができます．

体 K 上のベクトル空間 X の元 $x_1, \ldots, x_r \in X$ に対して，関係

$$
a_1 x_1 + \cdots + a_r x_r = 0, \quad a_i \in K
$$

が成立する場合，この等式を元 $x_1, \ldots, x_r$ の間の **1 次関係**といいます．特に，係数 a_i がすべて $a_i = 0$ の場合を**自明な 1 次関係**といいます．

7 章

上記の階段形の最後に得られた元は

$$x_3 - \frac{7}{3}x_2 + \frac{2}{3}x_1 = 0 \tag{2}$$

を意味します．もし何らかの方法で（この場合は，生成元の成分行列を階段形に変形することにより）自明でない 1 次関係 (2) を見い出すことができたならば，それにより，等号 $W = \langle x_1, x_2 \rangle$ を導くことができます．

実際 $W_0 = \langle x_1, x_2 \rangle$ とおいて $W_0 = W$ を示します．まず，空間 W_0 の生成元が，いずれも $x_1, x_2 \in W$ なので，補題 1 から $W_0 \subset W$ です．逆に，元 $z \in W$ を $z = c_1 x_1 + c_2 x_2 + c_3 x_3$ と表します．等式 (2) を用いると

$$z = c_1 x_1 + c_2 x_2 + c_3 \left(-\frac{2}{3}x_1 + \frac{7}{3}x_2\right) = \left(c_1 - \frac{2}{3}c_3\right)x_1 + \left(c_2 + \frac{7}{3}c_3\right)x_2$$

と書き直せるので $z \in W_0$ です． □

定理 2 の証明（1）簡単のために，番号を付け替えて，いま $i = 1$ とします．したがって $y_1 = cx_1,\ c \neq 0$ です．そこで

$$Y_1 = \langle y_1, x_2, \ldots, x_r \rangle$$

として $W = Y_1$ を示します．そのためには

$$Y_1 \subset W \quad \text{および} \quad W \subset Y_1$$

を証明する必要があります（1 章）．

はじめに $Y_1 \subset W$ を示します．部分空間 Y_1 の生成元が，いずれも $y_1, x_2, \ldots, x_r \in W$ であることに注意します．これより $Y_1 \subset W$ です（補題 1）．

逆 $W \subset Y_1$ を示します．元 $z \in W$ は，部分空間 W の定義から

$$z = b_1 x_1 + b_2 x_2 + \cdots + b_r x_r$$

と表されます（5 章）．ここで $b_i \in K$ です．等式 $x_1 = c^{-1} y_1$ を用いると，元 z は

$$z = (b_1 c^{-1}) y_1 + b_2 x_2 + \cdots + b_r x_r$$

となるので $z \in Y_1$ です．したがって $W \subset Y_1$ が成立します．

(2) ここでも，番号を付け替えて $y_1 = x_1 + cx_2$ とします．そこで

$$Y_2 = \langle y_1, x_2, \ldots, x_r \rangle$$

とおいて $W = Y_2$ を証明します．

まず，部分空間 Y_2 の生成元が $y_1, x_2, \ldots, x_r \in W$ なので $Y_2 \subset W$ です（補題1）．逆 $W \subset Y_2$ を示します．元 $z \in W$ は

$$z = b_1 x_1 + b_2 x_2 + \cdots + b_r x_r$$

と表されます．ここで $b_i \in K$ です．等式 $x_1 = y_1 - cx_2$ を用いると，元 z は

$$z = b_1(y_1 - cx_2) + b_2 x_2 + \cdots + b_r x_r = b_1 y_1 + (b_2 - cb_1)x_2 + \cdots + b_r x_r$$

となるので $z \in Y_2$ です．したがって $W \subset Y_2$ が成立します．

(3) 簡単のために，番号を付け替えて，いま $i = 1, j = 2$ とします．元 $z \in W$ は

$$z = b_1 x_1 + b_2 x_2 + \cdots + b_r x_r$$

と表されます．ここで $b_i \in K$ です．これは

$$z = b_2 x_2 + b_1 x_1 + \cdots + b_r x_r$$

と書き換えられるので $W = \langle x_2, x_1, \ldots, x_r \rangle$ と表されます．

(4) もし $x_1 = 0$ ならば，元 $z \in W$ は

$$z = a_1 x_1 + a_2 x_2 + \cdots + a_r x_r = a_2 x_2 + \cdots + a_r x_r$$

です．ここで $a_i \in K$ です．また，もし $x_1 = x_2$ ならば

$$z = a_1 x_1 + a_2 x_2 + \cdots + a_r x_r = (a_1 + a_2)x_2 + \cdots + a_r x_r$$

です．いずれにしても $W = \langle x_2, \ldots, x_r \rangle$ と表されます． □

例 2 例 1 で得られた生成元 w_1, w_2 は，部分空間 W に対して，この章のはじめに記述した 2 条件 $(a), (b)$ を満たすでしょうか．実は，条件 (b) から条件 (a) が導かれます（9 章，命題 3 の系）．そこで，条件 (b) について調べます．例えば，元

$$y_1 = \begin{pmatrix} 1 \\ -4 \\ 3 \end{pmatrix}$$

を x_1, x_2, x_3 の 1 次結合として表す表し方は多数存在します．一方，元 y_1 を生成元 w_1, w_2 の 1 次結合として表す表し方は一意的（1 通り）です．すなわち

$$y_1 = b_1 w_1 + b_2 w_2$$

となる係数 $b_1, b_2 \in \mathbb{R}$ は一意的（1 通り）に決まります．なぜならば，上記の 1 次結合は，等式 (1) から

$$\begin{pmatrix} 1 \\ -4 \\ 3 \end{pmatrix} = b_1 \begin{pmatrix} 1 \\ 0 \\ -1 \end{pmatrix} + b_2 \begin{pmatrix} 0 \\ 1 \\ -1 \end{pmatrix}$$

となります．この等式は

$$\begin{cases} b_1 & = 1 \\ & b_2 = -4 \\ -b_1 - b_2 & = 3 \end{cases} \tag{\#2}$$

と書き直せるので $b_1 = 1, b_2 = -4$ です．すなわち，元 y_1 を生成元 w_1, w_2 の 1 次結合として表す場合の係数 b_1, b_2 は一意的（1 通り）に確定します．

例 1 では，部分空間 W が $W = \langle x_1, x_2 \rangle$ と表されることを示しました．この場合も，元 y_1 を生成元 x_1, x_2 の 1 次結合として表す表し方は一意的です．なぜならば，いま

$$y_1 = a_1 x_1 + a_2 x_2$$

と表されるとして，この1次結合を書き直すと

$$\begin{pmatrix} 1 \\ -4 \\ 3 \end{pmatrix} = a_1 \begin{pmatrix} -1 \\ 2 \\ -1 \end{pmatrix} + a_2 \begin{pmatrix} 1 \\ 1 \\ -2 \end{pmatrix}$$

です．この等式は

$$\begin{cases} -a_1 + a_2 = 1 \\ 2a_1 + a_2 = -4 \\ -a_1 - 2a_2 = 3 \end{cases} \quad (\#3)$$

となるので，この方程式を解くと，解は $a_1 = -\dfrac{5}{3}$, $a_2 = -\dfrac{2}{3}$ だけです．

したがって，元 y_1 を生成元 x_1, x_2 の1次結合として表す場合も，係数 a_1, a_2 は一意的（1通り）に確定します．

生成元 w_1, w_2 と x_1, x_2 との違いは，方程式 (#2), (#3) の違いにあります．つまり1次結合の係数 b_1, b_2 の値は方程式 (#2) から直ちに得られます．一方，係数 a_1, a_2 の値を求めるためには，方程式 (#3) を解く必要があります．この違いは，成分行列を階段形 (#1) に変形して，その成分から生成元 w_1, w_2 をつくることにあります．したがって4つの操作を用いて得られる生成元 w_1, w_2 には，有用な点があります． □

問題 7

問 1 実ベクトル空間 $\mathbb{R}^3$ の元
$$x_1 = \begin{pmatrix} 1 \\ -1 \\ 3 \end{pmatrix}, \quad x_2 = \begin{pmatrix} 3 \\ 0 \\ 1 \end{pmatrix}, \quad x_3 = \begin{pmatrix} 4 \\ -1 \\ 4 \end{pmatrix}, \quad x_4 = \begin{pmatrix} -1 \\ 4 \\ -11 \end{pmatrix}$$

で生成される部分空間 $W_1 = \langle x_1, x_2, x_3, x_4 \rangle$ に対して,例 1 で説明した方法で生成元を取り替え,生成元の個数を減らしなさい.

問 2 実ベクトル空間 $\mathbb{R}^4$ の元
$$z_1 = \begin{pmatrix} 1 \\ 2 \\ 0 \\ -1 \end{pmatrix}, \quad z_2 = \begin{pmatrix} 1 \\ 3 \\ -3 \\ -2 \end{pmatrix}, \quad z_3 = \begin{pmatrix} -2 \\ -4 \\ 1 \\ -1 \end{pmatrix}, \quad z_4 = \begin{pmatrix} -1 \\ -4 \\ 7 \\ 0 \end{pmatrix}$$

に対して自明でない 1 次関係を見い出し,部分空間 $W = \langle z_1, z_2, z_3, z_4 \rangle$ の生成元を減らしなさい.

問 3 連立 1 次方程式
$$\begin{cases} -4X_1 + 6X_2 + 4X_4 + 7X_5 = 0 \\ 2X_1 - 3X_2 + X_3 - 2X_4 - 3X_5 = 0 \\ -6X_1 + 9X_2 - 3X_3 + 5X_4 + 8X_5 = 0 \\ -2X_1 + 3X_2 - X_3 + X_5 = 0 \end{cases}$$

の解集合 W の生成元を求めなさい.

また,求めた生成元が条件 (b)(7 章)を満たすかどうかを判別しなさい.

問 4 実ベクトル空間 $\mathbb{R}[t]_3$(3 章,例 3)の部分集合
$$W = \{ f \in \mathbb{R}[t]_3 \mid f(-2) = -2 \cdot f(1) \}$$

は,元 $u_1 = t$, $u_2 = t^2 - 2$, $u_3 = t^3 + 2$ により $W = \langle u_1, u_2, u_3 \rangle$ と表されることを示しなさい.

問 5 いま $r \neq 0$ である実数 $r \in \mathbb{R}$ は,実数係数の方程式 $t^2 - ct + d = 0$ の解とします.実数列の実ベクトル空間 $S(\mathbb{R})$ の部分集合
$$W = \{ \{a_n\} \in S(\mathbb{R}) \mid a_{n+1} = r a_n \}$$

が実ベクトル空間
$$Y = \{ \{a_n\} \in S(\mathbb{R}) \mid a_{n+2} = c a_{n+1} - d a_n \}$$

(問題 4, 問 5)の部分空間であることを示しなさい.また,部分空間 W の生成元を求めなさい.

8
1次独立な元

体 K 上のベクトル空間 X の元 $x_1, \ldots, x_r$ で生成される部分空間 $W = \langle x_1, \ldots, x_r \rangle$ の生成元 $x_1, \ldots, x_r$ に対する望ましい条件として，前章では，条件

(a) 生成元の個数はできるだけ少ない個数である．

(b) 元を生成元の1次結合として表す場合，その表し方が一意的である．

を説明しました．条件 (b) は，次のように言い換えられます．

命題 1 体 K 上のベクトル空間 X の元 $x_1, \ldots, x_r \in X$ に関する，次の3つの条件は，同値（互いに，必要かつ十分な条件）である．

(1) 元 $y \in X$ が元 $x_1, \ldots, x_r \in X$ の1次結合

$$y = a_1 x_1 + \cdots + a_r x_r$$

として表される場合，その係数 $a_1, \ldots, a_r \in K$ は一意的である．

(2) ゼロ元 $0 \in X$ を表す1次結合

$$a_1 x_1 + \cdots + a_r x_r = 0$$

の係数 $a_1, \ldots, a_r \in K$ は $a_1 = 0, \ldots, a_r = 0$ だけである．

(3) どの元 x_i も残りの元

$$x_1, \ldots, x_{i-1}, x_{i+1}, \ldots, x_r$$

の1次結合では表されない．

8 章

証明 はじめに，条件 (1) から (2) を導きます．いま，ゼロ元 $0 \in X$ が 1 次結合

$$a_1 x_1 + \cdots + a_r x_r = 0$$

で表されているとします．ここで $a_1, \ldots, a_r \in K$ です．体 K のゼロ元 $0 \in K$ と元 x_i のスカラー倍 $0 \cdot x_i$ は X のゼロ元 $0 \in X$ つまり $0 \cdot x_i = 0$（問題 3，問 1）なので

$$0 \cdot x_1 + \cdots + 0 \cdot x_r = 0 + \cdots + 0 = 0$$

となります．したがって，この左辺は，ゼロ元 $0 \in X$ を表す元 $x_1, \ldots, x_r$ の 1 次結合です．条件 (1) より，元 $x_1, \ldots, x_r$ を用いて，ゼロ元 $0 \in X$ を表す 1 次結合の係数は一意的（1 通り）なので $a_1 = 0, \ldots, a_r = 0$ です．

次に，条件 (2) から (3) を示します．いま，ある元 x_i が残りの元

$$x_1, \ldots, x_{i-1}, x_{i+1}, \ldots, x_r$$

の 1 次結合で表される，すなわち

$$x_i = a_1 x_1 + \cdots + a_{i-1} x_{i-1} + a_{i+1} x_{i+1} + \cdots + a_r x_r$$

と表されると仮定して，矛盾を導きます．この式を書き直すと

$$a_1 x_1 + \cdots + a_{i-1} x_{i-1} + (-1) x_i + a_{i+1} x_{i+1} + \cdots + a_r x_r = 0$$

となり，これはゼロ元 $0 \in X$ を $x_1, \ldots, x_r$ の 1 次結合として表す式です．しかし，元 x_i の係数は -1 なので，これは，条件 (2) に反します．

最後に，条件 (3) から (1) を示すために，ある $y \in X$ は元 $x_1, \ldots, x_r$ による 1 次結合の表し方が一意的でない，すなわち 2 通りの表し方

$$y = a_1 x_1 + \cdots + a_r x_r = b_1 x_1 + \cdots + b_r x_r$$

があると仮定します．この場合，どれかの i に対しては $a_i \neq b_i$ です．上式から

$$(a_1 - b_1) x_1 + \cdots + (a_r - b_r) x_r = 0$$

となるので，これを

$$-(a_i - b_i)x_i = (a_1-b_1)x_1 + \cdots + (a_{i-1} - b_{i-1})x_{i-1}$$
$$+ (a_{i+1} - b_{i+1})x_{i+1} + \cdots + (a_r - b_r)x_r$$

と書き直します．左辺の係数 $a_i - b_i \neq 0$ なので，逆元 $(a_i - b_i)^{-1} \in K$ が存在します．いま $c_j = -(a_i - b_i)^{-1}(a_j - b_j)$ とおいて，書き換えると

$$x_i = c_1 x_1 + \cdots + c_{i-1} x_{i-1} + c_{i+1} x_{i+1} + \cdots + c_r x_r$$

となります．したがって，元 x_i は，残りの元 $x_1, \ldots, x_{i-1}, x_{i+1}, \ldots, x_r$ の 1 次結合で表されることになり，条件 (3) に反します．□

ベクトル空間 X の元 $x_1, \ldots, x_r$ が，この命題の条件（同値な 3 つの条件のいずれか）を満たすならば，元 $x_1, \ldots, x_r$ は **1 次独立**であるといわれます．条件 (2) は，特に，元が 1 次独立であるかどうかの判定に有効です．

例 1 実ベクトル空間 $\mathbb{R}^4$ の 3 つの元

$$x_1 = \begin{pmatrix} 1 \\ 1 \\ 2 \\ 0 \end{pmatrix}, \quad x_2 = \begin{pmatrix} 1 \\ -2 \\ 0 \\ 2 \end{pmatrix}, \quad x_3 = \begin{pmatrix} 2 \\ 1 \\ 1 \\ 3 \end{pmatrix}$$

が 1 次独立であるかどうかを調べます．条件 (2) を用いるために，いま

$$a_1 x_1 + a_2 x_2 + a_3 x_3 = 0$$

となる実数 a_1, a_2, a_3 がすべて $a_i = 0$ となるかどうかを確かめます．上式は

$$\begin{cases} a_1 + a_2 + 2a_3 = 0 \\ a_1 - 2a_2 + a_3 = 0 \\ 2a_1 + a_3 = 0 \\ 2a_2 + 3a_3 = 0 \end{cases}$$

8章

と書き直されるので，これらの等式を満たす実数 $a_1, a_2, a_3 \in \mathbb{R}$ を求めます．方程式の解は係数の計算で求まるので，**係数行列を階段形に変形**します．この場合，右辺の 0 は操作を施しても 0 のままなので省略します．また，係数行列を括弧に入れて表します．

$$\begin{pmatrix} 1 & 1 & 2 \\ 1 & -2 & 1 \\ 2 & 0 & 1 \\ 0 & 2 & 3 \end{pmatrix} \to \begin{pmatrix} 1 & 1 & 2 \\ 0 & -3 & -1 \\ 0 & -2 & -3 \\ 0 & 2 & 3 \end{pmatrix} \to \begin{pmatrix} 1 & 1 & 2 \\ 0 & -1 & 2 \\ 0 & 0 & 0 \\ 0 & 2 & 3 \end{pmatrix}$$

$$\to \begin{pmatrix} 1 & 0 & 4 \\ 0 & 1 & -2 \\ 0 & 0 & 7 \\ 0 & 0 & 0 \end{pmatrix} \to \begin{pmatrix} 1 & 0 & 4 \\ 0 & 1 & -2 \\ 0 & 0 & 1 \\ 0 & 0 & 0 \end{pmatrix} \to \begin{pmatrix} 1 & 0 & 0 \\ 0 & 1 & 0 \\ 0 & 0 & 1 \\ 0 & 0 & 0 \end{pmatrix}$$

得られた階段形を元の形に戻すと

$$\begin{cases} a_1 & = 0 \\ a_2 & = 0 \\ a_3 = 0 \end{cases}$$

です．したがって，条件 (2) が成立するので，元 x_1, x_2, x_3 は 1 次独立です． □

例 2 体 K 上のベクトル空間 X の元 x_1, x_2, x_3 が 1 次独立な場合，元

$$y_1 - x_1 - x_2, \quad y_2 = x_2 - 2x_3, \quad y_3 = x_3 - 3x_1$$

が 1 次独立かどうかを考えてみます．ここでも，命題 1 の条件 (2) を用います．すなわち

$$a_1 y_1 + a_2 y_2 + a_3 y_3 = 0$$

となる元 $a_1, a_2, a_3 \in K$ は，すべて 0 かどうかを確かめます．上式は

$$a_1(x_1 - x_2) + a_2(x_2 - 2x_3) + a_3(x_3 - 3x_1) = 0$$

のことなので，これを書き換えると

$$(a_1 - 3a_3)x_1 + (-a_1 + a_2)x_2 + (-2a_2 + a_3)x_3 = 0$$

です．いま，元 x_1, x_2, x_3 が 1 次独立なので，条件 (2) から，各係数は

$$\begin{cases} a_1 \phantom{{}+a_2} - 3a_3 = 0 \\ -a_1 + a_2 \phantom{{}-3a_3} = 0 \\ -2a_2 + a_3 = 0 \end{cases}$$

となります．例 1 と同様にして求めると，係数 $a_1, a_2, a_3 = 0$ を得ます．したがって，元 y_1, y_2, y_3 は 1 次独立です． □

例 3 体 K 上のベクトル空間 X の元 $x \in X$ が $x \neq 0$ ならば，元 x は 1 次独立です．なぜならば，命題 1 の条件 (2) すなわち，元 $a \in K$ に対して

$$ax = 0 \quad ならば \quad a = 0$$

が成立します（問題 3，問 2）．逆に 1 次独立な元 $x_1, \ldots, x_r \in X$ は，いずれも $x_i \neq 0$ です．なぜならば，もし，ある元 x_i が $x_i = 0$ ならば

$$0 \cdot x_1 + \cdots + 0 \cdot x_{i-1} + 1 \cdot x_i + 0 \cdot x_{i+1} + \cdots + 0 \cdot x_r = 0$$

です．この場合，元 x_i の係数が $1 \neq 0$ なので，これは，条件 (2) に反します． □

体 K 上のベクトル空間 X の元 $x_1, \ldots, x_r \in X$ が **1 次独立**でないならば，それらの元は **1 次従属**であるといわれます．

1 次独立であることと 1 次従属であることは，それぞれが一方の否定です．いずれもよく使われる重要な用語です．命題 1（1 次独立であるための 3 つの条件）の否定をつくると，体 K 上のベクトル空間 X の元 $y_1, \ldots, y_r$ に対する次の**同値な条件**（互いに，必要かつ十分な条件）が得られます．

8 章

(1) 元 $y \in X$ が元 $x_1, \ldots, x_r \in X$ の 1 次結合

$$y = a_1 y_1 + \cdots + a_r y_r$$

として表される場合, その係数 $a_1, \ldots, a_r \in K$ は一意的でない.

(2) どれかは 0 でない元 $a_1, \ldots, a_r \in K$ により, ゼロ元 $0 \in X$ を表す 1 次結合

$$a_1 y_1 + \cdots + a_r y_r = 0$$

が存在する.

(3) ある元 y_i は, 残りの元 $y_1, \ldots, y_{i-1}, y_{i+1}, \ldots, y_r$ の 1 次結合で表される.

したがって, これらの 3 条件のいずれかが成立するならば, 元 $y_1, \ldots, y_r$ は **1 次従属** です.

例 4 ベクトル空間 $\mathbb{R}^3$ の元

$$x_1 = \begin{pmatrix} 1 \\ -1 \\ 2 \end{pmatrix}, \quad x_2 = \begin{pmatrix} 1 \\ 1 \\ 4 \end{pmatrix}, \quad x_3 = \begin{pmatrix} 1 \\ 2 \\ 5 \end{pmatrix}$$

は 1 次独立か 1 次従属かを判別するために 1 次結合

$$a_1 x_1 + a_2 x_2 + a_3 x_3 = 0 \tag{$*$}$$

を満たす係数 $a_i \in \mathbb{R}$ を求めます. もし, すべての係数 $a_i = 0$ ならば, 元 x_1, x_2, x_3 は 1 次独立です. 一方, どれか $a_i \neq 0$ となる係数 a_i が存在すれば 1 次従属です.

上記の 1 次結合 $(*)$ は

$$a_1 \begin{pmatrix} 1 \\ -1 \\ 2 \end{pmatrix} + a_2 \begin{pmatrix} 1 \\ 1 \\ 4 \end{pmatrix} + a_3 \begin{pmatrix} 1 \\ 2 \\ 5 \end{pmatrix} = \begin{pmatrix} 0 \\ 0 \\ 0 \end{pmatrix}$$

と表されます．これは
$$\begin{cases} a_1 + a_2 + a_3 = 0 \\ -a_1 + a_2 + 2a_3 = 0 \\ 2a_1 + 4a_2 + 5a_3 = 0 \end{cases}$$
です．元 $a_i \in \mathbb{R}$ を求めるために，係数行列を階段形に変形します．
$$\begin{pmatrix} 1 & 1 & 1 \\ -1 & 1 & 2 \\ 2 & 4 & 5 \end{pmatrix} \to \begin{pmatrix} 1 & 1 & 1 \\ 0 & 2 & 3 \\ 0 & 2 & 3 \end{pmatrix} \to \begin{pmatrix} 1 & 0 & -\frac{1}{2} \\ 0 & 1 & \frac{3}{2} \\ 0 & 0 & 0 \end{pmatrix}$$

得られた階段形の係数を用いて，係数 a_i が満たす式の形に戻すと
$$\begin{cases} a_1 - \frac{1}{2}a_3 = 0 \\ a_2 + \frac{3}{2}a_3 = 0 \end{cases} \quad \text{したがって} \quad \begin{cases} a_1 = \frac{1}{2}a_3 \\ a_2 = -\frac{3}{2}a_3 \end{cases}$$
です．これより，解は a_3 により決まると考えて，それを実数 r とすれば
$$\begin{pmatrix} a_1 \\ a_2 \\ a_3 \end{pmatrix} = r \begin{pmatrix} \frac{1}{2} \\ -\frac{3}{2} \\ 1 \end{pmatrix}$$

と表されます．これより，例えば $r = 2$ とすると $a_1 = 1,\ a_2 = -3,\ a_3 = 2$ を得ます．この場合 1 次結合 (∗) は成立します．実際
$$\begin{pmatrix} 1 \\ -1 \\ 2 \end{pmatrix} - 3 \begin{pmatrix} 1 \\ 1 \\ 4 \end{pmatrix} + 2 \begin{pmatrix} 1 \\ 2 \\ 5 \end{pmatrix} = \begin{pmatrix} 0 \\ 0 \\ 0 \end{pmatrix}$$

です．したがって，元 x_1, x_2, x_3 は 1 次従属です． □

最後の等式は，元 x_1, x_2, x_3 の間の自明でない 1 次関係です（7 章）．一般に，体 K 上のベクトル空間 X の元 $x_1, \ldots, x_r$ に対して，自明でない 1 次関係が存在する場合，元 $x_1, \ldots, x_r$ は 1 次従属であり，一方，自明でない 1 次関係が存在しなければ，それらの元 $x_1, \ldots, x_r$ は 1 次独立です（命題 1）．

問題 8

問 1 実ベクトル空間 $\mathbb{R}^3$ の元

$$x_1 = \begin{pmatrix} 2 \\ 1 \\ -4 \end{pmatrix}, \quad x_2 = \begin{pmatrix} 1 \\ 2 \\ -1 \end{pmatrix}, \quad x_3 = \begin{pmatrix} 3 \\ 3 \\ -5 \end{pmatrix}, \quad x_4 = \begin{pmatrix} 5 \\ 1 \\ -11 \end{pmatrix}$$

が 1 次独立か 1 次従属かを判別しなさい．

問 2 次の実ベクトル空間 $\mathbb{R}^4$ の元が 1 次独立かどうかを判別しなさい．

$$x_1 = \begin{pmatrix} 2 \\ -1 \\ 1 \\ 9 \end{pmatrix}, \quad x_2 = \begin{pmatrix} 1 \\ 1 \\ 1 \\ 1 \end{pmatrix}, \quad x_3 = \begin{pmatrix} 3 \\ 1 \\ 0 \\ 1 \end{pmatrix}, \quad x_4 = \begin{pmatrix} 5 \\ 2 \\ 1 \\ 6 \end{pmatrix}$$

問 3 実ベクトル空間 $\mathbb{R}^4$ の 3 つの元

$$x_1 = \begin{pmatrix} 1 \\ 1 \\ 2 \\ 0 \end{pmatrix}, \quad x_2 = \begin{pmatrix} 1 \\ -2 \\ 0 \\ 2 \end{pmatrix}, \quad x_3 = \begin{pmatrix} 2 \\ a \\ 1 \\ 3 \end{pmatrix}$$

が 1 次独立であるための実数 $a \in \mathbb{R}$ の条件を求めなさい．

問 4 体 K 上のベクトル空間 X の元 $x_1, \ldots, x_r$ が 1 次独立ならば，この場合 $i \neq j$ である 2 つの元 x_i, x_j は $x_i \neq x_j$ であることを説明しなさい．

問 5 いま W を体 K 上のベクトル空間 X の部分空間で $W \neq X$ とします．元 $x, y \in X$ が $x \in W$, $x \neq 0$, $y \notin W$ ならば，元 x, y は 1 次独立かどうかを判別しなさい．

問 6 体 K 上のベクトル空間 X の元 $x, y \in X$ は 1 次独立であるとします．この場合 $w \neq 0$ である元 $w \in X$ に対して，元 w, x または w, y のいずれかは 1 次独立であることを説明しなさい．

問 7 体 K 上のベクトル空間 X の元 $x_1, \ldots, x_r \in X$ および $s < r$ となる自然数 s について，次の事項を示しなさい．

(1) もし，元 $x_1, \ldots, x_s$ が 1 次従属ならば，元 $x_1, \ldots, x_r$ も 1 次従属である．

(2) もし $x_1, \ldots, x_r$ が 1 次独立ならば，元 $x_1, \ldots, x_s$ も 1 次独立である．

問 8 有理数 $a, b, c \in \mathbb{Q}$ に対して，等式

$$a + b\sqrt{2} + c\sqrt{3} = 0$$

が成立するならば $a, b, c = 0$ であることを説明しなさい．

9
基底と次元

いま X を体 K 上のベクトル空間として,元 $x_1, \ldots, x_r \in X$ で生成される部分空間 $W = \langle x_1, \ldots, x_r \rangle$ を考えます.この章では,部分空間 W の生成元 $x_1, \ldots, x_r$ が 1 次独立ならば,部分空間 W は r 個より少ない個数の元で生成されないことを証明します(命題 3 の系).これは 7 章で述べた条件 (a) が条件 (b) から導かれることを意味します.

次の結果は 7 章の定理 2(生成元の取り替え 1)の拡張になっています.

命題 1(生成元の取り替え 2) 体 K 上のベクトル空間 X の部分空間 $W = \langle x_1, \ldots, x_r \rangle$ の元 y を

$$y = a_1 x_1 + \cdots + a_r x_r$$

とする.ここで $a_1, \ldots, a_r \in K$ である.もし,ある i に対して $a_i x_i \neq 0$ ならば,部分空間 W の生成元 x_i を元 y と取り替えられる.すなわち

$$W = \langle x_1, \ldots, x_{i-1}, y, x_{i+1}, \ldots, x_r \rangle$$

が成立する.

証明 生成元の取り替え 1(7 章,定理 2 (1))を用いると

$$W = \langle x_1, \ldots, a_i x_i, \ldots, x_r \rangle$$

が成立します.そこで,元 x_1 に対して,ふたたび,生成元の取り替え 1(7 章,定理 2 (2))を適用すると

$$W = \langle x_1, \ldots, a_i x_i + a_1 x_1, \ldots, x_r \rangle$$

です．これを繰り返します．すなわち，元 x_i を除いて，他の元 x_j に対して，生成元の取り替えを行うと

$$W = \langle x_1, \ldots, a_i x_i + a_1 x_1 + \cdots + a_r x_r, \ldots, x_r \rangle$$

となり，結果が得られます． □

次は 7 章の例 1 で説明した事実が一般に成立することを示しています．

命題 2 部分空間 $W = \langle x_1, \ldots, x_r \rangle$ に対して，もし生成元の 1 つである元 x_i が残りの生成元 $x_1, \ldots, x_{i-1}, x_{i+1}, \ldots, x_r$ の 1 次結合ならば，その元 x_i は生成元として不要である．すなわち $W = \langle x_1, \ldots, x_{i-1}, x_{i+1}, \ldots, x_r \rangle$ が成り立つ．

証明 簡単のために，いま

$$Y = \langle x_1, \ldots, x_{i-1}, x_{i+1}, \ldots, x_r \rangle$$

とおいて，等号 $Y = W$ を示します．まず，部分空間 Y の各生成元 x_j は，いずれも $x_j \in W$ なので $Y \subset W$ です（7 章，補題 1）．

一方，仮定から，元 x_i は，残りの元 $x_1, \ldots, x_{i-1}, x_{i+1}, \ldots, x_r$ の 1 次結合なので

$$x_i = a_1 x_1 + \cdots + a_{i-1} x_{i-1} + a_{i+1} x_{i+1} + \cdots + a_r x_r$$

と表されます．ここで $a_j \in K$ です．これより $x_i \in Y$ です．したがって W の生成元 x_j は，すべて $x_j \in Y$ となるので $W \subset Y$ です（7 章，補題 1）． □

命題 3（生成元の取り替え 3） 体 K 上のベクトル空間 X の部分空間 $W = \langle y_1, \ldots, y_s \rangle$ に対して，もし W に属する r 個の元 $x_1, \ldots, x_r$ が 1 次独立ならば $s \geq r$ である．

この場合，生成元 $y_1, \ldots, y_s$ のなかの r 個を元 $x_1, \ldots, x_r$ に取り替えることができる．

証明 はじめに，元 $x_1, \ldots, x_r \in W$ が，いずれも $x_i \neq 0$ である（8 章，例 3）ことに注意します．そこで，元 $x_1 \in W$ を考えます．元 $y_1, \ldots, y_s$ が W の生成元なので

$$x_1 = a_1 y_1 + \cdots + a_s y_s$$

と表されます. ここで $a_1, \ldots, a_s \in K$ です. いま $x_1 \neq 0$ なので, ある i に対して $a_i y_i \neq 0$ です. 簡単のために**添え字を付け替えて** $a_1 y_1 \neq 0$ とします. 生成元の取り替え 2 (命題 1) を用いると

$$W = \langle x_1, y_2, \ldots, y_s \rangle$$

を得ます.

もし $r \geq 2$ ならば, 次に, 元 x_2 を考えます. いま示したことから, 元 $x_1, y_2, \ldots, y_s$ は W の生成元なので

$$x_2 = b_1 x_1 + b_2 y_2 + \cdots + b_s y_s$$

と表されます. ここで $b_1, \ldots, b_s \in K$ です. もし $i \geq 2$ である i に対して, すべて $b_i y_i = 0$ ならば $x_2 = b_1 x_1$ です. これは

$$b_1 x_1 + (-1) x_2 + 0 \cdot x_3 + \cdots + 0 \cdot x_r = 0$$

と書き換えられます. この場合, 元 x_2 の係数は $-1 \neq 0$ です. これは, 元 $x_1, \ldots, x_r$ が 1 次独立であることに反します (8 章, 命題 1 (2)).

よって, ある $i \geq 2$ に対して $b_i y_i \neq 0$ です. ここでも, **添え字を付け替えて** $b_2 y_2 \neq 0$ とします. そこで, 生成元の取り替え 2 (命題 1) を用いると

$$W = \langle x_1, x_2, y_3, \ldots, y_s \rangle$$

となります. この取り替えを続けます.

いま $r > s$ と仮定します. 取り替えを続けて, 元 y_s まで, 生成元を取り替えると

$$W = \langle x_1, \ldots, x_s \rangle$$

を得ます. これより, 元 $x_1, \ldots, x_s$ は W の生成元です. 一方 $x_r \in W$ なので

$$x_r = b_1 x_1 + \cdots + b_s x_s$$

と表されます. ここで $b_1, \ldots, b_s \in K$ です. この式は, 仮定 $r > s$ より

$$b_1 x_1 + \cdots + b_s x_s + 0 \cdot x_{s+1} + \cdots + 0 \cdot x_{r-1} + (-1) x_r = 0$$

9 章

と書き換えられます．しかし，元 x_r の係数は $-1 \neq 0$ なので，これは，元 $x_1, \ldots, x_r$ が 1 次独立であることに反します．

以上から $s \geq r$ です．生成元の取り替えを続け（必要ならば，添え字を付け替えて），元 y_1 から元 y_r までを 1 次独立な元 $x_1, \ldots, x_r$ に取り替えると

$$W = \langle x_1, \ldots, x_r, y_{r+1}, \ldots, y_s \rangle$$

とできます． □

系 部分空間 $W = \langle x_1, \ldots, x_r \rangle$ の生成元 $x_1, \ldots, x_r$ が 1 次独立ならば，それらは最小個数の生成元である．また W の中から，どのように 1 次独立な生成元を選んでも，それらは同じ個数である．

証明 いま，元 $y_1, \ldots, y_s \in W$ を部分空間 W の生成元とします．元 $x_1, \ldots, x_r \in W$ は 1 次独立なので，命題 3 から $s \geq r$ となり，個数 r は最小です．

特に，元 $y_1, \ldots, y_s$ が 1 次独立な（生成）元の場合を考えると，命題 3 から，部分空間 W の生成元 $x_1, \ldots, x_r$ の個数 r に対して，不等号 $s \leq r$ が成立するので，等号 $r = s$ を得ます． □

部分空間 W に対して，有限個の元から成る **1 次独立な生成元** が存在する場合，その生成元の集合を部分空間 W の **基底** といいます．命題 3 の系から，基底の元の個数は一定です．**基底の元の個数を空間 W の次元** といい，このテキストでは，記号

$$\dim W$$

で表します．ただし $\dim\{0\} = 0$ とします（問題 4，問 1）．

例 1 体 K 上のベクトル空間 K^n の次元は $\dim K^n = n$ です．実際，どの元 $x \in K^n$ も

$$x = \begin{pmatrix} a_1 \\ \vdots \\ a_n \end{pmatrix} = a_1 \cdot \begin{pmatrix} 1 \\ 0 \\ \vdots \\ 0 \end{pmatrix} + \cdots + a_n \cdot \begin{pmatrix} 0 \\ \vdots \\ 0 \\ 1 \end{pmatrix}$$

と表されます．したがって，元

$$e_1 := \begin{pmatrix} 1 \\ 0 \\ \vdots \\ 0 \end{pmatrix}, \quad \ldots, \quad e_n := \begin{pmatrix} 0 \\ \vdots \\ 0 \\ 1 \end{pmatrix}$$

は K^n の生成元です．また，もし $a_1 e_1 + \cdots + a_n e_n = 0$ ならば，この等式は

$$\begin{pmatrix} a_1 \\ \vdots \\ a_n \end{pmatrix} = 0$$

を意味します．これより $a_1 = 0, \ldots, a_n = 0$ なので，元 $e_1, \ldots, e_n$ は1次独立です．

したがって，集合 $\{e_1, \ldots, e_n\}$ は K^n の基底となり $\dim K^n = n$ です（したがって n 次元ベクトル空間 K^n の次元は n 次元です（3章））．基底 $\{e_1, \ldots, e_n\}$ を空間 K^n の**標準基底**と呼ぶことにします． □

例2 実ベクトル空間 $\mathbb{R}^4$ の4つの元

$$x_1 = \begin{pmatrix} 2 \\ -3 \\ 4 \\ -5 \end{pmatrix}, \quad x_2 = \begin{pmatrix} -3 \\ 4 \\ -7 \\ 7 \end{pmatrix}, \quad x_3 = \begin{pmatrix} 6 \\ -8 \\ 14 \\ -14 \end{pmatrix}, \quad x_4 = \begin{pmatrix} -5 \\ 6 \\ -13 \\ 11 \end{pmatrix}$$

で生成される部分空間 $W = \langle x_1, x_2, x_3, x_4 \rangle$ の基底を求めます．いま，生成元を横ベクトルにして，それらの成分行列を階段形に変形します．

$$\begin{pmatrix} 2 & -3 & 4 & -5 \\ -3 & 4 & -7 & 7 \\ 6 & -8 & 14 & -14 \\ -5 & 6 & -13 & 11 \end{pmatrix} \rightarrow \begin{pmatrix} -1 & 1 & -3 & 2 \\ -3 & 4 & -7 & 7 \\ 6 & -8 & 14 & -14 \\ -5 & 6 & -13 & 11 \end{pmatrix}$$

9 章

$$\to \begin{pmatrix} -1 & 1 & -3 & 2 \\ 0 & 1 & 2 & 1 \\ 0 & -2 & -4 & -2 \\ 0 & 1 & 2 & 1 \end{pmatrix} \to \begin{pmatrix} 1 & 0 & 5 & -1 \\ 0 & 1 & 2 & 1 \\ 0 & 0 & 0 & 0 \\ 0 & 0 & 0 & 0 \end{pmatrix}$$

これらの操作により生成元を取り替えることができるので（7章, 定理 2, 生成元の取り替え 1），得られた元（横ベクトル）を縦ベクトルとして

$$w_1 = \begin{pmatrix} 1 \\ 0 \\ 5 \\ -1 \end{pmatrix}, \quad w_2 = \begin{pmatrix} 0 \\ 1 \\ 2 \\ 1 \end{pmatrix}$$

とおくならば $W = \langle w_1, w_2 \rangle$ です．この生成元 w_1, w_2 は 1 次独立です．なぜならば，いま $a_1 w_1 + a_2 w_2 = 0$ とします．ここで $a_1, a_2 \in \mathbb{R}$ です．この式を書き直すと

$$a_1 \begin{pmatrix} 1 \\ 0 \\ 5 \\ -1 \end{pmatrix} + a_2 \begin{pmatrix} 0 \\ 1 \\ 2 \\ 1 \end{pmatrix} = \begin{pmatrix} a_1 \\ a_2 \\ 5a_1 + 2a_2 \\ -a_1 + a_2 \end{pmatrix} = 0$$

です．これより $a_1 = 0, a_2 = 0$ となることが導かれます．

したがって，集合 $\{w_1, w_2\}$ は W の基底であり $\dim W = 2$ です． □

次の結果は，次元が知られている場合に有用です．

命題 4 ベクトル空間 X の部分空間 W の次元が $r = \dim W$ ならば，この場合 r 個の元 $x_1, \ldots, x_r \in W$ に関する次の 3 つの条件は同値である．

(1) $x_1, \ldots, x_r$ は W の生成元である．

(2) $x_1, \ldots, x_r$ は 1 次独立である．

(3) 集合 $\{x_1, \ldots, x_r\}$ は W の基底である．

証明 基底の元は生成元です（基底の定義）．よって (3) から (1) を得ます．

次に (1) を仮定します．この場合 $W = \langle x_1, \ldots, x_r \rangle$ です．もし (2) が成立しない，つまり，元 $x_1, \ldots, x_r$ が1次従属であるとすると，ある元 x_i は，残りの元

$$x_1, \ldots, x_{i-1}, x_{i+1}, \ldots, x_r$$

の1次結合として表されます（8章，1次従属の条件 (3)）．よって，元 x_i は W の生成元として不要となる（命題 2）ので

$$W = \langle x_1, \ldots, x_{i-1}, x_{i+1}, \ldots, x_r \rangle$$

となり，空間 W は $r-1$ 個の元で生成されます．基底は最小個数の生成元（命題3の系）なので，基底の元の個数（次元）$\dim W$ は $\dim W \leq r-1$ です．これは $\dim W = r$ に反します．

最後に (2) から (3) を導きます．いま $\dim W = r$ なので，部分空間 W の基底 $\{y_1, \ldots, y_r\}$ が存在します．ここで，元 $x_1, \ldots, x_r$ は1次独立なので，生成元 $y_1, \ldots, y_r$ のなかの r 個（すなわち，すべての元）を $x_1, \ldots, x_r$ と取り替えることができます（命題3）．したがって $W = \langle x_1, \ldots, x_r \rangle$ です．これより，集合 $\{x_1, \ldots, x_r\}$ は W の基底となります． □

問題 9

問 1 実ベクトル空間 $\mathbb{R}^4$ の 5 つの元

$$x_1 = \begin{pmatrix} 1 \\ -1 \\ -2 \\ 1 \end{pmatrix}, \quad x_2 = \begin{pmatrix} 1 \\ 3 \\ -13 \\ 8 \end{pmatrix}, \quad x_3 = \begin{pmatrix} -2 \\ 3 \\ -1 \\ -1 \end{pmatrix}, \quad x_4 = \begin{pmatrix} 2 \\ -1 \\ -1 \\ 2 \end{pmatrix}, \quad x_5 = \begin{pmatrix} 2 \\ 3 \\ -26 \\ -3 \end{pmatrix}$$

で生成される部分空間 $W = \langle x_1, x_2, x_3, x_4, x_5 \rangle$ の基底を求めなさい.

問 2 実ベクトル空間 $\mathbb{R}^4$ の元

$$x_1 = \begin{pmatrix} 2 \\ 3 \\ 4 \\ -1 \end{pmatrix}, \quad x_2 = \begin{pmatrix} 3 \\ 5 \\ 7 \\ 0 \end{pmatrix}, \quad x_3 = \begin{pmatrix} 2 \\ -2 \\ 1 \\ 5 \end{pmatrix}, \quad x_4 = \begin{pmatrix} 1 \\ 1 \\ 1 \\ -2 \end{pmatrix}, \quad x_5 = \begin{pmatrix} 1 \\ 1 \\ 3 \\ 4 \end{pmatrix}$$

を用いて定義される集合

$$W = \left\{ \begin{pmatrix} a_1 \\ \vdots \\ a_5 \end{pmatrix} \in \mathbb{R}^5 \;\middle|\; a_1 x_1 + \cdots + a_5 x_5 = 0 \right\}$$

が実ベクトル空間 $\mathbb{R}^5$ の部分空間であることを示し, その基底を求めなさい.

問 3 複素数体 $\mathbb{C}$ は実ベクトル空間です（3 章, 例 2）. 実ベクトル空間 $\mathbb{C}$ の基底を求めなさい.

問 4 体 K 上のベクトル空間 X の部分空間 W が r 個よりも少ない元で生成されないならば, 部分空間 W の r 個の生成元 $x_1, \ldots, x_r \in W$ は基底であることを示しなさい.

問 5 空間 $\mathbb{R}^3$ の 3 点 A, B, C が原点 O を通る同一平面上に存在するならば, ベクトル $\overrightarrow{OA}, \overrightarrow{OB}, \overrightarrow{OC}$ は 1 次従属であることを示しなさい.

問 6 実数を係数とする n 次以下の多項式の集合 $\mathbb{R}[t]_n$ は, 実ベクトル空間です（3 章, 例 3）.

この空間 $\mathbb{R}[t]_n$ の次元を求めなさい. また, 実数 $a \in \mathbb{R}$ に対して, 多項式の集合

$$\{1, t-a, \ldots, (t-a)^n\}$$

が $\mathbb{R}[t]_n$ の基底であることを示しなさい.

問 7 もし, 実数係数の方程式 $t^2 - ct + d = 0$ が異なる 2 つの実根 $\alpha, \beta \in \mathbb{R}$ をもつならば, 実数列 $u = \{\alpha^{n-1}\}, v = \{\beta^{n-1}\}$ の集合 $\{u, v\}$ が, 実ベクトル空間（問題 4, 問 5）

$$Y = \{\, \{a_n\} \in S(\mathbb{R}) \mid a_{n+2} = c a_{n+1} - d a_n \,\}$$

の基底となることを説明しなさい.

10
有限生成な空間

いま X を体 K 上のベクトル空間とします．これまで主に考えてきた空間は，有限個の元 $x_1, \ldots, x_r \in X$ で生成される部分空間

$$W = \langle x_1, \ldots, x_r \rangle$$

です．有限個の元で生成される空間は，**有限生成なベクトル空間**といわれます．この場合，生成元のなかから，基底を見つけることができます（命題 2）．

補題 1 体 K 上のベクトル空間 X の 1 次独立な元 $x_1, \ldots, x_r$ に対して，次が成立する．

(1) 部分空間 $W = \langle x_1, \ldots, x_r \rangle$ に対して，もし，元 $y \in X$ が $y \notin W$ ならば，元 $y, x_1, \ldots, x_r$ は 1 次独立である．

(2) 元 $w \in X$ を加えた元 $w, x_1, \ldots, x_r$ が 1 次従属ならば，元 w は $x_1, \ldots, x_r$ の 1 次結合である．

証明 (1) いま，元 $a, b_1, \ldots, b_r \in K$ に対して

$$ay + b_1 x_1 + \cdots + b_r x_r = 0$$

と仮定して，係数 $a = 0, b_1 = 0, \ldots, b_r = 0$ を導きます（8 章，命題 1 (2)）．

そこで $a \neq 0$ とします．この場合，逆元 $a^{-1} \in K$ を用いると，上式より

$$y = (-a^{-1} b_1) x_1 + \cdots + (-a^{-1} b_r) x_r$$

となり $y \in W$ です．これは仮定 $y \notin W$ に反するので $a = 0$ です．したがって

$$b_1 x_1 + \cdots + b_r x_r = 0$$

10 章

です．しかし，元 $x_1, \ldots, x_r$ は 1 次独立なので $b_1 = 0, \ldots, b_r = 0$ です．これより，係数 $a = 0, b_1 = 0, \ldots, b_r = 0$ です．

(2) 元 $w, x_1, \ldots, x_r$ は 1 次従属なので，どれかは 0 でない元 $c, a_1, \ldots, a_r \in K$ により，ゼロ元 $0 \in X$ を表す 1 次結合

$$0 = cw + a_1 x_1 + \cdots + a_r x_r \tag{$*$}$$

が存在します（8 章，1 次従属の条件 (2)）．もし $c = 0$ ならば

$$0 = a_1 x_1 + \cdots + a_r x_r$$

です．元 $x_1, \ldots, x_r \in X$ は 1 次独立なので $a_1 = 0, \ldots, a_r = 0$ となり，これは，元 $c, a_1, \ldots, a_r \in K$ のどれかが 0 でないことに反します．

したがって $c \neq 0$ です．これより，上式 $(*)$ を用いると

$$w = (-c^{-1} a_1) x_1 + \cdots + (-c^{-1} a_r) x_r$$

を得ます． $\square$

命題 2 体 K 上のベクトル空間 X の部分空間 $W = \langle x_1, \ldots, x_r \rangle$ に対して，部分空間 W の基底を生成元 $x_1, \ldots, x_r$ のなかから選ぶことができる．

証明 もし，生成元のなかにゼロ元 0 があれば，それを生成元から取り除けるので，それらを取り除いて，すべての生成元 $x_i \neq 0$ と仮定できます．そこで，元 x_1 から順に，その元が，それよりも添え字の番号が小さい元の 1 次結合であるかどうかを調べます．

まず，元 x_1 は $x_1 \neq 0$ なので，この元 x_1 は 1 次独立です（8 章，例 3）．次に，元 x_2 について，もし，元 x_2 が x_1 の 1 次結合ならば $c \neq 0$ である元 $c \in K$ により $x_2 = c x_1$ と表されます．これは

$$x_2 = c x_1 + 0 \cdot x_3 + \cdots + 0 \cdot x_r$$

と書き直されるので，元 x_2 は残りの生成元 $x_1, x_3, \ldots, x_r$ の 1 次結合となります．したがって，元 x_2 は生成元として不要なので（9 章，命題 2），元 x_2 を生成元から取り除き，番号を順に 1 つ小さな番号に付け替えて，生成元を $x_1, \ldots, x_{r-1}$ とします．

そこで，元 x_2 は x_1 の 1 次結合でない，すなわち，元 x_2 と x_1 は 1 次独立（補題 1 (1)）として，元 x_3 について考えます．もし，元 x_3 が x_1 と x_2 の 1 次結合ならば，元 $c_i \in K$ により

$$x_3 = c_1 x_1 + c_2 x_2$$

と表されます．これは

$$x_3 = c_1 x_1 + c_2 x_2 + 0 \cdot x_4 + \cdots + 0 \cdot x_{r-1}$$

と書き直され，元 x_3 は残りの生成元 $x_1, x_2, x_4, \ldots, x_{r-1}$ の 1 次結合となるので，元 x_3 は生成元として不要です．元 x_3 を取り除き，添え字の番号を順に付け替えて，生成元を $x_1, x_2, \ldots, x_{r-2}$ とします．一方，元 x_3 が x_1 と x_2 の 1 次結合でなければ，元 x_1, x_2, x_3 は 1 次独立です（補題 1 (1)）．

このような操作を順に行います．つまり，その元がそれよりも添え字の番号が小さい元の 1 次結合ならば，その元を取り除き，それより先の番号を順に 1 つ小さな番号に付け替えた元を生成元とします．得られた生成元は 1 次独立なので，それらが求める基底です． □

命題 2 により，有限生成なベクトル空間は，生成元のなかから基底を選べるので，基底の元は有限個になります．したがって，**有限次元**（次元が有限）です．逆に，有限次元なベクトル空間は，基底の元が有限個なので，有限生成（生成元の個数は有限）です．結局，有限生成なベクトル空間と有限次元なベクトル空間は同じになります．

例 1 実数を係数とする多項式の集合 $\mathbb{R}[t]$ は実ベクトル空間です（3 章，例 3）．この空間 $\mathbb{R}[t]$ は有限生成ではありません．

なぜならば，もし $\mathbb{R}[t]$ が有限生成な実ベクトル空間ならば，有限個の生成元 $f_1, \ldots, f_r$ が存在します．この場合，どの多項式 $g \in \mathbb{R}[t]$ も，実数 $a_i \in \mathbb{R}$ を用いて

$$g = a_1 f_1 + \cdots + a_r f_r$$

と表されます．しかし，多項式 g としては，生成元 $f_1, \ldots, f_r$ のどの多項式の次数よりも大きな次数の多項式を選ぶことができるので，この表し方は矛盾です． □

10 章

例 2 体 K 上のベクトル空間 K^n の元

$$x_1 = \begin{pmatrix} a_{11} \\ \vdots \\ a_{n1} \end{pmatrix}, \quad \ldots, \quad x_r = \begin{pmatrix} a_{1r} \\ \vdots \\ a_{nr} \end{pmatrix}$$

で生成される部分空間 $W = \langle x_1, \ldots, x_r \rangle$ を考えます．この場合 W の基底と次元を次のようにして見つけることができます．すなわち，生成元 $x_1, \ldots, x_r \in K^n$ を横ベクトル

$$\begin{array}{cccc} x_1 & & a_{11} & \cdots & a_{n1} \\ \vdots & & \vdots & & \vdots \\ x_r & & a_{1r} & \cdots & a_{nr} \end{array}$$

で表し，生成元の取り替え 1（7 章，定理 2）を用いて，右側の成分行列を**階段形**

$$\begin{pmatrix} 1 & *** & 0 & *** & 0 & *** & & 0 & *** \\ 0 & \cdots & 1 & *** & 0 & *** & & 0 & *** \\ 0 & \cdots & 0 & \cdots & 1 & *** & & 0 & *** \\ 0 & \cdots & 0 & \cdots & 0 & \cdots & & & \\ \vdots & & \vdots & & \vdots & & \ddots & & \\ 0 & \cdots & 0 & \cdots & 0 & \cdots & & 1 & *** \\ 0 & \cdots & 0 & \cdots & 0 & \cdots & & 0 & \cdots & 0 \\ \vdots & & \vdots & & \vdots & & & \vdots & \\ 0 & \cdots & 0 & \cdots & 0 & \cdots & & 0 & \cdots & 0 \end{pmatrix}$$

に変形します（簡単のために，第 1 列の成分 $a_{11}, \ldots, a_{1r}$ のどれかは 0 でないとしています）．得られた 0 以外の横ベクトルが W の生成元です．それらが k 個存在する（成分行列の行ランク（6 章）が k である）として，それらを縦ベクトルに書き換え，順に

$$w_1 = \begin{pmatrix} 1 \\ * \\ * \\ 0 \\ * \\ * \\ 0 \\ * \\ * \end{pmatrix}, \quad w_2 = \begin{pmatrix} 0 \\ \vdots \\ 1 \\ * \\ * \\ 0 \\ * \\ * \end{pmatrix}, \quad \ldots, \quad w_k = \begin{pmatrix} 0 \\ \vdots \\ 0 \\ \vdots \\ 1 \\ * \\ * \end{pmatrix}$$

とおくと $W = \langle w_1, \ldots, w_k \rangle$ が成立します．この場合，元 $w_1, \ldots, w_k$ は **1 次独立** です．

なぜならば，元 $a_1, \ldots, a_k \in K$ に対して $a_1 w_1 + \cdots + a_k w_k = 0$ ならば，この式は

$$
\begin{pmatrix} a_1 \\ * \\ * \\ * \\ 0 \\ * \\ * \\ * \\ 0 \\ * \\ * \\ * \end{pmatrix} + \begin{pmatrix} 0 \\ \vdots \\ 0 \\ a_2 \\ * \\ * \\ 0 \\ * \\ * \\ * \end{pmatrix} + \cdots + \begin{pmatrix} 0 \\ \vdots \\ 0 \\ \vdots \\ 0 \\ a_k \\ * \\ * \\ * \end{pmatrix} = 0
$$

と書き直されるので，各行から，順に $a_1 = 0, \ldots, a_k = 0$ を得ます．したがって，元 $w_1, \ldots, w_k$ は 1 次独立な W の生成元（基底の元）なので，次元 $\dim W = k$ です．□

例 3 実ベクトル空間 $\mathbb{R}^3$ の 3 つの元

$$
x_1 = \begin{pmatrix} -1 \\ 2 \\ -1 \end{pmatrix}, \quad x_2 = \begin{pmatrix} 1 \\ 1 \\ -2 \end{pmatrix}, \quad x_3 = \begin{pmatrix} 3 \\ 1 \\ -4 \end{pmatrix}
$$

で生成される部分空間 $W = \langle x_1, x_2, x_3 \rangle$ を考えます（7 章，例 1）．これらの生成元を横ベクトルとして表し，成分行列を階段形に変形すると

$$
\begin{array}{ll}
\frac{2}{3} x_2 - \frac{1}{3} x_1 & \quad 1 \quad 0 \quad -1 \\
\frac{1}{3} x_1 + \frac{1}{3} x_2 & \quad 0 \quad 1 \quad -1 \\
x_3 - \frac{7}{3} x_2 + \frac{2}{3} x_1 & \quad 0 \quad 0 \quad 0
\end{array}
$$

です（左側の元は，変換された係数に対応する元です）．成分行列の行ランクは 2 なので $\dim W = 2$ です（例 2）．また，最後の行は

$$
x_3 - \frac{7}{3} x_2 + \frac{2}{3} x_1 = 0
$$

10 章

を意味するので，元 x_3 は x_1, x_2 の 1 次結合 $x_3 = -\frac{2}{3}x_1 + \frac{7}{3}x_2$ となり，元 x_3 は，生成元として不要です（9 章，命題 2）．これより，等号 $W = \langle x_1, x_2 \rangle$ が成立します．次元 2 の部分空間 W の生成元 x_1, x_2 は 1 次独立である（9 章，命題 4，または 7 章，例 2）ことに注意すると，集合 $\{x_1, x_2\}$ は W の基底になります． □

体 K 上のベクトル空間 X が有限次元ならば，部分空間 W も有限次元です．これは，次の結果から導かれます．

命題 3 もし X が体 K 上の有限次元なベクトル空間ならば，空間 X に属する 1 次独立な元をどのように選んでも，その個数 m は $m \leq \dim X$ である．

特に X に含まれる 1 次独立な元の集合で，元の個数が最大な集合 $\{x_1, \ldots, x_r\}$ は X の基底である．

証明 集合 $\{x_1, \ldots, x_r\}$ は 1 次独立な元の最大個数の集合なので，空間 X に属する 1 次独立な元をどのように選んでも，その元の個数 m は $m \leq r$ です．示したいことは $r = \dim X$ です（これより，前半の不等式が得られます）．

いま，部分空間 $W = \langle x_1, \ldots, x_r \rangle$ を考えます．この場合 $r = \dim W$ で，かつ $W \subset X$ です（4 章，命題 2）．もし $W = X$ が証明できれば，求める等号 $r = \dim X$ が得られ，集合 $\{x_1, \ldots, x_r\}$ は X の基底になります．

そこで $W \neq X$ と仮定すると $y \notin W$ となる元 $y \in X$ が存在します．したがって，元 $y, x_1, \ldots, x_r$ は 1 次独立です（補題 1 (1)）．しかし，これは，集合 $\{x_1, \ldots, x_r\}$ が X に含まれる 1 次独立な元の最大個数の集合であることに反します． □

系 体 K 上の有限次元なベクトル空間 X の部分空間 W は，有限次元であり，不等式

$$\dim W \leq \dim X$$

が成立する．特に，等号が成立する場合は $W = X$ である．

証明 いま $n = \dim X$ として，元 $w_1, \ldots, w_m \in W$ は 1 次独立とします．ここで $W \subset X$ より $w_1, \ldots, w_m \in X$ です．よって，命題 3 から $m \leq n$ を得ます．これは，

部分空間 W に属する元のなかから 1 次独立となる元を最大限に選んでも，その個数は有限で，かつ n 以下となることを意味します．

そこで，部分空間 W に属する元のなかから 1 次独立となる元を最大限に選んで，それらを $w_1, \ldots, w_r$ とします．命題 3 より，それらの元は W の基底となるので $r = \dim W$ です．これより，部分空間 W は有限次元で，不等式 $r \leq n$ が成立します．

もし $r = \dim X$ ならば 1 次独立な元の集合 $\{w_1, \ldots, w_r\}$ は X の基底です（9 章，命題 4）．したがって $W = X$ を得ます． □

有限次元なベクトル空間 X では，部分空間 W の基底を X の基底に拡張できます．

命題 4（基底の拡張）いま r を $r < n$ として，体 K 上の n 次元ベクトル空間 X の元 $w_1, \ldots, w_r \in X$ が 1 次独立ならば，集合 $\{w_1, \ldots, w_r, x_{r+1}, \ldots, x_n\}$ が X の基底となるような元 $x_{r+1}, \ldots, x_n \in X$ が存在する．

証明 部分空間 $W = \langle w_1, \ldots, w_r \rangle$ を考えます．仮定 $r < n$ から $W \neq X$ です（命題 3 の系）．これより $x_{r+1} \notin W$ である元 $x_{r+1} \in X$ が存在します．元 $w_1, \ldots, w_r, x_{r+1}$ は 1 次独立です（補題 1 (1)）．これより，部分空間

$$W_1 = \langle w_1, \ldots, w_r, x_{r+1} \rangle$$

に対して，もし $X = W_1$ ならば，集合 $\{w_1, \ldots, w_r, x_{r+1}\}$ が求める X の基底です．

そこで $X \neq W_1$ とすると $x_{r+2} \notin W_1$ である元 $x_{r+2} \in X$ が存在します．これより，元 $w_1, \ldots, w_r, x_{r+1}, x_{r+2}$ は 1 次独立です（補題 1 (1)）．部分空間

$$W_2 = \langle w_1, \ldots, w_r, x_{r+1}, x_{r+2} \rangle$$

に対して，もし $X = W_2$ ならば，元 $\{w_1, \ldots, w_r, x_{r+1}, x_{r+2}\}$ が求める X の基底です．

この操作を繰り返します．最後に得られる集合が求める基底です． □

問題 10

問 1 実ベクトル空間 $\mathbb{R}^4$ の 5 つの元
$$x_1 = \begin{pmatrix} 0 \\ -1 \\ 1 \\ 1 \end{pmatrix}, \quad x_2 = \begin{pmatrix} 1 \\ -2 \\ 1 \\ -1 \end{pmatrix}, \quad x_3 = \begin{pmatrix} 1 \\ -5 \\ 4 \\ 2 \end{pmatrix}, \quad x_4 = \begin{pmatrix} 1 \\ -1 \\ 0 \\ -2 \end{pmatrix}, \quad x_5 = \begin{pmatrix} 3 \\ -4 \\ 1 \\ -5 \end{pmatrix}$$
で生成される部分空間 $W = \langle x_1, x_2, x_3, x_4, x_5 \rangle$ の次元 $\dim W$ を求めなさい.

問 2 実ベクトル空間 $\mathbb{R}^3$ の 5 つの元
$$x_1 = \begin{pmatrix} 2 \\ 1 \\ 1 \end{pmatrix}, \quad x_2 = \begin{pmatrix} -1 \\ 3 \\ 0 \end{pmatrix}, \quad x_3 = \begin{pmatrix} 1 \\ 4 \\ 1 \end{pmatrix}, \quad x_4 = \begin{pmatrix} 5 \\ -1 \\ 2 \end{pmatrix}, \quad x_5 = \begin{pmatrix} 0 \\ 7 \\ 1 \end{pmatrix}$$
が生成する部分空間 $W = \langle x_1, x_2, x_3, x_4, x_5 \rangle$ の基底を元 $x_1, \ldots, x_5$ のなかから選びなさい.

問 3 実ベクトル空間 $\mathbb{R}^4$ の 5 つの元
$$x_1 = \begin{pmatrix} 1 \\ 0 \\ 1 \\ 1 \end{pmatrix}, \quad x_2 = \begin{pmatrix} 2 \\ 1 \\ 0 \\ 1 \end{pmatrix}, \quad x_3 = \begin{pmatrix} 1 \\ 0 \\ -1 \\ 2 \end{pmatrix}, \quad x_4 = \begin{pmatrix} 2 \\ -1 \\ 2 \\ 4 \end{pmatrix}, \quad x_5 = \begin{pmatrix} 3 \\ 2 \\ 3 \\ -1 \end{pmatrix}$$
で生成される部分空間 $W = \langle x_1, x_2, x_3, x_4, x_5 \rangle$ の基底を求めなさい. また, その基底をベクトル空間 $\mathbb{R}^4$ の基底に拡張しなさい.

問 4 平面 $\mathbb{R}^2$ の原点 O を通らない直線 L は 2 つの元 $x, y \in \mathbb{R}^2$, $x \neq 0$, $y \neq 0$ により
$$L = \{x + ry \mid r \in \mathbb{R}\}$$
と表されます. この場合, 元 x, y が 1 次独立であることを示しなさい.

問 5 実ベクトル空間 X の元 x_1, x_2, x_3 が 1 次従属ならば, 元
$$y_1 = x_1 - 2x_2, \quad y_2 = 2x_1 - x_3, \quad y_3 = x_1 + x_2 + x_3$$
は 1 次従属かどうかを判別しなさい.

問 6 実ベクトル空間 $\mathbb{R}[t]$ の元
$$f_1 = 1 + t + t^2 + t^3, \quad f_2 = 1 + t^2 + 2t^3, \quad f_3 = t + t^3$$
が生成する部分空間
$$Y = \langle f_1, f_2, f_3 \rangle$$
の次元 $\dim Y$ を求めなさい.

11
基底の変換

有限生成なベクトル空間に対して，生成元の選び方が多数ある（7 章，定理 2（生成元の取り替え 1））ように，基底の選び方も多数存在します．

命題 1（基底の取り替え 1） 体 K 上のベクトル空間 X の部分空間 W の基底 $\{x_1, \ldots, x_r\}$ に関して，次の操作が成立する．

(1) 元 x_i を $c \neq 0$ である元 $c \in K$ を用いて得られる元 $y_i = cx_i$ で置き換えてよい．すなわち，集合 $\{x_1, \ldots, cx_i, \ldots, x_r\}$ は W の基底である．

(2) 元 x_i を，他の元 x_j および元 $c \in K$ を用いて得られる元 $y_i = x_i + cx_j$ で置き換えてよい．すなわち，集合 $\{x_1, \ldots, x_i + cx_j, \ldots, x_r\}$ は W の基底である．

(3) 元 x_i と x_j を入れ替えてよい．すなわち，集合 $\{x_1, \ldots, x_j, \ldots, x_i, \ldots, x_r\}$ は W の基底である．

証明 (1) 生成元の取り替え 1（7 章，定理 2 (1)）を用いると

$$W = \langle x_1, \ldots, cx_i, \ldots, x_r \rangle$$

が成立します．いま $\{x_1, \ldots, x_r\}$ は部分空間 W の基底なので $r = \dim W$ です．したがって，生成元の集合 $\{x_1, \ldots, cx_i, \ldots, x_r\}$ は W の基底です（9 章，命題 4）．実際，生成元 $x_1, \ldots, cx_i, \ldots, x_r$ が 1 次独立であることは，次のようにして示されます．

いま，元 $a_1, \ldots, a_r \in K$ に対して

$$a_1 x_1 + \cdots + a_{i-1} x_{i-1} + a_i(cx_i) + a_{i+1} x_{i+1} + \cdots + a_r x_r = 0$$

11 章

と仮定します．この式は

$$a_1 x_1 + \cdots + a_{i-1} x_{i-1} + (c a_i) x_i + a_{i+1} x_{i+1} + \cdots + a_r x_r = 0$$

と書き直されます．ここで $c a_i \in K$ です．基底の元 $x_1, \ldots, x_r$ は 1 次独立なので

$$a_1 = 0, \ldots, a_{i-1} = 0, \ c a_i = 0, \ a_{i+1} = 0, \ldots, a_r = 0$$

です（8 章，命題 1 (2)）．しかし $c \neq 0$ なので $a_i = 0$ です（問題 2，問 3）．これより，元 $x_1, \ldots, c x_i, \ldots, x_r$ は 1 次独立となり，これらの元の集合は W の基底です．

(2), (3) も，同様に証明されるので，各自で確かめてください． □

系（基底の取り替え 2） 体 K 上のベクトル空間 X の部分空間 W の基底を $\{x_1, \ldots, x_r\}$ として，元 $y \in W$ を

$$y = a_1 x_1 + \cdots + a_r x_r$$

とする．ここで $a_1, \ldots, a_r \in K$ である．もし，ある i に対して $a_i \neq 0$ ならば，元 x_i を y と取り替えて得られる集合 $\{x_1, \ldots, x_{i-1}, y, x_{i+1}, \ldots, x_r\}$ は W の基底である．

証明 生成元の取り替え 2（9 章，命題 1）を用いると

$$W = \langle x_1, \ldots, x_{i-1}, y, x_{i+1}, \ldots, x_r \rangle$$

が成立します．いま $r = \dim W$ なので，生成元の集合 $\{x_1, \ldots, x_{i-1}, y, x_{i+1}, \ldots, x_r\}$ は W の基底です（9 章，命題 4）． □

体 K 上のベクトル空間 X の部分空間 W の基底を $\{w_1, \ldots, w_r\}$ とします．各 $y \in W$ は，生成元 $w_1, \ldots, w_r$ により

$$y = c_1 w_1 + \cdots + c_r w_r$$

の形に一意的に表されます．ここで $c_1, \ldots, c_r \in K$ です．この等式を

$$y = (w_1 \ \cdots \ w_r) \begin{pmatrix} c_1 \\ \vdots \\ c_r \end{pmatrix}$$

と書くことにします．すなわち，規則を「行の成分と列の成分を順に掛けて加える」として

$$(w_1 \cdots w_r) \begin{pmatrix} c_1 \\ \vdots \\ c_r \end{pmatrix} := c_1 w_1 + \cdots + c_r w_r \qquad (\#)$$

と定義します．いま，空間 W の 2 つの基底 $\{w_1, \ldots, w_r\}$, $\{v_1, \ldots, v_r\}$ を考えます．各 $v_i \in W$ は，基底 $\{w_1, \ldots, w_r\}$ の元により

$$\begin{aligned} v_1 &= a_{11} w_1 + \cdots + a_{i1} w_i + \cdots + a_{r1} w_r, \\ &\vdots \\ v_j &= a_{1j} w_1 + \cdots + a_{ij} w_i + \cdots + a_{rj} w_r, \\ &\vdots \\ v_r &= a_{1r} w_1 + \cdots + a_{ir} w_i + \cdots + a_{rr} w_r \end{aligned} \qquad (1)$$

の形に一意的に表されます．係数 a_{ij} の添え字 i, j は j 番目の元 v_j の i 番目の係数（つまり，元 w_i の係数）であることを意味しています．これらの関係式は，それぞれ

$$v_1 = (w_1 \cdots w_r) \begin{pmatrix} a_{11} \\ \vdots \\ a_{r1} \end{pmatrix}, \quad \ldots, \quad v_r = (w_1 \cdots w_r) \begin{pmatrix} a_{1r} \\ \vdots \\ a_{rr} \end{pmatrix}$$

と表されるので，これらの式をまとめて

$$(v_1 \cdots v_r) = (w_1 \cdots w_r) \begin{pmatrix} a_{11} & \cdots & a_{1r} \\ \vdots & & \vdots \\ a_{r1} & \cdots & a_{rr} \end{pmatrix} \qquad (2)$$

と書くことにします．実際，この右辺を上述の規則に従って書き直すと

$$(w_1 \cdots w_r) \begin{pmatrix} a_{11} & \cdots & a_{1r} \\ \vdots & & \vdots \\ a_{r1} & \cdots & a_{rr} \end{pmatrix} = (a_{11} w_1 + \cdots + a_{r1} w_r \quad \cdots \quad a_{1r} w_1 + \cdots + a_{rr} w_r)$$

11 章

となり，右辺の各成分は，それぞれ，元 $v_1, \ldots, v_r$ を表します．

等式 (2) の右辺にある行列（この形の行列を r 次の**正方行列**といいます）

$$\begin{pmatrix} a_{11} & \cdots & a_{1r} \\ \vdots & & \vdots \\ a_{r1} & \cdots & a_{rr} \end{pmatrix} \qquad (3)$$

を基底 $\{w_1, \ldots, w_r\}$ を基底 $\{v_1, \ldots, v_r\}$ に**変換する行列**（**変換行列**）といい，等式 (1)（または (2)）を**変換式**といいます．

基底の元 $w_1, \ldots, w_r$ は 1 次独立なので，等式 (1) の係数 a_{ij} が一意的であることに注意します．したがって，変換行列 (3) の各成分も一意的に定まります．

例 実ベクトル空間 X の部分空間 W の基底を $\{v_1, v_2, v_3\}$ として，元

$$w_1 = v_1 - v_2 + 3v_3, \quad w_2 = 2v_1 - v_2 + 5v_3, \quad w_3 = 2v_1 - 3v_2 + 4v_3 \qquad (4)$$

考えます．もし，これらの元が W の生成元ならば，集合 $\{w_1, w_2, w_3\}$ は部分空間 W の基底です（9 章，命題 4）．

ここでは，部分空間 $Y = \langle w_1, w_2, w_3 \rangle$ に対して，生成元の取り替え 1（7 章，定理 2）を用い，生成元

$$\begin{aligned} w_1 &= v_1 - v_2 + 3v_3 \\ w_2 &= 2v_1 - v_2 + 5v_3 \\ w_3 &= 2v_1 - 3v_2 + 4v_3 \end{aligned}$$

の係数行列（左側は w_i の係数，右側は v_j の係数）の右側を階段形に変形します（それに伴って変換される元，すなわち，右側の係数に対応する元が Y の生成元です）．

$$\left(\begin{array}{ccc|ccc} 1 & 0 & 0 & 1 & -1 & 3 \\ 0 & 1 & 0 & 2 & -1 & 5 \\ 0 & 0 & 1 & 2 & -3 & 4 \end{array}\right) \rightarrow \left(\begin{array}{ccc|ccc} 1 & 0 & 0 & 1 & -1 & 3 \\ -2 & 1 & 0 & 0 & 1 & -1 \\ -2 & 0 & 1 & 0 & -1 & -2 \end{array}\right)$$

$$\rightarrow \begin{pmatrix} -1 & 1 & 0 & | & 1 & 0 & 2 \\ -2 & 1 & 0 & | & 0 & 1 & -1 \\ -4 & 1 & 1 & | & 0 & 0 & -3 \end{pmatrix} \rightarrow \begin{pmatrix} -\frac{11}{3} & \frac{5}{3} & \frac{2}{3} & | & 1 & 0 & 0 \\ -\frac{2}{3} & \frac{2}{3} & -\frac{1}{3} & | & 0 & 1 & 0 \\ \frac{4}{3} & -\frac{1}{3} & -\frac{1}{3} & | & 0 & 0 & 1 \end{pmatrix}$$

これをもとの式に戻すと

$$\begin{aligned} -\frac{11}{3}w_1 + \frac{5}{3}w_2 + \frac{2}{3}w_3 &= v_1, \\ -\frac{2}{3}w_1 + \frac{2}{3}w_2 - \frac{1}{3}w_3 &= v_2, \\ \frac{4}{3}w_1 - \frac{1}{3}w_2 - \frac{1}{3}w_3 &= v_3 \end{aligned} \tag{5}$$

となり，左側の係数行列が表す元，すなわち，右側の元 v_i は，部分空間 Y の生成元です．これより $Y = \langle v_1, v_2, v_3 \rangle$ となり，等号 $W = Y$ が成立します．

以上により，元 w_1, w_2, w_3 は W の生成元となり，それらは W の基底です．上述の計算は，逆にたどることができるので，等式 (5) から (4) が得られます．

そこで，等式 (4) を書き直すと

$$w_1 = (v_1 \ v_2 \ v_3) \begin{pmatrix} 1 \\ -1 \\ 3 \end{pmatrix}, \quad w_2 = (v_1 \ v_2 \ v_3) \begin{pmatrix} 2 \\ -1 \\ 5 \end{pmatrix}, \quad w_3 = (v_1 \ v_2 \ v_3) \begin{pmatrix} 2 \\ -3 \\ 4 \end{pmatrix}$$

となります．これらの 3 式をまとめると

$$(w_1 \ w_2 \ w_3) = (v_1 \ v_2 \ v_3) \begin{pmatrix} 1 & 2 & 2 \\ -1 & -1 & -3 \\ 3 & 5 & 4 \end{pmatrix} \tag{*}$$

となるので，基底 $\{v_1, v_2, v_3\}$ を基底 $\{w_1, w_2, w_3\}$ に変換する変換行列

$$P = \begin{pmatrix} 1 & 2 & 2 \\ -1 & -1 & -3 \\ 3 & 5 & 4 \end{pmatrix}$$

11 章

が得られます．同様にして，等式 (5) を書き直すと

$$v_1 = (w_1\ w_2\ w_3)\begin{pmatrix} -\frac{11}{3} \\ \frac{5}{3} \\ \frac{2}{3} \end{pmatrix}, \quad v_2 = (w_1\ w_2\ w_3)\begin{pmatrix} -\frac{2}{3} \\ \frac{2}{3} \\ -\frac{1}{3} \end{pmatrix}, \quad v_3 = (w_1\ w_2\ w_3)\begin{pmatrix} \frac{4}{3} \\ -\frac{1}{3} \\ -\frac{1}{3} \end{pmatrix}$$

です．これらの 3 式から

$$(v_1\ v_2\ v_3) = (w_1\ w_2\ w_3)\begin{pmatrix} -\frac{11}{3} & -\frac{2}{3} & \frac{4}{3} \\ \frac{5}{3} & \frac{2}{3} & -\frac{1}{3} \\ \frac{2}{3} & -\frac{1}{3} & -\frac{1}{3} \end{pmatrix}$$

となり，基底 $\{w_1, w_2, w_3\}$ を $\{v_1, v_2, v_3\}$ に変換する変換行列は

$$Q = \begin{pmatrix} -\frac{11}{3} & -\frac{2}{3} & \frac{4}{3} \\ \frac{5}{3} & \frac{2}{3} & -\frac{1}{3} \\ \frac{2}{3} & -\frac{1}{3} & -\frac{1}{3} \end{pmatrix}$$

となります．　　　　　　　　　　　　　　　　　　　　　　　　　　　□

命題 2 変換行列 (3) の各列を

$$x_1 = \begin{pmatrix} a_{11} \\ \vdots \\ a_{r1} \end{pmatrix}, \quad \ldots, \quad x_r = \begin{pmatrix} a_{1r} \\ \vdots \\ a_{rr} \end{pmatrix}$$

とおくと，これらの元 $x_1, \ldots, x_r \in K^r$ は 1 次独立である．

証明 いま，元 $c_1, \ldots, c_r \in K$ に対して

$$c_1 x_1 + \cdots + c_r x_r = 0$$

と仮定します．この等式は

$$c_1 \begin{pmatrix} a_{11} \\ \vdots \\ a_{r1} \end{pmatrix} + \cdots + c_r \begin{pmatrix} a_{1r} \\ \vdots \\ a_{rr} \end{pmatrix} = 0$$

です．左辺を書き直すと

$$\begin{pmatrix} c_1 a_{11} + \cdots + c_r a_{1r} \\ \vdots \\ c_1 a_{r1} + \cdots + c_r a_{rr} \end{pmatrix} = 0$$

となるので，等式

$$c_1 a_{11} + \cdots + c_r a_{1r} = 0,$$
$$\vdots$$
$$c_1 a_{r1} + \cdots + c_r a_{rr} = 0$$

が成立します．これらの式と等式 (1) を用いると

$$c_1 v_1 + \cdots + c_r v_r = c_1(a_{11} w_1 + \cdots + a_{r1} w_r) + \cdots + c_r(a_{1r} w_1 + \cdots + a_{rr} w_r)$$
$$= (c_1 a_{11} + \cdots + c_r a_{1r}) w_1 + \cdots + \cdots + (c_1 a_{r1} + \cdots + c_r a_{rr}) w_r$$
$$= 0$$

です．基底の元 $v_1, \ldots, v_r$ は 1 次独立なので $c_1 = 0, \ldots, c_r = 0$ を得ます． □

問題 11

問 1 体 K 上のベクトル空間 X の部分空間 $W = \langle v_1, v_2, v_3 \rangle$ および，元
$$w_1 = v_3, \quad w_2 = v_2 + av_3, \quad w_3 = bv_1$$
について，次の事項を示しなさい．ただし $a, b \in K$, $b \neq 0$ です．

(1) 元 w_1, w_2, w_3 は部分空間 W を生成する．

(2) もし $\{v_1, v_2, v_3\}$ が W の基底ならば，集合 $\{w_1, w_2, w_3\}$ も W の基底である．

問 2 実数 $a \in \mathbb{R}$ に対して，集合
$$B = \{1, t, t^2\}, \quad D = \{1, t-a, (t-a)^2\}$$
は，いずれも，実ベクトル空間 $\mathbb{R}[t]_2$ の基底です（問題 9，問 6）．基底 B を基底 D に変換する変換行列 S および，基底 D を基底 B に変換する変換行列 T を求めなさい．

問 3 実ベクトル空間 $\mathbb{R}^4$ の 4 つの元
$$x_1 = \begin{pmatrix} 1 \\ 2 \\ 1 \\ 1 \end{pmatrix}, \quad x_2 = \begin{pmatrix} 3 \\ a \\ 1 \\ 6 \end{pmatrix}, \quad x_3 = \begin{pmatrix} 3 \\ -8 \\ 9 \\ 5 \end{pmatrix}, \quad x_4 = \begin{pmatrix} 2 \\ -1 \\ 5 \\ 2 \end{pmatrix}$$
が生成する部分空間 W の次元が $\dim W = 3$ であるための実数 $a \in \mathbb{R}$ の条件を求めなさい．

問 4 実ベクトル空間 X の元 $v_1, \ldots, v_4$ を基底とする部分空間 $Y = \langle v_1, \ldots, v_4 \rangle$ の元
$$w_1 = -2v_1 + v_2 + 3v_3 + 4v_4, \quad w_2 = 2v_1 - 5v_3 + v_4,$$
$$w_3 = v_1 + 4v_2 + 2v_3 - 15v_4, \quad w_4 = -v_1 - 2v_2 + v_3 + 5v_4$$
の集合 $\{w_1, \ldots, w_4\}$ が Y の基底であることを示しなさい．

また，基底 $\{v_1, \ldots, v_4\}$ を基底 $\{w_1, \ldots, w_4\}$ に変換する変換行列 P および，基底 $\{w_1, \ldots, w_4\}$ を基底 $\{v_1, \ldots, v_4\}$ に変換する変換行列 Q を求めなさい．

問 5 実ベクトル空間 $\mathbb{R}^3$ の 4 つの元
$$x_1 = \begin{pmatrix} 1 \\ -4 \\ 1 \end{pmatrix}, \quad x_2 = \begin{pmatrix} -1 \\ 7 \\ 0 \end{pmatrix}, \quad x_3 = \begin{pmatrix} 1 \\ 1 \\ -1 \end{pmatrix}, \quad x_4 = \begin{pmatrix} -2 \\ 0 \\ -1 \end{pmatrix}$$
から得られる部分空間
$$W_1 = \langle x_1, x_2 \rangle, \quad W_2 = \langle x_3, x_4 \rangle$$
に対して，共通部分 $W_1 \cap W_2$ の基底を求めなさい．

12
行列の積

　体 K 上のベクトル空間 X の r 次元部分空間 W の 2 組の基底 $\{x_1, \ldots, x_r\}$ および $\{y_1, \ldots, y_r\}$ を考えると，基底の元の間には，変換式

$$
\begin{aligned}
y_1 &= a_{11}x_1 + \cdots + a_{r1}x_r, \\
&\vdots \\
y_r &= a_{1r}x_1 + \cdots + a_{rr}x_r
\end{aligned}
\tag{1}
$$

が存在します．これらの式をまとめて

$$
(y_1 \ \cdots \ y_r) = (x_1 \ \cdots \ x_r) \begin{pmatrix} a_{11} & \cdots & a_{1r} \\ \vdots & & \vdots \\ a_{r1} & \cdots & a_{rr} \end{pmatrix}
\tag{2}
$$

と書きます（11 章）．この右辺にある r 次の正方行列

$$
P = \begin{pmatrix} a_{11} & \cdots & a_{1r} \\ \vdots & & \vdots \\ a_{r1} & \cdots & a_{rr} \end{pmatrix}
$$

は，基底 $\{x_1, \ldots, x_r\}$ を基底 $\{y_1, \ldots, y_r\}$ に変換する**変換行列**です．

　そこで，部分空間 W のもう 1 組の基底 $\{z_1, \ldots, z_r\}$ を考えて，基底 $\{y_1, \ldots, y_r\}$ を基底 $\{z_1, \ldots, z_r\}$ に変換する変換式を

$$
\begin{aligned}
z_1 &= b_{11}y_1 + \cdots + b_{r1}y_r, \\
&\vdots \\
z_r &= b_{1r}y_1 + \cdots + b_{rr}y_r
\end{aligned}
\tag{3}
$$

12 章

とします．これらは，また

$$(z_1 \cdots z_r) = (y_1 \cdots y_r) \begin{pmatrix} b_{11} & \cdots & b_{1r} \\ \vdots & & \vdots \\ b_{r1} & \cdots & b_{rr} \end{pmatrix} \tag{4}$$

と表され，変換行列は

$$Q = \begin{pmatrix} b_{11} & \cdots & b_{1r} \\ \vdots & & \vdots \\ b_{r1} & \cdots & b_{rr} \end{pmatrix}$$

です．関係式 (1), (3) から，元 z_j を求めると

$$z_j = \sum_{k=1}^{r} b_{kj} y_k = \sum_{k=1}^{r} b_{kj} \left(\sum_{i=1}^{r} a_{ik} x_i \right) = \sum_{i=1}^{r} \left(\sum_{k=1}^{r} a_{ik} b_{kj} \right) x_i$$

となります．各 z_i を基底 $\{x_1, \ldots, x_r\}$ の 1 次結合で表す場合，その係数は一意的です．したがって，基底 $\{x_1, \ldots, x_r\}$ を基底 $\{z_1, \ldots, z_r\}$ に変換する変換式

$$\begin{aligned} z_1 &= c_{11} x_1 + \cdots + c_{r1} x_r, \\ &\vdots \\ z_r &= c_{1r} x_1 + \cdots + c_{rr} x_r \end{aligned} \tag{5}$$

の元 z_j の i 番目の係数（元 x_i の係数）c_{ij} は

$$c_{ij} = \sum_{k=1}^{r} a_{ik} b_{kj} = a_{i1} b_{1j} + \cdots + a_{ir} b_{rj} \tag{\#}$$

です．これを規則「行の成分と列の成分を順に掛けて加える」に従って書き直すと

$$c_{ij} = (a_{i1} \cdots a_{ir}) \begin{pmatrix} b_{1j} \\ \vdots \\ b_{rj} \end{pmatrix}$$

となります．そこで，**行列の積** PQ を，規則

　　PQ の i 行 j 列目の元 c_{ij} は P の i 行の成分と Q の j 列の成分を順に掛けて加える

行列の積

すなわち，行列 PQ の成分 c_{ij} を等式 (#) により定義します．

$$i\,\text{行}\begin{pmatrix} & \vdots & \\ \cdots & c_{ij} & \cdots \\ & \vdots & \end{pmatrix}\overset{j\,\text{列}}{} = i\,\text{行}\begin{pmatrix} a_{i1} & \cdots & a_{ir} \end{pmatrix}\begin{pmatrix} b_{1j} \\ \vdots \\ b_{rj} \end{pmatrix}\overset{j\,\text{列}}{}$$

等式 (#) から，基底 $\{x_1, \ldots, x_r\}$ を基底 $\{z_1, \ldots, z_r\}$ に変換する変換行列 T は，行列の積 PQ として得られます．すなわち，変換式 (5) を

$$(z_1 \cdots z_r) = (x_1 \cdots x_r)\begin{pmatrix} c_{11} & \cdots & c_{1r} \\ \vdots & & \vdots \\ c_{r1} & \cdots & c_{rr} \end{pmatrix} \tag{6}$$

と表すならば，変換行列

$$T = \begin{pmatrix} c_{11} & \cdots & c_{1r} \\ \vdots & & \vdots \\ c_{r1} & \cdots & c_{rr} \end{pmatrix}$$

に対して，等号 $T = PQ$ が成立します．この等式を用いると，関係式 (2), (4) から，等式

$$((x_1 \cdots x_r)P)Q = (x_1 \cdots x_r)(PQ)$$

が導かれることを各自で確かめてください．

体 K の元を成分にもつ r 次**正方行列**

$$\begin{pmatrix} a_{11} & \cdots & a_{1r} \\ \vdots & & \vdots \\ a_{r1} & \cdots & a_{rr} \end{pmatrix}$$

の i 行 j 列にある元 a_{ij} を，この行列の (i,j) **成分**といいます．したがって，等式 (#) は，積 PQ の (i,j) 成分 c_{ij} の定義式になります．

12章

例1 行列の積では，可換性 $AB = BA$ が成立しないことに注意します．実際，行列

$$A = \begin{pmatrix} 1 & 0 \\ 0 & 0 \end{pmatrix}, \quad B = \begin{pmatrix} 0 & 0 \\ 1 & -1 \end{pmatrix}$$

に対して

$$AB = \begin{pmatrix} 1 & 0 \\ 0 & 0 \end{pmatrix}\begin{pmatrix} 0 & 0 \\ 1 & -1 \end{pmatrix} = \begin{pmatrix} 1\cdot 0 + 0\cdot 1 & 1\cdot 0 + 0\cdot(-1) \\ 0\cdot 0 + 0\cdot 1 & 0\cdot 0 + 0\cdot(-1) \end{pmatrix} = \begin{pmatrix} 0 & 0 \\ 0 & 0 \end{pmatrix},$$

$$BA = \begin{pmatrix} 0 & 0 \\ 1 & -1 \end{pmatrix}\begin{pmatrix} 1 & 0 \\ 0 & 0 \end{pmatrix} = \begin{pmatrix} 0\cdot 1 + 0\cdot 0 & 0\cdot 0 + 0\cdot 0 \\ 1\cdot 1 + (-1)\cdot 0 & 1\cdot 0 + (-1)\cdot 0 \end{pmatrix} = \begin{pmatrix} 0 & 0 \\ 1 & 0 \end{pmatrix}$$

なので $AB \neq BA$ です． □

対角の成分 $a_{11}, \ldots, a_{rr}$ が 1 で，他の成分が 0 である正方行列

$$E := \begin{pmatrix} 1 & & O \\ & \ddots & \\ O & & 1 \end{pmatrix}$$

は r 次の**単位行列**と呼ばれます．次の結果は，正方行列の積に関する基本的な性質です．

命題1 同一の次数をもつ正方行列 A, B, C に対して，次が成立する．

(1) 結合律 $(AB)C = A(BC)$

(2) 単位元の存在 $AE = EA = A$

証明 行列は，いずれも r 次の正方行列として

$$A = \begin{pmatrix} a_{11} & \cdots & a_{1r} \\ \vdots & & \vdots \\ a_{r1} & \cdots & a_{rr} \end{pmatrix}, \quad B = \begin{pmatrix} b_{11} & \cdots & b_{1r} \\ \vdots & & \vdots \\ b_{r1} & \cdots & b_{rr} \end{pmatrix}, \quad C = \begin{pmatrix} c_{11} & \cdots & c_{1r} \\ \vdots & & \vdots \\ c_{r1} & \cdots & c_{rr} \end{pmatrix}$$

と表します．積 AB の (i, j) 成分を $(AB)_{ij}$ とすると

$$(AB)_{ij} = \sum_{k=1}^{r} a_{ik} b_{kj}$$

です．これより，積 $(AB)C$ の (i,j) 成分 $((AB)C)_{ij}$ は

$$((AB)C)_{ij} = \sum_{l=1}^{r}(AB)_{il}c_{lj} = \sum_{l=1}^{r}\left(\sum_{k=1}^{r}a_{ik}b_{kl}\right)c_{lj} = \sum_{l=1}^{r}\sum_{k=1}^{r}(a_{ik}b_{kl})c_{lj}$$

となります．同様に考えると，積 $A(BC)$ の (i,j) 成分 $(A(BC))_{ij}$ は

$$(A(BC))_{ij} = \sum_{k=1}^{r}a_{ik}(BC)_{kj} = \sum_{k=1}^{r}a_{ik}\left(\sum_{l=1}^{r}b_{kl}c_{lj}\right) = \sum_{k=1}^{r}\sum_{l=1}^{r}a_{ik}(b_{kl}c_{lj})$$

です．体 K では，積に関する結合律

$$(a_{ik}b_{kl})c_{lj} = a_{ik}(b_{kl}c_{lj})$$

が成立するので，等号 $((AB)C)_{ij} = (A(BC))_{ij}$ が得られます．したがって 2 つの行列のすべての成分が等しくなり $(AB)C = A(BC)$ です．

単位行列に対する等式 (2) についても，同様にして，確かめることができます．各自で試みてください． □

例 2 実ベクトル空間 W の基底 $\{v_1, v_2, v_3\}$ に対して，元

$$w_1 = v_1 - v_2 + 3v_3, \quad w_2 = 2v_1 - v_2 + 5v_3, \quad w_3 = 2v_1 - 3v_2 + 4v_3$$

の集合 $\{w_1, w_2, w_3\}$ は W の基底です（11 章，例）．この場合，基底 $\{v_1, v_2, v_3\}$ を基底 $\{w_1, w_2, w_3\}$ に変換する変換行列は

$$P = \begin{pmatrix} 1 & 2 & 2 \\ -1 & -1 & -3 \\ 3 & 5 & 4 \end{pmatrix}$$

で，また，基底 $\{w_1, w_2, w_3\}$ を $\{v_1, v_2, v_3\}$ に変換する変換行列は

$$Q = \begin{pmatrix} -\frac{11}{3} & -\frac{2}{3} & \frac{4}{3} \\ \frac{5}{3} & \frac{2}{3} & -\frac{1}{3} \\ \frac{2}{3} & -\frac{1}{3} & -\frac{1}{3} \end{pmatrix}$$

12 章

です．定義に従って，行列の積 PQ を計算してみると

$$PQ = \begin{pmatrix} 1 & 2 & 2 \\ -1 & -1 & -3 \\ 3 & 5 & 4 \end{pmatrix} \begin{pmatrix} -\frac{11}{3} & -\frac{2}{3} & \frac{4}{3} \\ \frac{5}{3} & \frac{2}{3} & -\frac{1}{3} \\ \frac{2}{3} & -\frac{1}{3} & -\frac{1}{3} \end{pmatrix}$$

$$= \begin{pmatrix} -\frac{11}{3} + 2 \cdot \frac{5}{3} + 2 \cdot \frac{2}{3} & -\frac{2}{3} + 2 \cdot \frac{2}{3} - 2 \cdot \frac{1}{3} & \frac{4}{3} - 2 \cdot \frac{1}{3} - 2 \cdot \frac{1}{3} \\ \frac{11}{3} - \frac{5}{3} - 3 \cdot \frac{2}{3} & \frac{2}{3} - \frac{2}{3} + 3 \cdot \frac{1}{3} & -\frac{4}{3} + \frac{1}{3} + 3 \cdot \frac{1}{3} \\ -3 \cdot \frac{11}{3} + 5 \cdot \frac{5}{3} + 4 \cdot \frac{2}{3} & -3 \cdot \frac{2}{3} + 5 \cdot \frac{2}{3} - 4 \cdot \frac{1}{3} & 3 \cdot \frac{4}{3} - 5 \cdot \frac{1}{3} - 4 \cdot \frac{1}{3} \end{pmatrix}$$

$$= \begin{pmatrix} 1 & 0 & 0 \\ 0 & 1 & 0 \\ 0 & 0 & 1 \end{pmatrix}$$

を得ます．同様に，行列の積 QP を計算すると

$$QP = \begin{pmatrix} -\frac{11}{3} & -\frac{2}{3} & \frac{4}{3} \\ \frac{5}{3} & \frac{2}{3} & -\frac{1}{3} \\ \frac{2}{3} & -\frac{1}{3} & -\frac{1}{3} \end{pmatrix} \begin{pmatrix} 1 & 2 & 2 \\ -1 & -1 & -3 \\ 3 & 5 & 4 \end{pmatrix}$$

$$= \begin{pmatrix} -\frac{11}{3} + \frac{2}{3} + 3 \cdot \frac{4}{3} & -2 \cdot \frac{11}{3} + \frac{2}{3} + 5 \cdot \frac{4}{3} & -2 \cdot \frac{11}{3} + 3 \cdot \frac{2}{3} + 4 \cdot \frac{4}{3} \\ \frac{5}{3} - \frac{2}{3} - 3 \cdot \frac{1}{3} & 2 \cdot \frac{5}{3} - \frac{2}{3} - 5 \cdot \frac{1}{3} & 2 \cdot \frac{5}{3} - 3 \cdot \frac{2}{3} - 4 \cdot \frac{1}{3} \\ \frac{2}{3} + \frac{1}{3} - 3 \cdot \frac{1}{3} & 2 \cdot \frac{2}{3} + \frac{1}{3} - 5 \cdot \frac{1}{3} & 2 \cdot \frac{2}{3} + 3 \cdot \frac{1}{3} - 4 \cdot \frac{1}{3} \end{pmatrix}$$

$$= \begin{pmatrix} 1 & 0 & 0 \\ 0 & 1 & 0 \\ 0 & 0 & 1 \end{pmatrix}$$

を得ます．この例で計算した等式 $PQ = QP = E$ は，一般に成立します． □

命題 2 体 K 上のベクトル空間 X の部分空間 W は，次元 $\dim W = r$ とする．いま $B = \{x_1, \ldots, x_r\}$ および $D = \{y_1, \ldots, y_r\}$ を W の 2 組の基底として，行列 P, Q が，

それぞれ，基底 B を基底 D に変換する変換行列，および，基底 D を基底 B に変換する変換行列ならば，等式 $PQ = E$ かつ $QP = E$ が成立する．

証明 いま $z_i = x_i$ として，基底 $\{z_1, \ldots, z_r\}$ を $\{x_1, \ldots, x_r\}$ とすると，等式 (4) は，基底 D を基底 B に変換する式です．この場合，変換式 (6) は

$$(x_1 \ \ldots \ x_r) = (x_1 \ \ldots \ x_r) \begin{pmatrix} 1 & & O \\ & \ddots & \\ O & & 1 \end{pmatrix}$$

となることを確認してください．これより，基底 B を基底 B に変換する変換行列は，単位行列 E です．したがって $E = PQ$ が成立します．

一方，基底 B と基底 D の役割を逆にして考えると，等式 $QP = E$ を得ます． □

いま A を n 次の正方行列として，等式

$$AB = E, \quad BA = E \tag{$*$}$$

を満たす n 次正方行列 B が存在するならば，行列 A を**正則行列**といいます．命題 2 から，基底の変換行列は，すべて，正則行列です．

また，等式 $(*)$ を満たす行列 B は**一意的**です．すなわち $AC = E$, $CA = E$ となる n 次正方行列 C は $C = B$ です．なぜならば，命題 1 から

$$C = CE = C(AB) = (CA)B = EB = B$$

を得ます．等式 $(*)$ を満たす行列 B を行列 A の**逆行列**といい，記号 A^{-1} で表します．したがって

$$AA^{-1} = E, \quad A^{-1}A = E$$

が成立します．これより，正則行列 A の逆行列 A^{-1} も正則行列です．

問題 12

問 1 実数を成分とする 3 次の正方行列
$$A = \begin{pmatrix} 1 & 3 & 3 \\ 2 & 1 & -8 \\ 1 & 1 & 6 \end{pmatrix}, \quad B = \begin{pmatrix} 2 & 5 & 2 \\ 4 & -2 & 4 \\ 1 & -5 & 3 \end{pmatrix}$$
に対して，積 AB および BA を求め，等号 $AB = BA$ が成立するかどうかを判別しなさい．

問 2 実数を成分とする 2 次の正方行列
$$A = \begin{pmatrix} a & b \\ c & d \end{pmatrix}$$
が条件 $A^2 = E$ を満たす場合，成分 $a, b, c, d \in \mathbb{R}$ の関係式を求めなさい．また，条件 $A^2 = E$ を満たす行列 A をすべて求めなさい．

問 3 空間 $\mathbb{R}^3$ 内の原点 O を通る平面（これは，空間 $\mathbb{R}^3$ の部分空間です（4 章，例 1））
$$H = \left\{ \begin{pmatrix} x \\ y \\ z \end{pmatrix} \in \mathbb{R}^3 \;\middle|\; ax + by + cz = 0 \right\}$$
の次元 $\dim H$ を求めなさい．ここで $a, b, c \in \mathbb{R}, \; a \neq 0$ です．

問 4 実数を係数とする 2 次以下の多項式の集合 $\mathbb{R}[t]_2$ は実ベクトル空間で，集合
$$B = \{1, \; t-1, \; (t-1)^2\}$$
は空間 $\mathbb{R}[t]_2$ の基底です（問題 9, 問 6）．集合
$$D = \{1 - t + t^2, \; -1 + 2t + 2t^2, \; 1 - 2t - t^2\}$$
が $\mathbb{R}[t]_2$ の基底となることを示しなさい．また，基底 B を D に変換する変換行列 S を求めなさい．

問 5 実ベクトル空間 X の元 x_1, x_2, x_3 が 1 次独立ならば，元 $a \in \mathbb{R}$ に対して，元
$$x_1 + x_2 + ax_3, \quad x_1 + ax_2 + x_3, \quad ax_1 + x_2 + x_3$$
が 1 次独立かどうかを判別しなさい．

問 6 もし，実数係数の方程式 $t^2 - ct + d = 0$ が $\alpha \neq 0$ である重根 $\alpha \in \mathbb{R}$ をもつならば，実数列 $u = \{\alpha^{n-1}\}, \; v = \{(n-1)\alpha^{n-2}\}$ の集合 $\{u, v\}$ が，実ベクトル空間
$$Y = \{\; \{a_n\} \in S(\mathbb{R}) \;|\; a_{n+2} = ca_{n+1} - da_n \}$$
（問題 4, 問 5）の基底となることを説明しなさい．

13
正則行列

いま,体 K の元を成分にもつ n 次正方行列 A および,縦ベクトル $w \in K^n$ を

$$A = \begin{pmatrix} a_{11} & \cdots & a_{1n} \\ \vdots & & \vdots \\ a_{n1} & \cdots & a_{nn} \end{pmatrix}, \quad w = \begin{pmatrix} c_1 \\ \vdots \\ c_n \end{pmatrix}$$

として,行列 A と縦ベクトル w の積 Aw を

$$Aw = A\begin{pmatrix} c_1 \\ \vdots \\ c_n \end{pmatrix} = \begin{pmatrix} a_{11} & \cdots & a_{1n} \\ \vdots & & \vdots \\ a_{n1} & \cdots & a_{nn} \end{pmatrix}\begin{pmatrix} c_1 \\ \vdots \\ c_n \end{pmatrix} := \begin{pmatrix} c_1 a_{11} + \cdots + c_n a_{1n} \\ \vdots \\ c_1 a_{n1} + \cdots + c_n a_{nn} \end{pmatrix} \qquad (1)$$

で定義します.この場合,次の命題が成立します.

命題 1 体 K 上のベクトル空間 X の元 $x_1, \ldots, x_n$ に対して,等式

$$((x_1 \ \cdots \ x_n)A)w = (x_1 \ \cdots \ x_n)(Aw)$$

が成立する.

証明 簡単のために,元 $y_1, \ldots, y_n \in K^n$ を $(y_1 \ \cdots \ y_n) = (x_1 \ \cdots \ x_n)A$ とおきます.この場合

$$y_j = a_{1j}x_1 + \cdots + a_{nj}x_n = \sum_{i=1}^{n} a_{ij}x_i$$

です(12 章,等式 (1), (2)).この等式および 11 章の定義 (#) を用いると

$$(y_1 \ \cdots \ y_n)w = \sum_{j=1}^{n} c_j y_j = \sum_{j=1}^{n} c_j \left(\sum_{i=1}^{n} a_{ij}x_i \right) = \sum_{j=1}^{n} \sum_{i=1}^{n} c_j a_{ij} x_i$$

13 章

を得ます．一方，等式 (1) から

$$(x_1 \cdots x_n)(Aw) = \sum_{i=1}^{n}(c_1 a_{i1} + \cdots + c_n a_{in})x_i = \sum_{i=1}^{n}\left(\sum_{j=1}^{n} c_j a_{ij} x_i\right) = \sum_{i=1}^{n}\sum_{j=1}^{n} c_j a_{ij} x_i$$

となります．したがって，求める等号が成立します． □

同様にして n 次の正方行列 A, B に対して，等号

$$B\left(A\begin{pmatrix} c_1 \\ \vdots \\ c_n \end{pmatrix}\right) = (BA)\begin{pmatrix} c_1 \\ \vdots \\ c_n \end{pmatrix} \qquad (\#)$$

が成立することを各自で確かめてください．

いま，正方行列 A の各列がつくる縦ベクトル $v_i \in K^n$

$$v_1 = \begin{pmatrix} a_{11} \\ \vdots \\ a_{n1} \end{pmatrix}, \quad \ldots, \quad v_n = \begin{pmatrix} a_{1n} \\ \vdots \\ a_{nn} \end{pmatrix}$$

を用いて，行列 A を

$$A = (v_1 \cdots v_n) \qquad (2)$$

と表すことにします．この表し方を用いると，例えば，単位行列 E は，**標準基底**

$$e_1 = \begin{pmatrix} 1 \\ 0 \\ \vdots \\ 0 \end{pmatrix}, \quad \ldots, \quad e_n = \begin{pmatrix} 0 \\ \vdots \\ 0 \\ 1 \end{pmatrix}$$

により $E = (e_1 \cdots e_n)$ と表されます．この表し方 (2) は 11 章，および 12 章で用いた規則「行の成分と列の成分を順に掛けて加える」と整合性があります．実際，等号

$$A\begin{pmatrix} c_1 \\ \vdots \\ c_n \end{pmatrix} = (v_1 \cdots v_n)\begin{pmatrix} c_1 \\ \vdots \\ c_n \end{pmatrix}$$

が成立します．なぜならば

$$(v_1 \ \cdots \ v_n) \begin{pmatrix} c_1 \\ \vdots \\ c_n \end{pmatrix} = c_1 v_1 + \cdots + c_n v_n = c_1 \begin{pmatrix} a_{11} \\ \vdots \\ a_{n1} \end{pmatrix} + \cdots + c_n \begin{pmatrix} a_{1n} \\ \vdots \\ a_{nn} \end{pmatrix}$$

$$= \begin{pmatrix} c_1 a_{11} + \cdots + c_n a_{1n} \\ \vdots \\ c_1 a_{n1} + \cdots + c_n a_{nn} \end{pmatrix} = A \begin{pmatrix} c_1 \\ \vdots \\ c_n \end{pmatrix}$$

を得ます．最後の等号は，上記 (1) で定義した，行列 A と縦ベクトルとの積です．

命題 2 体 K の元を成分とする n 次正方行列 $A = (v_1 \ \cdots \ v_n)$ に対して，次は同値である．

(1) A は正則行列である．

(2) $v_1, \ldots, v_n$ は 1 次独立である．

(3) $AB = E$ となる n 次正方行列 B が存在する．

この場合，条件 (3) を満たす行列 B は A の逆行列 A^{-1} である．

証明 まず (1) から (2) を導きます．いま，元 $c_i \in K$ に対して $c_1 v_1 + \cdots + c_n v_n = 0$ とします．これは

$$0 = (v_1 \ \cdots \ v_n) \begin{pmatrix} c_1 \\ \vdots \\ c_n \end{pmatrix} = A \begin{pmatrix} c_1 \\ \vdots \\ c_n \end{pmatrix}$$

と書き直されます．行列 A は正則行列なので，逆行列 A^{-1} が存在します．したがって

$$0 = A^{-1} \left(A \begin{pmatrix} c_1 \\ \vdots \\ c_n \end{pmatrix} \right) = (A^{-1} A) \begin{pmatrix} c_1 \\ \vdots \\ c_n \end{pmatrix} = E \begin{pmatrix} c_1 \\ \vdots \\ c_n \end{pmatrix} = \begin{pmatrix} c_1 \\ \vdots \\ c_n \end{pmatrix}$$

となり $c_1 = 0, \ldots, c_n = 0$ を得ます．

13 章

次に (2) から (3) を導きます．元 $v_1, \ldots, v_n \in K^n$ は 1 次独立なので，これらの元は n 次元空間 K^n の基底です（9 章, 命題 4）．したがって, 標準基底の各元 $e_i \in K^n$ は基底の元 $v_1, \ldots, v_n$ により

$$e_1 = b_{11}v_1 + \cdots + b_{n1}v_n,$$
$$\vdots$$
$$e_n = b_{1n}v_1 + \cdots + b_{nn}v_n$$

です．ここで $b_{ij} \in K$ です．これらの式をまとめると

$$(e_1 \ \ldots \ e_n) = (v_1 \ \ldots \ v_n) \begin{pmatrix} b_{11} & \cdots & b_{1n} \\ \vdots & & \vdots \\ b_{n1} & \cdots & b_{nn} \end{pmatrix}$$

が得られます．したがって，行列 B を

$$B = \begin{pmatrix} b_{11} & \cdots & b_{1n} \\ \vdots & & \vdots \\ b_{n1} & \cdots & b_{nn} \end{pmatrix}$$

とおくならば，上式は $E = AB$ となります．

最後に (3) から (1) を導くために，いま $B = (w_1 \ \cdots \ w_n)$ と表します．この場合，元 $w_1, \ldots, w_n \in K^n$ は 1 次独立です．

なぜならば，元 $c_i \in K$ に対して $c_1 w_1 + \cdots + c_n w_n = 0$ ならば

$$0 = (w_1 \ \cdots \ w_n) \begin{pmatrix} c_1 \\ \vdots \\ c_n \end{pmatrix} = B \begin{pmatrix} c_1 \\ \vdots \\ c_n \end{pmatrix}$$

なので，これより

$$0 = A \left(B \begin{pmatrix} c_1 \\ \vdots \\ c_n \end{pmatrix} \right) = (AB) \begin{pmatrix} c_1 \\ \vdots \\ c_n \end{pmatrix} = E \begin{pmatrix} c_1 \\ \vdots \\ c_n \end{pmatrix} = \begin{pmatrix} c_1 \\ \vdots \\ c_n \end{pmatrix}$$

となり $c_1 = 0, \ldots, c_n = 0$ を得ます．

したがって，元 $w_1, \ldots, w_n \in K^n$ に対して，事項 (2) が成立します．すでに証明したように，事項 (2) から (3) が導かれるので，それを用いると $BC = E$ となる n 次正方行列 C が存在します．これより

$$A = AE = A(BC) = (AB)C = EC = C$$

となる（12 章，命題 1）ので $BA = E$ を得ます．したがって A は正則行列で，行列 B は A の逆行列 A^{-1} です． □

最後に示したことから，次が導かれます．

系 n 次正方行列 A, B が等式 $AB = E$ を満たすならば，等式 $BA = E$ が成立する．

例 実数を成分とする 3 次の正方行列

$$A = \begin{pmatrix} 1 & 4 & 2 \\ -2 & -13 & -11 \\ 1 & 2 & -1 \end{pmatrix}$$

を考えます．縦ベクトル

$$v_1 = \begin{pmatrix} 1 \\ -2 \\ 1 \end{pmatrix}, \quad v_2 = \begin{pmatrix} 4 \\ -13 \\ 2 \end{pmatrix}, \quad v_3 = \begin{pmatrix} 2 \\ -11 \\ -1 \end{pmatrix}$$

が 1 次独立であることを各自で確かめてください．したがって A は正則行列です（命題 2）．

そこで，逆行列 A^{-1} を求めます．いま

$$A^{-1} = \begin{pmatrix} b_{11} & b_{12} & b_{13} \\ b_{21} & b_{22} & b_{23} \\ b_{31} & b_{32} & b_{33} \end{pmatrix}$$

13章

として，等式 $AA^{-1} = E$ を行列の形で表すと

$$\begin{pmatrix} 1 & 4 & 2 \\ -2 & -13 & -11 \\ 1 & 2 & -1 \end{pmatrix} \begin{pmatrix} b_{11} & b_{12} & b_{13} \\ b_{21} & b_{22} & b_{23} \\ b_{31} & b_{32} & b_{33} \end{pmatrix} = \begin{pmatrix} 1 & 0 & 0 \\ 0 & 1 & 0 \\ 0 & 0 & 1 \end{pmatrix}$$

です．この等式から（行列の積の定義（12章）から），縦ベクトル

$$w_1 = \begin{pmatrix} b_{11} \\ b_{21} \\ b_{31} \end{pmatrix}, \quad w_2 = \begin{pmatrix} b_{12} \\ b_{22} \\ b_{32} \end{pmatrix}, \quad w_3 = \begin{pmatrix} b_{13} \\ b_{23} \\ b_{33} \end{pmatrix}$$

は，それぞれ，連立1次方程式

$$\begin{cases} X_1 + 4X_2 + 2X_3 = 1 \\ -2X_1 - 13X_2 - 11X_3 = 0 \\ X_1 + 2X_2 - X_3 = 0 \end{cases}$$

$$\begin{cases} X_1 + 4X_2 + 2X_3 = 0 \\ -2X_1 - 13X_2 - 11X_3 = 1 \\ X_1 + 2X_2 - X_3 = 0 \end{cases}$$

$$\begin{cases} X_1 + 4X_2 + 2X_3 = 0 \\ -2X_1 - 13X_2 - 11X_3 = 0 \\ X_1 + 2X_2 - X_3 = 1 \end{cases}$$

の解です．これらの方程式の左辺が同一なことに注目します．

したがって，解は，いずれも，同一の計算法（係数の変形）で求まります．そこで，右辺の係数を右側にまとめて

$$\begin{array}{ccccccc} 1 & 4 & 2 & 1 & 0 & 0 \\ -2 & -13 & -11 & 0 & 1 & 0 \\ 1 & 2 & -1 & 0 & 0 & 1 \end{array}$$

と書くことにします．方程式の解法（6章，消去法）に従って，係数行列を変形すると

$$\to \left(\begin{array}{ccc|ccc} 1 & 4 & 2 & 1 & 0 & 0 \\ 0 & -5 & -7 & 2 & 1 & 0 \\ 0 & -2 & -3 & -1 & 0 & 1 \end{array}\right) \to \left(\begin{array}{ccc|ccc} 1 & 4 & 2 & 1 & 0 & 0 \\ 0 & 1 & 2 & 5 & 1 & -3 \\ 0 & -2 & -3 & -1 & 0 & 1 \end{array}\right)$$

$$\to \left(\begin{array}{ccc|ccc} 1 & 0 & -6 & -19 & -4 & 12 \\ 0 & 1 & 2 & 5 & 1 & -3 \\ 0 & 0 & 1 & 9 & 2 & -5 \end{array}\right) \to \left(\begin{array}{ccc|ccc} 1 & 0 & 0 & 35 & 8 & -18 \\ 0 & 1 & 0 & -13 & -3 & 7 \\ 0 & 0 & 1 & 9 & 2 & -5 \end{array}\right)$$

を得ます（11章，例）．

それぞれを元の方程式の形に戻すと

$$\begin{cases} X_1 = 35 \\ X_2 = -13 \\ X_3 = 9 \end{cases}, \quad \begin{cases} X_1 = 8 \\ X_2 = -3 \\ X_3 = 2 \end{cases}, \quad \begin{cases} X_1 = -18 \\ X_2 = 7 \\ X_3 = -5 \end{cases}$$

となります．これより，縦ベクトル

$$w_1 = \begin{pmatrix} 35 \\ -13 \\ 9 \end{pmatrix}, \quad w_2 = \begin{pmatrix} 8 \\ -3 \\ 2 \end{pmatrix}, \quad w_3 = \begin{pmatrix} -18 \\ 7 \\ -5 \end{pmatrix}$$

です．したがって，求める逆行列 A^{-1} は

$$A^{-1} = \begin{pmatrix} 35 & 8 & -18 \\ -13 & -3 & 7 \\ 9 & 2 & -5 \end{pmatrix}$$

です．実際，この行列に対して，等式 $AA^{-1} = E$ が成立することを確かめてください．□

問題 13

問 1 実数を成分とする正方行列

$$C = \begin{pmatrix} 3 & -3 & 1 \\ -3 & 2 & -1 \\ 2 & -3 & 2 \end{pmatrix}, \quad D = \begin{pmatrix} -5 & 5 & 3 & -1 \\ 2 & 2 & 1 & 2 \\ 3 & -1 & 1 & 1 \\ 2 & 3 & -1 & 3 \end{pmatrix}$$

が逆行列をもつかどうかを判定しなさい．もし逆行列をもつならば，その行列を求めなさい．

問 2 体 K の元を成分とする n 次の正方行列 B を縦ベクトル $v_1, \ldots, v_n \in K^n$ を用いて $B = (v_1 \cdots v_n)$ と表します．この場合 n 次の正方行列 A に対して，積 AB の列ベクトルは，順に $Av_1, \ldots, Av_n$ である，すなわち

$$AB = (Av_1 \cdots Av_n)$$

と表されることを示しなさい．

問 3 体 K の元を成分とする n 次正方行列 A および，元 $x, y \in K^n$ に対して，等式

$$A(x+y) = Ax + Ay, \quad A(cx) = c \cdot Ax$$

を示しなさい．ここで $c \in K$ です．これらの等式を用いて，集合

$$Y = \{x \in K^n \mid Ax = 0\}$$

が K^n の部分空間であることを示しなさい．

問 4 実ベクトル空間 $\mathbb{R}^3$ の 3 つの元

$$x_1 = \begin{pmatrix} 1 \\ -8 \\ 5 \end{pmatrix}, \quad x_2 = \begin{pmatrix} 0 \\ 3 \\ -2 \end{pmatrix}, \quad x_3 = \begin{pmatrix} 1 \\ -9 \\ 6 \end{pmatrix}$$

および

$$y_1 = \begin{pmatrix} 1 \\ 1 \\ 0 \end{pmatrix}, \quad y_2 = \begin{pmatrix} 1 \\ 2 \\ 1 \end{pmatrix}, \quad y_3 = \begin{pmatrix} 1 \\ 1 \\ 1 \end{pmatrix}$$

は，それぞれ $\mathbb{R}^3$ の基底であることを示しなさい．次に，基底 $\{x_1, x_2, x_3\}$ を基底 $\{y_1, y_2, y_3\}$ に変換する変換行列 P を求めなさい．また，行列 P の逆行列 P^{-1} を求めなさい．

問 5 体 K の元を成分とする n 次正方行列 A, B に対して，もし，積 AB が正則行列ならば，行列 A, B は，いずれも，正則行列であることを証明しなさい．

14
行列式の性質

　行列式は，一般に，環（3章，補足）の元を成分とする正方行列に対して定義されます（21章）．ここでは，体 K の元を成分とする正方行列の行列式の性質について説明します．この場合，行列式は，体 K に値をとる関数です．行列式を用いると，正方行列が正則行列であるための条件が得られます（17章，命題）．このテキストでは，**行列式**を記号 det で表し，行列 A に対する行列式の値を $\det A$ と書きます（det は determinant の略です）．

　体 K の元を成分とする n 次正方行列（n 行 n 列の行列）

$$A = \begin{pmatrix} a_{11} & \cdots & a_{1n} \\ \vdots & & \vdots \\ a_{n1} & \cdots & a_{nn} \end{pmatrix}$$

に対して，各行の成分からなる横ベクトル

$$v_1 = (a_{11} \ \cdots \ a_{1n}), \quad \ldots, \quad v_n = (a_{n1} \ \cdots \ a_{nn})$$

を考え，これらを縦に並べて，行列 A を

$$A = \begin{pmatrix} v_1 \\ \vdots \\ v_n \end{pmatrix}$$

と表します．ここで，横ベクトルに対して，加法 $+$ および，元 $c \in K$ のスカラー倍は

$$(a_1, \ldots, a_n) + (b_1, \ldots, b_n) = (a_1 + b_1, \ldots, a_n + b_n)$$

$$c \cdot (a_1, \ldots, a_n) = (ca_1, \ldots, ca_n)$$

14 章

で定義されます（3 章, 例 4）．これらの記法を用いて, 行列式 $\det A$ のもつ性質を記述すると, 次のようになります．ただし $i \neq j$ で $c \in K$ です．

行列式の性質（横ベクトルの場合）

(1) i 行目のベクトル v_i が 2 つのベクトル u_i, w_i の和 $v_i = u_i + w_i$ ならば, 行列式の値は i 行目を u_i および w_i で置き換えた 2 つの行列式の和である．すなわち, 等式

$$\det \begin{pmatrix} v_1 \\ \vdots \\ u_i + w_i \\ \vdots \\ v_n \end{pmatrix} = \det \begin{pmatrix} v_1 \\ \vdots \\ u_i \\ \vdots \\ v_n \end{pmatrix} + \det \begin{pmatrix} v_1 \\ \vdots \\ w_i \\ \vdots \\ v_n \end{pmatrix}$$

が成立する．

(2) i 行目のベクトル v_i がベクトル w_i の c 倍 $v_i = cw_i$ ならば, 行列式の値は i 行目を w_i で置き換えた行列式の値の c 倍である．すなわち, 等式

$$\det \begin{pmatrix} v_1 \\ \vdots \\ cw_i \\ \vdots \\ v_n \end{pmatrix} = c \cdot \det \begin{pmatrix} v_1 \\ \vdots \\ w_i \\ \vdots \\ v_n \end{pmatrix}$$

が成立する．特に $c = 0$ したがって $v_i = 0$ ならば, 行列式の値は 0 である．

(3) i 行目のベクトル v_i が j 行目のベクトル v_j に等しいならば, その行列式の値は 0 である．すなわち

$$\det \begin{pmatrix} \vdots \\ v_j \\ \vdots \\ v_j \\ \vdots \end{pmatrix} = 0$$

が成立する．

(4) 単位行列 E の値は $\det E = 1$ である.

次の性質は,いずれも,上記の性質 (1), (2), (3) から導かれます(問題 21,問 2).

(5) i 行目のベクトル v_i に j 行目のベクトル v_j の c 倍 cv_j を加えても,行列式の値は変わらない.すなわち

$$\det \begin{pmatrix} \vdots \\ v_i \\ \vdots \\ v_j \\ \vdots \end{pmatrix} = \det \begin{pmatrix} \vdots \\ v_i + cv_j \\ \vdots \\ v_j \\ \vdots \end{pmatrix}$$

が成立する.

(6) i 行目のベクトル v_i と j 行目のベクトル v_j を入れ替えると,行列式の値は,もとの値と符号が変わる.すなわち

$$\det \begin{pmatrix} \vdots \\ v_i \\ \vdots \\ v_j \\ \vdots \end{pmatrix} = -\det \begin{pmatrix} \vdots \\ v_j \\ \vdots \\ v_i \\ \vdots \end{pmatrix}$$

が成立する.

上述の性質 (1) から (4) をもつ,体 K に値をとる**関数** det **の存在**については 21 章で説明します.この章では,これらの性質を用いて,行列式の計算をします.行列式の値は,行列を**上三角行列**,すなわち,対角成分から下側の成分がすべて 0 である行列

$$\begin{pmatrix} a_{11} & a_{12} & \cdots & a_{1n} \\ & a_{22} & \cdots & a_{2n} \\ & & \ddots & \vdots \\ O & & & a_{nn} \end{pmatrix} \quad (*)$$

14 章

の形に変形することにより求めることができ，計算量を少なくできます．

命題 上三角行列の行列式の値は対角成分の積である．すなわち，行列 A が (∗) の形ならば

$$\det A = a_{11}a_{22}\cdots a_{nn}$$

が成立する．特に 1 次の正方行列 (a) に対して $\det(a) = a$ である．

証明 まず，第 n 行を $(0 \cdots 0\ a_{nn}) = a_{nn} \cdot (0 \cdots 0\ 1)$ と考え，性質 (2) を用いると

$$\det A = a_{nn} \cdot \det \begin{pmatrix} a_{11} & a_{12} & \cdots & a_{1,n-1} & a_{1n} \\ & a_{22} & \cdots & a_{2,n-1} & a_{2n} \\ & & \ddots & \vdots & \vdots \\ & & & a_{n-1,n-1} & a_{n-1,n} \\ O & & & & 1 \end{pmatrix}$$

となります．そこで，性質 (5) を用いて，第 1 行から第 $n-1$ 行のそれぞれに，第 n 行の $-a_{1n},\ \ldots,\ -a_{n-1,n}$ 倍を加えます．

$$\det A = a_{nn} \cdot \det \begin{pmatrix} a_{11} & a_{12} & \cdots & a_{1,n-1} & 0 \\ & a_{22} & \cdots & a_{2,n-1} & 0 \\ & & \ddots & \vdots & \vdots \\ & & & a_{n-1,n-1} & 0 \\ O & & & & 1 \end{pmatrix}$$

上述と同様に考えて，第 $n-1$ 行に性質 (2) を適用すると

$$\det A = a_{n-1,n-1} \cdot a_{nn} \cdot \det \begin{pmatrix} a_{11} & a_{12} & \cdots & a_{1,n-2} & a_{1,n-1} & 0 \\ & a_{22} & \cdots & a_{2,n-2} & a_{2,n-1} & 0 \\ & & \ddots & \vdots & \vdots & \vdots \\ & & & a_{n-2,n-2} & a_{n-2,n-1} & 0 \\ & & & & 1 & 0 \\ O & & & & & 1 \end{pmatrix}$$

です．第 1 行, ..., 第 $n-2$ 行に，それぞれ，第 $n-1$ 行の $-a_{1,n-1}$, ..., $-a_{n-2,n-1}$ 倍を加えます．

$$\det A = a_{n-1,n-1} \cdot a_{nn} \cdot \det \begin{pmatrix} a_{11} & a_{12} & \cdots & a_{1,n-2} & 0 & 0 \\ & a_{22} & \cdots & a_{2,n-2} & 0 & 0 \\ & & \ddots & \vdots & \vdots & \vdots \\ & & & a_{n-2,n-2} & 0 & 0 \\ & & & & 1 & 0 \\ O & & & & & 1 \end{pmatrix}$$

以上の操作を繰り返すと

$$\det A = a_{11} \cdots a_{n-1,n-1} \cdot a_{nn} \cdot \det \begin{pmatrix} 1 & & & O \\ & 1 & & \\ & & \ddots & \\ O & & & 1 \end{pmatrix}$$

となります．最後に，性質 (4) を用いると $\det A = a_{11} \cdots a_{nn}$ を得ます． □

同様な結果は，**下三角行列**，すなわち，対角成分から上側の成分がすべて 0 である行列

$$\begin{pmatrix} a_{11} & & O \\ \vdots & \ddots & \\ a_{n1} & \cdots & a_{nn} \end{pmatrix}$$

の形の行列に対しても成立します．

系 下三角行列の行列式の値は対角成分の積である．

例 1 行列

$$B = \begin{pmatrix} -5 & 3 & -4 & 1 \\ 2 & 0 & 1 & 3 \\ 1 & -3 & 4 & -6 \\ 2 & 0 & 7 & 3 \end{pmatrix}$$

14 章

の行列式の値 $\det B$ を求めます．まず，第 1 行と第 3 行を入れ替えると，性質 (6) から

$$\det B = -\det \begin{pmatrix} 1 & -3 & 4 & -6 \\ 2 & 0 & 1 & 3 \\ -5 & 3 & -4 & 1 \\ 2 & 0 & 7 & 3 \end{pmatrix}$$

です．次に，性質 (5) を用いて，第 2, 3, 4 行に第 1 行の $-2, 5, -2$ 倍を加えます．

$$\det B = -\det \begin{pmatrix} 1 & -3 & 4 & -6 \\ 0 & 6 & -7 & 15 \\ 0 & -12 & 16 & -29 \\ 0 & 6 & -1 & 15 \end{pmatrix}$$

この場合，行列式の値は同じです．同様に，第 3, 4 行に第 2 行の $2, -1$ 倍を加え

$$\det B = -\det \begin{pmatrix} 1 & -3 & 4 & -6 \\ 0 & 6 & -7 & 15 \\ 0 & 0 & 2 & 1 \\ 0 & 0 & 6 & 0 \end{pmatrix}$$

第 4 行に第 3 行の -3 倍を加えます．

$$\det B = -\det \begin{pmatrix} 1 & -3 & 4 & -6 \\ 0 & 6 & -7 & 15 \\ 0 & 0 & 2 & 1 \\ 0 & 0 & 0 & -3 \end{pmatrix}$$

右辺の行列は上三角行列なので，命題を用いると

$$\det B = -1 \cdot 6 \cdot 2 \cdot (-3) = 36$$

を得ます． □

例 2 行列

$$C = \begin{pmatrix} 1 & 0 & 3 & 0 \\ 1 & 1 & 2 & 1 \\ 4 & 2 & 10 & 3 \\ 2 & 1 & 5 & 2 \end{pmatrix}$$

の行列式の値 $\det C$ を求めます．第 2, 3, 4 行に第 1 行の $-1, -4, -2$ 倍を加えます．

$$\det C = \det \begin{pmatrix} 1 & 0 & 3 & 0 \\ 0 & 1 & -1 & 1 \\ 0 & 2 & -2 & 3 \\ 0 & 1 & -1 & 2 \end{pmatrix}$$

次に，第 3 行, 第 4 行に第 2 行の $-2, -1$ 倍を加えます．

$$\det C = \det \begin{pmatrix} 1 & 0 & 3 & 0 \\ 0 & 1 & -1 & 1 \\ 0 & 0 & 0 & 1 \\ 0 & 0 & 0 & 1 \end{pmatrix}$$

第 3 行と第 4 行が等しいので，性質 (3) を用いると $\det C = 0$ となります（また，この上三角行列の $(3,3)$ 成分が 0 なので，命題から $\det C = 0$ です）． □

問題 14

問 1 次の実数を成分とする行列の行列式の値を求めなさい.

$$A = \begin{pmatrix} 2 & 2 & -3 \\ 4 & -1 & 6 \\ 3 & 1 & 5 \end{pmatrix}, \quad B = \begin{pmatrix} -2 & 2 & 1 & 2 \\ 1 & 0 & 4 & -4 \\ 3 & -5 & 2 & -9 \\ 4 & 1 & -7 & 3 \end{pmatrix}, \quad C = \begin{pmatrix} 1 & 9 & 6 & 7 \\ 0 & 6 & 1 & 4 \\ 0 & 9 & 1 & 0 \\ 1 & 4 & 4 & 0 \end{pmatrix}$$

問 2 実数を成分とする行列

$$G = \begin{pmatrix} 2 & -1 & 2 & 1 & 1 \\ 3 & 1 & -2 & 1 & 1 \\ 4 & 3 & 1 & 1 & 3 \\ -1 & 8 & 5 & -2 & 4 \\ -1 & 3 & 1 & -1 & 1 \end{pmatrix}$$

の行ランクを求めなさい.

また,実ベクトル空間 $\mathbb{R}^5$ の部分空間 $Y = \{\, x \in \mathbb{R}^5 \mid Gx = 0 \,\}$ の基底を求め,等式

$$\dim Y = 5 - (G \text{ の行ランク})$$

が成立することを確かめなさい.

問 3 体 K の元を成分とする 4 次の正方行列 P および n 次の正方行列 Q

$$P = \begin{pmatrix} a^3 & a^2b & ab^2 & b^3 \\ a^2c & a^2d & b^2c & b^2d \\ ac^2 & bc^2 & ad^2 & bd^2 \\ c^3 & c^2d & cd^2 & d^3 \end{pmatrix}, \quad Q = \begin{pmatrix} O & & & a_n \\ & & \iddots & \\ & a_2 & & \\ a_1 & & & O \end{pmatrix}$$

の行列式の値を求めなさい. ここで,行列 Q の対角成分 $a_1, \ldots, a_n$ 以外の成分はすべて 0 です.

問 4 体 K の元を成分とする r 次正方行列 A, B, C に対して,次が成立することを説明しなさい.

(1) A が正則行列ならば $(A^{-1})^{-1} = A$ である.

(2) A, B が正則行列ならば $(AB)^{-1} = B^{-1}A^{-1}$ である.

(3) A が正則行列で $AC = 0$ ならば $C = 0$ である.

問 5 体 K 上のベクトル空間 X の部分空間 W の基底 $\{x_1, \ldots, x_r\}$ を r 次の正則行列 A により変換した元 $y_1, \ldots, y_r$ すなわち

$$(y_1 \cdots y_r) = (x_1 \cdots x_r)A$$

で定義される元の集合 $\{y_1, \ldots, y_r\}$ が W の基底であることを証明しなさい.

15
行列式の計算

体 K の元を成分とする n 次正方行列

$$A = \begin{pmatrix} a_{11} & \cdots & a_{1n} \\ \vdots & & \vdots \\ a_{n1} & \cdots & a_{nn} \end{pmatrix}$$

は，各列ベクトルがつくる縦ベクトル

$$w_1 = \begin{pmatrix} a_{11} \\ \vdots \\ a_{n1} \end{pmatrix}, \ \ldots, \ w_n = \begin{pmatrix} a_{1n} \\ \vdots \\ a_{nn} \end{pmatrix}$$

を横に並べた表示により $A = (w_1 \ \cdots \ w_n)$ と表されます（13 章）．この表示に対しても，行列式は，横ベクトルによる表示の場合（14 章）と同様な性質をもちます．

行列式の基本的性質（縦ベクトルの場合）

(1) i 列目のベクトル w_i が 2 つのベクトル u_i, v_i の和 $w_i = u_i + v_i$ ならば，行列式の値は i 列目を u_i および v_i で置き換えた 2 つの行列式の和である．すなわち，等式

$$\det(\cdots \ u_i + v_i \ \cdots) = \det(\cdots \ u_i \ \cdots) + \det(\cdots \ v_i \ \cdots)$$

が成立する．

(2) i 列目のベクトル w_i がベクトル u_i の c 倍 $w_i = cu_i$ ならば，行列式の値は i 列目を u_i で置き換えた行列式の値の c 倍である．すなわち

$$\det(\cdots \ cu_i \ \cdots) = c \cdot \det(\cdots \ u_i \ \cdots)$$

15 章

が成立する．特に $c=0$ つまり $w_i=0$ ならば，行列式の値は 0 である．

(3) i 列目のベクトル w_i が j 列目のベクトル w_j に等しい $w_i=w_j$ ならば，その行列式の値は 0 である．すなわち

$$\det(\cdots \quad w_j \quad \cdots \quad w_j \quad \cdots) = 0$$

が成立する．

(4) 単位行列 E の値は $\det E = 1$ である．

横ベクトルの場合と同様に，次の性質は上記の性質 (1), (2), (3) から導かれます．

(5) i 列目のベクトル w_i に j 列目のベクトル w_j の c 倍 cw_j を加えても，行列式の値は変わらない．すなわち

$$\det(\cdots \quad w_i \quad \cdots \quad w_j \quad \cdots) = \det(\cdots \quad w_i + cw_j \quad \cdots \quad w_j \quad \cdots)$$

が成立する．

(6) i 列目のベクトル w_i と j 列目のベクトル w_j を入れ替えると，行列式の値の符号が変わる．すなわち

$$\det(\cdots \quad w_i \quad \cdots \quad w_j \quad \cdots) = -\det(\cdots \quad w_j \quad \cdots \quad w_i \quad \cdots)$$

が成立する．

行列式の値は，横ベクトルに関する性質を用いて計算しても，縦ベクトルに関する性質を用いて計算しても，また，それらを混用しても，その値は同じになります．

例 1 行列

$$B = \begin{pmatrix} 3 & -1 & 1 & -1 \\ -4 & 12 & -4 & 0 \\ -18 & 23 & -5 & -1 \\ 3 & -8 & 2 & 1 \end{pmatrix}$$

の行列式の値 $\det B$ を求めます.まず,第 1, 3 行に第 4 行を加えると

$$\det B = \det \begin{pmatrix} 6 & -9 & 3 & 0 \\ -4 & 12 & -4 & 0 \\ -15 & 15 & -3 & 0 \\ 3 & -8 & 2 & 1 \end{pmatrix}$$

です(14 章,性質 (5)).第 1, 2, 3 行を,それぞれ,横ベクトル

$$(2, -3, 1, 0), \quad (-1, 3, -1, 0), \quad (-5, 5, -1, 0)$$

の 3, 4, 3 倍と考えて,性質 (2) を用いると

$$\det B = 3 \cdot 4 \cdot 3 \cdot \det \begin{pmatrix} 2 & -3 & 1 & 0 \\ -1 & 3 & -1 & 0 \\ -5 & 5 & -1 & 0 \\ 3 & -8 & 2 & 1 \end{pmatrix}$$

となります.次に,第 1, 2 行に第 3 行の 1, -1 倍を加えます.

$$\det B = 36 \cdot \det \begin{pmatrix} -3 & 2 & 0 & 0 \\ 4 & -2 & 0 & 0 \\ -5 & 5 & -1 & 0 \\ 3 & -8 & 2 & 1 \end{pmatrix}$$

第 1 行に第 2 行を加えます.

$$\det B = 36 \cdot \det \begin{pmatrix} 1 & 0 & 0 & 0 \\ 4 & -2 & 0 & 0 \\ -5 & 5 & -1 & 0 \\ 3 & -8 & 2 & 1 \end{pmatrix}$$

右辺の行列は下三角行列なので

$$\det B = 36 \cdot 1 \cdot (-2) \cdot (-1) \cdot 1 = 72$$

15 章

を得ます（14 章，命題の系）． □

例 2 同様にして，多項式を成分とする行列

$$A = \begin{pmatrix} 1 & 1 & 1 \\ x & y & z \\ x^2 & y^2 & z^2 \end{pmatrix}$$

に対しても，行列式の値 $\det A$ を計算できます．まず，第 2, 3 行に第 1 行の $-x, -x^2$ 倍を加えます．

$$\det A = \det \begin{pmatrix} 1 & 1 & 1 \\ 0 & y-x & z-x \\ 0 & y^2-x^2 & z^2-x^2 \end{pmatrix}$$

次に，第 3 行に第 2 行の $-(y+x)$ 倍を加えます．

$$\det A = \det \begin{pmatrix} 1 & 1 & 1 \\ 0 & y-x & z-x \\ 0 & 0 & -(y-z)(z-x) \end{pmatrix}$$

右辺の行列は上三角行列なので

$$\det A = -(y-x)(y-z)(z-x) = (x-y)(y-z)(z-x)$$

を得ます（14 章，命題）． □

例 3 例 2 で説明した行列の変数を増やした行列

$$D = \begin{pmatrix} 1 & 1 & \cdots & 1 \\ x_1 & x_2 & \cdots & x_n \\ \vdots & \vdots & & \vdots \\ x_1^{n-1} & x_2^{n-1} & \cdots & x_n^{n-1} \end{pmatrix}$$

を考えます．行列 D の行列式 $\det D$ は **Vandermonde**（ヴァンデルモーンド）の行列式と呼ばれています．

そこで，この行列式の値を計算します．まず，第 n 行に第 $n-1$ 行の $-x_1$ 倍を加えます（14章，性質 (5)）．

$$\det D = \det \begin{pmatrix} 1 & 1 & \cdots & 1 \\ x_1 & x_2 & \cdots & x_n \\ \vdots & \vdots & & \vdots \\ x_1^{n-2} & x_2^{n-2} & \cdots & x_n^{n-2} \\ 0 & x_2^{n-2}(x_2-x_1) & \cdots & x_n^{n-2}(x_n-x_1) \end{pmatrix}$$

次に，第 $n-1$ 行に第 $n-2$ 行の $-x_1$ 倍を加えます．

$$\det D = \det \begin{pmatrix} 1 & 1 & \cdots & 1 \\ x_1 & x_2 & \cdots & x_n \\ \vdots & \vdots & & \vdots \\ x_1^{n-3} & x_2^{n-3} & \cdots & x_n^{n-3} \\ 0 & x_2^{n-3}(x_2-x_1) & \cdots & x_n^{n-3}(x_n-x_1) \\ 0 & x_2^{n-2}(x_2-x_1) & \cdots & x_n^{n-2}(x_n-x_1) \end{pmatrix}$$

この場合も，行列式の値は同じです．この操作を繰り返すと

$$\det D = \det \begin{pmatrix} 1 & 1 & \cdots & 1 \\ 0 & x_2-x_1 & \cdots & x_n-x_1 \\ 0 & x_2(x_2-x_1) & \cdots & x_n(x_n-x_1) \\ \vdots & \vdots & & \vdots \\ 0 & x_2^{n-2}(x_2-x_1) & \cdots & x_n^{n-2}(x_n-x_1) \end{pmatrix}$$

です．そこで，第 2 列から第 n 列に第 1 列の -1 倍を加えます．

$$\det D = \det \begin{pmatrix} 1 & 0 & \cdots & 0 \\ 0 & x_2-x_1 & \cdots & x_n-x_1 \\ 0 & x_2(x_2-x_1) & \cdots & x_n(x_n-x_1) \\ \vdots & \vdots & & \vdots \\ 0 & x_2^{n-2}(x_2-x_1) & \cdots & x_n^{n-2}(x_n-x_1) \end{pmatrix}$$

第 $2, \ldots, n$ 列は，それぞれ，縦ベクトル

$$\begin{pmatrix} 0 \\ 1 \\ x_2 \\ \vdots \\ x_2^{n-2} \end{pmatrix}, \ldots, \begin{pmatrix} 0 \\ 1 \\ x_n \\ \vdots \\ x_n^{n-2} \end{pmatrix}$$

15 章

の $x_2 - x_1, \ldots, x_n - x_1$ 倍と考えて,性質 (2) を用いると

$$\det D = (x_n - x_1) \cdots (x_2 - x_1) \cdot \det \begin{pmatrix} 1 & 0 & \cdots & 0 \\ 0 & 1 & \cdots & 1 \\ 0 & x_2 & \cdots & x_n \\ \vdots & \vdots & & \vdots \\ 0 & x_2^{n-2} & \cdots & x_n^{n-2} \end{pmatrix}$$

となります.簡単のために,右辺の係数を $\prod_{1 < k \leq n} (x_k - x_1)$ と書きます.すなわち

$$\prod_{1 < k \leq n} (x_k - x_1) := (x_n - x_1) \cdots (x_2 - x_1)$$

とすると

$$\det D = \prod_{1 < k \leq n} (x_k - x_1) \cdot \det \begin{pmatrix} 1 & 0 & \cdots & 0 \\ 0 & 1 & \cdots & 1 \\ 0 & x_2 & \cdots & x_n \\ \vdots & \vdots & & \vdots \\ 0 & x_2^{n-2} & \cdots & x_n^{n-2} \end{pmatrix}$$

です.同様の計算を x_2 について繰り返すと

$$\det D = \prod_{1 < k \leq n} (x_k - x_1) \cdot \prod_{2 < k \leq n} (x_k - x_2) \cdot \det \begin{pmatrix} 1 & 0 & 0 & \cdots & 0 \\ 0 & 1 & 0 & \cdots & 0 \\ 0 & 0 & 1 & \cdots & 1 \\ 0 & 0 & x_3 & \cdots & x_n \\ \vdots & \vdots & \vdots & & \vdots \\ 0 & 0 & x_3^{n-3} & \cdots & x_n^{n-3} \end{pmatrix}$$

となります.ここでも,簡単のために,右辺の係数を

$$\prod_{i=1,2} \prod_{i < k \leq n} (x_k - x_i) := \prod_{1 < k \leq n} (x_k - x_1) \cdot \prod_{2 < k \leq n} (x_k - x_2)$$
$$= (x_n - x_1) \cdots (x_2 - x_1) \cdot (x_n - x_2) \cdots (x_3 - x_2)$$

とすると

$$\det D = \prod_{i=1,2} \prod_{i<k\leq n} (x_k - x_i) \cdot \det \begin{pmatrix} 1 & 0 & 0 & \cdots & 0 \\ 0 & 1 & 0 & \cdots & 0 \\ 0 & 0 & 1 & \cdots & 1 \\ 0 & 0 & x_3 & \cdots & x_n \\ \vdots & \vdots & \vdots & & \vdots \\ 0 & 0 & x_3{}^{n-3} & \cdots & x_n{}^{n-3} \end{pmatrix}$$

です.以下,同様の計算を繰り返すと

$$\det D = \prod_{i=1,\ldots,n-1} \prod_{i<k\leq n} (x_k - x_i) \cdot \det \begin{pmatrix} 1 & & & & O \\ & 1 & & & \\ & & 1 & & \\ & & & \ddots & \\ O & & & & 1 \end{pmatrix}$$

となります.そこで $\det E = 1$ に注意すると Vandermonde の行列式は

$$\det D = \prod_{i=1,\ldots,n-1} \prod_{i<k\leq n} (x_k - x_i)$$

です.この右辺を

$$\text{右辺} = (x_n - x_1)\cdots(x_2 - x_1) \cdot (x_n - x_2)\cdots(x_3 - x_2) \cdot \cdots \cdot (x_n - x_{n-1})$$

$$= (-1)^{\frac{n(n-1)}{2}} \cdot (x_1 - x_n)\cdots(x_1 - x_2) \cdot (x_2 - x_n)\cdots(x_2 - x_3) \cdot \cdots \cdot (x_{n-1} - x_n)$$

$$= (-1)^{\frac{n(n-1)}{2}} \cdot \prod_{1\leq i<k\leq n} (x_i - x_k)$$

と書くことにします.右辺にある式

$$\Delta := \prod_{1\leq i<k\leq n} (x_i - x_k)$$

は**差積**といわれます.Vandermonde の行列式の値は,符号 $(-1)^{\frac{n(n-1)}{2}}$ 付きの差積です.

問題 15

問 1 実数を成分とする次の行列の行列式の値を求めなさい.

$$A = \begin{pmatrix} 8 & -3 & 3 & -2 \\ 0 & 3 & 0 & 2 \\ -10 & 6 & -3 & 4 \\ 2 & 0 & 1 & 2 \end{pmatrix}, \quad B = \begin{pmatrix} 1 & 3 & 3 & 2 \\ 2 & 1 & -8 & -1 \\ 1 & 1 & 6 & 4 \\ 1 & 6 & 5 & 2 \end{pmatrix}$$

問 2 実数を成分とする次の行列の行列式の値を求めなさい.

$$C = \begin{pmatrix} 1 & 2^2 & 1 & 2 \\ 4 & 2^3 & 1 & -2^2 \\ 4^3 & 2^5 & 1 & -2^4 \\ 4^2 & 2^4 & 1 & 2^3 \end{pmatrix}, \quad D = \begin{pmatrix} 1 & 2 & \cdots & n \\ 1 & 2^2 & \cdots & n^2 \\ \vdots & \vdots & & \vdots \\ 1 & 2^n & \cdots & n^n \end{pmatrix}$$

問 3 体 K の元を成分とする次の行列の行列式の値を求めなさい.

$$P = \begin{pmatrix} a & -b & a & b \\ b & a & -b & a \\ a & b & a & -b \\ -b & a & b & a \end{pmatrix}, \quad Q = \begin{pmatrix} (b+c)^2 & (c+a)^2 & (a+b)^2 \\ a^2 & b^2 & c^2 \\ 1 & 1 & 1 \end{pmatrix}$$

問 4 体 K の元 a, b, c, d, x が 0 でないとして,次の $n+1$ 次正方行列 S および 4 次正方行列 T

$$S = \begin{pmatrix} x & a & \cdots & a \\ a & x & \ddots & \vdots \\ \vdots & \ddots & \ddots & a \\ a & \cdots & a & x \end{pmatrix}, \quad T = \begin{pmatrix} 1 & a & a^2 & a^3+bcd \\ 1 & b & b^2 & b^3+cda \\ 1 & c & c^2 & c^3+dab \\ 1 & d & d^2 & d^3+abc \end{pmatrix}$$

の行列式の値を求めなさい.

問 5 体 K の元 $a, b, c \neq 0$ および $d \in K$ に対して,方程式

$$\begin{cases} x + y + z = 1 \\ ax + by + cz = d \\ a^2 x + b^2 y + c^2 z = d^2 \end{cases}$$

が体 K の元を解にもつための必要十分条件を求めなさい.

問 6 体 K 上のベクトル空間 X の部分空間 W_1, W_2, W_3 に対して

$$(W_1 + W_2) \cap W_3 \supset (W_1 \cap W_3) + (W_2 \cap W_3)$$

を示しなさい(部分空間の和 $+$ については,問題 4 の問 7 を参照してください).

16
行列式の展開公式

いま $n \geq 2$ とします．体 K の元を成分とする n 次正方行列

$$A = \begin{pmatrix} a_{11} & a_{12} & \cdots & a_{1n} \\ \vdots & \vdots & & \vdots \\ a_{n1} & a_{n2} & \cdots & a_{nn} \end{pmatrix} \tag{1}$$

の第 (i,j) 余因子 $\tilde{a}_{ij}$ は

$$\tilde{a}_{ij} = (-1)^{i+j} \cdot \det \begin{pmatrix} a_{11} & \cdots & a_{1,j-1} & a_{1,j+1} & \cdots & a_{1n} \\ \vdots & & \vdots & \vdots & & \vdots \\ a_{i-1,1} & \cdots & a_{i-1,j-1} & a_{i-1,j+1} & \cdots & a_{i-1,n} \\ a_{i+1,1} & \cdots & a_{i+1,j-1} & a_{i+1,j+1} & \cdots & a_{i+1,n} \\ \vdots & & \vdots & \vdots & & \vdots \\ a_{n1} & \cdots & a_{n,j-1} & a_{n,j+1} & \cdots & a_{nn} \end{pmatrix} \tag{\#}$$

で定義されます．つまり，第 (i,j) 余因子は，行列 A の i 行と j 列を取り除いて得られる行列の行列式と符号 $(-1)^{i+j}$ との積です．余因子を用いると，次の等式が成立します．

展開公式 1 (1) $a_{1j}\tilde{a}_{1j} + \cdots + a_{nj}\tilde{a}_{nj} = \det A$

(2) $j \neq k$ ならば $a_{1j}\tilde{a}_{1k} + \cdots + a_{nj}\tilde{a}_{nk} = 0$

2 (1) $a_{i1}\tilde{a}_{i1} + \cdots + a_{in}\tilde{a}_{in} = \det A$

(2) $i \neq k$ ならば $a_{i1}\tilde{a}_{k1} + \cdots + a_{in}\tilde{a}_{kn} = 0$

例 1 正方行列

$$A = \begin{pmatrix} a_{11} & a_{12} \\ a_{21} & a_{22} \end{pmatrix}$$

16 章

を考えてみます．展開公式 1 により

$$\det A = a_{11}\tilde{a}_{11} + a_{21}\tilde{a}_{21}$$

です．ここで

$$\tilde{a}_{11} = (-1)^{1+1} \cdot \det(a_{22}) = a_{22}, \quad \tilde{a}_{21} = (-1)^{2+1} \cdot \det(a_{12}) = -a_{12}$$

に注意する（14 章，命題）と

$$\det A = a_{11}a_{22} - a_{12}a_{21} \tag{$*$}$$

を得ます． □

展開公式を求めるために，次の命題を用います（証明は 21 章の命題 1 にあります）．

命題 1 次の等式が成立する．

(i) $\quad \det \begin{pmatrix} b_{11} & b_{12} & \cdots & b_{1n} \\ 0 & b_{22} & \cdots & b_{2n} \\ \vdots & \vdots & & \vdots \\ 0 & b_{n2} & \cdots & b_{nn} \end{pmatrix} = b_{11} \cdot \det \begin{pmatrix} b_{22} & \cdots & b_{2n} \\ \vdots & & \vdots \\ b_{n2} & \cdots & b_{nn} \end{pmatrix}$

(ii) $\quad \det \begin{pmatrix} b_{11} & 0 & \cdots & 0 \\ b_{21} & b_{22} & \cdots & b_{2n} \\ \vdots & \vdots & & \vdots \\ b_{n1} & b_{n2} & \cdots & b_{nn} \end{pmatrix} = b_{11} \cdot \det \begin{pmatrix} b_{22} & \cdots & b_{2n} \\ \vdots & & \vdots \\ b_{n2} & \cdots & b_{nn} \end{pmatrix}$

展開公式の証明 はじめに，公式 1 を示します．これは，縦ベクトルを用いた行列式の計算から得られます．いま，上記 (1) の行列 A の各列から得られる縦ベクトル

$$v_1 = \begin{pmatrix} a_{11} \\ \vdots \\ a_{n1} \end{pmatrix}, \quad \ldots, \quad v_n = \begin{pmatrix} a_{1n} \\ \vdots \\ a_{nn} \end{pmatrix}$$

行列式の展開公式

を用いると $A = (v_1 \cdots v_n)$ です．また，ベクトル v_j は，標準基底 $\{e_1, \ldots, e_n\}$ により

$$v_j = a_{1j}e_1 + \cdots + a_{nj}e_n \tag{2}$$

と表される（9章，例1）ので，この式で v_j を置き換えた場合の行列式の値を計算すると

$$\det A = a_{1j} \cdot \det(v_1 \cdots \underset{j\text{列}}{e_1} \cdots v_n) + \cdots + a_{nj} \cdot \det(v_1 \cdots \underset{j\text{列}}{e_n} \cdots v_n) \tag{3}$$

です（15章，縦ベクトルの場合の行列式の性質 (1), (2)）．右辺に現れた各行列式の値を，簡単のために，いま b_{ij} とします．すなわち

$$b_{ij} = \det (v_1 \cdots e_i \cdots v_n) \tag{4}$$

とおきます．以下では $b_{ij} = \tilde{a}_{ij}$ を示します．まず b_{ij} を書き直すと

$$b_{ij} = \det \begin{pmatrix} a_{11} & \cdots & a_{1,j-1} & 0 & a_{1,j+1} & \cdots & a_{1n} \\ \vdots & & \vdots & \vdots & \vdots & & \vdots \\ a_{i-1,1} & \cdots & a_{i-1,j-1} & 0 & a_{i-1,j+1} & \cdots & a_{i-1,n} \\ a_{i1} & \cdots & a_{i,j-1} & 1 & a_{i,j+1} & \cdots & a_{in} \\ a_{i+1,1} & \cdots & a_{i+1,j-1} & 0 & a_{i+1,j+1} & \cdots & a_{i+1,n} \\ \vdots & & \vdots & \vdots & \vdots & & \vdots \\ a_{n1} & \cdots & a_{n,j-1} & 0 & a_{n,j+1} & \cdots & a_{nn} \end{pmatrix}$$

です．ここで，第 i 行を，順次，上の行と入れ換えて第1行にすると，行の入れ換えを $i-1$ 回行うことになります．したがって，行列式の性質 (6)（14章）から

$$b_{ij} = (-1)^{i-1} \cdot \det \begin{pmatrix} a_{i1} & \cdots & a_{i,j-1} & 1 & a_{i,j+1} & \cdots & a_{in} \\ a_{11} & \cdots & a_{1,j-1} & 0 & a_{1,j+1} & \cdots & a_{1n} \\ \vdots & & \vdots & \vdots & \vdots & & \vdots \\ a_{i-1,1} & \cdots & a_{i-1,j-1} & 0 & a_{i-1,j+1} & \cdots & a_{i-1,n} \\ a_{i+1,1} & \cdots & a_{i+1,j-1} & 0 & a_{i+1,j+1} & \cdots & a_{i+1,n} \\ \vdots & & \vdots & \vdots & \vdots & & \vdots \\ a_{n1} & \cdots & a_{n,j-1} & 0 & a_{n,j+1} & \cdots & a_{nn} \end{pmatrix}$$

16 章

となります．列についても同様の操作をして，第 j 列を，順次，左の列と入れ換えて第 1 列にすると，列の入れ替えを $j-1$ 回行うことになり

$$b_{ij} = (-1)^{i+j} \cdot \det \begin{pmatrix} 1 & a_{i1} & \cdots & a_{i,j-1} & a_{i,j+1} & \cdots & a_{in} \\ 0 & a_{11} & \cdots & a_{1,j-1} & a_{1,j+1} & \cdots & a_{1n} \\ \vdots & \vdots & & \vdots & \vdots & & \vdots \\ 0 & a_{i-1,1} & \cdots & a_{i-1,j-1} & a_{i-1,j+1} & \cdots & a_{i-1,n} \\ 0 & a_{i+1,1} & \cdots & a_{i+1,j-1} & a_{i+1,j+1} & \cdots & a_{i+1,n} \\ \vdots & \vdots & & \vdots & \vdots & & \vdots \\ 0 & a_{n1} & \cdots & a_{n,j-1} & a_{n,j+1} & \cdots & a_{nn} \end{pmatrix}$$

です．ただし，符号の計算では

$$(-1)^{i-1} \cdot (-1)^{j-1} = (-1)^{i+j}$$

を用いて書き換えてあります．命題 1 の等式 (i) を用いると，この行列式の値 b_{ij} は

$$b_{ij} = (-1)^{i+j} \cdot \det \begin{pmatrix} a_{11} & \cdots & a_{1,j-1} & a_{1,j+1} & \cdots & a_{1n} \\ \vdots & & \vdots & \vdots & & \vdots \\ a_{i-1,1} & \cdots & a_{i-1,j-1} & a_{i-1,j+1} & \cdots & a_{i+1,n} \\ a_{i+1,1} & \cdots & a_{i+1,j-1} & a_{i+1,j+1} & \cdots & a_{i+1,n} \\ \vdots & & \vdots & \vdots & & \vdots \\ a_{n1} & \cdots & a_{n,j-1} & a_{n,j+1} & \cdots & a_{nn} \end{pmatrix}$$

となります．これは，余因子 $\tilde{a}_{ij}$ です（定義式 (#)）．よって，等式 (3) を書き直すと

$$\det A = a_{1j} \cdot \tilde{a}_{1j} + \cdots + a_{nj} \cdot \tilde{a}_{nj}$$

となるので，展開公式 1 (1) が得られます．

次に $k \neq j$ である k に対して，もし $v_k = v_j$ ならば，行列式の値は

$$0 = \det(v_1 \cdots v_j \cdots v_k \cdots v_n)$$

です（行列式の性質 (3)）．右辺の k 列目のベクトル $v_j\,(=v_k)$ を上式 (2) で置き換えると

$$0 = a_{1j}\cdot\det(v_1\ \cdots\ \overset{k\,\text{列}}{e_1}\ \cdots\ v_n)+\cdots+a_{nj}\cdot\det(v_1\ \cdots\ \overset{k\,\text{列}}{e_n}\ \cdots\ v_n)$$

となります（行列式の性質 (1), (2)）．上述したように，右辺にある行列式は，それぞれ，余因子 $\tilde{a}_{1k},\ \ldots,\ \tilde{a}_{nk}$ です．これを用いて書き直すと

$$0 = a_{1j}\cdot\tilde{a}_{1k}+\cdots+\ a_{nj}\cdot\tilde{a}_{nk}$$

となり，展開公式 1 (2) を得ます．展開公式 2 は，横ベクトルを用いて行列式を計算する（14 章）ことにより導かれます．各自で確かめてください． □

例 2 展開公式を用いて，行列

$$A = \begin{pmatrix} -2 & 3 & 1 \\ 0 & -1 & -2 \\ 2 & 0 & 1 \end{pmatrix}$$

の行列式の値を計算します．成分に 0 の多い列，または，行に注目して，例えば，第 1 列で展開すると，展開公式 1 により

$$\det A = a_{11}\tilde{a}_{11}+a_{21}\tilde{a}_{21}+a_{31}\tilde{a}_{31}$$

$$= -2\cdot(-1)^{1+1}\det\begin{pmatrix}-1 & -2 \\ 0 & 1\end{pmatrix}+0+2\cdot(-1)^{3+1}\det\begin{pmatrix}3 & 1 \\ -1 & -2\end{pmatrix}$$

となります．そこで，上記の公式 (∗) を用いると

$$\det\begin{pmatrix}-1 & -2 \\ 0 & 1\end{pmatrix} = -1,\quad \det\begin{pmatrix}3 & 1 \\ -1 & -2\end{pmatrix} = 3\cdot(-2)-1\cdot(-1) = -5$$

です．したがって

$$\det A = -2\cdot(-1)+2\cdot(-5) = -8$$

を得ます．

16 章

展開公式を用いる場合も，行列の成分をできるだけ 0 にすると，計算が容易になります．例えば，行列 A の第 3 行を第 1 行に加えると

$$\det A = \det \begin{pmatrix} 0 & 3 & 2 \\ 0 & -1 & -2 \\ 2 & 0 & 1 \end{pmatrix}$$

です．そこで，第 1 列で展開すると

$$\det A = 2 \cdot (-1)^{3+1} \cdot \det \begin{pmatrix} 3 & 2 \\ -1 & -2 \end{pmatrix}$$

となり，上記の公式 (∗) を用いると

$$\det A = 2 \cdot (3 \cdot (-2) - 2 \cdot (-1)) = -8$$

を得ます． □

Sarrus（サリュス）の方法 3 次の正方行列

$$A = \begin{pmatrix} a_{11} & a_{12} & a_{13} \\ a_{21} & a_{22} & a_{23} \\ a_{31} & a_{32} & a_{33} \end{pmatrix}$$

の第 1 列に対して，展開公式 1 (1) を用いると

$$\det A = a_{11}\tilde{a}_{11} + a_{21}\tilde{a}_{21} + a_{31}\tilde{a}_{31}$$

です．ここで，上述した 2 次の場合の公式 (∗) を用いると

$$\tilde{a}_{11} = (-1)^{1+1} \cdot \det \begin{pmatrix} a_{22} & a_{23} \\ a_{32} & a_{33} \end{pmatrix} = a_{22}a_{33} - a_{23}a_{32},$$

$$\tilde{a}_{21} = (-1)^{2+1} \cdot \det \begin{pmatrix} a_{12} & a_{13} \\ a_{32} & a_{33} \end{pmatrix} = -(a_{12}a_{33} - a_{13}a_{32}),$$

$$\tilde{a}_{31} = (-1)^{3+1} \cdot \det \begin{pmatrix} a_{12} & a_{13} \\ a_{22} & a_{23} \end{pmatrix} = a_{12}a_{23} - a_{13}a_{22}$$

となります．したがって

$$\det A = a_{11}a_{22}a_{33} + a_{21}a_{32}a_{13} + a_{31}a_{23}a_{12} - a_{13}a_{22}a_{31} - a_{23}a_{32}a_{11} - a_{33}a_{21}a_{12}$$

を得ます．

この等式を用いて **3** 次の正方行列に対する行列式の値を求める方法が **Sarrus** の方法です．ただし **4** 次以上の正方行列に対しては，展開公式を繰り返し用いて，行列の次数を **3** 次まで下げ，それから **Sarrus** の方法を用いることになります． □

例 3 行列

$$A = \begin{pmatrix} 3 & 1 & 3 & 5 \\ 6 & 2 & 2 & 6 \\ -3 & 1 & 0 & 1 \\ 3 & 1 & 1 & 6 \end{pmatrix}$$

の行列式の値を計算します．第 1, 4 列に第 2 列の 3, −1 倍を加え，第 3 行に展開公式 2 (1) を用いると

$$\det A = \det \begin{pmatrix} 6 & 1 & 3 & 4 \\ 12 & 2 & 2 & 4 \\ 0 & 1 & 0 & 0 \\ 6 & 1 & 1 & 5 \end{pmatrix} = (-1)^{3+2} \cdot 1 \cdot \det \begin{pmatrix} 6 & 3 & 4 \\ 12 & 2 & 4 \\ 6 & 1 & 5 \end{pmatrix}$$

となります．そこで，第 1 列の成分の共通因数 6 を出して Sarrus の方法を用いると

$$\det A = -6 \cdot \det \begin{pmatrix} 1 & 3 & 4 \\ 2 & 2 & 4 \\ 1 & 1 & 5 \end{pmatrix} = -6 \cdot (10 + 8 + 12 - 8 - 4 - 30) = -6 \cdot (-12) = 72$$

を得ます． □

問題 16

問 1 実数を成分とする行列

$$A = \begin{pmatrix} 9 & 13 & -3 & 17 \\ 0 & 0 & 1 & -1 \\ -7 & -13 & 5 & -17 \\ -7 & -9 & 1 & -13 \end{pmatrix}, \quad B = \begin{pmatrix} 101 & -27 & 33 & -9 \\ -27 & 29 & 9 & -57 \\ 33 & 9 & 189 & 3 \\ -9 & -57 & 3 & 181 \end{pmatrix}$$

の行列式の値を計算しなさい

問 2 次の行列 C の第 $(3,2)$ 余因子, および, 第 $(4,1)$ 余因子を求めなさい.

$$C = \begin{pmatrix} 20 & -10 & 4 & -1 \\ -45 & 25 & -11 & 3 \\ 36 & -21 & 10 & -3 \\ -10 & 6 & -3 & 1 \end{pmatrix}$$

問 3 文字 t に関する次の n 次正方行列の行列式の値を求めなさい.

$$D = \begin{pmatrix} t & 0 & \cdots & 0 & c_n \\ -1 & t & \ddots & \vdots & c_{n-1} \\ 0 & -1 & \ddots & 0 & \vdots \\ \vdots & \ddots & \ddots & t & c_2 \\ 0 & \cdots & 0 & -1 & t+c_1 \end{pmatrix}$$

問 4 体 K の元を成分とする行列

$$H = \begin{pmatrix} a & b & c & 0 \\ y & x & 0 & -c \\ z & 0 & -x & -b \\ 0 & -z & -y & -a \end{pmatrix}, \quad G = \begin{pmatrix} a+b+c & -c & -b \\ -c & a+b+c & -a \\ -b & -a & a+b+c \end{pmatrix}$$

の行列式の値を求めなさい.

問 5 平面 $\mathbb{R}^2$ の異なる 2 点 (a_1, b_1), (a_2, b_2) を通る直線の方程式は

$$\det \begin{pmatrix} 1 & 1 & 1 \\ a_1 & a_2 & x \\ b_1 & b_2 & y \end{pmatrix} = 0$$

で与えられることを示しなさい.

17
Cramer の公式と逆行列

体 K の元を係数にもつ連立 1 次方程式

$$\begin{cases} a_{11}X_1 + a_{12}X_2 + \cdots + a_{1n}X_n = c_1 \\ \vdots \\ a_{n1}X_1 + a_{n2}X_2 + \cdots + a_{nn}X_n = c_n \end{cases} \quad (*)$$

の係数行列, および, 定数 c_i のつくる縦ベクトルを, それぞれ

$$A = \begin{pmatrix} a_{11} & \cdots & a_{1n} \\ \vdots & & \vdots \\ a_{n1} & \cdots & a_{nn} \end{pmatrix}, \quad u = \begin{pmatrix} c_1 \\ \vdots \\ c_n \end{pmatrix}$$

とします. 行列と縦ベクトルの積 (13 章) を用いて, 連立 1 次方程式 $(*)$ の解を表すと, 解 $X_i = b_i$, $b_i \in K$ は, 等式 $Ax = u$ を満たす縦ベクトル $x \in K^n$

$$x = \begin{pmatrix} b_1 \\ \vdots \\ b_n \end{pmatrix}$$

になります.

この章では $\det A \neq 0$ の場合に, 連立方程式 $(*)$ の解が存在することを示します. 次の結果は, その逆も成立します (22 章, 命題 1 の系)).

命題 体 K の元を成分とする n 次正方行列 A が $\det A \neq 0$ ならば A は正則行列である.

証明 縦ベクトル $v_i \in K^n$ を用いて $A = (v_1\, v_2\, \cdots\, v_n)$ と表します. もし $v_1, \ldots, v_n$ が 1 次独立ならば, 行列 A は正則行列です (13 章, 命題 2).

17 章

そこで $v_1, \ldots, v_n$ は 1 次独立でない，すなわち 1 次従属であると仮定します．この場合，ある v_i は，残りの縦ベクトル $v_1, \ldots, v_{i-1}, v_{i+1}, \ldots, v_n$ の 1 次結合（8 章，1 次従属の条件 (3)）なので

$$v_i = c_1 v_1 + \cdots + c_{i-1} v_{i-1} + c_{i+1} v_{i+1} + \cdots + c_n v_n$$

と表されます．ここで $c_j \in K$ です．行列式の性質（15 章）を用いて行列式の値

$$\det A = \det(v_1 \cdots v_i \cdots v_n)$$

を計算します．右辺の v_i に上記の等式を代入して，行列式の性質 (1), (2) を適用すれば

$$\det A = c_1 \cdot \det(v_1 \overset{i\,\text{番目}}{\cdots v_1 \cdots} v_n) + \cdots + c_{i-1} \cdot \det(v_1 \cdots v_{i-1} \overset{i\,\text{番目}}{v_{i-1}} \cdots v_n)$$

$$+ c_{i+1} \cdot \det(v_1 \cdots v_{i+1} \overset{i\,\text{番目}}{v_{i+1}} \cdots v_n) + \cdots + c_n \cdot \det(v_1 \cdots v_n \overset{i\,\text{番目}}{\cdots v_n} \cdots v_n)$$

となります．性質 (3) より，右辺の各項は，すべて 0 なので $\det A = 0$ です．これは，仮定 $\det A \neq 0$ に反します． □

系 体 K の元を成分とする n 次正方行列 A が $\det A \neq 0$ ならば，元 $u \in K^n$ に対して，等式 $Ax = u$ を満たす元 $x \in K^n$ は $x = A^{-1}u$ だけである．特に，等式 $Ax = 0$ を満たす元 $x \in K^n$ は $x = 0$ である．

証明 命題から，行列 A は正則行列なので，逆行列 A^{-1} が存在します（12 章）．よって，等式 $Ax = u$ を満たす元 $x \in K^n$ は

$$x = Ex = A^{-1} \cdot (Ax) = A^{-1} u$$

です．逆に，元 $x = A^{-1}u$ は，等式 $Ax = u$ を満たします．

特に $u = 0$ すなわち，等式 $Ax = 0$ を満たす元 $x \in K^n$ は $x = 0$ です． □

この系より，連立 1 次方程式 (∗) は $\det A \neq 0$ の場合，ただ 1 つの解をもちます．次に説明する Cramer の公式は，展開公式（16 章）を求めた方法と同様にして導かれます．

Cramer（クラメール）の公式 体 K の元を係数にもつ連立 1 次方程式 (∗) の係数および定数がつくる縦ベクトル（ベクトル空間 K^n の元）

$$v_1 = \begin{pmatrix} a_{11} \\ \vdots \\ a_{n1} \end{pmatrix}, \ \ldots, \ v_n = \begin{pmatrix} a_{1n} \\ \vdots \\ a_{nn} \end{pmatrix}, \ u = \begin{pmatrix} c_1 \\ \vdots \\ c_n \end{pmatrix}$$

に対して，もし $\det(v_1 \cdots v_n) \neq 0$ ならば，解 $X_i = b_i,\ b_i \in K$ は 1 つだけ存在して

$$b_i = \frac{\det(v_1 \cdots u \cdots v_n)}{\det(v_1 \cdots v_n)}$$

である．ここで，分子は i 列目の v_i を u で置き換えた行列の行列式である．

証明 解 $b_1, \ldots, b_n \in K$ は，等式

$$b_1 v_1 + \cdots + b_n v_n = u$$

を満たします．そこで i 列目の v_i を u で置き換えた行列 $B_i = (v_1 \cdots u \cdots v_n)$ の行列式 $\det B_i$ を計算します．行列式の性質 (1), (2)（15 章）を用いると

$$\det B_i = \det(v_1 \cdots b_1 v_1 \cdots v_n) + \cdots + \det(v_1 \cdots b_n v_n \cdots v_n)$$

$$= b_1 \cdot \det(v_1 \cdots v_1 \cdots v_n) + \cdots + b_n \cdot \det(v_1 \cdots v_n \cdots v_n)$$

です．この右辺で i 番目の項以外は，性質 (3) により 0 となり，また i 番目の行列式は

$$\det(v_1 \cdots v_i \cdots v_n) = \det(v_1 \cdots v_n)$$

なので $\det B_i = b_i \cdot \det(v_1 \cdots v_n)$ を得ます．そこで $\det B_i$ をもとの形に書き換えると

$$\det(v_1 \cdots u \cdots v_n) = b_i \cdot \det(v_1 \cdots v_n)$$

です．したがって，もし $\det(v_1 \cdots v_n) \neq 0$ ならば，解 b_i は

$$b_i = \frac{\det(v_1 \cdots u \cdots v_n)}{\det(v_1 \cdots v_n)}$$

となります．この式より，解 b_i は $v_1, \ldots, v_n$ および u で決まるので，一意的です． □

17 章

例 1 体 K の元を係数とする連立 1 次方程式

$$\begin{cases} ax + by = r \\ cx + dy = s \end{cases}$$

の解を考えます．もし

$$\det \begin{pmatrix} a & b \\ c & d \end{pmatrix} = ad - bc \neq 0$$

ならば Cramer の公式から解は

$$x = \frac{\det \begin{pmatrix} r & b \\ s & d \end{pmatrix}}{ad - bc} = \frac{rd - bs}{ad - bc}, \quad y = \frac{\det \begin{pmatrix} a & r \\ c & s \end{pmatrix}}{ad - bc} = \frac{as - rc}{ad - bc}$$

となります．例えば，連立 1 次方程式

$$\begin{cases} 2x + y = 8 \\ -4x + 3y = -1 \end{cases}$$

の場合，解は

$$x = \frac{24 + 1}{6 + 4} = \frac{5}{2}, \quad y = \frac{-2 + 32}{6 + 4} = 3$$

です．一方 $ad - bc = 0$ の場合は，消去法（6 章）を用いて，解を求めます． □

例 2 連立 1 次方程式

$$\begin{cases} 2x - y - z = 3 \\ 3x + y + 5z = 5 \\ x - y + 4z = 2 \end{cases}$$

の解を求めます．Sarrus の方法（16 章）を用いると

$$\det \begin{pmatrix} 2 & -1 & -1 \\ 3 & 1 & 5 \\ 1 & -1 & 4 \end{pmatrix} = 8 + 3 - 5 + 1 + 10 + 12 = 29 \neq 0$$

です．よって Cramer の公式により，解を求めると

$$x = \frac{\det\begin{pmatrix} 3 & -1 & -1 \\ 5 & 1 & 5 \\ 2 & -1 & 4 \end{pmatrix}}{29} = \frac{12+5-10+2+15+20}{29} = \frac{44}{29},$$

$$y = \frac{\det\begin{pmatrix} 2 & 3 & -1 \\ 3 & 5 & 5 \\ 1 & 2 & 4 \end{pmatrix}}{29} = \frac{40-6+15+5-20-36}{29} = -\frac{2}{29},$$

$$z = \frac{\det\begin{pmatrix} 2 & -1 & 3 \\ 3 & 1 & 5 \\ 1 & -1 & 2 \end{pmatrix}}{29} = \frac{4-9-5-3+10+6}{29} = \frac{3}{29}$$

を得ます． □

余因子行列 いま $n \geq 2$ として，体 K の元を成分とする n 次正方行列

$$A = \begin{pmatrix} a_{11} & \cdots & a_{1n} \\ \vdots & & \vdots \\ a_{n1} & \cdots & a_{nn} \end{pmatrix}$$

を考えます．行列 A に対して，展開公式 2（16 章）は

$$a_{i1} \cdot \tilde{a}_{k1} + \cdots + a_{in} \cdot \tilde{a}_{kn} = \begin{cases} \det A & (k=i) \\ 0 & (k \neq i) \end{cases}$$

となります．これを行列の形で表すと

$$\begin{pmatrix} a_{11} & \cdots & a_{1n} \\ \vdots & & \vdots \\ a_{n1} & \cdots & a_{nn} \end{pmatrix} \begin{pmatrix} \tilde{a}_{11} & \cdots & \tilde{a}_{n1} \\ \vdots & & \vdots \\ \tilde{a}_{1n} & \cdots & \tilde{a}_{nn} \end{pmatrix} = \begin{pmatrix} \det A & & O \\ & \ddots & \\ O & & \det A \end{pmatrix} \quad (1)$$

17章

です.この等式の左辺に現れた,行列 A の第 (i,j) 余因子 $\tilde{a}_{ij}$ を (j,i) 成分とする行列を行列 A の**余因子行列**といい,記号 $\tilde{A}$ で表します.すなわち

$$\widetilde{A}:=\begin{pmatrix} \tilde{a}_{11} & \tilde{a}_{21} & \cdots & \tilde{a}_{n1} \\ \tilde{a}_{12} & \tilde{a}_{22} & \cdots & \tilde{a}_{n2} \\ \vdots & \vdots & & \vdots \\ \tilde{a}_{1n} & \tilde{a}_{2n} & \cdots & \tilde{a}_{nn} \end{pmatrix}$$

です.ここで,**添え字**が,通常の表記とは**逆**になっていることに注意してください.

同様にして,展開公式 1(16 章)から,等式 (1) の左辺の行列の積の順序を入れ替えた等式が導かれることを確認してください.したがって,次の展開公式が得られます.

展開公式 3　　$A \cdot \widetilde{A} = \widetilde{A} \cdot A = \begin{pmatrix} \det A & & O \\ & \ddots & \\ O & & \det A \end{pmatrix}$

いま $\det A \neq 0$ とします.この場合 A は正則行列です(命題).また,展開公式 2 は

$$a_{i1} \cdot \frac{\tilde{a}_{k1}}{\det A} + \cdots + a_{in} \cdot \frac{\tilde{a}_{kn}}{\det A} = \begin{cases} 1 & (k=i) \\ 0 & (k \neq i) \end{cases}$$

と書き直されます.これを行列の形で表すと

$$\begin{pmatrix} a_{11} & \cdots & a_{1n} \\ \vdots & & \vdots \\ a_{n1} & \cdots & a_{nn} \end{pmatrix} \begin{pmatrix} \frac{\tilde{a}_{11}}{\det A} & \cdots & \frac{\tilde{a}_{n1}}{\det A} \\ \vdots & & \vdots \\ \frac{\tilde{a}_{1n}}{\det A} & \cdots & \frac{\tilde{a}_{nn}}{\det A} \end{pmatrix} = \begin{pmatrix} 1 & & O \\ & \ddots & \\ O & & 1 \end{pmatrix} = E$$

です.したがって,左辺の第 2 項目の行列は A の逆行列です(13 章,命題 2 および系).すなわち,正則行列 A の**逆行列**

$$A^{-1} = \begin{pmatrix} \frac{\tilde{a}_{11}}{\det A} & \cdots & \frac{\tilde{a}_{n1}}{\det A} \\ \vdots & & \vdots \\ \frac{\tilde{a}_{1n}}{\det A} & \cdots & \frac{\tilde{a}_{nn}}{\det A} \end{pmatrix}$$

を得ます．簡単のために，この右辺の行列を $\dfrac{1}{\det A} \cdot \widetilde{A}$ と表します（行列のスカラー倍については 22 章を参照してください）．

例 3 行列
$$A = \begin{pmatrix} -2 & 3 & 1 \\ 0 & -1 & -2 \\ 2 & 0 & 1 \end{pmatrix}$$
の行列式の値 $\det A$ を Sarrus の方法で計算すると
$$\det A = 2 + 0 - 12 + 2 - 0 - 0 = -8$$
を得ます．これより A は正則行列なので，逆行列 A^{-1} が存在します．

そこで，行列 A の余因子行列 $\widetilde{A}$ を求めます．まず $\widetilde{A}$ の第 1 行目を計算すると
$$\tilde{a}_{11} = (-1)^{1+1} \cdot \det \begin{pmatrix} -1 & -2 \\ 0 & 1 \end{pmatrix} = -1,$$
$$\tilde{a}_{21} = (-1)^{2+1} \cdot \det \begin{pmatrix} 3 & 1 \\ 0 & 1 \end{pmatrix} = -1 \cdot 3 = -3,$$
$$\tilde{a}_{31} = (-1)^{3+1} \cdot \det \begin{pmatrix} 3 & 1 \\ -1 & -2 \end{pmatrix} = -6 + 1 = -5$$
です（これらは，行列 A の第 1 列の余因子であることに注意します）．

同様にして $\widetilde{A}$ の第 2 行目，第 3 行目は，それぞれ
$$\tilde{a}_{12} = -4, \quad \tilde{a}_{22} = -4, \quad \tilde{a}_{32} = -4, \quad \tilde{a}_{13} = 2, \quad \tilde{a}_{23} = 6, \quad \tilde{a}_{33} = 2$$
になります．これより，行列 A の逆行列 A^{-1} は
$$A^{-1} = \frac{1}{\det A} \cdot \widetilde{A} = \frac{1}{-8} \begin{pmatrix} -1 & -3 & -5 \\ -4 & -4 & -4 \\ 2 & 6 & 2 \end{pmatrix} = \begin{pmatrix} \frac{1}{8} & \frac{3}{8} & \frac{5}{8} \\ \frac{1}{2} & \frac{1}{2} & \frac{1}{2} \\ -\frac{1}{4} & -\frac{3}{4} & -\frac{1}{4} \end{pmatrix}$$
です． □

問題 17

問 1 Cramer の公式を用いて，次の連立 1 次方程式の解を求めなさい．

(1) $\begin{cases} 3x - y = 7 \\ 2x + 5y = -2 \end{cases}$
(2) $\begin{cases} 2x - y + 3z = 6 \\ -x + y - 5z = -2 \\ 7x - 2y + 4z = 3 \end{cases}$
(3) $\begin{cases} 2x - y - z = 3 \\ 3x + y + 5z = 5 \\ x - y + 4z = 2 \end{cases}$

問 2 実数を成分とする次の行列 A, B の余因子行列，および，逆行列を求めなさい．

$$A = \begin{pmatrix} 4 & 1 & -1 \\ 5 & 3 & -1 \\ 1 & 1 & 0 \end{pmatrix}, \qquad B = \begin{pmatrix} 2 & -1 & -2 \\ -1 & 0 & 3 \\ 3 & -2 & 5 \end{pmatrix}$$

問 3 いま，複素数 ω を 1 の 3 乗根，すなわち $\omega^3 = 1$, $\omega \neq 1$ である複素数として，行列

$$P = \begin{pmatrix} 1 & 1 & 1 \\ 1 & \omega & \omega^2 \\ 1 & \omega^2 & \omega \end{pmatrix}$$

の行列式の値を計算しなさい．また，その逆行列を求めなさい．

問 4 体 K の元を成分とする次の行列 C, D の行列式の値を求めなさい．

$$C = \begin{pmatrix} 0 & a & b & c \\ a & -1 & 0 & 0 \\ b & 0 & -1 & 0 \\ c & 0 & 0 & -1 \end{pmatrix}, \qquad D = \begin{pmatrix} a & b & b & b \\ a & b & a & a \\ a & a & b & a \\ b & b & b & a \end{pmatrix}$$

問 5 平面 $\mathbb{R}^2$ 上の 3 点 $A(1, 1)$, $B(-1, 4)$, $C(3, -1)$ を通る円の方程式を求めなさい．

問 6 実ベクトル空間 $\mathbb{R}^3$ の元

$$v_1 = \begin{pmatrix} 0 \\ 2 \\ 1 \end{pmatrix}, \quad v_2 = \begin{pmatrix} -2 \\ 6 \\ 2 \end{pmatrix}, \quad v_3 = \begin{pmatrix} 7 \\ -11 \\ -2 \end{pmatrix}$$

を用いて定義される 3 次の正方行列 $A = (v_1 \ v_2 \ v_3)$ に対して $\det A$ を求めなさい．

また，ベクトル v_1, v_2, v_3 が 1 次従属であることを示しなさい．

問 7 体 K の元を成分とする n 次正方行列 $A = (v_1 \ \cdots \ v_n)$ が $\det A \neq 0$ ならば，元 $u \in K^n$ に対して，等式 $Ax = u$ を満たす元 $x \in K^n$ は $x = A^{-1}u$ です（17 章，命題の系）．ベクトル $A^{-1}u$ の第 i 成分 b_i が Cramer の公式で与えられる値と同一であることを示しなさい．

18
行列式を表す式

体 K の元を成分とする n 次の正方行列

$$A = \begin{pmatrix} a_{11} & \cdots & a_{1n} \\ \vdots & & \vdots \\ a_{n1} & \cdots & a_{nn} \end{pmatrix}$$

の行列式 $\det A$ は，行列式の性質を使って計算すると，成分 a_{ij} を用いて，加法と乗法により表される式になります．ここでは，縦ベクトルの場合の性質（15 章）を用いて，それを説明します．そのために，各列ベクトルがつくる縦ベクトル

$$v_1 = \begin{pmatrix} a_{11} \\ \vdots \\ a_{n1} \end{pmatrix}, \quad \ldots, \quad v_n = \begin{pmatrix} a_{1n} \\ \vdots \\ a_{nn} \end{pmatrix}$$

を横に並べた表示により，行列 A を $A = (v_1 \ \cdots \ v_n)$ と表します．また，各 v_i が，空間 K^n の標準基底 $\{e_1, \ldots, e_n\}$

$$e_1 = \begin{pmatrix} 1 \\ 0 \\ \vdots \\ 0 \end{pmatrix}, \quad \ldots, \quad e_n = \begin{pmatrix} 0 \\ \vdots \\ 0 \\ 1 \end{pmatrix}$$

により

$$v_i = a_{1i}e_1 + \cdots + a_{ni}e_n = \sum_{j=1}^{n} a_{ji} e_j \tag{\#}$$

と表されることを用います．ここで $a_{ji} \in K$ です．

18 章

はじめに $n=2$ の場合，すなわち **2 次の正方行列**

$$A = \begin{pmatrix} a_{11} & a_{12} \\ a_{21} & a_{22} \end{pmatrix}$$

の行列式 $\det A$ を考えます．いま，行列 A を，列ベクトル

$$v_1 = \begin{pmatrix} a_{11} \\ a_{21} \end{pmatrix}, \quad v_2 = \begin{pmatrix} a_{12} \\ a_{22} \end{pmatrix}$$

を横に並べた形 $A = (v_1 \ v_2)$ で表します．各 v_i は，空間 K^2 の標準基底 $\{e_1, e_2\}$ により

$$v_1 = a_{11}e_1 + a_{21}e_2, \quad v_2 = a_{12}e_1 + a_{22}e_2$$

と表されるので，行列式の値 $\det A = \det(v_1 \ v_2)$ は

$$\det A = \det(a_{11}e_1 + a_{21}e_2 \quad a_{12}e_1 + a_{22}e_2)$$

となります．行列式の性質 (1)（15 章）を用いると

$$\det A = \det(a_{11}e_1 \quad a_{12}e_1 + a_{22}e_2) + \det(a_{21}e_2 \quad a_{12}e_1 + a_{22}e_2)$$
$$= \det(a_{11}e_1 \quad a_{12}e_1) + \det(a_{11}e_1 \quad a_{22}e_2) + \det(a_{21}e_2 \quad a_{12}e_1) + \det(a_{21}e_2 \quad a_{22}e_2)$$

です．これは，性質 (2) から

$$\det A = a_{11}a_{12} \cdot \det(e_1 \ e_1) + a_{11}a_{22} \cdot \det(e_1 \ e_2)$$
$$+ a_{21}a_{12} \cdot \det(e_2 \ e_1) + a_{21}a_{22} \cdot \det(e_2 \ e_2)$$

と書き換えられます．しかし，添え字が同じ場合は，性質 (3) から，その行列式の値は

$$\det(e_1 \ e_1) = 0, \quad \det(e_2 \ e_2) = 0$$

なので，それらを省略して書くと，上式は，**添え字が異なる場合の行列式**

$$\det(e_1 \ e_2), \quad \det(e_2 \ e_1)$$

144

の和

$$\det A = a_{11}a_{22} \cdot \det(e_1\ e_2) + a_{21}a_{12} \cdot \det(e_2\ e_1) \tag{1}$$

です．さらに，性質 (4) および (6) から

$$\det(e_1\ e_2) = 1, \quad \det(e_2\ e_1) = -\det(e_1\ e_2) = -1$$

なので，上式 (1) は

$$\det A = a_{11}a_{22} - a_{21}a_{12}$$

となります．これは 16 章で求めた式 (∗) に一致します．

次に $n=3$ の場合，すなわち 3 次の正方行列

$$A = \begin{pmatrix} a_{11} & a_{12} & a_{13} \\ a_{21} & a_{22} & a_{23} \\ a_{31} & a_{32} & a_{33} \end{pmatrix}$$

の行列式 $\det A$ を考えます．行列 A の列ベクトル v_1, v_2, v_3 は，空間 K^3 の標準基底により

$$v_1 = a_{11}e_1 + a_{21}e_2 + a_{31}e_3, \quad v_2 = a_{12}e_1 + a_{22}e_2 + a_{32}e_3, \quad v_3 = a_{13}e_1 + a_{23}e_2 + a_{33}e_3,$$

と表されるので，行列式の性質 (1) を用いると，上述した $n=2$ の場合と同様に，行列式の値 $\det A = \det(v_1\ v_2\ v_3)$ は $3^3 = 27$ 個の

$$\det(a_{i1}e_i\ \ a_{j2}e_j\ \ a_{k3}e_k)$$

の形をした項の和

$$\det A = \sum_{i=1}^{3}\sum_{j=1}^{3}\sum_{k=1}^{3} \det(a_{i1}e_i\ a_{j2}e_j\ a_{k3}e_k)$$

となることを確かめてください．性質 (2) から，上式は

$$\det A = \sum_{i=1}^{3}\sum_{j=1}^{3}\sum_{k=1}^{3} a_{i1}a_{j2}a_{k3} \cdot \det(e_i\ e_j\ e_k)$$

18 章

と変形されます．しかし，もし i, j, k のどれか 2 つが等しいならば，性質 (3) から，行列式の値 $\det(e_i\ e_j\ e_k) = 0$ となるので，それらを省略して書くと，上式は，**添え字 i, j, k がすべて異なる場合の行列式** $\det(e_i\ e_j\ e_k)$ についての和

$$\det A = \sum_{i,j,k \text{ はすべて異なる}} a_{i1} a_{j2} a_{k3} \cdot \det(e_i\ e_j\ e_k) \tag{2}$$

となります．添え字 i, j, k がすべて異なる組み合わせは

$$(e_1\ e_2\ e_3),\ (e_1\ e_3\ e_2),\ (e_2\ e_1\ e_3),\ (e_2\ e_3\ e_1),\ (e_3\ e_1\ e_2),\ (e_3\ e_2\ e_1)$$

の 6 個です．したがって，上式 (2) は

$$\det A = a_{11}a_{22}a_{33} \cdot \det(e_1\ e_2\ e_3) + a_{11}a_{32}a_{23} \cdot \det(e_1\ e_3\ e_2) + a_{21}a_{12}a_{33} \cdot \det(e_2\ e_1\ e_3)$$
$$+ a_{21}a_{32}a_{13} \cdot \det(e_2\ e_3\ e_1) + a_{31}a_{12}a_{23} \cdot \det(e_3\ e_1\ e_2) + a_{31}a_{22}a_{13} \cdot \det(e_3\ e_2\ e_1)$$

となります．第 1 項の行列式は，性質 (4) を用いると

$$\det(e_1\ e_2\ e_3) = 1$$

です．また，第 2 項は，性質 (6) を用いて e_2 と e_3 を入れ替えると

$$\det(e_1\ e_3\ e_2) = -\det(e_1\ e_2\ e_3) = -1$$

となります．同様に考えて，第 3, 6 項は

$$\det(e_2\ e_1\ e_3) = -1,\quad \det(e_3\ e_2\ e_1) = -1$$

です．一方，第 4 項に対しては e_1 と e_2 を入れ換え，さらに e_2 と e_3 を入れ替えるので

$$\det(e_2\ e_3\ e_1) = -\det(e_1\ e_3\ e_2) = \det(e_1\ e_2\ e_3) = 1$$

となります．同様に考えて，第 5 項は

$$\det(e_3\ e_1\ e_2) = (-1)^2 \cdot \det(e_1\ e_2\ e_3) = 1$$

です．これより

$$\det A = a_{11}a_{22}a_{33} + a_{21}a_{32}a_{13} + a_{31}a_{12}a_{23} - a_{31}a_{22}a_{13} - a_{21}a_{12}a_{33} - a_{11}a_{32}a_{23}$$

を得ます．これは Sarrus の方法として得られた式です（16 章）．

これら 2 つの場合と同様にして n 次正方行列

$$A = \begin{pmatrix} a_{11} & \cdots & a_{1n} \\ \vdots & & \vdots \\ a_{n1} & \cdots & a_{nn} \end{pmatrix}$$

の場合を考えます．列ベクトル v_i を式 (#) で表すと，行列式 $\det A = \det(v_1 \cdots v_n)$ は

$$\det A = \det \left(\sum_{i=1}^{n} a_{i1}e_i \ \cdots \ \sum_{i=1}^{n} a_{in}e_i \right)$$

となります．同一文字では混乱のおそれがあるので，各成分の添え字 i をそれぞれ区別して，いま $i_1, \ldots, i_n$ とすると

$$\det A = \det \left(\sum_{i_1=1}^{n} a_{i_1 1}e_{i_1} \ \cdots \ \sum_{i_n=1}^{n} a_{i_n n}e_{i_n} \right)$$

です．性質 (1) と性質 (2) を用いて，この式を計算すると

$$\det A = \sum_{i_1=1}^{n} \cdots \sum_{i_n=1}^{n} a_{i_1 1} \cdots a_{i_n n} \cdot \det(e_{i_1} \cdots e_{i_n})$$

と変形されます．もし 2 つの添え字 i_j, i_k が $i_j = i_k$ ならば，性質 (3) から，行列式の値 $\det(e_{i_1} \cdots e_{i_n}) = 0$ なので，それらを省略すると，上式は**添え字 $i_1, \ldots, i_n$ がすべて異なる場合の行列式についての和**

$$\det A = \sum_{i_1, \cdots, i_n \text{はすべて異なる}} a_{i_1 1} \cdots a_{i_n n} \cdot \det(e_{i_1} \cdots e_{i_n}) \tag{3}$$

となります．この式は，上記の 2 式 (1), (2) を n の場合に書き表した式です．

ベクトルに添え字を付けておくならば，ベクトルの入れ換えは，添え字を入れ換えることに相当します．例えば，ベクトル

$$e_3, \ e_1, \ e_2$$

18 章

の e_1 と e_3 を入れ換える,すなわち

$$e_1, e_3, e_2$$

とすることは,添え字の 1 と 3 を入れ換えることと同じです.

添え字の列 $i_1, \ldots, i_n$ の $i_1, \ldots, i_n$ がすべて異なる場合,添え字の列 $i_1, \ldots, i_n$ は $1, \ldots, n$ を並べ換えたものです.そして,添え字を 2 個ずつ,何回か入れ換えることにより,添え字の列 $i_1, \ldots, i_n$ は $1, \ldots, n$ に替わります.

例 いま $n = 4$ として,異なる添え字の列

$$3, 4, 1, 2$$

をとります.まず 1 と 4 を入れ換えて $3, 1, 4, 2$ とします.次に 1 と 3 を入れ換えると,列 $1, 3, 4, 2$ に替わります.さらに 2 と 4 を入れ換えて,列 $1, 3, 2, 4$ をつくり,最後に 2 と 3 を入れ換えると,列

$$1, 2, 3, 4$$

になります.このやり方では 2 個ずつ 4 回入れ換えたことになります.

異なる入れ換え方としては,まず 1 と 3 を入れ換えて $1, 4, 3, 2$ とします.次に 2 と 4 を入れ換えると,列 $1, 2, 3, 4$ です.この場合は 2 回の入れ換えで済みます.他にも別の入れ換え方があります.各自で考えてみてください. □

2 個の数字だけを入れ換え,他の数字は変換しない入れ換えを**互換**といいます.ベクトルの入れ換えを添え字の入れ換えと考えると,添え字の互換により行列式の値の符号が変わります(性質 (6)).いま,添え字の列 $i_1, \ldots, i_n$ を $1, \ldots, n$ に置き換えるために互換を m 回を行う場合,すなわち,ベクトルの列 $e_{i_1}, \ldots, e_{i_n}$ の添え字に m 回の互換を行って,列 $e_{i_1}, \ldots, e_{i_n}$ が $e_1, \ldots, e_n$ に置き換わるならば

$$\det(e_{i_1} \cdots e_{i_n}) = (-1)^m \cdot \det(e_1 \cdots e_n)$$

となります．性質 (4) から，行列式の値 $\det(e_1 \cdots e_n) = 1$ なので，結局

$$\det(e_{i_1} \cdots e_{i_n}) = (-1)^m$$

を得ます．

　右辺の m は，添え字の列 $i_1, \ldots, i_n$ を $1, \ldots, n$ に置き換えるために用いる互換の回数です．置き換え方（添え字の入れ替え方）は，幾通りもあります（例）．それに応じて，互換の回数も異なります．実は，添え字の列 $i_1, \ldots, i_n$ を $1, \ldots, n$ に置き換えるために必要な**互換の回数が偶数であるか奇数であるかは，その列** $i_1, \ldots, i_n$ **により一定**です（これは 20 章の命題 2 で証明されます）．言い換えると，**符号値** $(-1)^m$（1 または -1 ）は添え字の列 $i_1, \ldots, i_n$ で決まります．この符号値（1 または -1 ）を，通常，記号

$$\mathrm{sgn} \begin{pmatrix} 1 & \cdots & n \\ i_1 & \cdots & i_n \end{pmatrix}$$

で表します（ sgn は signature の略です）．つまり，添え字の列 $i_1, \ldots, i_n$ を $1, \ldots, n$ に置き換えるために必要な互換の回数が m ならば

$$\mathrm{sgn} \begin{pmatrix} 1 & \cdots & n \\ i_1 & \cdots & i_n \end{pmatrix} = (-1)^m$$

と定義します．この記号を用いると，行列式 (3) は

$$\det A = \sum_{i_1, \cdots, i_n \text{はすべて異なる}} \mathrm{sgn} \begin{pmatrix} 1 & \cdots & n \\ i_1 & \cdots & i_n \end{pmatrix} a_{i_1 1} \cdots a_{i_n n} \tag{4}$$

と表されます．すべて異なる $i_1, \ldots, i_n$ の選び方は $n!$ 個あるので，右辺は $n!$ 個の和です．したがって $n = 2$ の場合は $2! = 2$ 個の和です（式 (1)）．また $n = 3$ ならば $3! = 6$ 個の和です（式 (2)）．

問題 18

問 1 行列式を表す多項式 (4) を用いて，実数を成分とする次の行列 A の行列式の値を求めなさい．

$$A = \begin{pmatrix} 3 & 0 & 5 & 2 \\ 1 & -1 & 0 & 0 \\ 0 & 4 & -2 & 0 \\ 0 & 0 & 1 & 0 \end{pmatrix}$$

問 2 実数を成分とする次の行列が正則行列ならば，その逆行列を求めなさい．

$$B = \begin{pmatrix} 3 & -2 & -8 \\ 1 & 4 & 2 \\ 1 & -7 & -9 \end{pmatrix}, \quad C = \begin{pmatrix} -4 & 4 & 3 & -1 \\ 2 & 2 & 1 & 2 \\ 3 & -1 & 1 & 1 \\ 2 & 3 & -1 & 3 \end{pmatrix}$$

問 3 体 K の元を成分とする次の行列 G, H の行列式の値を求めなさい

$$G = \begin{pmatrix} 1+a_1 & a_2 & \cdots & a_n \\ a_1 & 1+a_2 & \cdots & a_n \\ \vdots & \vdots & & \vdots \\ a_1 & a_2 & \cdots & 1+a_n \end{pmatrix}, \quad H = \begin{pmatrix} t & a & b & c \\ a & t & c & b \\ b & c & t & a \\ c & b & a & t \end{pmatrix}$$

問 4 平面 $\mathbb{R}^2$ の 3 点 $A(a_1, b_1)$, $B(a_2, b_2)$, $C(a_3, b_3)$ によって決まる 3 角形の面積 S は

$$\frac{1}{2} \cdot \det \begin{pmatrix} 1 & a_1 & b_1 \\ 1 & a_2 & b_2 \\ 1 & a_3 & b_3 \end{pmatrix}$$

の絶対値であることを示しなさい．

問 5 体 K の元 $a_1, \ldots, a_n \in K$ および，文字 t に関する多項式 t を成分とする $n+1$ 次の正方行列 D の行列式の値を求めなさい．

$$D = \begin{pmatrix} t & a_1 & a_2 & \cdots & a_{n-1} & 1 \\ a_1 & t & a_2 & \cdots & a_{n-1} & 1 \\ a_1 & a_2 & t & & \vdots & \vdots \\ \vdots & \vdots & & \ddots & a_{n-1} & 1 \\ a_1 & a_2 & \cdots & a_{n-1} & t & 1 \\ a_1 & a_2 & \cdots & a_{n-1} & a_n & 1 \end{pmatrix}$$

問 6 いま $n \geq 2$ として，体 K の元を成分とする n 次正方行列 A が $\det A = 0$ ならば $\det \widetilde{A} = 0$ を示しなさい．ここで $\widetilde{A}$ は A の余因子行列です．

19
置換と逆置換

行列式を表す多項式（前章，式 (4)）は，異なる添え字 $i_1, \ldots, i_n$ を用いて得られる項

$$\mathrm{sgn}\begin{pmatrix} 1 & \cdots & n \\ i_1 & \cdots & i_n \end{pmatrix} a_{i_1 1} \cdots a_{i_n n}$$

をすべて考え，それらの和として表されます．また，この項で用いられている記号

$$\begin{pmatrix} 1 & 2 & \cdots & k & \cdots & n \\ i_1 & i_2 & \cdots & i_k & \cdots & i_n \end{pmatrix} \tag{$*$}$$

の上下にある数字は，次の規則に基きます．すなわち，上側にある数字 k の下にある数字 i_k は，数字 k を列番号にもつ成分 $a_{i_k k}$ の行番号 i_k です．

このように，数字 $1, \ldots, n$ を並べ替えた $i_1, \ldots, i_n$ に対して，各 $1, \ldots, n$ に，それぞれ $i_1, \ldots, i_n$ を対応させる規則を，数字 $1, \ldots, n$ の**置換**といい，記号 $(*)$ で表します．したがって，上下にある数字 k, i_k は，対で意味をもちます．例えば，記号

$$\begin{pmatrix} 1 & 2 & 3 & 4 & 5 \\ 2 & 4 & 1 & 5 & 3 \end{pmatrix}$$

は，数字 $1, 2, 3, 4, 5$ に，それぞれ，その下にある数字 $2, 4, 1, 5, 3$ を対応させる規則を意味します．置換の記号は，上側にある数字 k に，その下の数字 i_k を対応させる規則なので，上側の数字の順序を替えて書くこともできます．例えば

$$\begin{pmatrix} 1 & 2 & 3 & 4 & 5 \\ 2 & 4 & 1 & 5 & 3 \end{pmatrix} = \begin{pmatrix} 4 & 3 & 1 & 5 & 2 \\ 5 & 1 & 2 & 3 & 4 \end{pmatrix}$$

と表されます．ただし，**上下にある数字は対で動かします**．

19 章

いま,置換 σ を

$$\sigma = \begin{pmatrix} 1 & 2 & \cdots & n \\ i_1 & i_2 & \cdots & i_n \end{pmatrix}$$

とします.置換 σ は,上側にある数字 k に,その下の数字 i_k を対応させる規則なので

$$\sigma(k) = i_k$$

と書くことができます.特に 2 つの置換 σ, τ が同一である,つまり $\sigma = \tau$ であるとは,すべての $k = 1, \ldots, n$ に対して,等号 $\sigma(k) = \tau(k)$ が成立することを意味します.

例 1 置換 σ を上記の置換

$$\sigma = \begin{pmatrix} 1 & 2 & 3 & 4 & 5 \\ 2 & 4 & 1 & 5 & 3 \end{pmatrix}$$

とするならば

$$\sigma(1) = 2, \quad \sigma(2) = 4, \quad \sigma(3) = 1, \quad \sigma(4) = 5, \quad \sigma(5) = 3 \tag{†}$$

です.そこで σ の**逆置換**(逆の対応)σ^{-1} を考えてみます.これは,対応

$$\begin{array}{ccccc} 1 & 2 & 3 & 4 & 5 \\ \uparrow & \uparrow & \uparrow & \uparrow & \uparrow \\ 2 & 4 & 1 & 5 & 3 \end{array}$$

のことなので

$$\sigma^{-1} = \begin{pmatrix} 2 & 4 & 1 & 5 & 3 \\ 1 & 2 & 3 & 4 & 5 \end{pmatrix} = \begin{pmatrix} 1 & 2 & 3 & 4 & 5 \\ 3 & 1 & 5 & 2 & 4 \end{pmatrix}$$

となります.同様にして,置換 σ^{-1} の逆置換は σ です. □

この説明からわかるように,置換

$$\sigma = \begin{pmatrix} 1 & 2 & \cdots & n \\ i_1 & i_2 & \cdots & i_n \end{pmatrix}$$

の数字列の上下を入れ替えることにより，逆置換

$$\sigma^{-1} = \begin{pmatrix} i_1 & i_2 & \cdots & i_n \\ 1 & 2 & \cdots & n \end{pmatrix} \tag{1}$$

が得られます．すなわち

$$\sigma(k) = i_k \quad ならば \quad \sigma^{-1}(i_k) = k \tag{i}$$

です．そこで，上下にある数字は対で動かすとして，上側にある数字の列 $i_1, i_2, \ldots, i_n$ を $1, 2, \ldots, n$ の順に並べ直した表現を

$$\sigma^{-1} = \begin{pmatrix} 1 & 2 & \cdots & n \\ j_1 & j_2 & \cdots & j_n \end{pmatrix} \tag{2}$$

とします．この場合，事項 (i) と同様に

$$\sigma^{-1}(s) = j_s \quad ならば \quad \sigma(j_s) = s \tag{ii}$$

が成立します．

さて，置換 (∗) に対して，下側の数字列 $i_1, \ldots, i_n$ を $1, \ldots, n$ に置き換えるために必要な**互換**（2 個の数字の入れ換え（18 章））の回数が m 回ならば，その置換の符号値を

$$\mathrm{sgn} \begin{pmatrix} 1 & 2 & \cdots & n \\ i_1 & i_2 & \cdots & i_n \end{pmatrix} = (-1)^m$$

と定義しました（18 章）．そこで，同じ m 回の互換，つまり，数字の列 $i_1, \ldots, i_n$ を $1, \ldots, n$ に置き換えるために用いた m 回の互換を，上記 (1) で表される逆置換 σ^{-1} の上側の数字の列に対して行えば（その際，上下にある数字を対で動かす），数字の列 $i_1, i_2, \ldots, i_n$ を $1, 2, \ldots, n$ の順に並べ直した表現 (2) が得られます．

逆置換 σ^{-1} の表現 (1) の下側の数字の着目すると，これは m 回の互換により，数字の列 $1, \ldots, n$ が $j_1, \ldots, j_n$ に置き換わることを意味します．したがって，それらの m 回の互換を逆順に行えば，数字の列 $j_1, \ldots, j_n$ は $1, \ldots, n$ に置き換わります．

19 章

これより
$$\operatorname{sgn}\begin{pmatrix} 1 & 2 & \cdots & n \\ j_1 & j_2 & \cdots & j_n \end{pmatrix} = (-1)^m$$
を得ます．言い換えると，逆置換の符号値は，はじめの符号値と等しい，すなわち
$$\operatorname{sgn}(\sigma) = \operatorname{sgn}(\sigma^{-1}) \tag{†}$$
が成立します．この等号を用いると，次の結果が導かれます．

命題 1 行列式 $\det A$ の行に関する添え字が動く表現（18 章，式 (4)）は，列に関する添え字が動く表現と同一である，すなわち
$$\det A = \sum_{j_1,\cdots,j_n \text{はすべて異なる}} \operatorname{sgn}\begin{pmatrix} 1 & \cdots & n \\ j_1 & \cdots & j_n \end{pmatrix} a_{1j_1} \cdots a_{nj_n}$$
が成立する．

証明 まず，行に関する添え字が動く行列式の表現にある 1 つの項
$$\operatorname{sgn}\begin{pmatrix} 1 & \cdots & k & \cdots & n \\ i_1 & \cdots & i_k & \cdots & i_n \end{pmatrix} a_{i_1 1} \cdots a_{i_n n}$$
をとります．符号値の記号にある置換
$$\begin{pmatrix} 1 & \cdots & k & \cdots & n \\ i_1 & \cdots & i_k & \cdots & i_n \end{pmatrix} \tag{3}$$
の上の数字 k は成分 $a_{i_k,k}$ の列番号であり，その下にある数字 i_k は行番号です．これを，行番号を上に，列番号を下にして表すと，置換 (3) の逆置換
$$\begin{pmatrix} i_1 & \cdots & i_k & \cdots & i_n \\ 1 & \cdots & k & \cdots & n \end{pmatrix}$$
になります．そこで，数字の列 $i_1, \ldots, i_n$ を $1, \ldots, n$ の順に並べ直して（その際，上下にある数字は対で動かして）
$$\begin{pmatrix} 1 & \cdots & s & \cdots & n \\ j_1 & \cdots & j_s & \cdots & j_n \end{pmatrix} \tag{4}$$

とします.すなわち,成分 $a_{i_k,k}$ の行番号 $i_k=s$ ならば,列番号 $k=j_s$ です.

この表現を用いると $a_{i_k,k}=a_{s,j_s}$ なので,行番号の順に(つまり,行番号 $i_1,\ldots,i_n$ を $1,\ldots,n$ の順に)並べ直して,元 $a_{i_1 1}\cdots a_{i_n n}$ を書き換えると

$$a_{i_1 1}\cdots a_{i_n n} = a_{1 j_1}\cdots a_{n j_n}$$

が成立します.上述したように,得られた置換 (4) は置換 (3) の逆置換です.これらの符号値は等しい(等式 (†))ので,等号

$$\mathrm{sgn}\begin{pmatrix} 1 & \cdots & n \\ i_1 & \cdots & i_n \end{pmatrix} a_{i_1 1}\cdots a_{i_n n} = \mathrm{sgn}\begin{pmatrix} 1 & \cdots & n \\ j_1 & \cdots & j_n \end{pmatrix} a_{1 j_1}\cdots a_{n j_n}$$

を得ます.これは,行に関する添え字が動く表現に現れる項(上式の左辺にある項)を,行番号の順に並べ直して書き換えると,いずれも,列に関する添え字が動く表現に現れる1つの項(上式の右辺)に等しくなることを意味します.

同様に考えると,この逆も成立します.したがって,列に関する添え字が動く表現に現れる項と,行に関する添え字が動く表現に現れる項は同一になり,それらの値は一致します. □

行列式を表す多項式(18 章,式 (4))は,縦ベクトルに関する行列式の性質(15 章)を用いて導かれました.同様に,横ベクトルに関する行列式の性質(14 章)を用いると,列の添え字が動く表現(命題 1 の式)が得られます.命題 1 は,これら 2 つの表現が等しいことを示しています.

対称群 数字 $1,\ldots,n$ に関する置換の全体を,記号 S_n で表します.1 つの置換 $(*)$ には 1 つの順列 $i_1,\ldots,i_n$ が対応するので,置換の全体 S_n は $n!$ 個の置換から成る集合です.この集合 S_n の 2 つの置換 σ,τ に対して,積 $\tau\sigma$ を

$$(\tau\sigma)(k) := \tau(\sigma(k)) \tag{\#}$$

で定義します.ここで $k=1,\ldots,n$ です.積 $\tau\sigma$ も,数字 $1,\ldots,n$ に関する置換,すなわち $\tau\sigma\in S_n$ です.したがって,集合 S_n に演算(積)が定義されます.

19章

例2 置換 $\sigma, \tau \in S_3$ が

$$\sigma = \begin{pmatrix} 1 & 2 & 3 \\ 3 & 2 & 1 \end{pmatrix}, \quad \tau = \begin{pmatrix} 1 & 2 & 3 \\ 2 & 3 & 1 \end{pmatrix}$$

ならば

$$(\tau\sigma)(1) = \tau(\sigma(1)) = \tau(3) = 1, \quad (\tau\sigma)(2) = \tau(\sigma(2)) = \tau(2) = 3,$$

$$(\tau\sigma)(3) = \tau(\sigma(3)) = \tau(1) = 2$$

です．したがって

$$\tau\sigma = \begin{pmatrix} 1 & 2 & 3 \\ 1 & 3 & 2 \end{pmatrix}$$

となり $\tau\sigma \in S_3$ です．ここで，積 $\sigma\tau$ が

$$\sigma\tau = \begin{pmatrix} 1 & 2 & 3 \\ 2 & 1 & 3 \end{pmatrix}$$

となることを確かめてください．これより $\sigma\tau \neq \tau\sigma$ です． □

置換の集合 S_n では，一般に $n \geq 3$ ならば，演算（積）の可換性が成立しないことに注意してください．

命題2 集合 S_n では，積（演算）(#) に関して，次が成立する．

(1) **結合律** $\sigma_3(\sigma_2\sigma_1) = (\sigma_3\sigma_2)\sigma_1$ が成立する．

(2) **恒等置換**が**存在**する．すなわち，すべての置換 $\sigma \in S_n$ に対して

$$id \cdot \sigma = \sigma \cdot id = \sigma$$

となる置換 $id \in S_n$ が存在する．

(3) 各置換に対して，その**逆置換**が存在する．すなわち，どの置換 $\sigma \in S_n$ に対しても

$$\sigma \cdot \sigma^{-1} = \sigma^{-1} \cdot \sigma = id$$

となる置換（σ の逆置換）$\sigma^{-1} \in S_n$ が存在する．

証明 (1) 演算の定義 (#) から,各 k に対して

$$(\sigma_3(\sigma_2\sigma_1))(k) = \sigma_3(\sigma_2\sigma_1(k)) = \sigma_3(\sigma_2(\sigma_1(k))) = (\sigma_3\sigma_2)(\sigma_1(k)) = ((\sigma_3\sigma_2)\sigma_1)(k)$$

です.したがって $\sigma_3(\sigma_2\sigma_1) = (\sigma_3\sigma_2)\sigma_1$ となり,結合律が成立します.

(2) どの数字も動かさない置換(**恒等置換**)を記号 id で表すことにします.すなわち

$$id = \begin{pmatrix} 1 & 2 & \cdots & n \\ 1 & 2 & \cdots & n \end{pmatrix}$$

です.恒等置換 id は,すべての置換 σ に対して

$$(id \cdot \sigma)(k) = id(\sigma(k)) = \sigma(k) \quad \text{かつ} \quad (\sigma \cdot id)(k) = \sigma(id(k)) = \sigma(k)$$

となるので,性質 (2) を満たします.

(3) 置換 σ の逆置換 σ^{-1} に対しては,すでに説明した事項 (i) および (ii) が成立します.これらの事項を用いると

$$(\sigma^{-1}\sigma)(k) = \sigma^{-1}(\sigma(k)) = \sigma^{-1}(i_k) = k, \quad (\sigma\sigma^{-1})(s) = \sigma(\sigma^{-1}(s)) = \sigma^{-1}(j_s) = s$$

となります.したがって

$$\sigma^{-1} \cdot \sigma = id, \quad \sigma \cdot \sigma^{-1} = id$$

です.すなわち,求める等式が得られます. □

ある演算が定義されている集合 G が命題 2 の 3 条件を満たすならば,集合 G は,その演算に関して**群**であるといわれます.したがって,集合 S_n は,上記の演算 (#) に関して群です.この群 S_n を n 次の**対称群**といいます.演算が加法の場合は,**加法群**と呼ばれることがあります.例えば,ベクトル空間は,加法に関して群(加法群)です(3 章).

問題 19

問 1 置換
$$\sigma = \begin{pmatrix} 1 & 2 & 3 & 4 & 5 & 6 & 7 & 8 & 9 \\ 3 & 8 & 5 & 1 & 6 & 9 & 2 & 4 & 7 \end{pmatrix}, \quad \tau = \begin{pmatrix} 1 & 2 & 3 & 4 & 5 & 6 & 7 & 8 & 9 \\ 2 & 7 & 9 & 6 & 1 & 4 & 8 & 3 & 5 \end{pmatrix}$$
の積 $\sigma\tau$, $\tau\sigma$ および, 逆置換 σ^{-1}, τ^{-1} を求めなさい.

問 2 置換
$$\xi = \begin{pmatrix} 1 & 2 & 3 & 4 & 5 & 6 & 7 & 8 & 9 & 10 \\ 3 & 4 & 6 & 10 & 1 & 9 & 2 & 8 & 7 & 5 \end{pmatrix}, \eta = \begin{pmatrix} 3 & 8 & 2 & 4 & 9 & 5 & 6 & 10 & 1 & 7 \\ 6 & 9 & 3 & 8 & 7 & 10 & 4 & 1 & 2 & 5 \end{pmatrix}$$
の積 $\xi\eta$ および, 逆置換 η^{-1} を求めなさい. また, 置換の積 $\eta^{-1}\xi\eta$ を求めなさい.

問 3 対称群 S_n の元 $\sigma \in S_n$ に対して, 等式
$$S_n = \{\sigma\tau \mid \tau \in S_n\} = \{\tau\sigma \mid \tau \in S_n\}$$
を証明しなさい.

問 4 体 K の元を成分とする行列
$$B = \begin{pmatrix} 1 & a & ab & abc \\ u & 1 & b & bc \\ uv & v & 1 & c \\ uvw & vw & w & 1 \end{pmatrix}, \quad C = \begin{pmatrix} 1 & 1 & 1 & \cdots & 1 \\ b_1 & a_1 & a_1 & \cdots & a_1 \\ b_1 & b_2 & a_2 & \ddots & \vdots \\ \vdots & \vdots & \ddots & \ddots & a_{n-1} \\ b_1 & b_2 & \cdots & b_n & a_n \end{pmatrix}$$
の行列式の値を求めなさい.

問 5 体 K の元 $a_1, \ldots, a_n \in K$ は 0 でないとして n 次正方行列
$$D = \begin{pmatrix} 1+a_1 & 1 & \cdots & 1 \\ 1 & 1+a_2 & & \vdots \\ \vdots & & \ddots & 1 \\ 1 & \cdots & 1 & 1+a_n \end{pmatrix}$$
の行列式の値を求めなさい.

問 6 体 K 上のベクトル空間 X の元 $w_1, \ldots, w_r$ は 1 次独立とします. もし r 次正方行列 A, B に対して
$$(w_1 \cdots w_r)A = (w_1 \cdots w_r)B$$
ならば $A = B$ を証明しなさい.

20
互換と巡回置換

　数字 $1, \ldots, n$ の置換を考えます．**互換**は 2 個の数字だけを入れ換え，他の数字は変換しない置換です（18 章）．数字 i と j を入れ換える互換を記号 $(i\,j)$ で表します．互換 $(i\,j)$ を，置換の形で書くと

$$(i\,j) = \begin{pmatrix} 1 & \cdots & i & \cdots & j & \cdots & n \\ 1 & \cdots & j & \cdots & i & \cdots & n \end{pmatrix}$$

となります．すべての置換は，順列 $1, \ldots, n$ に互換を施すことで得られます．すなわち，**置換**は**互換**の積です．

例 1 置換

$$\sigma = \begin{pmatrix} 1 & 2 & 3 & 4 & 5 \\ 2 & 4 & 1 & 5 & 3 \end{pmatrix}$$

は，規則 (†)（19 章，例 1）で与えられる対応なので，列 1, 2, 3, 4, 5 を列 2, 4, 1, 5, 3 に換える変換と考えられます．列 1, 2, 3, 4, 5 を列 2, 4, 1, 5, 3 に換えるには，例えば，互換 (1 2), (1 4), (1 3), (3 5) を順に行えば

$$1\,2\,3\,4\,5 \;\to\; 2\,1\,3\,4\,5 \;\to\; 2\,4\,3\,1\,5 \;\to\; 2\,4\,1\,3\,5 \;\to\; 2\,4\,1\,5\,3$$

となり，求める列が得られます．そこで，これら 4 つの互換を逆に並べると

$$\sigma = (3\,5)(1\,3)(1\,4)(1\,2) \tag{$*$}$$

となります．実際，右辺を置換の形で表すと

$$\begin{pmatrix} 1 & 2 & 3 & 4 & 5 \\ 1 & 2 & 5 & 4 & 3 \end{pmatrix} \begin{pmatrix} 1 & 2 & 3 & 4 & 5 \\ 3 & 2 & 1 & 4 & 5 \end{pmatrix} \begin{pmatrix} 1 & 2 & 3 & 4 & 5 \\ 4 & 2 & 3 & 1 & 5 \end{pmatrix} \begin{pmatrix} 1 & 2 & 3 & 4 & 5 \\ 2 & 1 & 3 & 4 & 5 \end{pmatrix}$$

20章

です．置換の積は右側から順に作用させるので，上式は

$$上式 = \begin{pmatrix} 1 & 2 & 3 & 4 & 5 \\ 1 & 2 & 5 & 4 & 3 \end{pmatrix} \begin{pmatrix} 1 & 2 & 3 & 4 & 5 \\ 3 & 2 & 1 & 4 & 5 \end{pmatrix} \cdot \begin{pmatrix} 1 & 2 & 3 & 4 & 5 \\ 2 & 4 & 3 & 1 & 5 \end{pmatrix}$$

$$= \begin{pmatrix} 1 & 2 & 3 & 4 & 5 \\ 1 & 2 & 5 & 4 & 3 \end{pmatrix} \begin{pmatrix} 1 & 2 & 3 & 4 & 5 \\ 2 & 4 & 1 & 3 & 5 \end{pmatrix} = \begin{pmatrix} 1 & 2 & 3 & 4 & 5 \\ 2 & 4 & 1 & 5 & 3 \end{pmatrix} = \sigma$$

となり，等式 (∗) が成立します．

この互換の積

$$(3\ 5)(1\ 3)(1\ 4)(1\ 2)$$

は，また，次のようにも考えられます．すなわち，互換の積も右側から順に作用させることに注意して，数字 1 から 5 までを順に考えます．まず 1 は，互換 (1 2) で 2 に換わり，その 2 は，次にある互換 (1 4), (1 3), (3 5) では換わりません．したがって

$$1 \to 2$$

です．次に，数字 2 を考えます．まず 2 は互換 (1 2) で 1 に換わり，その 1 は，次の互換 (1 4) で 4 に移ります．しかし 4 は，次の互換 (1 3), (3 5) では換わりません．よって

$$2 \to 1 \to 4$$

となります．同様にして，数字 3, 4, 5 を考えると，それぞれ

$$3 \to 1, \quad 4 \to 1 \to 3 \to 5, \quad 5 \to 3$$

です．以上から

$$(3\ 5)(1\ 3)(1\ 4)(1\ 2) = \begin{pmatrix} 1 & 2 & 3 & 4 & 5 \\ 2 & 4 & 1 & 5 & 3 \end{pmatrix} = \sigma$$

を得ます． □

一般に，置換

$$\sigma = \begin{pmatrix} 1 & 2 & \cdots & n \\ i_1 & i_2 & \cdots & i_n \end{pmatrix}$$

に対して,もし,互換 $(j_1\ k_1), \ldots, (j_m\ k_m)$ を順に用いて,列 $1, \ldots, n$ を列 $i_1, \ldots, i_n$ に換えることができるのならば,それらの互換を逆順に並べることにより,互換の積としての表現

$$\sigma = (j_m\ k_m) \cdots (j_1\ k_1)$$

が得られます.置換を互換の積で表す法としては,巡回置換を用いることもできます.

巡回置換 いくつかの数字,例えば,数字 $i_1, \ldots, i_r$ を,順に

$$i_1 \ \to \ i_2 \ \to \ \cdots \ \to \ i_r \ \to \ i_1$$

と巡回的に置き換え,他の数字はそのままにして換えない置換を**巡回置換**といいます.この巡回置換を,記号

$$(i_1\ i_2\ \cdots\ i_r)$$

で表します.特に2項(2つの数字)からなる巡回置換 $(i\ j)$ が互換です.重要なことは,どの置換も巡回置換の積として表すことができることです.

例2 数字 $1, \ldots, 7$ に対する巡回置換 $(1\ 5\ 2\ 7\ 4)$ は1を5に,5を2に,2を7に,7を4に,4を1に換えて,残りの3と6は変換しない置換なので

$$(1\ 5\ 2\ 7\ 4) = \begin{pmatrix} 1 & 5 & 2 & 7 & 4 & 3 & 6 \\ 5 & 2 & 7 & 4 & 1 & 3 & 6 \end{pmatrix} = \begin{pmatrix} 1 & 2 & 3 & 4 & 5 & 6 & 7 \\ 5 & 7 & 3 & 1 & 2 & 6 & 4 \end{pmatrix}$$

です. □

例3 置換

$$\sigma = \begin{pmatrix} 1 & 2 & 3 & 4 & 5 & 6 & 7 & 8 \\ 3 & 6 & 2 & 7 & 5 & 1 & 8 & 4 \end{pmatrix}$$

を順回置換の積として表すために,まず,置換 σ で置き換わる数字を1つ,例えば,数字3を選びます.この3は

$$3 \ \to \ 2 \ \to \ 6 \ \to \ 1 \ \to \ 3$$

20 章

と順に変換されます．次に，この巡回置換に用いられなかった数字，例えば 4 を考えると

$$4 \quad \to \quad 7 \quad \to \quad 8 \quad \to \quad 4$$

です．これまでに用いられなかった数字は 5 です．しかし，数字 5 は他の数字に変換されないので，これで終わりです．したがって，置換 σ は

$$\sigma = \begin{pmatrix} 1 & 2 & 3 & 4 & 5 & 6 & 7 & 8 \\ 3 & 6 & 2 & 7 & 5 & 1 & 8 & 4 \end{pmatrix} = (4\ 7\ 8)(3\ 2\ 6\ 1)$$

と書き表されます． □

この様に考えると，どの置換 σ も巡回置換の積で表すことができます．実際，置換 σ で置き換わる数字，例えば i_1 を選び，その i_1 が

$$i_1 \quad \to \quad i_2 \quad \to \quad \cdots \quad \to \quad i_r \quad \to \quad i_1$$

と巡回的に置き換わるとします．次に，この巡回置換に用いられない数字 j_1 を考え，それが

$$j_1 \quad \to \quad j_2 \quad \to \quad \cdots \quad \to \quad j_s \quad \to \quad j_1$$

と置き換わるとします．この操作を繰り返すことにより，置換 σ は

$$\sigma = (k_1 \cdots k_t) \cdots (j_1 \cdots j_s)(i_1 \cdots i_r)$$

と表されることになります．

例 4 いま σ を例 3 で考えた置換とします．置換 σ を表す巡回置換は

$$(3\ 2\ 6\ 1) = (3\ 1)(3\ 6)(3\ 2), \quad (4\ 7\ 8) = (4\ 8)(4\ 7)$$

と互換の積に書き直されます．これより

$$\sigma = \begin{pmatrix} 1 & 2 & 3 & 4 & 5 & 6 & 7 & 8 \\ 3 & 6 & 2 & 7 & 5 & 1 & 8 & 4 \end{pmatrix} = (4\ 8)(4\ 7)(3\ 1)(3\ 6)(3\ 2)$$

です．しかし，互換の積で表す表し方は一意的（1通り）ではありません．例えば

$$\sigma = (5\ 7)(4\ 7)(7\ 8)(4\ 5)(2\ 3)(2\ 6)(1\ 6)$$

と表されることを確かめてください．いずれも，用いられる互換の個数は奇数です．実は，置換を互換の積で表す場合，互換の個数が偶数であるか奇数であるかは一定です（命題2）．□

この例と同様に考えて，一般に，巡回置換は互換の積で表される，すなわち

$$(i_1\ \cdots\ i_r) = (i_1\ i_r)\ \cdots\ (i_1\ i_3)(i_1\ i_2)$$

と表されることを各自で確かめてください．この互換の積を用いると，置換は，互換の積となります．

いま，文字 $x_1, \ldots, x_n$ の多項式 $f = f(x_1, \ldots, x_n)$ に対して，置換 σ の作用を

$$\sigma(f) = f(x_{\sigma(1)}, \ldots, x_{\sigma(n)})$$

で定義します．例えば，数字 1, 2, 3 に関する置換 σ が互換 $\sigma = (2\ 3)$ ならば

$$\sigma(x_1 + 2x_2{}^2 - x_3) = x_{\sigma(1)} + 2x_{\sigma(2)}{}^2 - x_{\sigma(3)} = x_1 + 2x_3{}^2 - x_2$$

となります．この定義から，置換 σ, τ に対して

$$(\sigma\tau)(x_i) = x_{(\sigma\tau)(i)} = x_{\sigma(\tau(i))} = \sigma(x_{\tau(i)}) = \sigma(\tau(x_i))$$

なので，等号

$$(\sigma\tau)(f) = \sigma(\tau(f)) \tag{\#}$$

が成立します．特に，数字 $1, \ldots, n$ に関するすべての互換 σ に対して不変な，つまり $\sigma(f) = f$ となる多項式 $f = f(x_1, \ldots, x_n)$ を文字 $x_1, \ldots, x_n$ に関する**対称式**といいます．一方，すべての互換 σ に対して $\sigma(f) = -f$ となる多項式 f は**交代式**といわれます．

次の補題1で用いられる記号 Δ は，差積

$$\Delta = \prod_{1 \leq r < s \leq n} (x_r - x_s)$$

20 章

を表します（15 章）．

補題 1 差積 Δ は，文字 $x_1, \ldots, x_n$ に関する交代式である．

証明 いま，互換を $\sigma = (i\ j)$ として $i < j$ と仮定します．差積 Δ の因子をすべて書き上げると

$$\begin{array}{cccc} (x_1 - x_2) & (x_1 - x_3) & \cdots & (x_1 - x_n) \\ & (x_2 - x_3) & \cdots & (x_2 - x_n) \\ & & \ddots & \vdots \\ & & & (x_{n-1} - x_n) \end{array}$$

となります．この因子のなかで，互換 σ の作用を受ける因子は

$$\begin{array}{cccccccc} (x_1 - x_i) & & & & (x_1 - x_j) & & & \\ \vdots & & & & \vdots & & & \\ (x_{i-1} - x_i) & & & & (x_{i-1} - x_j) & & & \\ & (x_i - x_{i+1}) & \cdots & (x_i - x_{j-1}) & (x_i - x_j) & (x_i - x_{j+1}) & \cdots & (x_i - x_n) \\ & & & & (x_{i+1} - x_j) & & & \\ & & & & \vdots & & & \\ & & & & (x_{j-1} - x_j) & & & \\ & & & & & (x_j - x_{j+1}) & \cdots & (x_j - x_n) \end{array}$$

です．他の因子は，互換 σ の作用で不変なので，差積 Δ と $\sigma(\Delta)$ に共通な因子です．

互換 σ の作用を受ける因子のなかで，上側の縦に並べて書かれている因子

$$(x_1 - x_i), \ldots, (x_{i-1} - x_i) \quad \text{と} \quad (x_1 - x_j), \ldots, (x_{i-1} - x_j)$$

は，互換 $\sigma = (i\ j)$ により，互いに置き換わります．同様に，右側の横に書かれている因子

$$(x_i - x_{j+1}), \ldots, (x_i - x_n) \quad \text{と} \quad (x_j - x_{j+1}), \ldots, (x_j - x_n)$$

も互いに置き換わります．したがって，いずれも Δ と $\sigma(\Delta)$ に共通な因子です．中央横列の左側に書かれている因子と，中央縦列の下側に書かれている因子，すなわち

$$(x_i - x_{i+1}), \ldots, (x_i - x_{j-1}) \quad \text{と} \quad (x_{i+1} - x_j), \ldots, (x_{j-1} - x_j)$$

は互換 σ により符合を換えて置き換わります．しかし，個数が同じなので，それらを掛け合わせた式は Δ と $\sigma(\Delta)$ に共通な因子です．残った因子は $(x_i - x_j)$ です．これは

$$\sigma(x_i - x_j) = x_{\sigma(i)} - x_{\sigma(j)} = x_j - x_i = -(x_i - x_j)$$

になるので，求める結果が得られます． □

命題 2 置換を互換の積で表す場合，その互換の個数が偶数であるか奇数であるかは一定である．

証明 いま $1, \ldots, n$ に関する置換 σ が 2 通りの互換の積

$$\sigma = \sigma_1 \cdots \sigma_r = \tau_1 \cdots \tau_s$$

で表されたとします．この場合，等式 (#) および，補題により

$$\sigma(\Delta) = \sigma_1 \cdots \sigma_r(\Delta) = (-1)^r \cdot \Delta, \qquad \sigma(\Delta) = \tau_1 \cdots \tau_s(\Delta) = (-1)^s \cdot \Delta$$

となるので $(-1)^r = (-1)^s$ を得ます．これより r, s がともに偶数であるか，あるいは，ともに奇数であるかのどちらかになります． □

置換の符合

$$\mathrm{sgn} \begin{pmatrix} 1 & 2 & \cdots & n \\ i_1 & i_2 & \cdots & i_n \end{pmatrix}$$

は，添え字の列 $i_1, \ldots, i_n$ を $1, \ldots, n$ に置き換える，すなわち，列 $1, \ldots, n$ を列 $i_1, \ldots, i_n$ に置き換えるために用いられる互換の個数が m 個ならば

$$\mathrm{sgn} \begin{pmatrix} 1 & 2 & \cdots & n \\ i_1 & i_2 & \cdots & i_n \end{pmatrix} = (-1)^m$$

と定義しました（18 章）．上述の命題から m が偶数であるか奇数であるかは一定なので，それにより，**置換の符号値** $(-1)^m$ も $+1$ か -1 であるか**一意的**に決まります．

符号値が $+1$ である置換を**偶置換**といい，符号値が -1 である置換を**奇置換**といいます．

問題 20

問 1 次の互換の積で定義される置換（上下 2 行の形で表される表示）を求めなさい．
$$(1\,9)(2\,8)(4\,2)(5\,3)(6\,7)(3\,7)(1\,5)(3\,1)$$

問 2 互換 $\sigma = (i\,j)$ に対して，等式 $\sigma \cdot \sigma = id$ を示しなさい．

問 3 次の置換を，それぞれ，巡回置換の積および 2 通りの互換の積で表しなさい．
$$\xi = \begin{pmatrix} 1 & 2 & 3 & 4 & 5 & 6 & 7 \\ 4 & 1 & 6 & 2 & 7 & 5 & 3 \end{pmatrix}, \quad \eta = \begin{pmatrix} 1 & 2 & 3 & 4 & 5 & 6 & 7 & 8 & 9 \\ 7 & 6 & 8 & 2 & 1 & 4 & 9 & 3 & 5 \end{pmatrix}$$
また，符号 $\mathrm{sgn}(\xi), \mathrm{sgn}(\eta)$ の値を求めなさい．

問 4 次の符号値を求めなさい．
$$\mathrm{sgn} \begin{pmatrix} 1 & 2 & \cdots & n \\ n & n-1 & \cdots & 1 \end{pmatrix}$$

問 5 多項式
$$s_1 = x_1 + x_2 + x_3, \quad s_2 = x_1 x_2 + x_2 x_3 + x_3 x_1, \quad s_3 = x_1 x_2 x_3$$
を文字 x_1, x_2, x_3 に関する**基本対称式**といいます．対称式は，すべて，基本対称式の多項式として表されます（対称式の基本定理）．対称式
$$f = x_1{}^2 x_2 + x_1{}^2 x_3 + x_2{}^2 x_1 + x_2{}^2 x_3 + x_3{}^2 x_1 + x_3{}^2 x_2$$
を基本対称式 s_1, s_2, s_3 の多項式として表しなさい．

問 6 もし $\eta \in S_n$ が互換ならば，数字 $1, \ldots, n$ に関する偶置換の集合 A_n および，奇置換の集合 B は，それぞれ
$$A_n = \{\eta\sigma \mid \sigma \in B\}, \quad B = \{\xi\eta \mid \xi \in A_n\}$$
と表されることを示しなさい．また，偶置換の集合 A_3 および A_4 を求めなさい．

問 7 巡回置換 $(1\,2\,4)$ に対して
$$(1\,2\,4) \cdot \sigma = \sigma \cdot (1\,2\,4)$$
となる対称群 S_4 の置換 σ をすべて求めなさい．

問 8 実数を成分とする n 次正方行列
$$D = \begin{pmatrix} 1 & 2 & \cdots & n \\ 2 & 3 & \cdots & 1 \\ \vdots & \vdots & & \vdots \\ n & 1 & \cdots & n-1 \end{pmatrix}$$
の行列式の値を求めなさい．

21
行列式の定義

　これまでは行列式を定義しないで，行列式のもつ性質から行列式の値を計算してきました．この章では 18 章で得られた多項式 (4) を用いて行列式を定義し，それが，実際に，行列式の性質 (1) から (4) （14 章, 15 章）を満たすことを示します．

　いま，体 K の元を成分とする n 次の正方行列

$$A = \begin{pmatrix} a_{11} & \cdots & a_{1n} \\ \vdots & & \vdots \\ a_{n1} & \cdots & a_{nn} \end{pmatrix}$$

の **行列式** $\det A$ を，成分 a_{ij} を用いた多項式

$$\det A = \sum_{i_1,\ldots,i_n \text{ はすべて異なる}} \operatorname{sgn} \begin{pmatrix} 1 & \cdots & n \\ i_1 & \cdots & i_n \end{pmatrix} a_{i_1 1} \cdots a_{i_n n} \qquad (*)$$

として **定義** します．

　この定義式から，列に関する添え字が動く表現

$$\det A = \sum_{j_1,\ldots,j_n \text{ はすべて異なる}} \operatorname{sgn} \begin{pmatrix} 1 & \cdots & n \\ j_1 & \cdots & j_n \end{pmatrix} a_{1 j_1} \cdots a_{n j_n} \qquad (\#)$$

が得られることに注意します（19 章, 命題 1）．したがって，もし，**定義式** $(*)$ **から，縦ベクトルの場合の行列式の性質**（**15 章**）**を示すことができれば，同様な方法により，等式** $(\#)$ **を用いて，横ベクトルの場合**（14 章）**が導かれます．**

　はじめに，定義から導かれるいくつかの結果を説明します．次は 16 章の命題 1 です．

21 章

命題 1 次の等式が成立する．

$$\det\begin{pmatrix} a_{11} & a_{12} & \cdots & a_{1n} \\ 0 & a_{22} & \cdots & a_{2n} \\ \vdots & \vdots & & \vdots \\ 0 & a_{n2} & \cdots & a_{nn} \end{pmatrix} = a_{11}\cdot\det\begin{pmatrix} a_{22} & \cdots & a_{2n} \\ \vdots & & \vdots \\ a_{n2} & \cdots & a_{nn} \end{pmatrix},$$

$$\det\begin{pmatrix} a_{11} & 0 & \cdots & 0 \\ a_{21} & a_{22} & \cdots & a_{2n} \\ \vdots & \vdots & & \vdots \\ a_{n1} & a_{n2} & \cdots & a_{nn} \end{pmatrix} = a_{11}\cdot\det\begin{pmatrix} a_{22} & \cdots & a_{2n} \\ \vdots & & \vdots \\ a_{n2} & \cdots & a_{nn} \end{pmatrix}$$

証明 前者を示します．いま $a_{21}=\cdots=a_{n1}=0$ なので，定義式 $(*)$ から

$$\text{左辺} = \sum_{\substack{i_2,\ldots,i_n \text{は} \neq 1 \\ \text{かつ，すべて異なる}}} \text{sgn}\begin{pmatrix} 1 & 2 & \cdots & n \\ 1 & i_2 & \cdots & i_n \end{pmatrix} a_{11}a_{i_22}\cdots a_{i_n n}$$

$$= a_{11}\cdot \sum_{\substack{i_2,\ldots,i_n \text{は} \neq 1 \\ \text{かつ，すべて異なる}}} \text{sgn}\begin{pmatrix} 1 & 2 & \cdots & n \\ 1 & i_2 & \cdots & i_n \end{pmatrix} a_{i_22}\cdots a_{i_n n}$$

です．符号 sgn( ) は，列 $1, i_2, \ldots, i_n$ を $1, 2, \ldots, n$ に置き換えるために必要な互換の個数で決まるので，この場合は，列 $i_2, \ldots, i_n$ を $2, \ldots, n$ に置き換えるために必要な互換の個数で決まります．したがって

$$\text{sgn}\begin{pmatrix} 1 & 2 & \cdots & n \\ 1 & i_2 & \cdots & i_n \end{pmatrix} = \text{sgn}\begin{pmatrix} 2 & \cdots & n \\ i_2 & \cdots & i_n \end{pmatrix}$$

が成立します．

この等式を用いると，上記（左辺）の第 2 式の右辺の和の部分は，定義式 $(*)$ から

$$\sum_{\substack{i_2,\ldots,i_n \text{は} \neq 1 \\ \text{かつ，すべて異なる}}} \text{sgn}\begin{pmatrix} 2 & \cdots & n \\ i_2 & \cdots & i_n \end{pmatrix} a_{i_2,2}\cdots a_{i_n,n} = \det\begin{pmatrix} a_{22} & \cdots & a_{2n} \\ \vdots & & \vdots \\ a_{n2} & \cdots & a_{nn} \end{pmatrix}$$

となることを確かめてください．これより，求める等式が導かれます．

後者は，同様にして，列に関する添え字が動く表現 (#) から得られます． □

同様に考えると，次が得られることを確かめてください．

系 次の等式が成立する．

$$\det\begin{pmatrix} a_{11} & \cdots & a_{1,n-1} & 0 \\ \vdots & & \vdots & \vdots \\ a_{n-1,1} & \cdots & a_{n-1,n-1} & 0 \\ a_{n1} & \cdots & a_{n,n-1} & a_{nn} \end{pmatrix} = a_{nn} \cdot \det\begin{pmatrix} a_{11} & \cdots & a_{1,n-1} \\ \vdots & & \vdots \\ a_{n-1,1} & \cdots & a_{n-1,n-1} \end{pmatrix},$$

$$\det\begin{pmatrix} a_{11} & \cdots & a_{1,n-1} & a_{1,n} \\ \vdots & & \vdots & \vdots \\ a_{n-1,1} & \cdots & a_{n-1,n-1} & a_{n-1,n} \\ 0 & \cdots & 0 & a_{nn} \end{pmatrix} = a_{nn} \cdot \det\begin{pmatrix} a_{11} & \cdots & a_{1,n-1} \\ \vdots & & \vdots \\ a_{n-1,1} & \cdots & a_{n-1,n-1} \end{pmatrix}$$

例 2 次の正方行列

$$A = \begin{pmatrix} a_{11} & a_{12} \\ a_{21} & a_{22} \end{pmatrix}$$

の行列式 $\det A$ を考えます．この場合，行番号の異なる順列は $1, 2$ と $2, 1$ の 2 通りなので，定義式 (∗) から，行列式 $\det A$ は

$$\det A = \mathrm{sgn}\begin{pmatrix} 1 & 2 \\ 1 & 2 \end{pmatrix} a_{11}a_{22} + \mathrm{sgn}\begin{pmatrix} 1 & 2 \\ 2 & 1 \end{pmatrix} a_{21}a_{12}$$

です．ここで

$$\mathrm{sgn}\begin{pmatrix} 1 & 2 \\ 1 & 2 \end{pmatrix} = (-1)^0 = 1, \quad \mathrm{sgn}\begin{pmatrix} 1 & 2 \\ 2 & 1 \end{pmatrix} = (-1)^1 = -1$$

となることを確かめてください．したがって

$$\det A = a_{11}a_{22} - a_{21}a_{12}$$

21 章

を得ます.これは 16 章で求めた式 (∗)(または 18 章,式 (1))に一致します. □

体 K 上の n 次正方行列

$$A = \begin{pmatrix} a_{11} & \cdots & a_{1n} \\ \vdots & & \vdots \\ a_{n1} & \cdots & a_{nn} \end{pmatrix}$$

に対して,その**転置行列** ${}^t\!A$ を

$${}^t\!A = \begin{pmatrix} a_{11} & a_{21} & \cdots & a_{n1} \\ a_{12} & a_{22} & \cdots & a_{n2} \\ \vdots & \vdots & & \vdots \\ a_{1n} & a_{2n} & \cdots & a_{nn} \end{pmatrix}$$

で定義します.すなわち,転置行列 ${}^t\!A$ の (i,j) 成分 b_{ij} は $b_{ij} = a_{ji}$ です.したがって,等式 ${}^t({}^t\!A) = A$ が成立します.

命題 2 $\det({}^t\!A) = \det A$.

証明 行列 $A, {}^t\!A$ に対する上記の表示を用いると,行列式の定義式 (∗) から

$$\det({}^t\!A) = \sum_{i_1,\ldots,i_n \text{ はすべて異なる}} \operatorname{sgn}\begin{pmatrix} 1 & \cdots & n \\ i_1 & \cdots & i_n \end{pmatrix} b_{i_1 1} \cdots b_{i_n n}$$

$$= \sum_{i_1,\ldots,i_n \text{ はすべて異なる}} \operatorname{sgn}\begin{pmatrix} 1 & \cdots & n \\ i_1 & \cdots & i_n \end{pmatrix} a_{1 i_1} \cdots a_{n i_n}$$

となります.等式 (#) から,この右辺は $\det A$ です.したがって,求める結果を得ます. □

定義式 (∗) が行列式の性質 (1), (2), (3), (4) を満たすことを示すために,いま,行列 A の縦ベクトルを

$$v_1 = \begin{pmatrix} a_{11} \\ \vdots \\ a_{n1} \end{pmatrix}, \quad \ldots, \quad v_n = \begin{pmatrix} a_{1n} \\ \vdots \\ a_{nn} \end{pmatrix}$$

として，行列 A を $A = (v_1 \ \cdots \ v_n)$ と表します．証明したいことは，次の性質です．

行列式の性質（縦ベクトルの場合）

(1) ベクトル v_j が $v_j = u_j + w_j$ ならば

$$\det A = \det(\cdots \ u_j \ \cdots) + \det(\cdots \ w_j \ \cdots)$$

である．

(2) ベクトル v_j が $v_j = cu_j$ ならば

$$\det A = c \cdot \det(\cdots \ u_j \ \cdots)$$

である．

(3) ある $j \neq k$ に対して $v_j = v_k$ ならば $\det A = 0$ である．

(4) 単位行列 E の値は $\det E = 1$ である．

性質 (1), (2) の証明 いま

$$u_j = \begin{pmatrix} b_{1j} \\ \vdots \\ b_{nj} \end{pmatrix}, \quad w_j = \begin{pmatrix} c_{1j} \\ \vdots \\ c_{nj} \end{pmatrix}$$

とします．もし $v_j = u_j + w_j$ ならば $a_{ij} = b_{ij} + c_{ij}$ なので，式 $(*)$ は

$$\det A = \sum_{i_1,\ldots,i_n \text{はすべて異なる}} \operatorname{sgn}\begin{pmatrix} 1 & \cdots & n \\ i_1 & \cdots & i_n \end{pmatrix} a_{i_1 1} \cdots (b_{i_j j} + c_{i_j j}) \cdots a_{i_n n}$$

$$= \sum_{i_1,\ldots,i_n \text{はすべて異なる}} \operatorname{sgn}\begin{pmatrix} 1 & \cdots & n \\ i_1 & \cdots & i_n \end{pmatrix} a_{i_1 1} \cdots b_{i_j j} \cdots a_{i_n n}$$

$$+ \sum_{i_1,\ldots,i_n \text{はすべて異なる}} \operatorname{sgn}\begin{pmatrix} 1 & \cdots & n \\ i_1 & \cdots & i_n \end{pmatrix} a_{i_1 1} \cdots c_{i_j j} \cdots a_{i_n n}$$

$$= \det(\cdots \ u_j \ \cdots) + \det(\cdots \ w_j \ \cdots)$$

21 章

となり，性質 (1) を得ます．

また，もし $v_j = cu_j$ ならば $a_{ij} = cb_{ij}$ なので，式 $(*)$ は

$$\det A = \sum_{i_1,\ldots,i_n \text{はすべて異なる}} \mathrm{sgn}\begin{pmatrix} 1 & \cdots & n \\ i_1 & \cdots & i_n \end{pmatrix} a_{i_1 1} \cdots (cb_{i_j j}) \cdots a_{i_n n}$$

$$= c \cdot \sum_{i_1,\ldots,i_n \text{はすべて異なる}} \mathrm{sgn}\begin{pmatrix} 1 & \cdots & n \\ i_1 & \cdots & i_n \end{pmatrix} a_{i_1 1} \cdots b_{i_j j} \cdots a_{i_n n}$$

$$= c \cdot \det \begin{pmatrix} \cdots & u_j & \cdots \end{pmatrix}$$

です．よって，性質 (2) が成立します． □

性質 (4) の証明では，次の事項 (2) を用います．

命題 3 置換 σ, τ および，恒等置換 id に対して，次が成立する．

(1) $\mathrm{sgn}(\sigma\tau) = \mathrm{sgn}(\sigma) \cdot \mathrm{sgn}(\tau)$.

(2) $\mathrm{sgn}(id) = 1$.

(3) $\mathrm{sgn}(\sigma^{-1}) = \mathrm{sgn}(\sigma)$.

証明 主張 (1) を示すために，置換 σ, τ を互換の積

$$\sigma = \rho_1 \cdots \rho_k, \quad \tau = \nu_1 \cdots \nu_m$$

で表します．この場合，符号は

$$\mathrm{sgn}(\sigma) = (-1)^k, \quad \mathrm{sgn}(\tau) = (-1)^m$$

です．これより

$$\sigma\tau = \rho_1 \cdots \rho_k \cdot \nu_1 \cdots \nu_m$$

なので，等式

$$\mathrm{sgn}(\sigma\tau) = (-1)^{k+m} = \mathrm{sgn}(\sigma) \cdot \mathrm{sgn}(\tau)$$

を得ます．次に，恒等置換 id は，すべての数字を換えない変換（19章，命題2）なので，互換の積として表す場合，互換の個数は 0 です．よって $(-1)^0 = 1$ より，主張 (2) が成立します．主張 (3) は，すでに 19 章で説明しました． □

性質 (4) の証明 いま

$$A = E \quad \text{すなわち} \quad A = \begin{pmatrix} 1 & & & O \\ & 1 & & \\ & & \ddots & \\ O & & & 1 \end{pmatrix}$$

とすると，各成分 a_{ij} は

$$a_{ii} = 1, \quad a_{ij} = 0 \quad (i \neq j)$$

です．したがって，定義式 (∗) の右辺の和の中で 0 でない項は

$$\text{sgn} \begin{pmatrix} 1 & \cdots & n \\ 1 & \cdots & n \end{pmatrix} a_{11} \cdots a_{nn} = (-1)^0 \cdot 1 \cdots 1 = 1$$

だけなので $\det E = 1$ を得ます． □

性質 (3) の証明は，この章の補足にあります．

問題 21

問 1 次の実数を成分とする行列 A の行列式の値を定義式 $(*)$（21 章）に従って計算しなさい.

$$A = \begin{pmatrix} 1 & a & 4 & b \\ 0 & c & 0 & 2 \\ 0 & d & 1 & 0 \\ 1 & 0 & -1 & 0 \end{pmatrix}$$

問 2 行列式の性質 (1), (2), (3)（14, 15 章）から性質 (5), (6) を導きなさい.

問 3 実数を成分とする次の行列の行列式の値を求めなさい.

$$B = \begin{pmatrix} 2 & -7 & 6 & -9 \\ -3 & 2 & 9 & -4 \\ 1 & 9 & 1 & 3 \\ -9 & -5 & 3 & 8 \end{pmatrix}, \quad H = \begin{pmatrix} a & b & c & d \\ -b & a & -d & c \\ -c & d & a & -b \\ -d & -c & b & a \end{pmatrix}$$

問 4 体 K の元を成分とする n 次の正方行列（斜め 3 列以外の成分は，すべて 0 である）D の行列式の値を求めなさい.

$$D = \begin{pmatrix} 1+x^2 & x & & O \\ x & 1+x^2 & \ddots & \\ & \ddots & \ddots & x \\ O & & x & 1+x^2 \end{pmatrix}$$

問 5 対称群 S_n の偶置換の集合 A_n に対して

$$\sigma, \tau \in A_n \quad \text{ならば} \quad \tau\sigma \in A_n$$

を説明しなさい．また，集合 A_n は，群の条件（19 章，命題 2）を満たすことを示しなさい．この群 A_n を n 次の**交代群**といいます．また $n \geq 2$ ならば，交代群 A_n の元の個数が $\dfrac{n!}{2}$ であることを説明しなさい.

問 6 体 K の元を成分とする n 次正方行列 A の余因子行列 $\widetilde{A}$ に対して，等式 ${}^t(\widetilde{A}) = \widetilde{{}^tA}$ を証明しなさい.

問 7 平面 $\mathbb{R}^2$ 上の n 個の点 $P_1 = (x_1, y_1)$, ..., $P_n = (x_n, y_n)$ の x 座標 $x_1, ..., x_n$ がすべて異なるとします．これらの n 個の点を通る

$$y = a_0 + a_1 x + \cdots + a_{n-1} x^{n-1}$$

の形の曲線がただ 1 つ存在することを示しなさい.

補足
行列式の交代性

行列式の性質 (3) は，交代性といわれます．はじめに，次の性質 (6) を証明します．

性質 (6) 2 つのベクトル v_j, v_k に対して

$$\det(\cdots\ v_j\ \cdots\ v_k\ \cdots) = -\det(\cdots\ v_k\ \cdots\ v_j\ \cdots)$$

が成立する．

証明 上記の等式で，右辺の v_k および v_j は，それぞれ j および k 番目の列です．よって，定義式 (*)（21 章）から

$$\text{右辺} = -\sum_{i_1,\ldots,i_n \text{はすべて異なる}} \text{sgn}\begin{pmatrix} \cdots & j & \cdots & k & \cdots \\ \cdots & i_k & \cdots & i_j & \cdots \end{pmatrix} a_{i_1 1} \cdots a_{i_k k} \cdots a_{i_j j} \cdots a_{i_n n}$$

となります．また，符号に用いられている置換は，互換 $(j\ k)$ を用いると

$$\begin{pmatrix} \cdots & j & \cdots & k & \cdots \\ \cdots & i_k & \cdots & i_j & \cdots \end{pmatrix} = \begin{pmatrix} \cdots & j & \cdots & k & \cdots \\ \cdots & i_j & \cdots & i_k & \cdots \end{pmatrix} \cdot (j\ k)$$

と表されることを確かめてください．ただし，この左辺と右辺にある $\cdots$ の部分は，同じ変換です．互換 $(j\ k)$ の符号 $\text{sgn}(j\ k) = -1$ なので

$$\text{sgn}\begin{pmatrix} \cdots & j & \cdots & k & \cdots \\ \cdots & i_k & \cdots & i_j & \cdots \end{pmatrix} = -\text{sgn}\begin{pmatrix} \cdots & j & \cdots & k & \cdots \\ \cdots & i_j & \cdots & i_k & \cdots \end{pmatrix}$$

を得ます（21 章，命題 3 (1)）．これを用いて，右辺を書き換えると

$$\text{右辺} = \sum_{i_1,\ldots,i_n \text{はすべて異なる}} \text{sgn}\begin{pmatrix} \cdots & j & \cdots & k & \cdots \\ \cdots & i_j & \cdots & i_k & \cdots \end{pmatrix} a_{i_1 1} \cdots a_{i_j j} \cdots a_{i_k k} \cdots a_{i_n n}$$

補足

です．定義式 (*) から，これは $\det(\cdots v_j \cdots v_k \cdots)$ を意味します．したがって，求める等式が得られます． □

性質 (3) の証明 体 K が有理数体 $\mathbb{Q}$，実数体 $\mathbb{R}$，複素数体 $\mathbb{C}$ の場合を考えます．性質 (6) から，等式

$$\det(\cdots v_j \cdots v_k \cdots) = -\det(\cdots v_k \cdots v_j \cdots)$$

が成立します．いま $v_j = v_k$ なので，この等式から $2 \cdot \det(\cdots v_j \cdots v_k \cdots) = 0$ となります．したがって $\det(\cdots v_j \cdots v_k \cdots) = 0$ を得ます．

次は，どの体 K に対しても適用される証明です．ここでは，行列の次数 n に関する数学的帰納法を用います．ただし $n=1$ ならば，性質 (3) の条件は成立しないので証明の必要はありません．いま $n=2$ とします．この場合

$$\det A = a_{11}a_{22} - a_{21}a_{12}$$

です（21章，例）．もし $v_1 = v_2$ ならば $a_{11} = a_{12}$ かつ $a_{21} = a_{22}$ なので，上式から $\det A = 0$ を得ます．

そこで $n \geq 3$ として，いま $n-1$ 次の正方行列は，いずれも，性質 (3) をもつと仮定します．この仮定のもとに，どの n 次正方行列 A も性質 (3) をもつことを示します．

まず，条件 $n \geq 3$ より $m \neq j, k$ となる m が存在します．もし $m > 1$ ならば，元 v_m と v_1 を入れ換えます．この場合

$$\det A = -\det(v_m\ v_2\ \cdots\ v_{m-1}\ v_1\ v_{m+1}\ \cdots\ v_n)$$

です（性質 (6)）．これより $m=1$ として，性質 (3) を証明してもよいので，以下では $j, k \neq 1$ に対して $v_j = v_k$ とします．したがって

$$a_{1j} = a_{1k},\ \ldots,\ a_{nj} = a_{nk} \tag{1}$$

です.そこで,定義 (*) の右辺を元 a_{r1} で整理して,その係数 c_r を

$$c_r = \sum_{\substack{i_2,\ldots,i_n \text{ は} \neq r \\ \text{かつ,すべて異なる}}} \text{sgn}\begin{pmatrix} 1 & 2 & \cdots & n \\ r & i_2 & \cdots & i_n \end{pmatrix} \cdot a_{i_2 2}\cdots a_{i_n n}$$

とおくと,行列式は

$$\det A = \sum_{r=1}^{n} a_{r1} c_r$$

となります.証明したいことは,各 $c_r = 0$ です(これより $\det A = 0$ を得ます).

ここで,行列式の定義 (*) から

$$\det \begin{pmatrix} 0 & a_{12} & \cdots & a_{1n} \\ \vdots & \vdots & & \vdots \\ 0 & a_{r-1,2} & \cdots & a_{r-1,n} \\ 1 & 0 & \cdots & 0 \\ 0 & a_{r+1,2} & \cdots & a_{r+1,n} \\ \vdots & \vdots & & \vdots \\ 0 & a_{n2} & \cdots & a_{nn} \end{pmatrix} \quad \text{第 } r \text{ 行目}$$

$$= \sum_{\substack{i_2,\ldots,i_n \text{ は} \neq r \\ \text{かつ,すべて異なる}}} \text{sgn}\begin{pmatrix} 1 & 2 & \cdots & n \\ r & i_2 & \cdots & i_n \end{pmatrix} 1 \cdot a_{i_2 2}\cdots a_{i_n n}$$

となることを確かめてください.

したがって,係数 c_r は,左辺の行列式,すなわち

$$c_r = \det \begin{pmatrix} 0 & a_{12} & \cdots & a_{1n} \\ \vdots & \vdots & & \vdots \\ 0 & a_{r-1,2} & \cdots & a_{r-1,n} \\ 1 & 0 & \cdots & 0 \\ 0 & a_{r+1,2} & \cdots & a_{r+1,n} \\ \vdots & \vdots & & \vdots \\ 0 & a_{n2} & \cdots & a_{nn} \end{pmatrix}$$

補足

として表されます．

そこで，左辺の行列式の第 r 行と第 $r-1$ 行を入れ換え，次に，第 $r-1$ 行と第 $r-2$ 行を入れ換えます．この操作を順に $r-1$ 回繰り返して，第 r 行を第 1 行に移します．行を入れ換える毎に符号が変わる（横ベクトルの場合の性質 (6)）ことに注意すると

$$c_r = (-1)^{r-1} \cdot \det \begin{pmatrix} 1 & 0 & \cdots & 0 \\ 0 & a_{12} & \cdots & a_{1n} \\ \vdots & \vdots & & \vdots \\ 0 & a_{r-1,2} & \cdots & a_{r-1,n} \\ 0 & a_{r+1,2} & \cdots & a_{r+1,n} \\ \vdots & \vdots & & \vdots \\ 0 & a_{n2} & \cdots & a_{nn} \end{pmatrix}$$

となります．これより，命題 1 を用いると

$$c_r = (-1)^{r-1} \cdot \det \begin{pmatrix} a_{12} & \cdots & a_{1n} \\ \vdots & & \vdots \\ a_{r-1,2} & \cdots & a_{r-1,n} \\ a_{r+1,2} & \cdots & a_{r+1,n} \\ \vdots & & \vdots \\ a_{n2} & \cdots & a_{nn} \end{pmatrix}$$

を得ます．右辺の行列では，条件 (1) より，第 $j-1$ 列（成分 $a_{i_j j}$ がある列）と第 $k-1$ 列（成分 $a_{i_k k}$ がある列）が等しくなります．したがって，帰納法の仮定から，この行列式の値は 0 となり $c_r = 0$ を得ます． □

22
行列式に関する等式

体 K の元を成分にもつ行列 A は，一般に

$$A = \begin{pmatrix} a_{11} & \cdots & a_{1n} \\ \vdots & & \vdots \\ a_{m1} & \cdots & a_{mn} \end{pmatrix}$$

の形で表されます．このような行列 A を m 行 n 列の行列，または $m \times n$ 行列といいます．また i 行 j 列にある成分 a_{ij} を行列 A の (i,j) 成分といいます．正方行列の場合（13 章）と同様にして，行列 A と縦ベクトル $w \in K^n$ との積 Aw を

$$Aw = A\begin{pmatrix} c_1 \\ \vdots \\ c_n \end{pmatrix} = \begin{pmatrix} a_{11} & \cdots & a_{1n} \\ \vdots & & \vdots \\ a_{m1} & \cdots & a_{mn} \end{pmatrix}\begin{pmatrix} c_1 \\ \vdots \\ c_n \end{pmatrix} := \begin{pmatrix} c_1 a_{11} + \cdots + c_n a_{1n} \\ \vdots \\ c_1 a_{m1} + \cdots + c_n a_{mn} \end{pmatrix}$$

とします．もし，行列 B が A と同じ型の $m \times n$ 行列

$$B = \begin{pmatrix} b_{11} & \cdots & b_{1n} \\ \vdots & & \vdots \\ b_{m1} & \cdots & b_{mn} \end{pmatrix}$$

ならば，和 $A + B$ を

$$A + B = \begin{pmatrix} a_{11} + b_{11} & \cdots & a_{1n} + b_{1n} \\ \vdots & & \vdots \\ a_{m1} + b_{m1} & \cdots & a_{mn} + b_{mn} \end{pmatrix}$$

で定義します．この場合，すべての成分が 0 である行列 O は，この和におけるゼロ元です．

22章

いま A を $m \times n$ 行列とします。この場合，積 AB は，行列 B が $n \times k$ 行列

$$B = \begin{pmatrix} b_{11} & b_{12} & \cdots & b_{1k} \\ b_{21} & b_{22} & \cdots & b_{2k} \\ \vdots & \vdots & & \vdots \\ b_{n1} & b_{n2} & \cdots & b_{nk} \end{pmatrix}$$

の場合に定義されます。つまり，**行列の積** AB を，その (i,j) 成分 c_{ij} が

$$c_{ij} = (a_{i1} \ \ldots \ a_{in}) \begin{pmatrix} b_{1j} \\ \vdots \\ b_{nj} \end{pmatrix} = a_{i1}b_{1j} + \cdots + a_{in}b_{nj} \qquad (*)$$

である行列として定義します。この場合

$$\begin{pmatrix} a_{11} & \cdots & a_{1n} \\ \vdots & & \vdots \\ a_{m1} & \cdots & a_{mn} \end{pmatrix} \begin{pmatrix} b_{11} & \cdots & b_{1k} \\ \vdots & & \vdots \\ b_{n1} & \cdots & b_{nk} \end{pmatrix} = \begin{pmatrix} c_{11} & \cdots & c_{1k} \\ \vdots & & \vdots \\ c_{m1} & \cdots & c_{mk} \end{pmatrix}$$

となるので，積 AB は $m \times k$ 行列です。この定義は，行列 A, B が n 次正方行列の場合，すなわち $n = m = k$ ならば 12 章で定義した積の定義と一致します。さらに，元 $c \in K$ に対して，**スカラー倍** $c \cdot A$ を

$$c \cdot A = \begin{pmatrix} ca_{11} & \cdots & ca_{1n} \\ \vdots & & \vdots \\ ca_{m1} & \cdots & ca_{mn} \end{pmatrix}$$

で定義します。等式 $(a+b) \cdot A = a \cdot A + b \cdot A$ が成立することを確かめてください。

命題 1 体 K の元を成分とする n 次正方行列 A, B に対して，等式

$$\det(AB) = \det A \cdot \det B$$

が成立する．

行列式に関する等式

証明 行列 A, B および, 積 AB を

$$A = \begin{pmatrix} a_{11} & \cdots & a_{1n} \\ \vdots & & \vdots \\ a_{n1} & \cdots & a_{nn} \end{pmatrix}, \quad B = \begin{pmatrix} b_{11} & \cdots & b_{1n} \\ \vdots & & \vdots \\ b_{n1} & \cdots & b_{nn} \end{pmatrix}, \quad AB = \begin{pmatrix} c_{11} & \cdots & c_{1n} \\ \vdots & & \vdots \\ c_{n1} & \cdots & c_{nn} \end{pmatrix}$$

と表すならば, 積 AB の (i, j) 成分 c_{ij} は

$$c_{ij} = \sum_{k_i=1}^{n} a_{ik_i} b_{k_i j} = a_{i1} b_{1j} + \cdots + a_{in} b_{nj}$$

です (上記 $(*)$). そこで $AB = (u_1 \ \cdots \ u_n)$ と表すと, 列ベクトル u_j は

$$u_j = \begin{pmatrix} c_{1j} \\ \vdots \\ c_{nj} \end{pmatrix} = \begin{pmatrix} a_{11} & \cdots & a_{1n} \\ \vdots & & \vdots \\ a_{n1} & \cdots & a_{nn} \end{pmatrix} \begin{pmatrix} b_{1j} \\ \vdots \\ b_{nj} \end{pmatrix} = A \begin{pmatrix} b_{1j} \\ \vdots \\ b_{nj} \end{pmatrix}$$

となります. また, 行列 A を列ベクトルにより $A = (v_1 \ \cdots \ v_n)$ と表すならば

$$u_j = (v_1 \ \cdots \ v_n) \begin{pmatrix} b_{1j} \\ \vdots \\ b_{nj} \end{pmatrix} = b_{1j} v_1 + \cdots + b_{nj} v_n$$

です. これより, 縦ベクトルに関する行列式の性質 (1), (2) (15 章) を用いて計算すると

$$\det(AB) = \det(u_1 \ \cdots \ u_n) = \det\left(\sum_{i_1=1}^{n} b_{i_1 1} v_{i_1} \ \cdots \ \sum_{i_n=1}^{n} b_{i_n n} v_{i_n}\right)$$

$$= \sum_{i_1=1}^{n} \cdots \sum_{i_n=1}^{n} b_{i_1 1} \cdots b_{i_n n} \cdot \det(v_{i_1} \ \cdots \ v_{i_n})$$

$$= \sum_{i_1, \ldots, i_n \text{はすべて異なる}} b_{i_1 1} \cdots b_{i_n n} \cdot \det(v_{i_1} \ \cdots \ v_{i_n})$$

となります. ただし, 最後の等号では, 性質 (3) を用いています (18 章では $v_1, \ldots, v_n$ が標準基底 $e_1, \ldots, e_n$ の場合に, 同様の計算を行っています).

一方, 置換

$$\begin{pmatrix} 1 & 2 & \cdots & n \\ i_1 & i_2 & \cdots & i_n \end{pmatrix}$$

に対して，列 $1, \ldots, n$ を列 $i_1, \ldots, i_n$ に換えるために用いられる互換が m 個ならば

$$\mathrm{sgn}\begin{pmatrix} 1 & \cdots & n \\ i_1 & \cdots & i_n \end{pmatrix} = (-1)^m$$

です（20 章）．また，同じ m 個の互換を用いて，ベクトル $v_1, \ldots, v_n$ を $v_{i_1}, \ldots, v_{i_n}$ に換えると，性質 (6)（14, 15 章）より

$$\det(v_{i_1} \cdots v_{i_n}) = (-1)^m \cdot \det(v_1 \cdots v_n)$$

となります．これら 2 つの等式から

$$\det(v_{i_1} \cdots v_{i_n}) = \mathrm{sgn}\begin{pmatrix} 1 & \cdots & n \\ i_1 & \cdots & i_n \end{pmatrix} \cdot \det(v_1 \cdots v_n)$$

が導かれます．これを上式に適用すると

$$\det(AB) = \det(v_1 \cdots v_n) \cdot \sum_{\substack{i_1, \ldots, i_n \text{は} \\ \text{すべて異なる}}} \mathrm{sgn}\begin{pmatrix} 1 & \cdots & n \\ i_1 & \cdots & i_n \end{pmatrix} b_{i_1 1} \cdots b_{i_n n}$$

です．右辺の第 2 項の和が $\det B$ となることを，行列式の定義式 (∗)（21 章）を用いて，確かめてください．したがって，求める等式 $\det(AB) = \det A \cdot \det B$ を得ます． □

次の結果により **17 章**で示した命題の逆が成立します．

系 体 K の元を成分とする n 次正方行列 A が正則行列であるための必要十分条件は $\det A \neq 0$ である．

証明 十分条件については 17 章の命題で示したので，ここでは A が正則行列であると仮定して $\det A \neq 0$ を導きます．いま A を正則行列とすると，等式 $AB = E$ を満たす n 次正方行列 B が存在します（13 章, 命題 2）．したがって，命題 1 から

$$\det A \cdot \det B = \det AB = \det E = 1$$

となるので $\det A \neq 0$ です． □

体 K の元を成分にもつ正方行列 H を

$$H = \begin{pmatrix} a_{11} & \cdots & a_{1r} & b_{11} & \cdots & b_{1s} \\ \vdots & & \vdots & \vdots & & \vdots \\ a_{r1} & \cdots & a_{rr} & b_{r1} & \cdots & b_{rs} \\ \hline c_{11} & \cdots & c_{1r} & d_{11} & \cdots & d_{1s} \\ \vdots & & \vdots & \vdots & & \vdots \\ c_{s1} & \cdots & c_{sr} & d_{s1} & \cdots & d_{ss} \end{pmatrix}$$

と区分けして考えた場合，この行列を

$$H = \begin{pmatrix} A & B \\ C & D \end{pmatrix}$$

と表すことにします．ここで A, B, C, D は，それぞれ，上記の区分の対応する r 次の正方行列，$r \times s$ 行列，$s \times r$ 行列，そして s 次の正方行列です．

命題 2 いま A_1, A_2 を r 次の正方行列，B_1, B_2 を $r \times s$ 行列，C_1, C_2 を $s \times r$ 行列，そして D_1, D_2 を s 次の正方行列とするならば，等式

$$\begin{pmatrix} A_1 & B_1 \\ C_1 & D_1 \end{pmatrix} \begin{pmatrix} A_2 & B_2 \\ C_2 & D_2 \end{pmatrix} = \begin{pmatrix} A_1 A_2 + B_1 C_2 & A_1 B_2 + B_1 D_2 \\ C_1 A_2 + D_1 C_2 & C_1 B_2 + D_1 D_2 \end{pmatrix}$$

が成立する．

証明 行列の積の定義 (∗) から

$$\begin{pmatrix} a_{11}^{(1)} & \cdots & a_{1r}^{(1)} & b_{11}^{(1)} & \cdots & b_{1s}^{(1)} \\ \vdots & & \vdots & \vdots & & \vdots \\ a_{r1}^{(1)} & \cdots & a_{rr}^{(1)} & b_{r1}^{(1)} & \cdots & b_{rs}^{(1)} \\ \hline c_{11}^{(1)} & \cdots & c_{1r}^{(1)} & d_{11}^{(1)} & \cdots & d_{1s}^{(1)} \\ \vdots & & \vdots & \vdots & & \vdots \\ c_{s1}^{(1)} & \cdots & c_{sr}^{(1)} & d_{s1}^{(1)} & \cdots & d_{ss}^{(1)} \end{pmatrix} \begin{pmatrix} a_{11}^{(2)} & \cdots & a_{1r}^{(2)} & b_{11}^{(2)} & \cdots & b_{1s}^{(2)} \\ \vdots & & \vdots & \vdots & & \vdots \\ a_{r1}^{(2)} & \cdots & a_{rr}^{(2)} & b_{r1}^{(2)} & \cdots & b_{rs}^{(2)} \\ \hline c_{11}^{(2)} & \cdots & c_{1r}^{(2)} & d_{11}^{(2)} & \cdots & d_{1s}^{(2)} \\ \vdots & & \vdots & \vdots & & \vdots \\ c_{s1}^{(2)} & \cdots & c_{sr}^{(2)} & d_{s1}^{(2)} & \cdots & d_{ss}^{(2)} \end{pmatrix}$$

22 章

$$= \begin{pmatrix} a_{11}^{(1)}a_{11}^{(2)} + \cdots + a_{1r}^{(1)}a_{r1}^{(2)} + b_{11}^{(1)}c_{11}^{(2)} + \cdots + b_{1s}^{(1)}c_{s1}^{(2)} & \cdots & * & * & \cdots & * \\ & \vdots & & \vdots & \vdots & & \vdots \\ a_{r1}^{(1)}a_{11}^{(2)} + \cdots + a_{rr}^{(1)}a_{r1}^{(2)} + b_{r1}^{(1)}c_{11}^{(2)} + \cdots + b_{rs}^{(1)}c_{s1}^{(2)} & \cdots & * & * & \cdots & * \\ \hline c_{11}^{(1)}a_{11}^{(2)} + \cdots + c_{1r}^{(1)}a_{r1}^{(2)} + d_{11}^{(1)}c_{11}^{(2)} + \cdots + d_{1s}^{(1)}c_{s1}^{(2)} & \cdots & * & * & \cdots & * \\ & \vdots & & \vdots & \vdots & & \vdots \\ c_{s1}^{(1)}a_{11}^{(2)} + \cdots + c_{sr}^{(1)}a_{r1}^{(2)} + d_{s1}^{(1)}c_{11}^{(2)} + \cdots + d_{ss}^{(1)}c_{s1}^{(2)} & \cdots & * & * & \cdots & * \end{pmatrix}$$

となります．この右辺が，命題にある等式の右辺に等しいことを確かめてください． □

命題 3 いま A が r 次の正方行列，B が $r \times s$ 行列，C が $s \times r$ 行列，そして D が s 次の正方行列ならば，等式

$$\det \begin{pmatrix} A & B \\ O & D \end{pmatrix} = \det \begin{pmatrix} A & O \\ C & D \end{pmatrix} = \det A \cdot \det D$$

が成立する．ここで O は，すべての成分が 0 である行列を表す．

証明 等式

$$\begin{pmatrix} E & B \\ O & D \end{pmatrix} \begin{pmatrix} A & O \\ O & E \end{pmatrix} = \begin{pmatrix} E \cdot A + B \cdot O & E \cdot O + B \cdot E \\ O \cdot A + D \cdot O & O \cdot O + D \cdot E \end{pmatrix} = \begin{pmatrix} A & B \\ O & D \end{pmatrix}$$

が成立する（命題 2）ことを確かめてください．したがって，命題 1 から

$$\det \begin{pmatrix} A & B \\ O & D \end{pmatrix} = \det \begin{pmatrix} E & B \\ O & D \end{pmatrix} \cdot \det \begin{pmatrix} A & O \\ O & E \end{pmatrix}$$

です．ここで

$$\det \begin{pmatrix} E & B \\ O & D \end{pmatrix} = \det D, \quad \det \begin{pmatrix} A & O \\ O & E \end{pmatrix} = \det A$$

です（21 章，命題 1 および系）．これより，求める等号

$$\det \begin{pmatrix} A & B \\ O & D \end{pmatrix} = \det A \cdot \det D$$

が成立します．他の等号も，同様にして得られます．各自で確かめてください． □

系 いま A, B, C, D が r 次の正方行列ならば，

$$\det\begin{pmatrix} A & B \\ C & D \end{pmatrix} = \det\begin{pmatrix} A \pm B & B \\ C \pm D & D \end{pmatrix} = \det\begin{pmatrix} A \pm C & B \pm D \\ C & D \end{pmatrix}$$

が成立する．

証明 等式

$$\begin{pmatrix} A & B \\ C & D \end{pmatrix}\begin{pmatrix} E & O \\ \pm E & E \end{pmatrix} = \begin{pmatrix} A \pm B & B \\ C \pm D & D \end{pmatrix},$$

$$\begin{pmatrix} E & \pm E \\ O & E \end{pmatrix}\begin{pmatrix} A & B \\ C & D \end{pmatrix} = \begin{pmatrix} A \pm C & B \pm D \\ C & D \end{pmatrix}$$

が成立する（命題 2）ことを確かめてください．したがって，前式から

$$\det\begin{pmatrix} A & B \\ C & D \end{pmatrix} \det\begin{pmatrix} E & O \\ \pm E & E \end{pmatrix} = \det\begin{pmatrix} A \pm B & B \\ C \pm D & D \end{pmatrix}$$

です（命題 1）．しかし，命題 3 から

$$\det\begin{pmatrix} E & O \\ \pm E & E \end{pmatrix} = \det E \cdot \det E = 1$$

なので，求める等号を得ます．後式についても同様にして，等号が導かれます． □

和と積が定義される行列に関して，結合律と分配律

$$(AB)C = A(BC), \quad (A+B)C = AC + BC, \quad A(B+C) = AB + AC$$

が成立することを，各自で確かめてください．

問題 22

問 1 いま A を r 次正方行列, B を $r \times s$ 行列, C を r 次正方行列, そして D を $s \times r$ 行列とするならば, 次の等式が成立することを示しなさい.

$$\begin{pmatrix} A & B \end{pmatrix} \begin{pmatrix} C \\ D \end{pmatrix} = \begin{pmatrix} AC + BD \end{pmatrix}, \quad \begin{pmatrix} C \\ D \end{pmatrix} \begin{pmatrix} A & B \end{pmatrix} = \begin{pmatrix} CA & CB \\ DA & DB \end{pmatrix}$$

問 2 ある自然数 m に対して $A^m = 0$ となる正方行列 A に対して, 次の等式を示しなさい.

$$(E - A)(E + A + \cdots + A^{m-1}) = E$$

問 3 行列 A を $m \times n$ 行列, 行列 B を $n \times k$ 行列とします. 積 AB の転置行列は

$$^t(AB) = {}^tB \cdot {}^tA$$

と表されることを示しなさい.

問 4 行列 A, B が r 次正方行列ならば, 次の等式が成立することを示しなさい.

$$\det \begin{pmatrix} A & B \\ B & A \end{pmatrix} = \det(A+B) \cdot \det(A-B)$$

問 5 実数を成分にもつ奇数次の正方行列 A が等式 ${}^tA = -A$ を満たすならば $\det A = 0$ となることを証明しなさい.

問 6 体 K の元を成分とする n 次正方行列 A に対して, 次の等式を示しなさい.

(1) A が正則行列ならば $\det(A^{-1}) = \dfrac{1}{\det A}$

(2) A が正則行列ならば n 次正方行列 B に対して $\det(A^{-1}BA) = \det B$

(3) $n \geq 2$ ならば, 余因子行列 $\widetilde{A}$ に対して $\det \widetilde{A} = (\det A)^{n-1}$

問 7 いま A を r 次の正方行列, B を $r \times s$ 行列, そして D を s 次の正方行列とします. もし A, D が正則行列ならば, 行列

$$H = \begin{pmatrix} A & B \\ O & D \end{pmatrix}$$

が正則行列であることを示し, その逆行列 H^{-1} を求めなさい.

逆に H が正則行列ならば, 行列 A, D が正則行列であることを示しなさい.

問 8 いま A を r 次の正方行列, B を $r \times s$ 行列, そして C を $s \times r$ 行列として, 等式

$$\det \begin{pmatrix} A & B \\ C & E \end{pmatrix} = \det(A - BC)$$

を示しなさい.

23
行列のランク

体 K の元を成分とする $m \times n$ 行列 A は 3 つの操作（行に関する基本変形）

(1) 第 i 行を c 倍する．

(2) 第 i 行に他の第 j 行の c 倍を加える．

(3) 第 i 行と第 j 行を入れ替える．

（ここで $c \in K$, $c \neq 0$ です）により，条件

(i) 各行（横列）の 0 でない最初の元は 1 である．

(ii) その 1 がある列（縦列）では，その 1 以外は 0 である．

(iii) このような 1 は下にある行ほど右にある．

(iv) 1 のない行の成分は，あるとしても 0 だけである．

を満たすような形（階段形）

行に関する階段形

$$\begin{array}{cccc}
1 \;*** & 0 \;*** & 0 \;*** & 0 \;*** \\
0 \;\cdots & 1 \;*** & 0 \;*** & 0 \;*** \\
0 \;\cdots & 0 \;\cdots & 1 \;*** & 0 \;*** \\
0 \;\cdots & 0 \;\cdots & 0 \;\cdots & 0 \;*** \\
\vdots & \vdots & \vdots & \ddots \\
0 \;\cdots & 0 \;\cdots & 0 \;\cdots & 1 \;*** \\
0 \;\cdots & 0 \;\cdots & 0 \;\cdots & 0 \;\cdots \;0 \\
\vdots & \vdots & \vdots & \vdots \\
0 \;\cdots & 0 \;\cdots & 0 \;\cdots & 0 \;\cdots \;0
\end{array}$$

23 章

に変形されます（10 章）．階段形に変形した場合，その階段形に現れる**条件 (i) を満たす 1 の個数**を，このテキストでは，行列 A の行ランクと呼びます（6 章）．

説明のために，この階段形を表す行列の列ベクトルを $w_1, \ldots, w_n$ とします．条件 (i) を満たす 1 が第 i 行目にある列ベクトル w_k は，条件 (ii) から 1 以外の成分は 0 です．すなわち w_k は，縦ベクトル空間 K^m の標準基底の元

$$e_i = \begin{pmatrix} 0 \\ \vdots \\ 1 \\ \vdots \\ 0 \end{pmatrix} i 行$$

に一致します．よって，行ランク（条件 (i) を満たす 1 の個数）が k である行列の階段形では，列ベクトルとして，標準基底の元 $e_1, \ldots, e_k$ が存在することを確かめてください．

同様な事項が列についても成立します．すなわち，行列 A は，列に関する基本変形

  (1) 第 i 列を c 倍する．

  (2) 第 i 列に他の第 j 列の c 倍を加える．

  (3) 第 i 列と第 j 列を入れ替える．

（ただし $c \in K, c \neq 0$ です）により，条件

  (i) 各列（縦列）の 0 でない最初の元は 1 である．

  (ii) その 1 がある行（横列）では，その 1 以外は 0 である．

  (iii) このような 1 は下にある列ほど右にある．

  (iv) 1 のない列の成分は，あるとしても 0 だけである．

を満たすような形，すなわち，列に関する**階段形**（次ページ）に変形されます．この階段形に現れる条件 (i) を満たす 1 の個数を，行列 A の**列ランク**と呼ぶことにします．行ランクの場合と同様に，列ランク k の階段形には横ベクトル空間 K^n の標準基底の元 $e_1, \ldots, e_k$ が現れます．一般に，列ランクは，行ランクに一致します（24 章，命題 5 の系）．

列に関する階段形

$$
\begin{array}{cccccccc}
1 & 0 & 0 & 0 & & 0 & 0 & \cdots & 0 \\
* & \vdots & \vdots & \vdots & & \vdots & \vdots & & \vdots \\
* & \vdots & \vdots & \vdots & & \vdots & \vdots & & \vdots \\
* & \vdots & \vdots & \vdots & & \vdots & \vdots & & \vdots \\
0 & 1 & 0 & 0 & & 0 & 0 & \cdots & 0 \\
* & * & \vdots & \vdots & & \vdots & \vdots & & \vdots \\
* & * & \vdots & \vdots & & \vdots & \vdots & & \vdots \\
0 & 0 & 1 & 0 & & 0 & 0 & \cdots & 0 \\
* & * & * & \vdots & & \vdots & \vdots & & \vdots \\
* & * & * & \vdots & & \vdots & \vdots & & \vdots \\
& & & \ddots & & & & & \\
0 & 0 & 0 & & & 1 & 0 & \cdots & 0 \\
* & * & * & & & * & \vdots & & \vdots \\
* & * & * & & & * & \vdots & & \vdots \\
* & * & * & & & * & 0 & \cdots & 0 \\
\end{array}
\qquad (\#)
$$

例 1 行列

$$
A = \begin{pmatrix} 1 & -3 & 1 & 2 & 1 \\ 1 & -3 & -1 & 4 & -5 \\ 2 & -6 & 1 & 2 & 2 \end{pmatrix}
$$

の行ランクを求めます．まず，第 2, 3 行に第 1 行の $-1, -2$ 倍を加えると

$$
\begin{array}{ccccc}
1 & -3 & 1 & 2 & 1 \\
0 & 0 & -2 & 2 & -6 \\
0 & 0 & -1 & -2 & 0
\end{array}
$$

です．次に，第 2 行を $-\dfrac{1}{2}$ 倍して，その行の $-1, 1$ 倍を第 1, 3 行に加えます．

$$
\begin{array}{ccccc}
1 & -3 & 0 & 3 & -2 \\
0 & 0 & 1 & -1 & 3 \\
0 & 0 & 0 & -3 & 3
\end{array}
$$

第 3 行を $-\dfrac{1}{3}$ 倍して，その行の $-3, 1$ 倍を第 1, 2 行に加えます．

$$
\begin{array}{ccccc}
1 & -3 & 0 & 0 & 1 \\
0 & 0 & 1 & 0 & 2 \\
0 & 0 & 0 & 1 & -1
\end{array}
$$

23 章

これより A の行ランクは 3 です．

次に，列に関する階段形を求めます．まず，第 $2, 3, 4, 5$ 列に第 1 列の $3, -1, -2, -1$ 倍を加えます．

$$\begin{array}{ccccc} 1 & 0 & 0 & 0 & 0 \\ 1 & 0 & -2 & 2 & -6 \\ 2 & 0 & -1 & -2 & 0 \end{array}$$

第 4 列を $\frac{1}{2}$ 倍して第 2 列と入れ替え，その第 2 列の $-1, 2, 6$ 倍を第 $1, 3, 5$ 列に加えると

$$\begin{array}{ccccc} 1 & 0 & 0 & 0 & 0 \\ 0 & 1 & 0 & 0 & 0 \\ 3 & -1 & -3 & 0 & -6 \end{array}$$

です．第 3 列を $-\frac{1}{3}$ 倍して，その $-3, 1, 6$ 倍を第 $1, 2, 5$ 列に加えると

$$\begin{array}{ccccc} 1 & 0 & 0 & 0 & 0 \\ 0 & 1 & 0 & 0 & 0 \\ 0 & 0 & 1 & 0 & 0 \end{array}$$

となり，階段形を得ます．これより A の列ランクは 3 です． □

命題 1 体 K の元を成分とする m 行 n 列の行列 A の列ベクトル $v_1, \ldots, v_n \in K^m$ が生成するベクトル空間 K^m の部分空間 $\langle v_1, \ldots, v_n \rangle$ に対して，等式

$$(A \text{ の列ランク}) = \dim \langle v_1, \ldots, v_n \rangle$$

が成立する．

証明 行列 A に対して，列の基本変形から得られる階段形を表す行列を B として，いま，列ベクトルを用いて $B = (w_1 \cdots w_n)$ と表します．

生成元の取り替え 1（7 章，定理 2）で用いられる操作 (1), (2), (3) は，列に関する基本変形の (1), (2), (3) と同じです．よって，基本変形から得られる行列 A の階段形 B の列

ベクトル $w_1, \ldots, w_n$ が生成する部分空間 $\langle w_1, \ldots, w_n \rangle$ は

$$\langle w_1, \ldots, w_n \rangle = \langle v_1, \ldots, v_n \rangle$$

となります（7章，生成元の取り替え1）．これより $\dim \langle w_1, \ldots, w_n \rangle = \dim \langle v_1, \ldots, v_n \rangle$ です．いま，行列 A の列ランクを k とします．この場合，列に関する階段形 B の第 1 列から第 k 列 $w_1, \ldots, w_k$ は 0 でない最初の元が 1 の列であり，それより右側にある他の列ベクトルは，すべて $w_{k+1} = 0, \ldots, w_n = 0$ です．したがって

$$\langle w_1, \ldots, w_k \rangle = \langle w_1, \ldots, w_n \rangle$$

となります．そこで，元 $w_1, \ldots, w_k$ が 1 次独立であることを示します．これにより $k = \dim \langle w_1, \ldots, w_k \rangle$ となり，命題が成立します．

元 $w_1, \ldots, w_k$ が 1 次独立であることを示すために，いま，元 $a_i \in K$ に対して

$$a_1 w_1 + \cdots + a_k w_k = 0 \qquad (*)$$

とします．階段形の条件 (ii) から，ベクトル w_i の 1 がある行（横列）では，その 1 以外の成分は 0 なので，等式 $(*)$ は

$$a_1 \begin{pmatrix} 1 \\ * \\ * \\ 0 \\ * \\ * \\ 0 \\ * \\ * \end{pmatrix} + a_2 \begin{pmatrix} 0 \\ \vdots \\ 1 \\ * \\ * \\ 0 \\ * \\ * \end{pmatrix} + \cdots + a_k \begin{pmatrix} 0 \\ \vdots \\ 0 \\ \vdots \\ 1 \\ * \\ * \end{pmatrix} = 0$$

の形です（階段形 (#)）．これより $a_1 = 0, \ldots, a_k = 0$ を得ます． □

系 m 次正方行列 P, $m \times n$ 行列 A, および n 次正方行列 Q に対して，不等式

$(PA \text{ の列ランク}) \leq (A \text{ の列ランク}), \quad (AQ \text{ の列ランク}) \leq (A \text{ の列ランク})$

が成立する．

23 章

証明 (i) 簡単のために $H = PA$ とおき,行列 A, H を,それぞれ $A = (v_1 \ \cdots \ v_n)$, $H = (z_1 \ \cdots \ z_n)$ と表します.いま H の列ランクを r とすると,命題 1 から

$$r = \dim \langle z_1, \ldots, z_n \rangle$$

です.そこで,生成元 $z_1, \ldots, z_n$ の中から,基底 $\{z_{j_1}, \ldots, z_{j_r}\}$ を選びます(10 章,命題 2).この場合 $v_{j_1}, \ldots, v_{j_r}$ は 1 次独立です.なぜならば,元 $c_k \in K$ に対して

$$c_{j_1} v_{j_1} + \cdots + c_{j_r} v_{j_r} = 0$$

とします.ここで $i \neq j_1, \ldots, j_r$ に対して $c_i = 0$ とおくと,この等式は

$$(v_1 \ \cdots \ v_n) \begin{pmatrix} c_1 \\ \vdots \\ c_n \end{pmatrix} = 0 \quad \text{すなわち} \quad A \begin{pmatrix} c_1 \\ \vdots \\ c_n \end{pmatrix} = 0$$

となります.これより

$$(z_1 \ \cdots \ z_n) \begin{pmatrix} c_1 \\ \vdots \\ c_n \end{pmatrix} = H \begin{pmatrix} c_1 \\ \vdots \\ c_n \end{pmatrix} = PA \begin{pmatrix} c_1 \\ \vdots \\ c_n \end{pmatrix} = P \left(A \begin{pmatrix} c_1 \\ \vdots \\ c_n \end{pmatrix} \right) = 0$$

です.いま $i \neq j_1, \ldots, j_r$ に対して $c_i = 0$ なので,これは

$$(z_{j_1} \ \cdots \ z_{j_r}) \begin{pmatrix} c_{j_1} \\ \vdots \\ c_{j_r} \end{pmatrix} = 0$$

を意味します.元 $z_{j_1}, \ldots, z_{j_r}$ は 1 次独立なので $c_{j_1} = 0, \ldots, c_{j_r} = 0$ を得ます.

したがって $r \leq \dim \langle v_1, \ldots, v_n \rangle$ が成立します(10 章,命題 3).これより

$$(PA \text{ の列ランク}) = r \leq (A \text{ の列ランク})$$

です(命題 1).

(ii) 簡単のために $C = AQ$ とおき，行列 A, C を $A = (v_1 \cdots v_n)$, $C = (z_1 \cdots z_n)$ と表します．この場合

$$(z_1 \cdots z_n) = (v_1 \cdots v_n)\, Q$$

なので，各 z_i は $v_1, \ldots, v_n$ の 1 次結合です（11 章，(2)）．これより $z_i \in \langle v_1, \ldots, v_n \rangle$ です．よって

$$\langle z_1, \ldots, z_n \rangle \subset \langle v_1, \ldots, v_n \rangle$$

となります（7 章，補題 1）．そこで，命題 1 を用いると

$$(C \text{ の列ランク}) \leq (A \text{ の列ランク})$$

を得ます（10 章，命題 3 の系）． □

行ランクに関する次の結果は，命題 1 と同様にして導かれます．

命題 2 行列 A の行ランクは，行ベクトルが生成する部分空間の次元に等しい．

系 転置行列 ${}^t A$ の列ランクは，行列 A の行ランクに等しい．

証明 いま A を $m \times n$ 行列とします．行列 A の行ベクトル（横ベクトル）$u_1, \ldots, u_m$ を縦ベクトルと見なしたベクトル $w_1, \ldots, w_m \in K^n$ は転置行列 ${}^t A$ の列ベクトルです．この場合

$$\dim \langle w_1, \ldots, w_m \rangle = \dim \langle u_1, \ldots, u_m \rangle$$

です．この左辺は，転置行列 ${}^t A$ の列ランク（命題 1）であり，右辺は，行列 A の行ランク（命題 2）です． □

問題 23

問 1 次の実数を成分とする行列 A の行ランク，および，列ランクを求めなさい．

$$A = \begin{pmatrix} 5 & 2 & 3 & 2 & 5 \\ 1 & -2 & -9 & 1 & -8 \\ 7 & 4 & -3 & 4 & 1 \\ -1 & -1 & 3 & -1 & 2 \end{pmatrix}$$

問 2 体 K の元を成分とする $m \times n$ 行列 A に対して，次の等式を示しなさい．

$$(A \text{ の列ランク}) = (-A \text{ の列ランク})$$

問 3 体 K の元を成分とする m 次正則行列 P, $m \times n$ 行列 A, および n 次正則行列 Q に対して，次の等式を示しなさい．

$$(PA \text{ の列ランク}) = (AQ \text{ の列ランク}) = (PAQ \text{ の列ランク}) = (A \text{ の列ランク})$$

問 4 体 K の元を成分とする n 次正則行列 A, B および，単位行列 E の各余因子行列 $\widetilde{A}, \widetilde{B}$ および $\widetilde{E}$ に対して，次の等式を証明しなさい．

(1) $\widetilde{A} \cdot \widetilde{B} = \widetilde{BA}$

(2) $\widetilde{E} = E$

(3) $(\widetilde{A})^{-1} = \widetilde{A^{-1}}$

問 5 すべての成分が整数である n 次正則行列 A に対して，逆行列 A^{-1} の成分がすべて整数であるための必要十分条件は $\det A = \pm 1$ であることを示しなさい．

問 6 体 K の元を成分とする n 次正方行列 A が $\det A = 0$ ならば，等式 $Ax = 0$ を満たす $x \neq 0$ である元 $x \in K^n$ が存在することを説明しなさい．

問 7 複素数係数の 2 次方程式

$$t^2 + at + b = 0, \quad t^2 + \alpha t + \beta = 0$$

が共通根（共通解）をもつための必要十分条件は

$$\det \begin{pmatrix} 1 & a & b & 0 \\ 0 & 1 & a & b \\ 1 & \alpha & \beta & 0 \\ 0 & 1 & \alpha & \beta \end{pmatrix} = 0$$

であることを示しなさい．

24
行列の小行列式

体 K の元を成分とする $m \times n$ 行列

$$A = \begin{pmatrix} a_{11} & \cdots & a_{1n} \\ \vdots & & \vdots \\ a_{m1} & \cdots & a_{mn} \end{pmatrix}$$

に対して，任意に r 個の $i_1, \ldots, i_r$ 行と r 個の $j_1, \ldots, j_r$ 列を選び，それらの行と列に共通な成分を取り出してつくった行列式

$$\det \begin{pmatrix} a_{i_1,j_1} & \cdots & a_{i_1,j_r} \\ \vdots & & \vdots \\ a_{i_r,j_1} & \cdots & a_{i_r,j_r} \end{pmatrix}$$

を A の r 次の**小行列式**といいます．行列式の性質 (6)（14, 15 章）から r 次の小行列式は，条件 $i_1 < \cdots < i_r, \ j_1 < \cdots < j_r$ を満たす $i_1, \ldots, i_r$ 行と $j_1, \ldots, j_r$ 列をもつどれかの小行列式の ± 1 倍となることに注意します．また，条件 $i_1 < \cdots < i_r, \ j_1 < \cdots < j_r$ を満たす r 次の小行列式の個数は，全部で

$$_mC_r \cdot {}_nC_r = \frac{m!}{r!\,(m-r)!} \cdot \frac{n!}{r!\,(n-r)!}$$

個あります．

いま，行列 A は $A \neq 0$ とします．もし 0 でない r 次の小行列式が存在して，かつ $r+1$ 次の小行列式がすべて 0 であるならば，その r を，このテキストでは，行列 A の**小行列式ランク**と呼ぶことにします．すなわち

$$A \text{ の小行列式ランク} = \min\{\, r \mid r+1 \text{ 次の小行列式がすべて 0 である}\,\} \tag{1}$$

24 章

と定義します．記号 min{ } は，集合 { } に含まれる最小の元を表します．小行列式ランクの定義から $1 \leq r \leq \min\{m,n\}$ です．ただし $r = \min\{m,n\}$ の場合は $r+1$ 次の小行列式が存在しないことに注意します．

例 1 行列
$$A = \begin{pmatrix} 2 & -3 & 1 & 2 \\ 4 & -3 & 1 & -4 \\ 4 & -6 & 2 & 4 \end{pmatrix}$$

の小行列式ランクを求めます．条件 $i_1 < i_2 < i_3$, $j_1 < j_2 < j_3$ を満たす i_1, i_2, i_3 行と j_1, j_2, j_3 列をもつ 3 次の小行列式は，全部で

$$_3C_3 \cdot {}_4C_3 = 4$$

個あります．すなわち

$$\det\begin{pmatrix} -3 & 1 & 2 \\ -3 & 1 & -4 \\ -6 & 2 & 4 \end{pmatrix}, \det\begin{pmatrix} 2 & 1 & 2 \\ 4 & 1 & -4 \\ 4 & 2 & 4 \end{pmatrix}, \det\begin{pmatrix} 2 & -3 & 2 \\ 4 & -3 & -4 \\ 4 & -6 & 4 \end{pmatrix}, \det\begin{pmatrix} 2 & -3 & 1 \\ 4 & -3 & 1 \\ 4 & -6 & 2 \end{pmatrix}$$

です．これらの行列式の値は，いずれも 0 となることを確かめてください．

次に，条件 $i_1 < i_2$, $j_1 < j_2$ を満たす i_1, i_2 行と j_1, j_2 列をもつ 2 次の小行列式は，全部で

$$_3C_2 \cdot {}_4C_2 = 3 \cdot 6 = 18$$

個あります．その 1 つ，例えば 1, 2 行と 1, 2 列を選んで，小行列式を考えると

$$\det\begin{pmatrix} 2 & -3 \\ 4 & -3 \end{pmatrix} = -6 + 12 = 6$$

となり 0 でない 2 次の小行列式が得られます．これより A の小行列式ランクは 2 です．

一方，この行列の行ランク，および，列ランクも 2 であることを確かめてください． □

補題 1 もし $n \geq 2$ ならば，体 K の元を成分とする n 次正則行列 A に対して 0 でない $n-1$ 次の小行列式が存在する．

証明 いま A は正則行列なので $\det A \neq 0$ です（22章，命題1の系）．したがって $\tilde{A} \neq 0$ です（17章，展開公式3）．これより0でない余因子

$$\tilde{a}_{ij} = (-1)^{i+j} \cdot \det \begin{pmatrix} a_{11} & \cdots & a_{1,j-1} & a_{1,j+1} & \cdots & a_{1n} \\ \vdots & & \vdots & \vdots & & \vdots \\ a_{i-1,1} & \cdots & a_{i-1,j-1} & a_{i-1,j+1} & \cdots & a_{i-1,n} \\ a_{i+1,1} & \cdots & a_{i+1,j-1} & a_{i+1,j+1} & \cdots & a_{i+1,n} \\ \vdots & & \vdots & \vdots & & \vdots \\ a_{n1} & \cdots & a_{n,j-1} & a_{n,j+1} & \cdots & a_{nn} \end{pmatrix} \neq 0$$

が存在します．右辺の行列式は行列 A の0でない $n-1$ 次の小行列式です． □

命題2 体 K の元を成分とする $m \times n$ 行列 A の小行列式ランクが r ならば，次が成立する．

(1) $s > r$ である s 次の小行列式は，すべて0である．

(2) $s \leq r$ ならば0でない s 次の小行列式が存在する．

証明 (1) いま $s > r$ である s に対して0でない s 次の小行列式が存在すると仮定します．この小行列式を定義する s 次の行列を B_s とすると，行列 B_s は正則行列です（17章，命題）．行列 B_s に補題1を適用すると0でない $s-1$ 次の小行列式が得られます．

もし $s-1 > r$ ならば，その小行列式を定義する $s-1$ 次の正則行列を B_{s-1} として，行列 B_{s-1} に補題1を適用すると0でない $s-2$ 次の小行列式が得られます．

これを繰り返すことにより0でない $r+1$ 次の小行列式が得られます．これは，行列 A の小行列式ランクが r であることに反します．

(2) 行列 A の小行列式ランクが r なので0でない r 次の小行列式が存在します．これを定義する r 次の正則行列を B_r として，補題1を用いると，行列 B_r に対して0でない $r-1$ 次の小行列式が得られます．これを繰り返すことにより，主張が導かれます． □

命題3 転置行列 ${}^t\!A$ の小行列式ランクと行列 A の小行列式ランクは同一である．

24 章

証明 行列 A の小行列式

$$\det \begin{pmatrix} a_{i_1,j_1} & \cdots & a_{i_1,j_r} \\ \vdots & & \vdots \\ a_{i_r,j_1} & \cdots & a_{i_r,j_r} \end{pmatrix}$$

から，転置行列 ${}^tA$ の小行列式

$$\det \begin{pmatrix} a_{i_1,j_1} & \cdots & a_{i_r,j_1} \\ \vdots & & \vdots \\ a_{i_1,j_r} & \cdots & a_{i_r,j_r} \end{pmatrix}$$

が得られ，逆に，転置行列 ${}^tA$ の小行列式から，行列 A の小行列式が得られます．これらの小行列式の値は等しい（21 章，命題 2）ので，命題が成立します． □

補題 4 いま $m \geq n$ として，体 K 上の縦ベクトル空間 K^m の元 $v_1, \ldots, v_n$ からつくられる m 行 n 列の行列 $A = (v_1 \ \ldots \ v_n)$ に対して，その小行列式ランクが n であるための必要十分条件は，元 $v_1, \ldots, v_n$ が 1 次独立となることである．

証明 もし，行列 A の小行列式ランクが n ならば

$$\det \begin{pmatrix} a_{i_1,1} & \cdots & a_{i_1,n} \\ \vdots & & \vdots \\ a_{i_n,1} & \cdots & a_{i_n,n} \end{pmatrix} \neq 0$$

となる n 個の行 $i_1, \ldots, i_n$ が存在します．この小行列は正則です（17 章，命題）．したがって，列ベクトル

$$u_1 = \begin{pmatrix} a_{i_1,1} \\ \vdots \\ a_{i_n,1} \end{pmatrix}, \quad \ldots, \quad u_n = \begin{pmatrix} a_{i_1,n} \\ \vdots \\ a_{i_n,n} \end{pmatrix}$$

は 1 次独立になります（13 章，命題 2）．

そこで，元 $v_1, \ldots, v_n$ が 1 次独立であることを示すために，いま，元 $c_i \in K$ に対して

$$c_1 v_1 + \cdots + c_n v_n = 0 \qquad (*)$$

とします.この等式を書き換えると

$$c_1 \begin{pmatrix} a_{11} \\ \vdots \\ a_{m1} \end{pmatrix} + c_2 \begin{pmatrix} a_{12} \\ \vdots \\ a_{m2} \end{pmatrix} + \cdots + c_n \begin{pmatrix} a_{1n} \\ \vdots \\ a_{mn} \end{pmatrix} = 0$$

です.この等式の $i_1, \ldots, i_n$ 行を取り出すと

$$c_1 \begin{pmatrix} a_{i_1,1} \\ \vdots \\ a_{i_n,1} \end{pmatrix} + c_2 \begin{pmatrix} a_{i_1,2} \\ \vdots \\ a_{i_n,2} \end{pmatrix} + \cdots + c_n \begin{pmatrix} a_{i_1,n} \\ \vdots \\ a_{i_n,n} \end{pmatrix} = 0$$

を得ます.すなわち

$$c_1 u_1 + c_2 u_2 + \cdots + c_n u_n = 0$$

となります.元 $u_1, \ldots, u_n$ は1次独立なので,各 $c_1 = 0, \ldots, c_n = 0$ です.これより $v_1, \ldots, v_n$ は1次独立です.

逆に,元 $v_1, \ldots, v_n$ は1次独立であると仮定します.この場合 $v_i \neq 0$ です(8章,例3).行列 A の列ランクは $\dim \langle v_1, \ldots, v_n \rangle = n$ です(23章,命題1).これより,列に関する基本変形を用いて,行列 A を(ここでは,行列 A のはじめて 0 でない行が第 i_1 行であるとして)列に関する階段形に変形すると

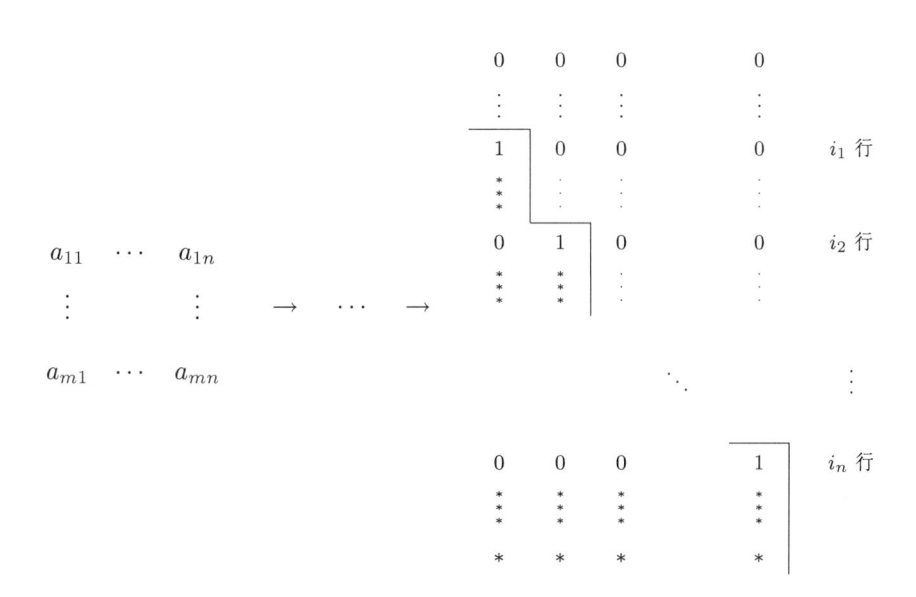

$$\begin{pmatrix} a_{11} & \cdots & a_{1n} \\ \vdots & & \vdots \\ a_{m1} & \cdots & a_{mn} \end{pmatrix} \to \cdots \to$$

24 章

の形になります（23 章）．これは，行列 A の n 個の行，つまり，第 $i_1, \ldots, i_n$ 行を順に並べて得られる行列が，列に関する基本変形により，単位行列

$$\begin{pmatrix} a_{i_1,1} & \cdots & a_{i_1,n} \\ \vdots & & \vdots \\ a_{i_n,1} & \cdots & a_{i_n,n} \end{pmatrix} \to \cdots \to \begin{pmatrix} 1 & & 0 \\ & \ddots & \\ 0 & & 1 \end{pmatrix} = (e_1 \; \cdots \; e_n)$$

に変換されることを意味します．このことは，また，基本変形が生成元の取り替えの操作 1（7 章，定理 2）と同一なことを用いると，縦ベクトル空間 K^n の元

$$w_1 = \begin{pmatrix} a_{i_1,1} \\ \vdots \\ a_{i_n,1} \end{pmatrix}, \; \ldots, \; w_n = \begin{pmatrix} a_{i_1,n} \\ \vdots \\ a_{i_n,n} \end{pmatrix}$$

が生成する部分空間 $\langle w_1, \ldots, w_n \rangle$ は，標準基底の元 $e_1, \ldots, e_n$ が生成する部分空間 $\langle e_1, \ldots, e_n \rangle$ に一致すると言い換えられます．よって

$$\dim \langle w_1, \ldots, w_n \rangle = \dim \langle e_1, \ldots, e_n \rangle = n$$

なので，元 $w_1, \ldots, w_n$ は 1 次独立です（9 章，命題 4）．したがって n 次正方行列 $H = (w_1 \; \cdots \; w_n)$ は正則行列（13 章，命題 2）となり $\det H \neq 0$ です（22 章，命題 1 の系）．これより，行列 A の小行列式ランクは n 以上です．いま $n \leq m$ に注意すると，小行列式の定義 (1) から

$$n \leq (A \text{ の小行列式ランク}) \leq \min\{m, n\} = n$$

となり，等号が得られます． □

命題 5 行列 A の列ランクと小行列式ランクは等しい．

証明 いま A を体 K の元を成分とする m 行 n 列の行列

$$A = \begin{pmatrix} a_{11} & \cdots & a_{1n} \\ \vdots & & \vdots \\ a_{m1} & \cdots & a_{mn} \end{pmatrix}$$

として，列ベクトルを $v_1, \ldots, v_n$ とします．行列 A の列ランクが r ならば

$$r = \dim \langle v_1, \ldots, v_n \rangle$$

です（23章，命題1）．ここで，生成元 $v_1, \ldots, v_n$ の中から，基底 $\{v_{j_1}, \ldots, v_{j_r}\}$ を選ぶことができます（10章，命題2）．元 $v_{j_1}, \ldots, v_{j_r}$ は1次独立なので，補題4から，行列 $C = (v_{j_1} \cdots v_{j_r})$ に対して 0 でない r 次の小行列式が存在します．これより，行列 A の小行列式ランクは r 以上です．

逆の不等式を示すために A の $r+1$ 次の小行列

$$H = \begin{pmatrix} a_{i_1,j_1} & \cdots & a_{i_1,j_{r+1}} \\ \vdots & & \vdots \\ a_{i_{r+1},j_1} & \cdots & a_{i_{r+1},j_{r+1}} \end{pmatrix}$$

の行列式は $\det H \neq 0$ であると仮定します．この場合，列ベクトル $v_{j_1}, \ldots, v_{j_{r+1}} \in K^m$ からつくられる m 行 $r+1$ 列の行列 $C = (v_{j_1} \cdots v_{j_{r+1}})$ の小行列式ランクは $r+1$ となるので，列ベクトル $v_{j_1}, \ldots, v_{j_{r+1}}$ は1次独立です（補題4）．これより

$$\dim \langle v_1, \ldots, v_n \rangle \geq \dim \langle v_{j_1}, \ldots, v_{j_{r+1}} \rangle = r+1$$

が成立します（10章，命題3の系）．しかし，これは 23 章の命題 1 の等式

$$r = (A \text{ の列ランク}) = \dim \langle v_1, \ldots, v_n \rangle$$

に反します．以上から A の $r+1$ 次の小行列式は，すべて 0 です．したがって，行列 A の小行列式ランクは r 以下です． □

系 行列 A の行ランク，列ランク，小行列式ランクは，すべて，同一である．

証明 命題 3，命題 5 および 23 章の命題 2 の系から導かれることを確かめてください． □

この系より，小行列式ランク（$=$（行ランク），（列ランク））を行列 A の**ランク**といい，記号 $\text{rank}\, A$ で表します．

問題 24

問 1 実数を成分とする行列

$$A = \begin{pmatrix} 3 & 5 & 1 & 1 \\ 1 & 1 & 1 & -1 \\ 1 & -2 & 4 & -7 \end{pmatrix}$$

の行ランク,列ランク,および,小行列式ランクを定義に従って求めなさい.

問 2 次の実数を成分とする行列 B に対して $\det B$ および $\operatorname{rank} B$ を求めなさい.

$$B = \begin{pmatrix} 1 & a & 1 & a+1 \\ 1 & -1 & a+1 & 1 \\ 1 & a+1 & 1 & a \\ a+1 & 1 & 1 & -1 \end{pmatrix}$$

問 3 いま A が体 K の元を成分とする $m \times n$ 行列ならば,ベクトル空間 K^n の部分空間

$$Y = \{\, x \in K^n \mid Ax = 0 \,\}$$

(問題 13 の問 3 参照) に対して,等式

$$\dim Y = n - \operatorname{rank} A$$

が成立することを確かめなさい.

問 4 体 K の元を成分とする n 次正方行列 P が正則行列であるための必要十分条件が $n = \operatorname{rank} P$ であることを示しなさい.

問 5 いま $n \geq 3$ として,体 K の元を成分とする n 次正方行列 A が $\operatorname{rank} A \leq n - 2$ ならば,行列 A の余因子行列 $\widetilde{A} = 0$ を示しなさい.

問 6 体 K の元を成分とする $m \times n$ 行列 A, B に対して,不等式

$$|\operatorname{rank} A - \operatorname{rank} B| \leq \operatorname{rank}(A + B) \leq \operatorname{rank} A + \operatorname{rank} B$$

が成立することを示しなさい.

問 7 いま,複素数 $\omega \in \mathbb{C}$ を 1 の 3 乗根,すなわち $\omega^3 = 1$, $\omega \neq 1$ として,複素数を成分とする行列 A および,正則行列 P を

$$A = \begin{pmatrix} a & b & c \\ c & a & b \\ b & c & a \end{pmatrix}, \quad P = \begin{pmatrix} 1 & 1 & 1 \\ 1 & \omega & \omega^2 \\ 1 & \omega^2 & \omega \end{pmatrix}$$

とします (問題 17, 問 3).行列の積 $P^{-1}AP$ を利用して,行列式 $\det A$ の値を求めなさい.

25
基本変形を表す行列

体 K の元を成分にもつ $m \times n$ 行列

$$A = \begin{pmatrix} a_{11} & \cdots & a_{1n} \\ \vdots & & \vdots \\ a_{m1} & \cdots & a_{mn} \end{pmatrix}$$

に対して，行に関する**基本変形**

(1) 第 i 行を c 倍する．

(2) 第 i 行に他の第 j 行の c 倍を加える．

(3) 第 i 行と第 j 行を入れ替える．

を考えます．ここで $c \in K, c \neq 0$ です．これらの基本変形が，いずれも，ある正則行列を左から掛けることにより得られることを説明します．

まず，**基本変形** (1) は m 次の正方行列

$$M_m(i,c) := \begin{pmatrix} 1 & & & & & & O \\ & \ddots & & & & & \\ & & 1 & & & & \\ & & & c & & & \\ & & & & 1 & & \\ & & & & & \ddots & \\ O & & & & & & 1 \end{pmatrix} \begin{matrix} \\ \\ \\ i\text{行} \\ \\ \\ \end{matrix}$$

i 列

により得られます．ここで c は (i,i) 成分（i 行 i 列の成分）です．また，対角にある成分以外の成分はすべて 0 です．

25章

実際, この行列を用いると

$$M_m(i,c) \cdot A = \begin{pmatrix} 1 & & & & O \\ & \ddots & & & \\ & & c & & \\ & & & \ddots & \\ O & & & & 1 \end{pmatrix} \begin{pmatrix} a_{11} & \cdots & a_{1n} \\ \vdots & & \vdots \\ a_{i1} & \cdots & a_{in} \\ \vdots & & \vdots \\ a_{m1} & \cdots & a_{mn} \end{pmatrix} = \begin{pmatrix} a_{11} & \cdots & a_{1n} \\ \vdots & & \vdots \\ ca_{i1} & \cdots & ca_{in} \\ \vdots & & \vdots \\ a_{m1} & \cdots & a_{mn} \end{pmatrix}$$

となります (22 章, 行列の積). これは, **基本変形** (1) です.

次に, **基本変形** (2) は m 次の正方行列

$$A_m(i,j:c) := \begin{pmatrix} 1 & & & & & & O \\ & \ddots & & & & & \\ & & 1 & & c & & \\ & & & \ddots & & & \\ & & & & 1 & & \\ & & & & & \ddots & \\ O & & & & & & 1 \end{pmatrix} \begin{matrix} \\ \\ i \text{ 行} \\ \\ \\ \\ \end{matrix}$$

（j 列）

で得られます. ただし, 対角成分は 1 で c は (i,j) 成分です. 他は, すべて 0 です. 実際

$$A_m(i,j:c) \cdot A = \begin{pmatrix} 1 & & & & & & O \\ & \ddots & & & & & \\ & & 1 & & c & & \\ & & & \ddots & & & \\ & & & & 1 & & \\ & & & & & \ddots & \\ O & & & & & & 1 \end{pmatrix} \begin{pmatrix} a_{11} & a_{12} & \cdots & a_{1n} \\ \vdots & \vdots & & \vdots \\ a_{i1} & a_{i2} & \cdots & a_{in} \\ \vdots & \vdots & & \vdots \\ a_{j1} & a_{j2} & \cdots & a_{jn} \\ \vdots & \vdots & & \vdots \\ a_{m1} & a_{m2} & \cdots & a_{mn} \end{pmatrix}$$

$$= \begin{pmatrix} a_{11} & a_{12} & \cdots & a_{1n} \\ \vdots & \vdots & & \vdots \\ a_{i1}+ca_{j1} & a_{i2}+ca_{j2} & \cdots & a_{in}+ca_{jn} \\ \vdots & \vdots & & \vdots \\ a_{j1} & a_{j2} & \cdots & a_{jn} \\ \vdots & \vdots & & \vdots \\ a_{m1} & a_{m2} & \cdots & a_{mn} \end{pmatrix}$$

となり，これは，基本変形 (2) です．最後に，**基本変形** (3) は m 次の正方行列

$$T_m(i,j) := \begin{pmatrix} 1 & & & & & & & & & O \\ & \ddots & & & & & & & & \\ & & 1 & & & & & & & \\ & & & 0 & & 1 & & & & \\ & & & & 1 & & & & & \\ & & & & & \ddots & & & & \\ & & & & & & 1 & & & \\ & & & 1 & & & & 0 & & \\ & & & & & & & & 1 & \\ & & & & & & & & & \ddots \\ O & & & & & & & & & 1 \end{pmatrix} \begin{matrix} \\ \\ \\ i \text{ 行} \\ \\ \\ \\ j \text{ 行} \\ \\ \\ \end{matrix}$$

（上部に i 列，j 列）

により得られます．ただし 1 以外の対角成分である 0 は (i,i) 成分と (j,j) 成分です．また，対角以外の 1 は (i,j) 成分と (j,i) 成分です．他の成分は，すべて 0 です．実際

$$T_m(i,j) \cdot A = \begin{pmatrix} 1 & & & & & & & O \\ & \ddots & & & & & & \\ & & 1 & & & & & \\ & & & 0 & & 1 & & \\ & & & & 1 & & & \\ & & & & & \ddots & & \\ & & & & & & 1 & \\ & & & 1 & & & 0 & \\ & & & & & & & 1 \\ & & & & & & & \ddots \\ O & & & & & & & 1 \end{pmatrix} \begin{pmatrix} a_{11} & a_{12} & \cdots & a_{1n} \\ \vdots & \vdots & & \vdots \\ a_{i1} & a_{i2} & \cdots & a_{in} \\ \vdots & \vdots & & \vdots \\ a_{j1} & a_{j2} & \cdots & a_{jn} \\ \vdots & \vdots & & \vdots \\ a_{m1} & a_{m2} & \cdots & a_{mn} \end{pmatrix}$$

$$= \begin{pmatrix} \vdots & \vdots & & \vdots \\ a_{j1} & a_{j2} & \cdots & a_{jn} \\ \vdots & \vdots & & \vdots \\ a_{i1} & a_{i2} & \cdots & a_{in} \\ \vdots & \vdots & & \vdots \end{pmatrix}$$

となり，これは，基本変形 (3) です．

25 章

行列 $M_m(i,c), A_m(i,j:c), T_m(i,j)$ を，ここでは m 次の**基本行列**と呼ぶことにします．これらの行列は，いずれも，正則行列です．実際，行列式の値を求めると

$$\det M_m(i,c) = c, \quad \det A_m(i,j:c) = 1$$

です（14 章，命題）．一方 $T_m(i,j)$ は i 行と j 行を入れ替えると単位行列 E なので

$$\det T_m(i,j) = -\det E = -1$$

となります（行列式の性質 (6)）．これより，いずれも正則行列です（17 章，命題）．　□

いま A を体 K の元を成分とする $m \times n$ 行列とします．この場合 m 次正則行列 P との積 PA は，行列 A と同じランクです（問題 23，問 3）．したがって，ランク rank A は，基本変換により変らないことに注意します．また，行列 A は，基本変形を何回か行うことにより階段形に変形されます（23 章）．言い換えると，行列 A を行に関する階段形に変形するために行う基本変形が，それぞれ，順に，基本行列 $P_1, \ldots, P_k$ により得られる場合，これらを左側から掛けた行列

$$P_k \cdots P_1 \cdot A \tag{1}$$

が階段形になります．特に，行列 A が正方行列ならば，この行に関する階段形は，上三角行列です（14 章）．

行に関して説明したことは，列に関しても成立します．すなわち $m \times n$ 行列 A に対して，基本行列 $M_n(i,c), A_n(i,j:c), T_n(i,j)$ のいずれかを右側から掛けることにより，行列 A の列に関する基本変形が得られます．ただし，行列 A に基本行列 $A_n(i,j:c)$ を右側から掛けると，行列 A の第 j 列に第 i 列の c 倍が加えられることに注意します（各自でこのことを確かめてください）．もし列に関する階段形に変形するために行う基本変形が，それぞれ，順に，基本行列 $Q_1, \ldots, Q_l$ により得られる場合，これらを右側から掛けた行列

$$A \cdot Q_1 \cdots Q_l \tag{2}$$

が列に関する階段形になります．行列 A が正方行列の場合，この列に関する階段形は，下三角行列です．

基本変形を表す行列

命題1 体 K の元を成分とする正則行列 A の逆行列 A^{-1} は，基本行列の積として表される．

証明 いま A を n 次の正則行列とすると $\det A \neq 0$ なので，小行列式ランク $\mathrm{rank}\, A = n$ です（24章，小行列式ランクの定義）．よって，行ランクも n です（24章，命題5の系）．行ランクが n である行列の階段形には，標準基底の元 $e_1, \ldots, e_n \in K^n$ が（列ベクトルとして）存在します（23章）．これは，階段形が単位行列 E であることを意味するので

$$P_k \cdots P_1 \cdot A = E$$

となる基本行列 $P_1, \ldots, P_k$ が存在します（式 (1)）．これより

$$A^{-1} = P_k \cdots P_1$$

です（13章，命題2および系）．この等式は，式 (2) からも導くことができます． □

例 有理数を成分とする3次の正方行列

$$A = \begin{pmatrix} 1 & 1 & 0 \\ 0 & 3 & 1 \\ 4 & 7 & 2 \end{pmatrix}$$

の行列式の値は $\det A = 3$ なので正則行列です（17章，命題）．そこで，左側から基本変形を施すことにより，逆行列 A^{-1} を求めます（13章，例）．変形する行列は

$$\begin{array}{ccc} 1 & 1 & 0 \\ 0 & 3 & 1 \\ 4 & 7 & 2 \end{array} \qquad \begin{array}{ccc} 1 & 0 & 0 \\ 0 & 1 & 0 \\ 0 & 0 & 1 \end{array}$$

です．すなわち，左側は行列 A で，右側は単位行列 E です．

まず，第3行に第1行の -4 倍を加えます．右（下）は変形に用いる基本行列です．

$$\begin{array}{ccc} 1 & 1 & 0 \\ 0 & 3 & 1 \\ 0 & 3 & 2 \end{array} \qquad \begin{array}{ccc} 1 & 0 & 0 \\ 0 & 1 & 0 \\ -4 & 0 & 1 \end{array} \qquad A_3(3,1:-4)$$

25章

そこで，第2行を $\frac{1}{3}$ 倍します．

$$\begin{array}{ccc|ccc} 1 & 1 & 0 & 1 & 0 & 0 \\ 0 & 1 & \frac{1}{3} & 0 & \frac{1}{3} & 0 \\ 0 & 3 & 2 & -4 & 0 & 1 \end{array} \qquad M_3\left(2, \frac{1}{3}\right) A_3(3,1:-4)$$

第1行に第2行の -1 倍を加えて，第3行に第2行の -3 倍を加えます．

$$\begin{array}{ccc|ccc} 1 & 0 & -\frac{1}{3} & 1 & -\frac{1}{3} & 0 \\ 0 & 1 & \frac{1}{3} & 0 & \frac{1}{3} & 0 \\ 0 & 0 & 1 & -4 & -1 & 1 \end{array} \qquad \begin{array}{l} A_3(3,2:-3)\ A_3(1,2:-1) \\ \cdot\ M_3\left(2,\frac{1}{3}\right)\ A_3(3,1:-4) \end{array}$$

第1行に第3行の $\frac{1}{3}$ 倍を加えて，第2行に第3行の $-\frac{1}{3}$ 倍を加えると

$$\begin{array}{ccc|ccc} 1 & 0 & 0 & -\frac{1}{3} & -\frac{2}{3} & \frac{1}{3} \\ 0 & 1 & 0 & \frac{4}{3} & \frac{2}{3} & -\frac{1}{3} \\ 0 & 0 & 1 & -4 & -1 & 1 \end{array}$$

$$A_3\left(2,3:-\frac{1}{3}\right)\ A_3\left(1,3:\frac{1}{3}\right)\ A_3(3,2:-3)\ A_3(1,2:-1)\ M_3\left(2,\frac{1}{3}\right)\ A_3(3,1:-4)$$

を得ます．この右側にある行列が逆行列です．この行列は単位行列 E に下側にある基本行列の積を左から掛けて得られた行列です．実際，下側にある基本行列の積を B として計算すると

$$B = \begin{pmatrix} 1 & 0 & 0 \\ 0 & 1 & -\frac{1}{3} \\ 0 & 0 & 1 \end{pmatrix} \begin{pmatrix} 1 & 0 & \frac{1}{3} \\ 0 & 1 & 0 \\ 0 & 0 & 1 \end{pmatrix} \begin{pmatrix} 1 & 0 & 0 \\ 0 & 1 & 0 \\ 0 & -3 & 1 \end{pmatrix}$$

$$\cdot \begin{pmatrix} 1 & -1 & 0 \\ 0 & 1 & 0 \\ 0 & 0 & 1 \end{pmatrix} \begin{pmatrix} 1 & 0 & 0 \\ 0 & \frac{1}{3} & 0 \\ 0 & 0 & 1 \end{pmatrix} \begin{pmatrix} 1 & 0 & 0 \\ 0 & 1 & 0 \\ -4 & 0 & 1 \end{pmatrix}$$

$$= \begin{pmatrix} -\frac{1}{3} & -\frac{2}{3} & \frac{1}{3} \\ \frac{4}{3} & \frac{2}{3} & -\frac{1}{3} \\ -4 & -1 & 1 \end{pmatrix}$$

となり $B = A^{-1}$ です.したがって,求める積は

$$A^{-1} = A_3\left(2,3:-\frac{1}{3}\right) A_3\left(1,3:\frac{1}{3}\right) A_3(3,2:-3) A_3(1,2:-1) M_3\left(2,\frac{1}{3}\right) A_3(3,1:-4)$$

です. □

命題 2 体 K の元を成分とする $m \times n$ 行列 A のランクが $r = \operatorname{rank} A$ ならば

$$PAQ = \begin{pmatrix} E_r & O \\ O & O \end{pmatrix}$$

となる m 次正則行列 P と n 次正則行列 Q が存在する.ここで E_r は r 次の単位行列である.

証明 まず m 次の基本行列 P_1, ..., P_k により,行列 $P_k \cdots P_1 A$ が行に関する階段形になります(式 (1)).行ランクが r である階段形には r 個の標準基底の元 e_1, ..., $e_r \in K^m$ が(列ベクトルとして)存在します(23 章).そこで,元 e_1, ..., e_r が,順に,階段形の第 1 列から第 r 列になるように,列を入れ替えます.それらの入れ替えを与える n 次の基本行列が Q_1, ..., Q_l ならば,それらを右から掛けることにより

$$P_k \cdots P_1 \cdot A \cdot Q_1 \cdots Q_l = (e_1 \ \cdots \ e_r \ v_{r+1} \ \cdots \ v_n)$$

の形を得ます.ここで $v_j \in K^m$ は,第 $r+1$ 行以下の成分がすべて 0 である列ベクトルです.いま,列ベクトル v_j の 0 でない第 i 行の成分 c_i を考えます.列ベクトル v_j に元 e_i の $-c_i$ 倍を加えることにより,その成分を 0 にできます.

この操作を繰り返すと,列ベクトル v_{r+1}, ..., v_n のすべての成分を 0 できます.したがって,それらを行う基本行列 R_1, ..., R_s を右から掛けると

$$P_k \cdots P_1 \cdot A \cdot Q_1 \cdots Q_l \cdot R_1 \cdots R_s = (e_1 \ \cdots \ e_r \ 0 \ \cdots \ 0) = \begin{pmatrix} E_r & O \\ O & O \end{pmatrix}$$

の形になります.正則行列の積は正則行列(問題 14,問 4 (2))なので

$$P = P_k \cdots P_1, \quad Q = Q_1 \cdots Q_l \cdot R_1 \cdots R_s$$

とすれば,求める m 次の正則行列 P および n 次の正則行列 Q を得ます. □

問題 25

問 1 基本変形を用いて，実数を成分とする行列
$$A = \begin{pmatrix} 4 & -6 & 4 \\ 2 & -5 & 4 \\ -1 & 3 & -3 \end{pmatrix}$$
が正則行列かどうかを判定し，もし正則行列ならば，その逆行列を基本行列の積として表しなさい．

問 2 体 K の元を成分とする m 次の基本行列 $M_m(i,c)$, $A_m(i,j:c)$, $T_m(i,j)$ の逆行列が m 次の基本行列であることを示しなさい．ここで $c \neq 0$ です．

問 3 体 K の元を成分とする m 次の基本行列
$$B = A_m(i,j:b), \quad C = A_m(j,k:c)$$
に対して，行列 $BCB^{-1}C^{-1}$ を求めなさい．ここで $i \neq k$ とします．

問 4 体 K の元を成分とする基本行列 $T_m(i,j)$ は，他の基本行列 $M_m(i,c)$, $A_m(i,j:c)$ の積として表されることを示しなさい．

問 5 体 K の元を成分とする正則行列 A は基本行列の積として表されることを説明しなさい．

問 6 行列
$$D = \begin{pmatrix} 6 & -3 & 2 \\ 12 & -7 & 6 \\ 8 & -6 & 6 \end{pmatrix}$$
に対して，等式 $Dx = cx$ を満たす元 $x \in \mathbb{R}^3$ が $x = 0$ だけであるための実数 $c \in \mathbb{R}$ の条件を求めなさい．

問 7 体 K の元を成分とする $m \times n$ 行列 A および $n \times r$ 行列 B が $AB = 0$ ならば，不等式
$$\operatorname{rank} A + \operatorname{rank} B \leq n$$
が成立することを確かめなさい．

問 8 いま $n \geq 2$ として，体 K の元を成分とする n 次正方行列 A が $\operatorname{rank} A = n - 1$ ならば，次の事項を示しなさい．ここで $\widetilde{A}$ は A の余因子行列です．

(1) $A \cdot \widetilde{A} = 0$

(2) $\widetilde{A} \neq 0$

(3) $\operatorname{rank} \widetilde{A} = 1$

問 9 体 K の元を成分とする n 次正方行列 A が $\operatorname{rank} A = r$ ならば，等式 $A = BC$ を満たす $n \times r$ 行列 B と $r \times n$ 行列 C が存在することを説明しなさい．

線型代数 1　問題の解答

問題 1

問 1　条件 $a^2 + 3b^2 = 139$ から $3b^2 \leq 139$ なので $b^2 \leq 46$ です．この不等式を満たすのは
$$b^2 = 0,\ 1,\ 4,\ 9,\ 16,\ 25,\ 36$$
のいずれかです．これらの b^2 を条件 $a^2 + 3b^2 = 139$ に代入すると，それぞれ
$$a^2 = 139,\ 136,\ 127,\ 112,\ 91,\ 64,\ 31$$
です．これらを満たす整数 $a \in \mathbb{Z}$ は $a^2 = 64$ だけなので，この場合 $b^2 = 25$ です．したがって
$$S = \{(8,5),\ (8,-5),\ (-8,5),\ (-8,-5)\}$$
となり $S \neq \emptyset$ です．　□

問 2　等号を示すために 2 つの包含関係 $E \subset F$, $F \subset E$ を証明します．はじめに $E \subset F$ つまり $x \in E$ ならば $x \in F$ を示します．元 $x \in E$ は $x = a + b\omega$, $a, b \in \mathbb{Q}$ と表されます．いま
$$x = a + b \cdot \frac{-1 + \sqrt{-3}}{2} = \left(a - \frac{b}{2}\right) + \frac{b}{2}\sqrt{-3}$$
と書き直します．そこで，各 $a - \dfrac{b}{2},\ \dfrac{b}{2}$ が有理数 $a - \dfrac{b}{2},\ \dfrac{b}{2} \in \mathbb{Q}$ であることに注意すると $x \in F$ を得ます．次に $F \subset E$ すなわち $x \in F$ ならば $x \in E$ を示します．元 $x \in F$ は $x = a + b\sqrt{-3}$ と表されます．ここで $a, b \in \mathbb{Q}$ です．そこで
$$x = (a + b) + 2b \cdot \frac{-1 + \sqrt{-3}}{2} = (a + b) + 2b\omega$$
と書き直すと，各 $a + b,\ 2b$ は有理数 $a + b,\ 2b \in \mathbb{Q}$ なので $x \in E$ を得ます．　□

問 3　奇数 m を $m = 2n - 1$ と表し，自然数 n に関する数学的帰納法を用います．簡単のために
$$P(n) = 4^{2n-1} + 5^{2n-1}$$
とおきます．もし $n = 1$ ならば $P(1) = 4 + 5 = 9$ となり，主張は成立します．そこで n の場合に主張が成立する，すなわち $P(n)$ は 9 の倍数であると仮定して $P(n+1)$ も 9 の倍数であることを示します．

問題 1

まず, 等式 $5^2 = 4^2 + 9$ を用いて

$$P(n+1) = 4^{2(n+1)-1} + 5^{2(n+1)-1} = 4^2 \cdot 4^{2n-1} + 5^2 \cdot 5^{2n-1} = 4^2(4^{2n-1} + 5^{2n-1}) + 9 \cdot 5^{2n-1}$$
$$= 4^2 \cdot P(n) + 9 \cdot 5^{2n-1}$$

と書き直します. 仮定から $P(n)$ は 9 の倍数なので, この等式から $P(n+1)$ も 9 の倍数となり, 主張が得られます. □

問 4 集合 $A \cup B$ の元が, すべて X の元である, つまり $x \in A \cup B$ ならば $x \in X$ であることがわかれば $A \cup B \subset X$ が示せます. そこで $x \in A \cup B$ とします. この場合 $x \in A$ または $x \in B$ が成立します.

はじめに $x \in A$ とします. 条件 $A \subset X$ から, 集合 A の元 x は集合 X の元です. したがって $x \in X$ です. 次に $x \in B$ とします. 条件 $B \subset X$ から, 集合 B の元 x は X の元なので $x \in X$ が成立します. いずれにしても $x \in X$ となるので $A \cup B \subset X$ を得ます. □

問 5 (1) ⇒ (2) 集合 A の元が, すべて B の元である, つまり $x \in A$ ならば $x \in B$ であることが証明できれば $A \subset B$ が得られます.

いま $x \in A$ と仮定します. 条件 $A = A \cap B$ から, 元 $x \in A$ は $x \in A \cap B$ です. そこで $A \cap B \subset B$ が成立する (1 章, 例 1) ことに注意すると $x \in B$ を得ます.

(2) ⇒ (3) 等号を示すために 2 つの包含関係 $A \cup B \subset B$ および $B \subset A \cup B$ を示します.

はじめに $x \in A \cup B$ とします. 和集合 $A \cup B$ は, 集合 A または B のいずれかに属する元の集合です. したがって $x \in A$ または $x \in B$ が成立します. しかし $x \in A$ の場合も, 条件 $A \subset B$ から $x \in B$ となるので, いずれにしても $x \in B$ が成立することになります.

一方 $B \subset A \cup B$ (例 1) に注意すると, 元 $x \in B$ は $x \in A \cup B$ となります.

(3) ⇒ (1) 2 つの包含関係 $A \cap B \subset A$ および $A \subset A \cap B$ を示します.

はじめに $x \in A \cap B$ とします. 共通集合 $A \cap B$ は, 集合 A と B のいずれにも属する元の集合なので $x \in A$ かつ $x \in B$ が成立します. これより $x \in A$ です.

逆に $a \in A$ とします. 和集合 $A \cup B$ は, 集合 A または B のいずれかに属する元の集合なので $a \in A \cup B$ です. したがって, 条件 $A \cup B = B$ から $x \in B$ となり $x \in A \cap B$ です. □.

問 6 等号を示すために 左辺 ⊂ 右辺 および 右辺 ⊂ 左辺 を証明します. はじめに 左辺 ⊂ 右辺 を示します. いま $x \in A \cup (B \cap C)$ とすると $x \in A$ または $x \in B \cap C$ が成立します. もし $x \in A$ ならば $x \in A \cup B$, $x \in A \cup C$ です (1 章, 例 1). これより $x \in (A \cup B) \cap (A \cup C)$ となります. 一方 $x \in B \cap C$ ならば $x \in B$ かつ $x \in C$ が成立します. これより $x \in A \cup B$ かつ $x \in A \cup C$ です (例 1). したがって $x \in (A \cup B) \cap (A \cup C)$ となります.

逆に 右辺 ⊂ 左辺 を示すために $x \in (A \cup B) \cap (A \cup C)$ と仮定します. この場合 $x \in A \cup B$ かつ $x \in A \cup C$ が成立します. もし $x \in A$ ならば $x \in A \cup (B \cap C)$ です (例 1). そこで $x \notin A$ とします. いま $x \in A \cup B$ かつ $x \in A \cup C$ なので $x \in B$ かつ $x \in C$ となります. これより $x \in B \cap C$ となり $x \in A \cup (B \cap C)$ を得ます (例 1). □

問 7 等号を示すために $A \subset B$ および $B \subset A$ を証明します．与えられた条件 $A \cap X = B \cap X$, $A \cup X = B \cup X$ は，集合 A, B に関して対称なので，これらの条件から $A \subset B$ が証明できれば，同様にして $B \subset A$ を導くことができます．

そこで $x \in A$ とします．この場合 $x \in A \cup X$ なので，条件 $A \cup X = B \cup X$ から $x \in B \cup X$ です．これより $x \in B$ または $x \in X$ が成立します．しかし $x \in X$ ならば，いま $x \in A$ なので $x \in A \cap X$ です．よって，条件 $A \cap X = B \cap X$ から $x \in B \cap X$ となり $x \in B$ を得ます．いずれにしても $x \in B$ となります． □

問 8 (i) 整数 a を 3 で割った場合の余りは $0, 1, 2$ のいずれかなので

$$a = 3b, \quad a = 3b+1 \quad \text{または} \quad a = 3b+2$$

と表されます．これより $a^2 = 3(3b^2)$, $a^2 = 3(3b^2 + 2b) + 1$ または $a^2 = 3(3b^2 + 4b + 1) + 1$ です．したがって $c = 3b^2$, $c = 3b^2 + 2b$ または $c = 3b^2 + 4b + 1$ とおくと $a^2 = 3c$ または $a^2 = 3c + 1$ の形に表されます．

(ii) いま $a^2 + b^2 = 3$ となる有理数 $a, b \in \mathbb{Q}$ が存在したと仮定して，共通の分母により

$$a = \frac{s_1}{n_1}, \quad b = \frac{t_1}{n_1}$$

と表します．ただし s_1, t_1 は整数で n_1 は自然数とします．これらを上記の等式に代入すると

$$s_1{}^2 + t_1{}^2 = 3n_1{}^2 \tag{1}$$

となります．すでに証明した (i) により $s_1{}^2$ は $s_1{}^2 = 3k$ または $s_1{}^2 = 3k+1$ の形に表され，また $t_1{}^2$ も $t_1{}^2 = 3m$ または $t_1{}^2 = 3m+1$ と表されます．ここで k, m は整数です．したがって

$$s_1{}^2 + t_1{}^2 = 3(k+m), \quad 3(k+m)+1, \quad 3(k+m)+2$$

のいずれかの形になることを確かめてください．等式 (1) から，左辺は 3 の倍数なので，それが成立するのは $s_1{}^2, t_1{}^2$ が 3 の倍数，したがって s_1, t_1 が 3 の倍数の場合だけです．この場合 $s_1 = 3s_2$ かつ $t_1 = 3t_2$ と表されます（(i) の証明を参照してください）．これを等式 (1) に代入すると $3(s_2{}^2 + t_2{}^2) = n_1{}^2$ となるので n_1 も 3 の倍数です．よって $n_1 = 3n_2$ と表せば n_2 は自然数で

$$s_2{}^2 + t_2{}^2 = 3n_2{}^2, \quad n_1 > n_2 \tag{2}$$

となります．この式 (2) に対して，これまでの議論を繰り返すと，等式

$$s_3{}^2 + t_3{}^2 = 3n_3{}^2, \quad n_2 > n_3$$

が導かれます．以下，同様な議論を繰り返すと，自然数 n_k の無限系列

$$n_1 > n_2 > \cdots > n_i > \cdots > 0$$

が得られますが，自然数 n_1 より小さい自然数は有限なので，これは矛盾です．

したがって，集合 T の元は存在しません．つまり $T = \emptyset$ です． □

問題 2

問 1 はじめに，ゼロ元が 1 つしか存在しないことを証明します．いま，ゼロ元の性質 (2) を満たす元が他にも存在するとして，それを 0_1 とします．元 $0, 0_1$ は，いずれも，性質 (2) を満たすので，性質 (2) において $x = 0_1$ および $x = 0$ として書き直すと，等式

$$0_1 + 0 = 0 + 0_1 = 0_1, \quad 0 + 0_1 = 0_1 + 0 = 0$$

が得られます．これより $0_1 = 0$ です．

次に，他にも単位元が存在するとして，それを 1_0 とします．元 1 および 1_0 は，いずれも，単位元の性質 (2) を満たすので，性質 (2) において $x = 1$ および $x = 1_0$ として書き直すと，等式

$$1_0 \cdot 1 = 1 \cdot 1_0 = 1, \quad 1 \cdot 1_0 = 1_0 \cdot 1 = 1_0$$

が成立します．これより $1_0 = 1$ です．

最後に x のマイナス元が他にも存在するとして，それを y とします．元 y がマイナス元の性質 (3) を満たすことから $y + x = 0$ です．これより

$$y = y + 0 = y + (x + (-x)) = (y + x) + (-x) = 0 + (-x) = -x$$

を得ます． □

問 2 (1) ゼロ元 0 の性質および分配律から

$$0 + a \cdot 0 = a \cdot 0 = a \cdot (0 + 0) = a \cdot 0 + a \cdot 0$$

となります．そこで，簡約律を用いると $0 = a \cdot 0$ を得ます．同様にして $0 \cdot a = 0$ が導かれます．

(2) 分配律および，すでに証明した等式 (1) を用いると

$$ab + (-a) \cdot b = (a + (-a)) \cdot b = 0 \cdot b = 0 = ab + (-(ab))$$

なので，簡約律から $(-a) \cdot b = -(ab)$ を得ます．同様にして $a \cdot (-b) = -(ab)$ です．

(3) ゼロ元 0 の性質から

$$b + (-b) = 0 = (-(-b)) + (-b)$$

となるので，簡約律から $b = (-(-b))$ です．すでに証明した等式 (2) とこの等式を用いると

$$(-a) \cdot (-b) = a \cdot (-(-b)) = a \cdot b$$

を得ます． □

解答

問 3 いま $a \neq 0$ なので,乗法の条件 (3) から,逆元 $a^{-1} \in K$ が存在します.等式の両辺に,逆元 a^{-1} を掛けると $a^{-1}(ax) = a^{-1} \cdot 0$ です.これを,乗法の結合律と問 2 (1) を用いて書き直すと

$$x = 1 \cdot x = (a^{-1}a)x = a^{-1}(ax) = a^{-1} \cdot 0 = 0$$

を得ます. □

問 4 集合 E が問題 1 の問 2 の集合 F と同一であることを用いると,例 3(2 章)と同様にして,集合 E が複素数体 $\mathbb{C}$ の部分体であることを証明できます.ここでは,集合 E の定義を用いて,部分体であることを示します.

いま,元 $x, y \in E$ を,それぞれ $x = a + b\omega$,$y = c + d\omega$ と表します.ここで $a, b, c, d \in \mathbb{Q}$ です.これより

$$x + y = (a + c) + (b + d)\omega$$

なので,和 $x + y \in E$ です.一方,等式

$$\omega^2 = -1 - \omega, \quad \omega^3 = 1 \qquad (*)$$

が成立することに注意します.前式を用いると,積 xy は

$$xy = (a + b\omega)(c + d\omega) = (ac - bd) + (ad + bc - bd)\omega$$

と表されるので $xy \in E$ です.また,ゼロ元,単位元,および,元 $x \in E$ のマイナス元 $-x$ も,すべて $0, 1, -x \in E$ となることを確かめてください.次に $x \neq 0$ とします.等式 $(*)$ から

$$(a + b\omega)(a + b\omega^2) = a^2 + b^2 - ab$$

が得られます.これより $x \neq 0$ ならば $a^2 + b^2 - ab \neq 0$ となるので,逆元 x^{-1} は

$$x^{-1} = \frac{1}{a + b\omega} = \frac{a + b\omega^2}{a^2 + b^2 - ab} = \frac{a - b}{a^2 + b^2 - ab} + \frac{-b}{a^2 + b^2 - ab} \cdot \omega$$

です.実際,右辺の係数が有理数なので $x^{-1} \in E$ です.結合律,分配律,および,可換性については,すでに,複素数体 $\mathbb{C}$ で成立しているので,その部分集合である E でも,成立します. □

問 5 はじめに y を考えます.この場合 $1 + a = y$ です.元 y は $0, 1, a$ のいずれかなので

$$1 + a = 0, \quad 1 + a = 1, \quad 1 + a = a$$

のどれかが成立します.しかし $1 + a = 1$ ならば,簡約律から $a = 0$ となるので,これは $a \neq 0$ に反します.また $1 + a = a$ の場合も $1 = 0$ となり,これは $1 \neq 0$ に反します.したがって $1 + a = 0$ です.すなわち $y = 0$ を得ます.

次に x の場合 $1 + 1 = x$ なので

$$1 + 1 = 0, \quad 1 + 1 = 1, \quad 1 + 1 = a$$

215

問題 2

のどれかが成立します．しかし $1+1=1$ ならば，簡約律から $1=0$ となるので，これは $1\neq 0$ に反します．もし $1+1=0$ ならば，すでに証明した等式 $1+a=0$ から $1+1=1+a$ です．よって，簡約律から $1=a$ なので，これは $1\neq a$ に反します．したがって $1+1=a$ すなわち $x=a$ を得ます．

また z の場合は $a+a=z$ です．得られた等式から

$$a+a = (1+1)+a = 1+(1+a) = 1+0 = 1$$

となり $z=1$ です．

最後に $a\cdot a = w$ は，分配律より

$$0 = 0\cdot a = (1+a)\cdot a = a + a\cdot a$$

に注意すると，等式 $1+a=0$ から

$$1 = 1+0 = 1+(a+a\cdot a) = (1+a)+a\cdot a = 0+a\cdot a = a\cdot a$$

を得ます．これより $w=1$ です． □

問 6 ゼロ元 0 は $(0,\,0)$ です．なぜならば

$$(0,\,0)+(a,\,b) = (0+a,\,0+b) = (a,\,b) = (a,\,b)+(0,\,0)$$

なので，元 $(0,\,0)$ はゼロ元 0 の性質を満たします．また，単位元 1 は $(1,\,1)$ です．実際

$$(1,\,1)\cdot(a,\,b) = (1\cdot a,\,1\cdot b) = (a,\,b) = (a,\,b)\cdot(1,\,1)$$

となるので，元 $(1,\,1)$ は単位元 1 の性質を満たします．

最後に，集合 H が体でないことに注意します．なぜならば 0 でない元 $a\in\mathbb{R}$ に対して，元 $x=(a,\,0)$ を考えると，この場合 $x\neq 0$ です．もし H が体ならば，逆元 $x^{-1}=(c,\,d)$ が存在します．したがって

$$(1,\,1) = 1 = x\cdot x^{-1} = (a,\,0)\cdot(c,\,d) = (ac,\,0)$$

より $1=ac$, $1=0$ となり，後式は矛盾です． □

問題 3

問 1 理解し易いために，体 K のゼロ元 $0 \in K$ を 0_K で，また，空間 X のゼロ元 $0 \in X$ を 0_X で表すことにします．そこで，分配律を用いると

$$0_X + 0_K \cdot x = 0_K \cdot x = (0_K + 0_K) \cdot x = 0_K \cdot x + 0_K \cdot x$$

なので，加法の簡約律から $0_X = 0_K \cdot x$ を得ます．同様にして

$$0_X + a \cdot 0_X = a \cdot 0_X = a \cdot (0_X + 0_X) = a \cdot 0_X + a \cdot 0_X$$

から $0_X = a \cdot 0_X$ を得ます．最後に，分配律，および，すでに証明した等式から

$$x + (-1) \cdot x = (1 + (-1)) \cdot x = 0_K \cdot x = 0_X$$

です．したがって，マイナス元 $-x$ の一意性から $(-1) \cdot x = -x$ です． □

問 2 これは，問題 2 の問 3 と同様に考えて証明されます．ただし，問題 2 の問 3 では $x \in K$ であり，この問では $x \in X$ です．

いま $a \neq 0$ と仮定すると，逆元 $a^{-1} \in K$ が存在します．したがって

$$x = 1 \cdot x = (a^{-1}a)x = a^{-1}(ax) = a^{-1} \cdot 0 = 0$$

です．最後の等号では，問 1 で証明した等式を用いています． □

問 3 集合 W が加法群となることを確かめます．まず，等式

$$((x,\ y) + (w,\ z)) + (u,\ v) = (x+w,\ y+z) + (u,\ v) = ((x+w)+u,\ (y+z)+v)$$
$$= (x+(w+u),\ y+(z+v)) = (x,\ y) + (w+u,\ z+v) = (x,\ y) + ((w,\ z) + (u,\ v))$$

から，結合律が成立します．また，可換性は

$$(x,\ y) + (w,\ z) = (x+w,\ y+z) = (w+x,\ z+y) = (w,\ z) + (x,\ y)$$

です．ゼロ元は $0 = (0,\ 0)$ であり，マイナス元 $-(x,\ y) = (-x,\ -y)$ です．実際

$$(x,\ y) + (0,\ 0) = (x+0,\ y+0) = (x,\ y), \quad (x,y) + (-x,\ -y) = (x-x,\ y-y) = (0,\ 0)$$

です．次に，複素数倍に関して，スカラー倍の 4 つの条件も

(1) $(c+d)(x,\ y) = ((c+d)x,\ \overline{(c+d)}y) = (cx,\ \overline{c}y) + (dx,\ \overline{d}y) = c(x,\ y) + d(x,\ y)$

(2) $c((x,\ y) + (w,\ z)) = c(x+w,\ y+z) = (c(x+w),\ \overline{c}(y+z)) = c(x,\ y) + c(w,\ z)$

(3) $d(c(x,\ y)) = d(cx,\ \overline{c}y) = (d(cx),\ \overline{d}(\overline{c}y)) = ((dc)x,\ \overline{dc}y) = dc(x,\ y)$

問題 3

(4) $1 \cdot (x, y) = (1 \cdot x, 1 \cdot y) = (x, y)$

となり，確かめられます．これより，集合 W は，複素ベクトル空間になります． □

問 4 平面が加法群となることは，問 3 と同様にして確かめられます．ここで，ゼロ元は原点 $O = (0, 0)$ であり，マイナス元 $-(a, b) = (-a, -b)$ です．また，実数倍に関する 3 つの条件は

(1) $(r+s)(a, b) = ((r+s)a, 0) = (ra, 0) + (sa, 0) = r(a, b) + s(a, b)$

(2) $r((a, b) + (c, d)) = (r(a+c), 0) = (ra, 0) + (rc, 0) = r(a, b) + r(c, d)$

(3) $s(r(a, b)) = s(ra, 0) = (s(ra), 0) = ((sr)a, 0) = sr(a, b)$

となり，成立します．しかし，もし $b \neq 0$ ならば

(4) $1 \cdot (a, b) = (1 \cdot a, 0) = (a, 0) \neq (a, b)$

なので，この条件は成立しません． □

問 5 集合 $\mathcal{F}(\mathbb{R})$ は加法群です．なぜならば，実数 $r \in \mathbb{R}$ に対して，等式

$$((f+g)+h)(r) = (f+g)(r) + h(r) = (f(r)+g(r)) + h(r) = f(r) + (g(r)+h(r))$$
$$= (f+(g+h))(r)$$

が成立するので，結合律 $(f+g)+h = f+(g+h)$ が得られます．また

$$(f+g)(r) = f(r) + g(r) = g(r) + f(r) = (g+f)(r)$$

より，可換性 $f+g = g+f$ が導かれます．ゼロ元 0 および，マイナス元 $-f$ は，それぞれ

$$0(r) = 0, \quad (-f)(r) = -f(r)$$

で定義されます．実際

$$(f+0)(r) = f(r) + 0(r) = f(r) + 0 = f(r),$$
$$(f+(-f))(r) = f(r) + (-f)(r) = f(r) + (-f(r)) = 0$$

となるので $f+0 = f$, $f+(-f) = 0$ です．

スカラー倍の 4 つの条件も同様にして，証明されます．まず

$$((c+d)f)(r) = (c+d) \cdot f(r) = c \cdot f(r) + d \cdot f(r) = (cf)(r) + (df)(r) = (cf+df)(r)$$

から $(c+d)f = cf + df$ を得ます．また

$$(c(f+g))(r) = c \cdot (f+g)(r) = c(f(r)+g(r)) = c \cdot f(r) + c \cdot g(r) = (cf)(r) + (cg)(r)$$
$$= (cf+cg)(r)$$

により $c(f+g) = cf + cg$ となります．さらに

$$(d(cf))(r) = d \cdot (cf)(r) = d(c \cdot f(r)) = (dc) \cdot f(r) = ((dc)f)(r)$$

から $d(cf) = (dc)f$ です．最後に

$$(1 \cdot f)(r) = 1 \cdot f(r) = f(r)$$

より $1 \cdot f = f$ です．よって，集合 $\mathcal{F}(\mathbb{R})$ は，実ベクトル空間です． □

問 6 集合 $S(\mathbb{R})$ が加法群となることを確かめます．まず，等式

$$(\{a_n\} + \{b_n\}) + \{c_n\} = \{a_n + b_n\} + \{c_n\} = \{(a_n + b_n) + c_n\}$$
$$= \{a_n + (b_n + c_n)\} = \{a_n\} + \{b_n + c_n\} = \{a_n\} + (\{b_n\} + \{c_n\})$$

から，結合律が成立します．また，可換性は

$$\{a_n\} + \{b_n\} = \{a_n + b_n\} = \{b_n + a_n\} = \{b_n\} + \{a_n\}$$

です．ゼロ元 0 および，マイナス元 $-\{a_n\}$ は，それぞれ

$$0 = \{0\}, \quad -\{a_n\} = \{-a_n\}$$

で定義されます．実際

$$\{a_n\} + \{0\} = \{a_n + 0\} = \{a_n\}, \quad \{a_n\} + \{-a_n\} = \{a_n - a_n\} = \{0\} = 0$$

です．次に，スカラー倍の 4 つの条件も

(1) $(c+d) \cdot \{a_n\} = \{(c+d)a_n\} = \{ca_n + da_n\} = \{ca_n\} + \{da_n\} = c \cdot \{a_n\} + d \cdot \{a_n\}$

(2) $c(\{a_n\} + \{b_n\}) = c \cdot \{a_n + b_n\} = \{c(a_n + b_n)\} = \{ca_n + cb_n\} = \{ca_n\} + \{cb_n\}$
$= c \cdot \{a_n\} + c \cdot \{b_n\}$

(3) $d(c \cdot \{a_n\}) = d \cdot \{ca_n\} = \{d(ca_n)\} = \{(dc)a_n\} = dc \cdot \{a_n\}$

(4) $1 \cdot \{a_n\} = \{1 \cdot a_n\} = \{a_n\}$

となり，確かめられます．これより，集合 $S(\mathbb{R})$ は，実ベクトル空間になります． □

問題 4

問 1 命題 1（4 章）の 3 つの条件を確かめます．まず $x, y \in \{0\}$ ならば $x = 0, y = 0$ なので $x + y = 0$ となり $x + y \in \{0\}$ です．次に，元 $c \in K$ に対して $c \cdot x = c \cdot 0 = 0$（問題 3，問 1）となるので $c \cdot x \in \{0\}$ です．最後に $0 \in \{0\}$ も成立します． □

問 2 元 $x \in W$ は $x = a_1 x_1 + \cdots + a_n x_n$, $a_i \in K$ と表されます．いま $x_i \in X$ なので，元 $a_i \in K$ に対して $a_i x_i \in X$ です（3 章，ベクトル空間 X のスカラー倍）．これより $a_1 x_1 + \cdots + a_n x_n \in X$ を得ます（3 章，ベクトル空間 X の加法）．すなわち $x \in X$ となるので $W \subset X$ です．

次に，元 $u, v \in W$ を，それぞれ

$$u = a_1 x_1 + \cdots + a_r x_r, \quad v = b_1 x_1 + \cdots + b_r x_r$$

とします．ここで $a_i, b_i \in K$ です．これより

$$u + v = (a_1 + b_1) x_1 + \cdots + (a_r + b_r) x_r$$

かつ $a_i + b_i \in K$ となるので $u + v \in W$ を得ます．また，元 $c \in K$ に対して

$$cu = (ca_1) x_1 + \cdots + (ca_r) x_r$$

で $ca_i \in K$ より $cu \in W$ です．最後に $0 \cdot x_i = 0$ に注意する（問題 3，問 1）と

$$0 = 0 \cdot x_1 + \cdots + 0 \cdot x_r$$

と表されるので $0 \in W$ です．よって，命題 1（4 章）から，部分集合 W は部分空間です． □

問 3 部分集合 V の元

$$w = \begin{pmatrix} a \\ b \end{pmatrix}$$

は，条件から，等式 $2a + b = 0$ を満たすので

$$w = \begin{pmatrix} a \\ -2a \end{pmatrix} = a \begin{pmatrix} 1 \\ -2 \end{pmatrix} = au, \quad \text{ただし} \quad u = \begin{pmatrix} 1 \\ -2 \end{pmatrix}$$

と表されます．これより，集合 V は

$$V = \{\, ru \mid r \in \mathbb{R} \,\}$$

となるので，元 u により生成される部分空間です（4 章，命題 2）． □

問 4 いま $S \neq \{0\}$ なので $x \neq 0$ である元 $x \in S$ が存在します．この場合 $x^{-1} \in K$ なので，スカラー倍 $x^{-1} \cdot x$ は $x^{-1} \cdot x \in S$ すなわち $1 \in S$ です．これより，どの元 $a \in K$ に対しても $a = a \cdot 1 \in S$ となるので $S = K$ を得ます． □

問 5 いま $\{a_n\}, \{b_n\} \in Y$ とします．まず
$$a_{n+2} + b_{n+2} = (ca_{n+1} - da_n) + (cb_{n+1} - db_n) = c(a_{n+1} + b_{n+1}) - d(a_n + b_n)$$
から $\{a_n\} + \{b_n\} \in Y$ です．また，元 $r \in \mathbb{R}$ に対して
$$r \cdot a_{n+2} = r(ca_{n+1} - da_n) = c(r \cdot a_{n+1}) - d(r \cdot a_n)$$
より $r \cdot \{a_n\} \in Y$ です．最後に，数列 $0 = \{0\}$ は集合 Y の元の条件を満たすので $0 \in Y$ となります．したがって，部分集合 Y は $S(\mathbb{R})$ の部分空間です． □

問 6 いま $u, v \in W_1 \cap W_2$ とします．この場合 $u, v \in W_1$ かつ $u, v \in W_2$ です．よって，部分空間の条件（4章，命題1）から $u+v \in W_1$, $u+v \in W_2$ が成立します．したがって $u+v \in W_1 \cap W_2$ です．同じ理由で，元 $c \in K$ に対して $cu \in W_1$, $cu \in W_2$ なので $cu \in W_1 \cap W_2$ となります．また $0 \in W_1$, $0 \in W_2$ から $0 \in W_1 \cap W_2$ です．よって，部分集合 W は X の部分空間です． □

問 7 元 $u, v \in W_1 + W_2$ を，それぞれ $u = x_1 + x_2$, $v = y_1 + y_2$ と表します．ここで $x_1, y_1 \in W_1$ で，また $x_2, y_2 \in W_2$ です．いま W_1, W_2 は，いずれも X の部分空間なので $x_1 + y_1 \in W_1$, $x_2 + y_2 \in W_2$ です．一方
$$u + v = (x_1 + y_1) + (x_2 + y_2)$$
となるので $u + v \in W_1 + W_2$ を得ます．また，元 $c \in K$ に対して $cx_1 \in W_1$, $cx_2 \in W_2$ かつ $cu = cx_1 + cx_2$ なので $cu \in W_1 + W_2$ です．最後に $0 \in W_1$, $0 \in W_2$ であり，また $0 = 0 + 0$ と表されるので $0 \in W_1 + W_2$ です．よって，和 $W_1 + W_2$ は X の部分空間です． □

問 8 いま $x = a_1 x_1 + \cdots + a_s x_s$, $a_i \in K$ と表されるとします．これより
$$x = a_1 x_1 + \cdots + a_s x_s + 0 \cdot x_{s+1} + \cdots + 0 \cdot x_r$$
と書き直されるので，元 x は $x_1, \ldots, x_r$ の1次結合です． □

問 9 元 w が元 $x+y$, $y+z$, $z+x$ の1次結合であるかどうかどうかは
$$w = r(x+y) + s(y+z) + t(z+x) = (t+r)x + (r+s)y + (s+t)z \qquad (*)$$
と表される実数 $r, s, t \in \mathbb{R}$ が存在するかで決まります．いま，元 $w \in X$ は $x, y, z \in X$ の1次結合なので
$$w = ax + by + cz, \quad a, b, c \in \mathbb{R}$$
と表されます．この等式を考慮すると
$$t + r = a, \quad r + s = b, \quad s + t = c$$
となる実数 $r, s, t \in \mathbb{R}$ が存在すれば十分です．したがって
$$r = \frac{1}{2}(a+b-c), \quad s = \frac{1}{2}(-a+b+c), \quad t = \frac{1}{2}(a-b+c)$$

問題 4

とおくと，等式 (∗) を満たします．実際，この場合

$$r(x+y) + s(y+z) + t(z+x)$$
$$= \frac{1}{2}(a+b-c)(x+y) + \frac{1}{2}(-a+b+c)(y+z) + \frac{1}{2}(a-b+c)(z+x)$$
$$= ax + by + cz = w$$

となります．これより，元 w は $x+y$, $y+z$, $z+x$ の 1 次結合です． □

問 10 いま $W_1 \subset W_2$ が成立しない，すなわち $x \notin W_2$ となる元 $x \in W_1$ が存在すると仮定して $W_2 \subset W_1$ を導きます．

そこで $y \in W_2$ とします．この場合 $x, y \in W_1 \cup W_2$ です．和集合 $W_1 \cup W_2$ が X の部分空間なので $x+y \in W_1 \cup W_2$ となります．これより $x+y \in W_1$ または $x+y \in W_2$ が成立します．簡単のために $w = x+y$ とおきます．もし $w \in W_2$ ならば $y \in W_2$ より $x = w-y \in W_2$ となります．しかし，これは $x \notin W_2$ に反します．したがって $w \in W_1$ です．ここで，元 $x \in W_1$ に注意すると $y = w-x \in W_1$ を得ます． □

問 11 集合 Y は部分空間ではありません．簡単のために，平面 W は xy 平面であるとして，いま，元

$$u = \begin{pmatrix} 0 \\ 0 \\ 1 \end{pmatrix}, \quad v = \begin{pmatrix} 1 \\ 0 \\ -1 \end{pmatrix}$$

を考えます．この場合 $u, v \notin W$ なので $u, v \in Y$ です．もし Y が $\mathbb{R}^3$ の部分空間ならば $u+v \in Y$ となります．しかし

$$u+v = \begin{pmatrix} 1 \\ 0 \\ 0 \end{pmatrix}$$

なので $u+v \neq 0$ かつ $u+v \in W$ です．これは $u+v \in Y$ に反します．

一般に，体 K 上のベクトル空間 X の部分空間 W が $W \neq X$ かつ $W \neq \{0\}$ ならば，部分集合

$$Y = \{x \in X \mid x \notin W\} \cup \{0\}$$

は X の部分空間ではありません．

なぜならば，条件 $W \neq X$, $W \neq \{0\}$ から $x \notin W$, $y \neq 0$ となる元 $x \in Y$, $y \in W$ が存在します．そこで $u = x-y$ とすると $u \notin W$ です．なぜならば W は部分空間なので，もし $u \in W$ ならば $y \in W$ より $u+y \in W$ です．しかし $x = u+y$ で $x \notin W$ なので，これは矛盾です．

よって $u \in Y$ です．一方 $x \in Y$ に注意します．もし Y が部分空間ならば $-u \in Y$ なので $x-u \in Y$ すなわち $y \in Y$ です．したがって，集合 Y の条件から $y \notin W$ または $y = 0$ となります．しかし，これは，元 y のとり方に反します． □

問題 5

問 1 元 y が x_1, x_2, x_3 の 1 次結合であるのは $y = a_1 x_1 + a_2 x_2 + a_3 x_3$ となる実数 $a_1, a_2, a_3 \in \mathbb{R}$ が存在する場合です．この等式は

$$\begin{pmatrix} 0 \\ 1 \\ -4 \\ -2 \end{pmatrix} = a_1 \begin{pmatrix} 1 \\ 1 \\ 4 \\ -3 \end{pmatrix} + a_2 \begin{pmatrix} -1 \\ 0 \\ -7 \\ 1 \end{pmatrix} + a_3 \begin{pmatrix} -4 \\ -3 \\ -18 \\ 10 \end{pmatrix}$$

と表され，これは

$$\begin{cases} a_1 - a_2 - 4a_3 = 0 \\ a_1 - 3a_3 = 1 \\ 4a_1 - 7a_2 - 18a_3 = -4 \\ -3a_1 + a_2 + 10a_3 = -2 \end{cases}$$

と書き直せます．この等式を満たす解は，係数の計算だけで求められます．

$$\begin{array}{rrrr} 1 & -1 & -4 & 0 \\ 1 & 0 & -3 & 1 \\ 4 & -7 & -18 & -4 \\ -3 & 1 & 10 & -2 \end{array} \qquad \begin{array}{l} a_1 - a_2 - 4a_3 = 0 \\ a_1 - 3a_3 = 1 \\ 4a_1 - 7a_2 - 18a_3 = -4 \\ -3a_1 + a_2 + 10a_3 = -2 \end{array}$$

まず，第 1 行の $-1, -4, 3$ 倍を，それぞれ，第 $2, 3, 4$ 行に加えます（右側に対応する式があります）．

$$\begin{array}{rrrr} 1 & -1 & -4 & 0 \\ 0 & 1 & 1 & 1 \\ 0 & -3 & -2 & -4 \\ 0 & -2 & -2 & -2 \end{array} \qquad \begin{array}{l} a_1 - a_2 - 4a_3 = 0 \\ a_2 + a_3 = 1 \\ -3a_2 - 2a_3 = -4 \\ -2a_2 - 2a_3 = -2 \end{array}$$

次に，第 2 行の $1, 3, 2$ 倍を，それぞれ，第 $1, 3, 4$ 行に加えます．

$$\begin{array}{rrrr} 1 & 0 & -3 & 1 \\ 0 & 1 & 1 & 1 \\ 0 & 0 & 1 & -1 \\ 0 & 0 & 0 & 0 \end{array} \qquad \begin{array}{l} a_1 - 3a_3 = 1 \\ a_2 + a_3 = 1 \\ a_3 = -1 \end{array}$$

最後に，第 3 行の $3, -1$ 倍を，そらぞれ，第 $1, 2$ 行に加えると

$$\begin{array}{rrrr} 1 & 0 & 0 & -2 \\ 0 & 1 & 0 & 2 \\ 0 & 0 & 1 & -1 \\ 0 & 0 & 0 & 0 \end{array} \qquad \begin{array}{l} a_1 = -2 \\ a_2 = 2 \\ a_3 = -1 \end{array}$$

問題 5

となり $a_1 = -2$, $a_2 = 2$, $a_3 = -1$ を得ます. これより $y = -2x_1 + 2x_2 - x_3$ です. □

問 2 条件 $y \in \langle x_1, x_2 \rangle$ は, 元 y が $y = c_1 x_1 + c_2 x_2$, $c_1, c_2 \in \mathbb{R}$ すなわち

$$\begin{pmatrix} -3 \\ 1 \\ a \end{pmatrix} = c_1 \begin{pmatrix} 1 \\ -2 \\ 3 \end{pmatrix} + c_2 \begin{pmatrix} -1 \\ 1 \\ -1 \end{pmatrix}$$

と表されることを意味します. これは

$$\begin{cases} c_1 - c_2 = -3 \\ -2c_1 + c_2 = 1 \\ 3c_1 - c_2 = a \end{cases}$$

と書き直されます. 第 1, 2 式から $c_1 = 2$, $c_2 = 5$ となるので, 第 3 式から $a = 1$ を得ます.

問 3 いま, 実数 $a, b, c, d \in \mathbb{R}$ により

$$f = -12 + 5t + 4t^3 = a + b(t-1) + c(t-1)^2 + d(t-1)^3$$

と表されたとします. ここで $t = 1$ とおくと $-12 + 5 + 4 = a$ なので $a = -3$ を得ます. 次に, 微分すると

$$f' = 5 + 12t^2 = b + 2c(t-1) + 3d(t-1)^2$$

です. そこで $t = 1$ とおくと $5 + 12 = b$ なので $b = 17$ です. さらに, 微分して

$$f'' = 24t = 2c + 6d(t-1)$$

また $t = 1$ とおくと $24 = 2c$ なので $c = 12$ です. もう一度, 微分すると

$$f''' = 24 = 6d$$

より $d = 4$ です. したがって

$$f = -12 + 5t + 4t^3 = -3 \cdot 1 + 17(t-1) + 12(t-1)^2 + 4(t-1)^3$$

となります. □

問 4 関数 e^x が実数 $r, a, b \in \mathbb{R}$ により

$$e^x = rx^2 + a\sin x + b\cos x$$

と表されたと仮定します. この両辺を 4 回微分すると $e^x = a\sin x + b\cos x$ です. この式を, さらに 2 回微分すると

$$e^x = -a\sin x - b\cos x = -e^x$$

となり, 矛盾です. □

問 5 共通部分の元 $w \in W_1 \cap W_2$ を
$$w = \begin{pmatrix} a \\ b \\ c \end{pmatrix}$$
と表すと，成分 $a, b, c \in \mathbb{R}$ は等式
$$\begin{cases} 5a + b + c = 0 \\ a - b + c = 0 \end{cases}$$
を満たします．このような実数を見つけるのは，連立方程式
$$\begin{cases} 5X_1 + X_2 + X_3 = 0 \\ X_1 - X_2 + X_3 = 0 \end{cases}$$
の解を求めることです．解は係数の計算で求まるので，係数の変化を右側に書きます．ただし，定数 0 は省略します（左側には，対応する式を書きます）．まず，第 1 行と第 2 行を入れ替えます．

$$\begin{array}{lccc} X_1 - X_2 + X_3 = 0 & 1 & -1 & 1 \\ 5X_1 + X_2 + X_3 = 0 & 5 & 1 & 1 \end{array}$$

第 1 行の -5 倍を第 2 行に加えます．

$$\begin{array}{lccc} X_1 - X_2 + X_3 = 0 & 1 & -1 & 1 \\ 6X_2 - 4X_3 = 0 & 0 & 6 & -4 \end{array}$$

次に，第 2 行を $\dfrac{1}{6}$ 倍して，第 1 行に加えます．

$$\begin{array}{lccc} X_1 \quad + \frac{1}{3}X_3 = 0 & 1 & 0 & \frac{1}{3} \\ X_2 - \frac{2}{3}X_3 = 0 & 0 & 1 & -\frac{2}{3} \end{array}$$

そこで，対角の 1 を係数にもつ変数を求めると
$$\begin{cases} X_1 = -\frac{1}{3}X_3 \\ X_2 = \frac{2}{3}X_3 \end{cases}$$
となります．これより，解は X_3 により決まると考えて，それを実数 r とすれば，解は
$$\begin{cases} X_1 = -\frac{1}{3}r \\ X_2 = \frac{2}{3}r \\ X_3 = r \end{cases} \quad \text{すなわち} \quad \begin{pmatrix} X_1 \\ X_2 \\ X_3 \end{pmatrix} = r \begin{pmatrix} -\frac{1}{3} \\ \frac{2}{3} \\ 1 \end{pmatrix} = \frac{r}{3} \begin{pmatrix} -1 \\ 2 \\ 3 \end{pmatrix}$$
の形に表されます．したがって 2 つの平面 W_1, W_2 の共通部分は
$$W_1 \cap W_2 = \left\{ s \begin{pmatrix} -1 \\ 2 \\ 3 \end{pmatrix} \;\middle|\; s \in \mathbb{R} \right\}$$

問題 5

となります．すなわち，ベクトル
$$w_0 = \begin{pmatrix} -1 \\ 2 \\ 3 \end{pmatrix}$$
のスカラー倍の集合です．これは，方向ベクトルが w_0 の原点 O を通る直線を意味します． □

問 6 簡単のために
$$\theta = \frac{1}{2}\angle\mathrm{AOB}, \quad \alpha = \angle\mathrm{OPA}, \quad \beta = \angle\mathrm{OPB}$$
とおきます．この場合 $\alpha + \beta = \pi$ なので $\sin\alpha = \sin(\pi - \beta) = \sin\beta$ です．また，正弦定理から
$$\frac{\sin\alpha}{\mathrm{OA}} = \frac{\sin\theta}{\mathrm{AP}}, \quad \frac{\sin\beta}{\mathrm{OB}} = \frac{\sin\theta}{\mathrm{BP}}$$
となるので
$$\frac{\mathrm{OA}}{\mathrm{AP}} = \frac{\sin\alpha}{\sin\theta} = \frac{\sin\beta}{\sin\theta} = \frac{\mathrm{OB}}{\mathrm{BP}}$$
を得ます．これより $\mathrm{OA} : \mathrm{OB} = \mathrm{AP} : \mathrm{BP}$ です．

(1) 点 P は，上記の比例式から，線分 AB を $\mathrm{OA} : \mathrm{OB}$ の比に内分する点なので
$$\overrightarrow{\mathrm{OP}} = \frac{\mathrm{OB}}{\mathrm{OA}+\mathrm{OB}} \cdot \overrightarrow{\mathrm{OA}} + \frac{\mathrm{OA}}{\mathrm{OA}+\mathrm{OB}} \cdot \overrightarrow{\mathrm{OB}} = \frac{\mathrm{OB}}{\mathrm{OA}+\mathrm{OB}} \cdot u + \frac{\mathrm{OA}}{\mathrm{OA}+\mathrm{OB}} \cdot v$$
です．

(2) 3 角形 AOB と点 P を 3 角形 PAO と点 M に置き換えて，同じように考えると，点 M は，線分 OP を $\mathrm{OA} : \mathrm{AP}$ の比に内分する点になります．これより
$$\overrightarrow{\mathrm{OM}} = \frac{\mathrm{OA}}{\mathrm{OA}+\mathrm{AP}} \cdot \overrightarrow{\mathrm{OP}}$$
です．一方，上記の比例式から
$$\frac{\mathrm{AP}}{\mathrm{AB}} = \frac{\mathrm{OA}}{\mathrm{OA}+\mathrm{OB}}$$
なので
$$\frac{\mathrm{OA}}{\mathrm{OA}+\mathrm{AP}} = \frac{1}{1+\frac{\mathrm{AP}}{\mathrm{OA}}} = \frac{1}{1+\frac{\mathrm{AB}}{\mathrm{OA}+\mathrm{OB}}} = \frac{\mathrm{OA}+\mathrm{OB}}{\mathrm{OA}+\mathrm{OB}+\mathrm{AB}}$$
を得ます．そこで，等式 (1) を用いると
$$\overrightarrow{\mathrm{OM}} = \frac{\mathrm{OA}+\mathrm{OB}}{\mathrm{OA}+\mathrm{OB}+\mathrm{AB}} \cdot \overrightarrow{\mathrm{OP}} = \frac{\mathrm{OA}+\mathrm{OB}}{\mathrm{OA}+\mathrm{OB}+\mathrm{AB}} \left(\frac{\mathrm{OB}}{\mathrm{OA}+\mathrm{OB}} \cdot u + \frac{\mathrm{OA}}{\mathrm{OA}+\mathrm{OB}} \cdot v \right)$$
$$= \frac{\mathrm{OB}}{\mathrm{OA}+\mathrm{OB}+\mathrm{AB}} \cdot u + \frac{\mathrm{OA}}{\mathrm{OA}+\mathrm{OB}+\mathrm{AB}} \cdot v$$
となります． □

問題 6

問 1 (1) 係数行列を階段形に変形すると
$$\begin{pmatrix} 1 & -1 & 3 \\ -1 & 4 & -2 \end{pmatrix} \to \begin{pmatrix} 1 & -1 & 3 \\ 0 & 3 & 1 \end{pmatrix} \to \begin{pmatrix} 1 & -1 & 3 \\ 0 & 1 & \frac{1}{3} \end{pmatrix} \to \begin{pmatrix} 1 & 0 & \frac{10}{3} \\ 0 & 1 & \frac{1}{3} \end{pmatrix}$$
となるので $X_1 = \dfrac{10}{3},\ X_2 = \dfrac{1}{3}$ を得ます.

(2) 係数行列を階段形に変形すると
$$\begin{pmatrix} 2 & -3 & -1 & 1 \\ 6 & 3 & 2 & 4 \\ -2 & 0 & 1 & -2 \end{pmatrix} \to \begin{pmatrix} 2 & -3 & -1 & 1 \\ 0 & 12 & 5 & 1 \\ 0 & -3 & 0 & -1 \end{pmatrix} \to \begin{pmatrix} 2 & 0 & -1 & 2 \\ 0 & 0 & 5 & -3 \\ 0 & -3 & 0 & -1 \end{pmatrix}$$
$$\to \begin{pmatrix} 2 & 0 & -1 & 2 \\ 0 & -3 & 0 & -1 \\ 0 & 0 & 1 & -\frac{3}{5} \end{pmatrix} \to \begin{pmatrix} 2 & 0 & 0 & \frac{7}{5} \\ 0 & -3 & 0 & -1 \\ 0 & 0 & 1 & -\frac{3}{5} \end{pmatrix} \to \begin{pmatrix} 1 & 0 & 0 & \frac{7}{10} \\ 0 & 1 & 0 & \frac{1}{3} \\ 0 & 0 & 1 & -\frac{3}{5} \end{pmatrix}$$
となるので, 得られた階段形の成分を係数にもつ方程式の形に戻すと
$$\begin{cases} X_1 & = \frac{7}{10} \\ X_2 & = \frac{1}{3} \\ X_3 & = -\frac{3}{5} \end{cases}$$
を得ます.

問 2 (1) 係数行列を階段形に変形すると
$$\begin{pmatrix} 1 & 1 & 1 & 2 & 1 \\ 3 & 2 & 2 & 4 & 1 \\ -3 & 0 & -1 & -1 & 3 \\ -2 & -1 & 2 & 1 & 0 \end{pmatrix} \to \begin{pmatrix} 1 & 1 & 1 & 2 & 1 \\ 0 & -1 & -1 & -2 & -2 \\ 0 & 3 & 2 & 5 & 6 \\ 0 & 1 & 4 & 5 & 2 \end{pmatrix} \to$$
$$\begin{pmatrix} 1 & 0 & 0 & 0 & -1 \\ 0 & -1 & -1 & -2 & -2 \\ 0 & 0 & -1 & -1 & 0 \\ 0 & 0 & 3 & 3 & 0 \end{pmatrix} \to \begin{pmatrix} 1 & 0 & 0 & 0 & -1 \\ 0 & 1 & 1 & 2 & 2 \\ 0 & 0 & 1 & 1 & 0 \\ 0 & 0 & 3 & 3 & 0 \end{pmatrix} \to \begin{pmatrix} 1 & 0 & 0 & 0 & -1 \\ 0 & 1 & 0 & 1 & 2 \\ 0 & 0 & 1 & 1 & 0 \\ 0 & 0 & 0 & 0 & 0 \end{pmatrix}$$
です. 得られた階段形の成分を係数にもつ方程式の形
$$\begin{cases} X_1 & = -1 \\ X_2 & + X_4 = 2 \\ X_3 + X_4 = 0 \end{cases}$$

問題 6

に戻して，未知数 X_1, X_2, X_3 を他の未知数 X_4 で表すと

$$\begin{cases} X_1 = -1 \\ X_2 = -X_4 + 2 \\ X_3 = -X_4 \end{cases}$$

となります．解は未知数 X_4 により決まると考えられるので，未知数 X_4 を実数 r とすれば，解は

$$\begin{cases} X_1 = -1 \\ X_2 = -r + 2 \\ X_3 = -r \\ X_4 = r \end{cases}$$

の形に表されます．これをベクトルで表すと

$$\begin{pmatrix} X_1 \\ X_2 \\ X_3 \\ X_4 \end{pmatrix} = r \begin{pmatrix} 0 \\ -1 \\ -1 \\ 1 \end{pmatrix} + \begin{pmatrix} -1 \\ 2 \\ 0 \\ 0 \end{pmatrix}$$

です．したがって，求める解集合 W は

$$W = \left\{ r \begin{pmatrix} 0 \\ -1 \\ -1 \\ 1 \end{pmatrix} + \begin{pmatrix} -1 \\ 2 \\ 0 \\ 0 \end{pmatrix} \middle| r \in \mathbb{R} \right\}$$

となります．

(2) 係数行列を階段形に変形すると

$$\begin{pmatrix} 1 & 2 & 2 & -1 & 2 & 0 \\ -2 & -4 & -5 & 3 & -4 & -3 \\ -1 & -2 & -1 & 0 & -2 & 3 \\ 1 & 2 & 0 & 1 & 5 & -7 \\ 3 & 6 & 5 & -2 & 3 & -2 \end{pmatrix} \to \begin{pmatrix} 1 & 2 & 2 & -1 & 2 & 0 \\ 0 & 0 & -1 & 1 & 0 & -3 \\ 0 & 0 & 1 & -1 & 0 & 3 \\ 0 & 0 & -2 & 2 & 3 & -7 \\ 0 & 0 & -1 & 1 & -3 & -2 \end{pmatrix}$$

$$\to \begin{pmatrix} 1 & 2 & 0 & 1 & 2 & -6 \\ 0 & 0 & 1 & -1 & 0 & 3 \\ 0 & 0 & 0 & 0 & 0 & 0 \\ 0 & 0 & 0 & 0 & 3 & -1 \\ 0 & 0 & 0 & 0 & -3 & 1 \end{pmatrix} \to \begin{pmatrix} 1 & 2 & 0 & 1 & 0 & -\frac{16}{3} \\ 0 & 0 & 1 & -1 & 0 & 3 \\ 0 & 0 & 0 & 0 & 1 & -\frac{1}{3} \\ 0 & 0 & 0 & 0 & 0 & 0 \\ 0 & 0 & 0 & 0 & 0 & 0 \end{pmatrix}$$

です. 得られた階段形の成分を係数にもつ方程式の形

$$\begin{cases} X_1 + 2X_2 + X_4 = -\frac{16}{3} \\ X_3 - X_4 = 3 \\ X_5 = -\frac{1}{3} \end{cases}$$

に戻します. 成分 1 に対応する未知数 X_1, X_3, X_5 は他の未知数 X_2, X_4 により決まると考えて, それらを実数 r, s とすれば, 解は

$$\begin{cases} X_1 = -2r - s - \frac{16}{3} \\ X_2 = r \\ X_3 = s + 3 \\ X_4 = s \\ X_5 = -\frac{1}{3} \end{cases}$$

の形に表されます. これをベクトルで表すと

$$\begin{pmatrix} X_1 \\ X_2 \\ X_3 \\ X_4 \\ X_5 \end{pmatrix} = r \begin{pmatrix} -2 \\ 1 \\ 0 \\ 0 \\ 0 \end{pmatrix} + s \begin{pmatrix} -1 \\ 0 \\ 1 \\ 1 \\ 0 \end{pmatrix} + \begin{pmatrix} -\frac{16}{3} \\ 0 \\ 3 \\ 0 \\ -\frac{1}{3} \end{pmatrix}$$

です. したがって, 求める解集合 W は

$$W = \left\{ r \begin{pmatrix} -2 \\ 1 \\ 0 \\ 0 \\ 0 \end{pmatrix} + s \begin{pmatrix} -1 \\ 0 \\ 1 \\ 1 \\ 0 \end{pmatrix} + \begin{pmatrix} -\frac{16}{3} \\ 0 \\ 3 \\ 0 \\ -\frac{1}{3} \end{pmatrix} \middle| r, s \in \mathbb{R} \right\}$$

となります.

問 3 係数行列を階段形に変形します. まず

$$\begin{pmatrix} a+2 & 4 & 0 \\ -2 & a-7 & 0 \\ a-1 & b+3 & 0 \end{pmatrix} \to \begin{pmatrix} 1 & -\frac{1}{2}(a-7) & 0 \\ a+2 & 4 & 0 \\ a-1 & b+3 & 0 \end{pmatrix} \to \begin{pmatrix} 1 & -\frac{1}{2}(a-7) & 0 \\ 0 & \frac{1}{2}(a+1)(a-6) & 0 \\ 0 & b+3+\frac{1}{2}(a-1)(a-7) & 0 \end{pmatrix}$$

とできます. もし $(a+1)(a-6) \neq 0$ ならば, 最後に得られた行列は, さらに

$$\begin{pmatrix} 1 & -\frac{1}{2}(a-7) & 0 \\ 0 & 1 & 0 \\ 0 & b+3+\frac{1}{2}(a-1)(a-7) & 0 \end{pmatrix} \to \begin{pmatrix} 1 & 0 & 0 \\ 0 & 1 & 0 \\ 0 & 0 & 0 \end{pmatrix}$$

問題 6

の形に変形されるので，この成分を係数にもつ方程式の形に戻すと
$$\begin{cases} X = 0 \\ Y = 0 \end{cases}$$
となり，解は $X = 0$, $Y = 0$ です．これは，求める条件に反します．

また $b + 3 + \frac{1}{2}(a-7)(a-1) \neq 0$ の場合も，同様にして，解は $X = 0$, $Y = 0$ となり，これは，求める条件に反します．

したがって
$$(a+1)(a-6) = 0 \quad \text{かつ} \quad b + 3 + \frac{1}{2}(a-7)(a-1) = 0$$
です．これより $a = -1$, $b = -11$ または $a = 6$, $b = -\frac{1}{2}$ です． □

問 4 部分空間 $W = \langle x_1, x_2, x_3, x_4 \rangle$ に対して $y \in W$ となるのは，元 y が x_1, x_2, x_3, x_4 の 1 次結合として
$$y = a_1 x_1 + a_2 x_2 + a_3 x_3 + a_4 x_4, \quad a_i \in \mathbb{R}$$
の形に表される場合です．この等式を満たす元 $a_i \in \mathbb{R}$ が存在するかどうかは，問題 5 の問 1 と同様にして確かめることができます．まず，上記の等式は

$$\begin{pmatrix} 0 \\ -1 \\ 1 \\ 1 \end{pmatrix} = a_1 \begin{pmatrix} 1 \\ -2 \\ 1 \\ -1 \end{pmatrix} + a_2 \begin{pmatrix} 1 \\ -5 \\ 4 \\ 1 \end{pmatrix} + a_3 \begin{pmatrix} 1 \\ -1 \\ 4 \\ 2 \end{pmatrix} + a_4 \begin{pmatrix} 3 \\ -4 \\ 1 \\ -4 \end{pmatrix}$$

です．これは
$$\begin{cases} a_1 + a_2 + a_3 + 3a_4 = 0 \\ -2a_1 - 5a_2 - a_3 - 4a_4 = -1 \\ a_1 + 4a_2 + 4a_3 + a_4 = 1 \\ -a_1 + a_2 + 2a_3 - 4a_4 = 1 \end{cases}$$
と書き直せます．この等式を満たす元 a_i は，係数の計算だけで求められます．そこで，係数行列を階段形に変形します．

$$\begin{pmatrix} 1 & 1 & 1 & 3 & 0 \\ -2 & -5 & -1 & -4 & -1 \\ 1 & 4 & 4 & 1 & 1 \\ -1 & 1 & 2 & -4 & 1 \end{pmatrix} \to \begin{pmatrix} 1 & 1 & 1 & 3 & 0 \\ 0 & -3 & 1 & 2 & -1 \\ 0 & 3 & 3 & -2 & 1 \\ 0 & 2 & 3 & -1 & 1 \end{pmatrix} \to \begin{pmatrix} 1 & 0 & 0 & \frac{11}{3} & -\frac{1}{3} \\ 0 & 0 & 4 & 0 & 0 \\ 0 & 1 & 1 & -\frac{2}{3} & \frac{1}{3} \\ 0 & 0 & 1 & \frac{1}{3} & \frac{1}{3} \end{pmatrix}$$

$$\to \begin{pmatrix} 1 & 0 & 0 & \frac{11}{3} & -\frac{1}{3} \\ 0 & 1 & 0 & -\frac{2}{3} & \frac{1}{3} \\ 0 & 0 & 1 & 0 & 0 \\ 0 & 0 & 0 & \frac{1}{3} & \frac{1}{3} \end{pmatrix} \to \begin{pmatrix} 1 & 0 & 0 & 0 & -4 \\ 0 & 1 & 0 & 0 & 1 \\ 0 & 0 & 1 & 0 & 0 \\ 0 & 0 & 0 & 1 & 1 \end{pmatrix}$$

解答

得られた階段形の成分を係数にもつ式の形に戻すと

$$\begin{cases} a_1 & = -4 \\ a_2 & = 1 \\ a_3 & = 0 \\ a_4 & = 1 \end{cases}$$

です．実際 $a_1 = -4$, $a_2 = 1$, $a_3 = 0$, $a_4 = 1$ の場合

$$-4x_1 + x_2 + 0 \cdot x_3 + x_4 = -4\begin{pmatrix} 1 \\ -2 \\ 1 \\ -1 \end{pmatrix} + \begin{pmatrix} 1 \\ -5 \\ 4 \\ 1 \end{pmatrix} + \begin{pmatrix} 3 \\ -4 \\ 1 \\ -4 \end{pmatrix} = \begin{pmatrix} 0 \\ -1 \\ 1 \\ 1 \end{pmatrix} = y$$

となります．したがって，元 y は x_1, x_2, x_3, x_4 の 1 次結合なので $y \in W$ です．

別解 例 3（6 章）と同様に，元（縦ベクトル）を横ベクトル

x_1	1	-2	1	-1
x_2	1	-5	4	1
x_3	1	-1	4	2
x_4	3	-4	1	-4
y	0	-1	1	1

にして，元に対する基本変形を用いて，右側の表を階段形に変形します．その際，行った操作を左に記しておきます．まず 1 がある縦列では 1 以外が 0 となるように変換します．

x_1	1	-2	1	-1
$x_2 - x_1$	0	-3	3	2
$x_3 - x_1$	0	1	3	3
$x_4 - 3x_1$	0	2	-2	-1
y	0	-1	1	1

第 2 行と第 3 行を入れ換えて，同じ操作を行います．

x_1	1	-2	1	-1
$x_3 - x_1$	0	1	3	3
$x_2 - 4x_1 + 3x_3$	0	0	12	11
$x_4 - x_1 - 2x_3$	0	0	-8	-7
$y - x_1 + x_3$	0	0	4	4

この表から，第 5 行が第 3 行と第 4 行の和であることがわかるので

$$y - x_1 + x_3 = -5x_1 + x_2 + x_3 + x_4 \quad \text{すなわち} \quad y = -4x_1 + x_2 + x_4$$

問題 6

を得ます．これより $y \in W$ です． □

問 5 等式 $w = qx_1 + rx_2 + sx_3$ を書き直すと

$$\begin{pmatrix} a \\ b \\ c \\ d \end{pmatrix} = q \begin{pmatrix} -1 \\ 0 \\ 1 \\ 2 \end{pmatrix} + r \begin{pmatrix} 0 \\ 1 \\ -1 \\ 0 \end{pmatrix} + s \begin{pmatrix} 1 \\ 1 \\ 0 \\ -1 \end{pmatrix}$$

です．係数 $q, r, s \in \mathbb{R}$ が存在する条件は，この等式から実数 $q, r, s \in \mathbb{R}$ が求まることです．

実際に求めるために，係数の変化を書きます．

-1	0	1	a		$-q \quad + s = a$
0	1	1	b		$r + s = b$
1	-1	0	c		$q - r \quad = c$
2	0	-1	d		$2q \quad - s = d$

第 1 行を -1 倍して，その $-1, -2$ 倍を，それぞれ，第 3, 4 行に加えます．

1	0	-1	$-a$		$q \quad - s = -a$
0	1	1	b		$r + s = b$
0	-1	1	$a+c$		$-r + s = a + c$
0	0	1	$2a+d$		$s = 2a + d$

第 2 行を第 3 行に加えると

1	0	-1	$-a$		$q \quad - s = -a$
0	1	1	b		$r + s = b$
0	0	2	$a+b+c$		$2s = a + b + c$
0	0	1	$2a+d$		$s = 2a + d$

となります．第 3 行と第 4 行を入れ替え，その第 3 行の $1, -1, -2$ 倍を，それぞれ，第 1, 2, 4 行に加えると

1	0	0	$a+d$		$q \quad = a + d$
0	1	0	$-2a+b-d$		$r \quad = -2a + b - d$
0	0	1	$2a+d$		$s = 2a + d$
0	0	0	$-3a+b+c-2d$		$0 = -3a + b + c - 2d$

となります．これより，求める条件は

$$-3a + b + c - 2d = 0 \tag{$*$}$$

です．この場合 $q = a + d$, $r = -2a + b - d$, $s = 2a + d$ を得ます．

実際，条件 $(*)$ を用いると，これら q, r, s の値から，求める 1 次結合 $w = qx_1 + rx_2 + sx_3$ が得られることを確かめてください． □

問題 7

問 1 生成元 x_1, x_2, x_3, x_4 を横ベクトル

x_1	1	-1	3
x_2	3	0	1
x_3	4	-1	4
x_4	-1	4	-11

にして,係数行列を階段形に変形します(左側には,変換された元を書いておきます).

x_1	1	-1	3		$\frac{1}{3}x_2$	1	0	$\frac{1}{3}$
$x_2 - 3x_1$	0	3	-8	$\to$	$\frac{1}{3}x_2 - x_1$	0	1	$-\frac{8}{3}$
$x_3 - 4x_1$	0	3	-8		$x_3 - x_1 - x_2$	0	0	0
$x_4 + x_1$	0	3	-8		$x_4 + 4x_1 - x_2$	0	0	0

最後に得られた 0 以外の元が部分空間 W の生成元です.すなわち

$$w_1 = \begin{pmatrix} 1 \\ 0 \\ \frac{1}{3} \end{pmatrix}, \quad w_2 = \begin{pmatrix} 0 \\ 1 \\ -\frac{8}{3} \end{pmatrix}$$

とおくと $W = \langle w_1, w_2 \rangle$ が成立します(7 章,定理 2). □

問 2 生成元 z_1, z_2, z_3, z_4 を横ベクトルにして,係数行列を階段形に変形します.

z_1	1	2	0	-1		z_1	1	2	0	-1
z_2	1	3	-3	-2	$\to$	$z_2 - z_1$	0	1	-3	-1
z_3	-2	-4	1	-1		$z_3 + 2z_1$	0	0	1	-3
z_4	-1	-4	7	0		$z_4 + z_1$	0	-2	7	-1

	$3z_1 - 2z_2$	1	0	6	1		$-9z_1 - 2z_2 - 6z_3$	1	0	0	19
$\to$	$z_2 - z_1$	0	1	-3	-1	$\to$	$z_2 + 5z_1 + 3z_3$	0	1	0	-10
	$z_3 + 2z_1$	0	0	1	-3		$z_3 + 2z_1$	0	0	1	-3
	$z_4 - z_1 + 2z_2$	0	0	1	-3		$z_4 - 3z_1 + 2z_2 - z_3$	0	0	0	0

これより,自明でない 1 次関係 $z_4 - 3z_1 + 2z_2 - z_3 = 0$ を得ます.

そこで $W_0 = \langle z_1, z_2, z_3 \rangle$ とおいて $W_0 = W$ を示します.まず,空間 W_0 の生成元 z_1, z_2, z_3 は,いずれも $z_1, z_2, z_3 \in W$ なので $W_0 \subset W$ です(7 章,補題 1).逆に,元 $x \in W$ を

$$x = c_1 z_1 + c_2 z_2 + c_3 z_3 + c_4 z_4$$

問題 7

と表します．上記の自明でない1次関係から $z_4 = 3z_1 - 2z_2 + z_3$ なので

$$x = (c_1 + 3c_4)z_1 + (c_2 - 2c_4)z_2 + (c_3 + c_4)z_3$$

と書き直せるので $x \in W_0$ です．これより $W \subset W_0$ となります． □

問 3 係数行列を階段形に変形すると

$$\begin{pmatrix} -4 & 6 & 0 & 4 & 7 \\ 2 & -3 & 1 & -2 & -3 \\ -6 & 9 & -3 & 5 & 8 \\ -2 & 3 & -1 & 0 & 1 \end{pmatrix} \to \begin{pmatrix} 0 & 0 & 2 & 0 & 1 \\ 2 & -3 & 1 & -2 & -3 \\ 0 & 0 & 0 & -1 & -1 \\ 0 & 0 & 0 & -2 & -2 \end{pmatrix} \to \begin{pmatrix} 1 & -\frac{3}{2} & \frac{1}{2} & -1 & -\frac{3}{2} \\ 0 & 0 & 1 & 0 & \frac{1}{2} \\ 0 & 0 & 0 & -1 & -1 \\ 0 & 0 & 0 & -2 & -2 \end{pmatrix}$$

$$\to \begin{pmatrix} 1 & -\frac{3}{2} & 0 & -1 & -\frac{7}{4} \\ 0 & 0 & 1 & 0 & \frac{1}{2} \\ 0 & 0 & 0 & 1 & 1 \\ 0 & 0 & 0 & -2 & -2 \end{pmatrix} \to \begin{pmatrix} 1 & -\frac{3}{2} & 0 & 0 & -\frac{3}{4} \\ 0 & 0 & 1 & 0 & \frac{1}{2} \\ 0 & 0 & 0 & 1 & 1 \\ 0 & 0 & 0 & 0 & 0 \end{pmatrix}$$

です．得られた階段形の成分 1 を係数にもつ未知数を他の未知数で表すと

$$\begin{cases} X_1 = \frac{3}{2}X_2 + \frac{3}{4}X_5 \\ X_3 = -\frac{1}{2}X_5 \\ X_4 = -X_5 \end{cases}$$

となります．解は未知数 X_2, X_5 により決まると考えらるので，それらを実数 r, s とすれば，解は

$$\begin{cases} X_1 = \frac{3}{2}r + \frac{3}{4}s \\ X_2 = r \\ X_3 = -\frac{1}{2}s \\ X_4 = -s \\ X_5 = s \end{cases} \quad \text{すなわち} \quad \begin{pmatrix} X_1 \\ X_2 \\ X_3 \\ X_4 \\ X_5 \end{pmatrix} = r\begin{pmatrix} \frac{3}{2} \\ 1 \\ 0 \\ 0 \\ 0 \end{pmatrix} + s\begin{pmatrix} \frac{3}{4} \\ 0 \\ -\frac{1}{2} \\ -1 \\ 1 \end{pmatrix}$$

の形に表されます．そこで

$$u = \begin{pmatrix} \frac{3}{2} \\ 1 \\ 0 \\ 0 \\ 0 \end{pmatrix}, \quad v = \begin{pmatrix} \frac{3}{4} \\ 0 \\ -\frac{1}{2} \\ -1 \\ 1 \end{pmatrix}$$

とおくと，求める解集合 W は

$$W = \{ru + sv \mid r, s \in \mathbb{R}\}$$

です．この場合，生成元 u, v は，条件 (b) を満たします．なぜならば，もし

$$r_1 u + s_1 v = r_2 u + s_2 v, \quad r_i, s_i \in \mathbb{R}$$

ならば，この左辺，および，右辺は，それぞれ

$$r_1 \begin{pmatrix} \frac{3}{2} \\ 1 \\ 0 \\ 0 \\ 0 \end{pmatrix} + s_1 \begin{pmatrix} \frac{3}{4} \\ 0 \\ -\frac{1}{2} \\ -1 \\ 1 \end{pmatrix} = \begin{pmatrix} \frac{3}{2}r_1 + \frac{3}{4}s_1 \\ r_1 \\ -\frac{1}{2}s_1 \\ -s_1 \\ s_1 \end{pmatrix}, \quad r_2 \begin{pmatrix} \frac{3}{2} \\ 1 \\ 0 \\ 0 \\ 0 \end{pmatrix} + s_2 \begin{pmatrix} \frac{3}{4} \\ 0 \\ -\frac{1}{2} \\ -1 \\ 1 \end{pmatrix} = \begin{pmatrix} \frac{3}{2}r_2 + \frac{3}{4}s_2 \\ r_2 \\ -\frac{1}{2}s_2 \\ -s_2 \\ s_2 \end{pmatrix}$$

となるので $r_1 = r_2$, $s_1 = s_2$ です． □

問 4 まず，元 $u_1 = t$, $u_2 = t^2 - 2$, $u_3 = t^3 + 2$ は，それぞれ

$$u_1(-2) = -2 = -2 \cdot 1 = -2 \cdot u_1(1), \quad u_2(-2) = 2 = -2 \cdot (-1) = -2 \cdot u_2(1),$$
$$u_3(-2) = -6 = -2 \cdot 3 = -2 \cdot u_3(1)$$

なので $u_1, u_2, u_3 \in W$ です．これより $\langle u_1, u_2, u_3 \rangle \subset W$ です（7章，補題1）．

逆に，多項式 $f = a_0 + a_1 t + a_2 t^2 + a_3 t^3 \in W$ に対して

$$f(-2) = a_0 - 2a_1 + 4a_2 - 8a_3, \quad -2 \cdot f(1) = -2(a_0 + a_1 + a_2 + a_3)$$

となるので，条件 $f(-2) = -2 \cdot f(1)$ から

$$a_0 - 2a_1 + 4a_2 - 8a_3 = -2a_0 - 2a_1 - 2a_2 - 2a_3$$

すなわち $a_0 = -2a_2 + 2a_3$ です．これより

$$f = (-2a_2 + 2a_3) + a_1 t + a_2 t^2 + a_3 t^3 = a_1 t + a_2(t^2 - 2) + a_3(t^3 + 2) = a_1 u_1 + a_2 u_2 + a_3 u_3$$

となり $f \in \langle u_1, u_2, u_3 \rangle$ を得ます． □

問 5 数列 $\{a_n\} \in W$ に対して

$$a_{n+1} = ra_n, \quad a_{n+2} = ra_{n+1} = r^2 a_n$$

です．そこで，実数 $r \in \mathbb{R}$ が等式 $r^2 - cr + d = 0$ を満たすことを用いると

$$a_{n+2} - ca_{n+1} + da_n = (r^2 - cr + d)a_n = 0$$

を得ます．これより $\{a_n\} \in Y$ したがって $W \subset Y$ です．

また $\{a_n\}, \{b_n\} \in W$ および $s \in \mathbb{R}$ に対して

$$a_{n+1} + b_{n+1} = r(a_n + b_n), \quad sa_{n+1} = r(sa_n)$$

より $\{a_n\} + \{b_n\}$, $s\{a_n\} \in W$ となるので，部分集合 W は Y の部分空間です．

最後に，数列 $w = \{r^{n-1}\}$ を考えると $r^n = r \cdot r^{n-1}$ なので $w \in W$ です．一方，数列 $\{a_n\} \in W$ に対して

$$a_2 = ra_1, \quad a_3 = ra_2 = r^2 a_1, \quad \ldots, \quad a_n = r^{n-1} a_1$$

が成立するので $\{a_n\} = a_1 \cdot w$ です．これより $W = \{sw \mid s \in \mathbb{R}\}$ を得ます． □

問題 8

問 1 等式 $0 = a_1 x_1 + a_2 x_2 + a_3 x_3 + a_4 x_4$ を満たす実数 $a_1, a_2, a_3, a_4 \in \mathbb{R}$ がすべて 0 となるかどうかを確かめます．この等式は

$$a_1 \begin{pmatrix} 2 \\ 1 \\ -4 \end{pmatrix} + a_2 \begin{pmatrix} 1 \\ 2 \\ -1 \end{pmatrix} + a_3 \begin{pmatrix} 3 \\ 3 \\ -5 \end{pmatrix} + a_4 \begin{pmatrix} 5 \\ 1 \\ -11 \end{pmatrix} = 0$$

と書き表されるので，これらの等式を満たす実数 $a_1, a_2, a_3, a_4 \in \mathbb{R}$ を求めるために，係数行列を階段形に変形します．ただし，右辺の $0 \in \mathbb{R}^3$ は省略します．

$$\begin{pmatrix} 2 & 1 & 3 & 5 \\ 1 & 2 & 3 & 1 \\ -4 & -1 & -5 & -11 \end{pmatrix} \to \begin{pmatrix} 1 & 2 & 3 & 1 \\ 2 & 1 & 3 & 5 \\ -4 & -1 & -5 & -11 \end{pmatrix}$$

$$\to \begin{pmatrix} 1 & 2 & 3 & 1 \\ 0 & -3 & -3 & 3 \\ 0 & 7 & 7 & -7 \end{pmatrix} \to \begin{pmatrix} 1 & 0 & 1 & 3 \\ 0 & 1 & 1 & -1 \\ 0 & 0 & 0 & 0 \end{pmatrix}$$

得られた階段形の係数を用いて，係数 a_i が満たす形に戻すと

$$\begin{cases} a_1 \quad + a_3 + 3a_4 = 0 \\ a_2 + a_3 - a_4 = 0 \end{cases} \quad \text{したがって} \quad \begin{cases} a_1 = -a_3 - 3a_4 \\ a_2 = -a_3 + a_4 \end{cases}$$

です．解は a_3, a_4 により決まると考えて，それらを実数 r, s とおくと

$$\begin{pmatrix} a_1 \\ a_2 \\ a_3 \\ a_4 \end{pmatrix} = r \begin{pmatrix} -1 \\ -1 \\ 1 \\ 0 \end{pmatrix} + s \begin{pmatrix} -3 \\ 1 \\ 0 \\ 1 \end{pmatrix}$$

と表されます．これより，例えば $r = 1, s = 0$ とすると $a_1 = -1, a_2 = -1, a_3 = 1, a_4 = 0$ を得ます．実際，この場合 1 次結合

$$-x_1 - x_2 + x_3 + 0 \cdot x_4 = -\begin{pmatrix} 2 \\ 1 \\ -4 \end{pmatrix} - \begin{pmatrix} 1 \\ 2 \\ -1 \end{pmatrix} + \begin{pmatrix} 3 \\ 3 \\ -5 \end{pmatrix} = 0$$

が成立するので，元 x_1, x_2, x_3, x_4 は 1 次従属です． □

問 2 等式 $a_1x_1 + a_2x_2 + a_3x_3 + a_4x_4 = 0$ を満たす実数 a_1, a_2, a_3, a_4 がすべて 0 となるかどうかを確かめます．この等式は

$$a_1 \begin{pmatrix} 2 \\ -1 \\ 1 \\ 9 \end{pmatrix} + a_2 \begin{pmatrix} 1 \\ 1 \\ 1 \\ 1 \end{pmatrix} + a_3 \begin{pmatrix} 3 \\ 1 \\ 0 \\ 1 \end{pmatrix} + a_4 \begin{pmatrix} 5 \\ 2 \\ 1 \\ 6 \end{pmatrix} = 0$$

と書き表されるので，係数行列を階段形に変形します．ただし，右辺の $0 \in \mathbb{R}^4$ は省略します．

$$\begin{pmatrix} 2 & 1 & 3 & 5 \\ -1 & 1 & 1 & 2 \\ 1 & 1 & 0 & 1 \\ 9 & 1 & 1 & 6 \end{pmatrix} \to \begin{pmatrix} 0 & -1 & 3 & 3 \\ 0 & 2 & 1 & 3 \\ 1 & 1 & 0 & 1 \\ 0 & -8 & 1 & -3 \end{pmatrix} \to \begin{pmatrix} 1 & 1 & 0 & 1 \\ 0 & 1 & -3 & -3 \\ 0 & 2 & 1 & 3 \\ 0 & -8 & 1 & -3 \end{pmatrix}$$

$$\to \begin{pmatrix} 1 & 0 & 3 & 4 \\ 0 & 1 & -3 & -3 \\ 0 & 0 & 7 & 9 \\ 0 & 0 & -23 & -27 \end{pmatrix} \to \begin{pmatrix} 1 & 0 & 3 & 4 \\ 0 & 1 & -3 & -3 \\ 0 & 0 & 7 & 9 \\ 0 & 0 & -2 & 0 \end{pmatrix} \to \begin{pmatrix} 1 & 0 & 3 & 4 \\ 0 & 1 & -3 & -3 \\ 0 & 0 & 7 & 9 \\ 0 & 0 & 1 & 0 \end{pmatrix}$$

$$\to \begin{pmatrix} 1 & 0 & 0 & 4 \\ 0 & 1 & 0 & -3 \\ 0 & 0 & 0 & 9 \\ 0 & 0 & 1 & 0 \end{pmatrix} \to \begin{pmatrix} 1 & 0 & 0 & 4 \\ 0 & 1 & 0 & -3 \\ 0 & 0 & 1 & 0 \\ 0 & 0 & 0 & 1 \end{pmatrix} \to \begin{pmatrix} 1 & 0 & 0 & 0 \\ 0 & 1 & 0 & 0 \\ 0 & 0 & 1 & 0 \\ 0 & 0 & 0 & 1 \end{pmatrix}$$

得られた階段形の係数を用いて，係数 a_i が満たす形に戻すと $a_1, a_2, a_3, a_4 = 0$ を得る．これより，元 x_1, x_2, x_3, x_4 は 1 次独立です． □

問 3 等式 $0 = a_1x_1 + a_2x_2 + a_3x_3$ を満たす実数 a_1, a_2, a_3 がすべて 0 となるような実数 a の条件を確かめます．この等式は

$$a_1 \begin{pmatrix} 1 \\ 1 \\ 2 \\ 0 \end{pmatrix} + a_2 \begin{pmatrix} 1 \\ -2 \\ 0 \\ 2 \end{pmatrix} + a_3 \begin{pmatrix} 2 \\ a \\ 1 \\ 3 \end{pmatrix} = 0$$

と書き表されるので，これらの等式を満たす実数 $a_1, a_2, a_3 \in \mathbb{R}$ を求めるために，係数行列を変形します．ただし，右辺の $0 \in \mathbb{R}^4$ は省略します．

$$\begin{pmatrix} 1 & 1 & 2 \\ 1 & -2 & a \\ 2 & 0 & 1 \\ 0 & 2 & 3 \end{pmatrix} \to \begin{pmatrix} 1 & 1 & 2 \\ 0 & -3 & a-2 \\ 0 & -2 & -3 \\ 0 & 2 & 3 \end{pmatrix} \to \begin{pmatrix} 1 & 1 & 2 \\ 0 & 1 & \frac{3}{2} \\ 0 & -3 & a-2 \\ 0 & 2 & 3 \end{pmatrix} \to \begin{pmatrix} 1 & 0 & \frac{1}{2} \\ 0 & 1 & \frac{3}{2} \\ 0 & 0 & a+\frac{5}{2} \\ 0 & 0 & 0 \end{pmatrix}$$

問題 8

得られた係数を用いて，実数 a_i が満たす形に戻すと

$$\begin{cases} a_1 & + & \frac{1}{2}a_3 = 0 \\ & a_2 + & \frac{3}{2}a_3 = 0 \\ & & (a + \frac{5}{2})a_3 = 0 \end{cases}$$

です．したがって $a + \frac{5}{2} \neq 0$ ならば $a_3 = 0$ となり，これより $a_1, a_2 = 0$ を得ます． □

問 4 いま $i < j$ である 2 つの元 x_i, x_j に対して $x_i = x_j$ であると仮定します．この場合，すべての係数が 0 でない 1 次結合

$$0 \cdot x_1 + \cdots + 0 \cdot x_{i-1} + 1 \cdot x_i + 0 \cdot x_{i+1} + \cdots + 0 \cdot x_{j-1} + (-1) \cdot x_j + 0 \cdot x_{j+1} + \cdots + 0 \cdot x_r = 0$$

が存在するので，これは，元 $x_1, \ldots, x_r$ が 1 次独立であることに反します． □

問 5 元 $a, b \in K$ に対して $ax + by = 0$ とします．もし $b \neq 0$ ならば $y = -\frac{a}{b}x$ なので，条件 $x \in W$ より $y \in W$ です．これは $y \notin W$ に反します．よって $b = 0$ です．これより $ax = 0$ です．いま $x \neq 0$ なので $a = 0$ を得ます．したがって，元 x, y は 1 次独立です． □

問 6 いま，元 w, x および w, y は，いずれも 1 次独立でない，すなわち 1 次従属と仮定すると，いずれかが 0 ではない元 $a, b \in K$ および $r, s \in K$ を用いて，ゼロベクトル $0 \in X$ を表す 1 次結合

$$aw + bx = 0, \quad rw + sy = 0$$

が存在します（1 次従属の定義）．また，元 x, y は 1 次独立なので $x, y \neq 0$ です（8 章，例 3）．もし $a = 0$ ならば $bx = 0$ なので $x \neq 0$ より $b = 0$ です（問題 3, 問 2）．これは，元 a, b のいずれかが 0 ではないことに反します．したがって $a \neq 0$ です．一方，もし $b = 0$ ならば $aw = 0$ なので $w \neq 0$ より $a = 0$ です．これは $a \neq 0$ に反します．したがって $b \neq 0$ です．

同様に $r, s \neq 0$ を得ます．これより

$$y = -s^{-1}rw = -s^{-1}r(-a^{-1}bx) = (s^{-1}ra^{-1}b)x$$

となり，元 x, y が 1 次独立である（8 章，命題 1 (3)）ことに反します． □

問 7 (1) 仮定から，係数 $a_i \in K$ のどれかが 0 でない 1 次結合

$$a_1 x_1 + \cdots + a_s x_s = 0$$

が存在します．これより

$$a_1 x_1 + \cdots + a_s x_s + 0 \cdot x_{s+1} + \cdots + 0 \cdot x_r = 0$$

が成立します．この 1 次結合の係数 $a_i \in K$ は，どれかが 0 でないので，元 $x_1, \ldots, x_r$ は 1 次従属です．

(2) いま, 元 $0 \in X$ が
$$a_1 x_1 + \cdots + a_s x_s = 0$$
と表されたとします. ここで $a_i \in K$ です. この場合
$$a_1 x_1 + \cdots + a_s x_s + 0 \cdot x_{s+1} + \cdots + 0 \cdot x_r = 0$$
です. 元 $x_1, \ldots, x_r$ は 1 次独立なので, 各 $a_i = 0$ を得ます. これより, 元 $x_1, \ldots, x_s$ は 1 次独立です. □

問 8 はじめに $c = 0$ を示すために, いま $c \neq 0$ と仮定します. もし $b = 0$ ならば $\sqrt{3} = -\dfrac{a}{c}$ となるので, 無理数 $\sqrt{3}$ が有理数 $-\dfrac{a}{c}$ に等しくなり矛盾です.

これより $b \neq 0$ です. そこで $c\sqrt{3} = -a - b\sqrt{2}$ と表して, 両辺を 2 乗すると
$$3c^2 = a^2 + 2b^2 + 2ab\sqrt{2}$$
となります. もし $a \neq 0$ ならば $ab \neq 0$ なので
$$\sqrt{2} = \frac{3c^2 - a^2 - 2b^2}{2ab}$$
です. しかし, 無理数 $\sqrt{2}$ が有理数 $\dfrac{3c^2 - a^2 - 2b^2}{2ab}$ に等しくなり, これは矛盾です.

したがって $a = 0$ です. しかし, この場合 $c\sqrt{3} = -b\sqrt{2}$ なので $\sqrt{6} = -\dfrac{2b}{c}$ です. これより, 無理数 $\sqrt{6}$ が有理数 $-\dfrac{2b}{c}$ に等しくなり, 矛盾です.

以上より $c = 0$ を得ます. この場合 $a + b\sqrt{2} = 0$ です. もし $b \neq 0$ ならば $\sqrt{2} = -\dfrac{a}{b}$ となり, 無理数 $\sqrt{2}$ が有理数 $-\dfrac{a}{b}$ に等しくなり, 矛盾です. よって $b = 0$ となり $a = 0$ を得ます. □

問題 9

問 1 生成元を横ベクトルにして，それらの成分行列を階段形に変形します．

$$
\begin{pmatrix} 1 & -1 & -2 & 1 \\ 1 & 3 & -13 & 8 \\ -2 & 3 & -1 & -1 \\ 2 & -1 & -1 & 2 \\ 2 & 3 & -26 & -3 \end{pmatrix} \to \begin{pmatrix} 1 & -1 & -2 & 1 \\ 0 & 4 & -11 & 7 \\ 0 & 1 & -5 & 1 \\ 0 & 1 & 3 & 0 \\ 0 & 5 & -22 & -5 \end{pmatrix} \to \begin{pmatrix} 1 & 0 & -7 & 2 \\ 0 & 0 & 9 & 3 \\ 0 & 1 & -5 & 1 \\ 0 & 0 & 8 & -1 \\ 0 & 0 & 3 & -10 \end{pmatrix}
$$

$$
\to \begin{pmatrix} 1 & 0 & -7 & 2 \\ 0 & 0 & 1 & 4 \\ 0 & 1 & -5 & 1 \\ 0 & 0 & 8 & -1 \\ 0 & 0 & 3 & -10 \end{pmatrix} \to \begin{pmatrix} 1 & 0 & 0 & 30 \\ 0 & 1 & 0 & 21 \\ 0 & 0 & 1 & 4 \\ 0 & 0 & 0 & -33 \\ 0 & 0 & 0 & -22 \end{pmatrix} \to \begin{pmatrix} 1 & 0 & 0 & 0 \\ 0 & 1 & 0 & 0 \\ 0 & 0 & 1 & 0 \\ 0 & 0 & 0 & 1 \\ 0 & 0 & 0 & 0 \end{pmatrix}
$$

これらの操作により得られた元（横ベクトルを縦ベクトルに直した元）

$$
e_1 = \begin{pmatrix} 1 \\ 0 \\ 0 \\ 0 \end{pmatrix}, \quad e_2 = \begin{pmatrix} 0 \\ 1 \\ 0 \\ 0 \end{pmatrix}, \quad e_3 = \begin{pmatrix} 0 \\ 0 \\ 1 \\ 0 \end{pmatrix}, \quad e_4 = \begin{pmatrix} 0 \\ 0 \\ 0 \\ 1 \end{pmatrix}
$$

は W の生成元です．これらは $\mathbb{R}^4$ の標準基底なので 1 次独立です（9 章，例 1）．特に $W = \mathbb{R}^4$ が成立します． □

問 2 等式 $a_1 x_1 + \cdots + a_5 x_5 = 0$ は

$$
a_1 \begin{pmatrix} 2 \\ 3 \\ 4 \\ -1 \end{pmatrix} + a_2 \begin{pmatrix} 3 \\ 5 \\ 7 \\ 0 \end{pmatrix} + a_3 \begin{pmatrix} 2 \\ -2 \\ 1 \\ 5 \end{pmatrix} + a_4 \begin{pmatrix} 1 \\ 1 \\ 1 \\ -2 \end{pmatrix} + a_5 \begin{pmatrix} 1 \\ 1 \\ 3 \\ 4 \end{pmatrix} = 0
$$

と表されるので，これらの等式を満たす実数 $a_1, \ldots, a_5 \in \mathbb{R}$ を求めます．それらの元は係数の計算で求まるので，係数行列を階段形に変形します．ただし，右辺の 0 は省略します．

$$
\begin{pmatrix} 2 & 3 & 2 & 1 & 1 \\ 3 & 5 & -2 & 1 & 1 \\ 4 & 7 & 1 & 1 & 3 \\ -1 & 0 & 5 & -2 & 4 \end{pmatrix} \to \begin{pmatrix} 2 & 3 & 2 & 1 & 1 \\ 1 & 2 & -4 & 0 & 0 \\ 0 & 1 & -3 & -1 & 1 \\ -1 & 0 & 5 & -2 & 4 \end{pmatrix} \to \begin{pmatrix} 0 & -1 & 10 & 1 & 1 \\ 1 & 2 & -4 & 0 & 0 \\ 0 & 1 & -3 & -1 & 1 \\ 0 & 2 & 1 & -2 & 4 \end{pmatrix}
$$

$$\rightarrow \begin{pmatrix} 0 & 0 & 7 & 0 & 2 \\ 1 & 0 & 2 & 2 & -2 \\ 0 & 1 & -3 & -1 & 1 \\ 0 & 0 & 7 & 0 & 2 \end{pmatrix} \rightarrow \begin{pmatrix} 1 & 0 & 2 & 2 & -2 \\ 0 & 1 & -3 & -1 & 1 \\ 0 & 0 & 1 & 0 & \frac{2}{7} \\ 0 & 0 & 0 & 0 & 0 \end{pmatrix} \rightarrow \begin{pmatrix} 1 & 0 & 0 & 2 & -\frac{18}{7} \\ 0 & 1 & 0 & -1 & \frac{13}{7} \\ 0 & 0 & 1 & 0 & \frac{2}{7} \\ 0 & 0 & 0 & 0 & 0 \end{pmatrix}$$

得られた階段形をもとの形に戻すと

$$\begin{cases} a_1 + 2a_4 - \frac{18}{7}a_5 = 0 \\ a_2 - a_4 + \frac{13}{7}a_5 = 0 \\ a_3 + \frac{2}{7}a_5 = 0 \end{cases}$$

です. 元 a_i は a_4, a_5 により決まると考えて, それらを実数 $r, s \in \mathbb{R}$ とすれば, 元 a_i は

$$\begin{cases} a_1 = -2r + \frac{18}{7}s \\ a_2 = r - \frac{13}{7}s \\ a_3 = -\frac{2}{7}s \\ a_4 = r \\ a_5 = s \end{cases} \quad \text{すなわち} \quad \begin{pmatrix} a_1 \\ a_2 \\ a_3 \\ a_4 \\ a_5 \end{pmatrix} = r \begin{pmatrix} -2 \\ 1 \\ 0 \\ 1 \\ 0 \end{pmatrix} + s \begin{pmatrix} \frac{18}{7} \\ -\frac{13}{7} \\ -\frac{2}{7} \\ 0 \\ 1 \end{pmatrix}$$

と表されます. したがって, 求める集合 W は

$$W = \{ru + sv \mid r, s \in \mathbb{R}\}, \quad u = \begin{pmatrix} -2 \\ 1 \\ 0 \\ 1 \\ 0 \end{pmatrix}, \quad v = \begin{pmatrix} \frac{18}{7} \\ -\frac{13}{7} \\ -\frac{2}{7} \\ 0 \\ 1 \end{pmatrix}$$

となります. これは $W = \langle u, v \rangle$ を意味するので, 集合 W は, 空間 $\mathbb{R}^5$ の元 $u, v \in \mathbb{R}^5$ が生成する部分空間です. この場合, 元 u, v は 1 次独立です. なぜならば, もし $ru + sv = 0$, $r, s \in \mathbb{R}$ ならば

$$0 = ru + sv = r \begin{pmatrix} -2 \\ 1 \\ 0 \\ 1 \\ 0 \end{pmatrix} + s \begin{pmatrix} \frac{18}{7} \\ -\frac{13}{7} \\ -\frac{2}{7} \\ 0 \\ 1 \end{pmatrix} = \begin{pmatrix} -2r + \frac{18}{7}s \\ r - \frac{13}{7}s \\ -\frac{2}{7}s \\ r \\ s \end{pmatrix}$$

となるので $r = 0$, $s = 0$ です. したがって, 集合 $\{u, v\}$ は W の基底です. □

問 3 いま, 虚数単位を $i = \sqrt{-1}$ とします. 複素数 $\alpha \in \mathbb{C}$ は, 実数 $a, b \in \mathbb{R}$ を用いて

$$\alpha = a + b\sqrt{-1}$$

と表されるので, 元 $1, \sqrt{-1}$ は, 実ベクトル空間 $\mathbb{C}$ の生成元です.

問題 9

一方，もし $\alpha = 0$ ならば $a, b = 0$ です．なぜならば，もし $b \neq 0$ ならば

$$-1 = \left(\sqrt{-1}\right)^2 = \left(-\frac{a}{b}\right)^2 \geq 0$$

となるので，矛盾です．これより $b = 0$ となり，よって $a = 0$ です．

したがって，元 $1, \sqrt{-1}$ は 1 次独立となり，集合 $\{1, \sqrt{-1}\}$ は，実ベクトル空間 $\mathbb{C}$ の基底です．これより $\dim \mathbb{C} = 2$ を得ます． □

問 4 生成元 $x_1, \ldots, x_r$ は 1 次独立でない（すなわち 1 次従属である）と仮定します．この場合，ある元 x_i は残りの元 $x_1, \ldots, x_{i-1}, x_{i+1}, \ldots, x_r$ の 1 次結合になります（8 章，1 次従属の条件 (3)）．命題 2（9 章）から

$$W = \langle x_1, \ldots, x_{i-1}, x_{i+1}, \ldots, x_r \rangle$$

となり W は $r-1$ 個の元で生成されます．これは，仮定に反します． □

問 5 簡単のために 3 点 A, B, C を通る平面を xy 平面とします．したがって，ベクトル $u = \overrightarrow{OA}$, $v = \overrightarrow{OB}$, $w = \overrightarrow{OC}$ は，いずれも，平面 $\mathbb{R}^2$ の元と考えます．もし 3 個の元 $u, v, w \in \mathbb{R}^2$ が 1 次独立ならば，平面 $\mathbb{R}^2$ の生成元は 3 個以上です（9 章，命題 3 の系）．しかし，これは，平面 $\mathbb{R}^2$ が 2 個の標準基底 e_1, e_2 で生成されている（9 章，例 1）ことに反します． □

問 6 n 次以下の多項式 $f \in \mathbb{R}[t]_n$ は，実数 $c_i \in \mathbb{R}$ を係数として

$$f = c_0 + c_1 t + \cdots + c_n t^n \qquad (*)$$

の形に表されるので，多項式 $1, t, \ldots, t^n$ は，空間 $\mathbb{R}[t]_n$ の生成元です．また，もし

$$c_0 + c_1 t + \cdots + c_n t^n = 0$$

ならば $c_0, c_1, \ldots, c_n = 0$ なので，多項式 $1, t, \ldots, t^n$ は 1 次独立です．したがって，集合 $\{1, t, \ldots, t^n\}$ は $\mathbb{R}[t]_n$ の基底になります．これより $\dim \mathbb{R}[t]_n = n+1$ です．

はじめに，元 $1, t-a, \ldots, (t-a)^n$ が $\mathbb{R}[t]_n$ の生成元であることを n に関する数学的帰納法で証明します．まず，等式

$$c_0 = c_0 \cdot 1, \quad c_0 + c_1 t = (c_0 + c_1 a) + c_1 (t-a)$$

に注意します．そこで $n-1$ 次以下の多項式は，すべて，元 $1, t-a, \ldots, (t-a)^{n-1}$ で生成されると仮定して，いま n 次の多項式 $(*)$ を考えます．この場合 $f - c_n(t-a)^n$ は $n-1$ 次の多項式です．帰納法の仮定から，実数 $b_i \in \mathbb{R}$ を用いて

$$f - c_n(t-a)^n = b_0 + b_1(t-a) + \cdots + b_{n-1}(t-a)^{n-1}$$

と表すことができます．これより

$$f = b_0 + b_1(t-a) + \cdots + b_{n-1}(t-a)^{n-1} + c_n(t-a)^n$$

となり，元 $1, t-a, \ldots, (t-a)^n$ が $\mathbb{R}[t]_n$ の生成元であることが示されました．命題 4（9 章）から，これら $n+1$ 個の生成元は 1 次独立です．したがって，基底になります．

また，次のようにしても 1 次独立であることを示すことができます．すなわち，もし
$$b_0 + b_1(t-a) + \cdots + b_{n-1}(t-a)^{n-1} + b_n(t-a)^n = 0$$
ならば $t=a$ とおくと $b_0 = 0$ を得ます．そこで，この左辺を $t-a$ で割ると
$$b_1 + \cdots + b_{n-1}(t-a)^{n-2} + b_n(t-a)^{n-1} = 0$$
となります．同様にして $t=a$ とおくと $b_1 = 0$ です．これを繰り返して，各 $b_2, \ldots, b_n = 0$ を得ます． □

問 7 根と係数の関係から $c = \alpha + \beta$, $d = \alpha\beta$ です．これを用いると，実数列 u に対して
$$c\alpha^n - d\alpha^{n-1} = (\alpha+\beta)\alpha^n - \alpha\beta \cdot \alpha^{n-1} = \alpha^{n+1}$$
なので $u \in Y$ です．同様に $v \in Y$ を得ます．これより $\langle u, v \rangle \subset Y$ となります（7 章，補題 1）．

逆に，実数列 $\{a_n\} \in Y$ に対して
$$a_n = r\alpha^{n-1} + s\beta^{n-1} \tag{1}$$
となる実数 $r, s \in \mathbb{R}$ が存在することを示します．この場合 $a_1 = r+s$, $a_2 = r\alpha + s\beta$ です．

そこで
$$r = \frac{a_2 - \beta a_1}{\alpha - \beta}, \quad s = -\frac{a_2 - \alpha a_1}{\alpha - \beta} \tag{2}$$
とおいて，数学的帰納法により，等式 (1) を示します．

まず $n = 1, 2$ に対しては，等式 (2) から $a_1 = r+s$, $a_2 = r\alpha + s\beta$ となり，等式 (1) が成立します．いま $n \geq 2$ として n 以下については，等式 (1) が成立すると仮定します．ここで α, β が方程式 $t^2 - ct + d = 0$ の解であることに注意すると
$$(r\alpha^n + s\beta^n) - c(r\alpha^{n-1} + s\beta^{n-1}) + d(r\alpha^{n-2} + s\beta^{n-2})$$
$$= r(\alpha^2 - c\alpha + d)\alpha^{n-2} + s(\beta^2 - c\beta + d)\beta^{n-2} = 0$$
となります．この等式を用いると，帰納法の仮定から
$$a_{n+1} = ca_n - da_{n-1} = c(r\alpha^{n-1} + s\beta^{n-1}) - d(r\alpha^{n-2} + s\beta^{n-2}) = r\alpha^n + s\beta^n$$
を得られるので，等式 (1) が成立します．したがって $\{a_n\} \in \langle u, v \rangle$ です．

いま，実数 $r, s \in \mathbb{R}$ に対して $ru + sv = 0$ とします．これは，数列 $\{r\alpha^{n-1} + s\beta^{n-1}\} = 0$ を意味するので，すべての n について $r\alpha^{n-1} + s\beta^{n-1} = 0$ となります．特に $n = 1, 2$ の場合
$$r + s = 0, \quad r\alpha + s\beta = 0$$
です．ここで $\alpha \neq \beta$ に注意すると $r, s = 0$ を得ます．したがって u, v は 1 独立となり，集合 $\{u, v\}$ は Y の基底です． □

問題 10

問 1 はじめに，部分空間 W の生成元（縦ベクトル）を横ベクトルにして，それらの成分行列を階段形に変形します．

$$\begin{pmatrix} 0 & -1 & 1 & 1 \\ 1 & -2 & 1 & -1 \\ 1 & -5 & 4 & 2 \\ 1 & -1 & 0 & -2 \\ 3 & -4 & 1 & -5 \end{pmatrix} \to \begin{pmatrix} 0 & -1 & 1 & 1 \\ 1 & -2 & 1 & -1 \\ 0 & -3 & 3 & 3 \\ 0 & 1 & -1 & -1 \\ 0 & 2 & -2 & -2 \end{pmatrix} \to \begin{pmatrix} 1 & 0 & -1 & -3 \\ 0 & 1 & -1 & -1 \\ 0 & 0 & 0 & 0 \\ 0 & 0 & 0 & 0 \\ 0 & 0 & 0 & 0 \end{pmatrix}$$

得られた元を

$$u_1 = \begin{pmatrix} 1 \\ 0 \\ -1 \\ -3 \end{pmatrix}, \quad u_2 = \begin{pmatrix} 0 \\ 1 \\ -1 \\ -1 \end{pmatrix}$$

とおくならば $W = \langle u_1, u_2 \rangle$ です．元 u_1, u_2 は 1 次独立となる（ 10 章，例 2）ので，集合 $\{u_1, u_2\}$ は W の基底です．したがって $\dim W = 2$ です． □

問 2 部分空間 W の生成元（縦ベクトル）を横ベクトルにして，それらの成分行列を階段形に変形します．

$$\begin{array}{cccc} x_1 & 2 & 1 & 1 \\ x_2 & -1 & 3 & 0 \\ x_3 & 1 & 4 & 1 \\ x_4 & 5 & -1 & 2 \\ x_5 & 0 & 7 & 1 \end{array} \to \begin{array}{cccc} x_1 - 2x_3 & 0 & -7 & -1 \\ x_2 + x_3 & 0 & 7 & 1 \\ x_3 & 1 & 4 & 1 \\ x_4 - 5x_3 & 0 & -21 & -3 \\ x_5 & 0 & 7 & 1 \end{array} \to \begin{array}{cccc} x_3 & 1 & 4 & 1 \\ x_5 & 0 & 7 & 1 \\ x_1 - 2x_3 + x_5 & 0 & 0 & 0 \\ x_2 + x_3 - x_5 & 0 & 0 & 0 \\ x_4 - 5x_3 + 3x_5 & 0 & 0 & 0 \end{array}$$

最後の 3 行から

$$x_1 = 2x_3 - x_5, \quad x_2 = -x_3 + x_5, \quad x_4 = 5x_3 - 3x_5$$

が得られます．これより，元 x_1, x_2, x_4 は x_3, x_5 の 1 次結合として表されるので，これらの元 x_1, x_2, x_4 は，生成元として不要です．したがって，等号 $W = \langle x_3, x_5 \rangle$ が成立します．

生成元 x_3, x_5 は 1 次独立です．なぜならば，実数 a, b に対して，もし $ax_3 + bx_5 = 0$ ならば

$$0 = a \begin{pmatrix} 1 \\ 4 \\ 1 \end{pmatrix} + b \begin{pmatrix} 0 \\ 7 \\ 1 \end{pmatrix} = \begin{pmatrix} a \\ 4a + 7b \\ a + b \end{pmatrix}$$

より $a, b = 0$ です．これより，集合 $\{x_3, x_5\}$ が求める W の基底になります． □

解答

問 3 部分空間 W の生成元（縦ベクトル）を横ベクトル

$$
\begin{array}{ccccc}
x_1 & 1 & 0 & 1 & 1 \\
x_2 & 2 & 1 & 0 & 1 \\
x_3 & 1 & 0 & -1 & 2 \\
x_4 & 2 & -1 & 2 & 4 \\
x_5 & 3 & 2 & 3 & -1
\end{array}
$$

にして，右側の成分行列を階段形に変形します．その際，置き換わった元を左側に，書いておきます．

$$
\rightarrow
\begin{array}{ccccc}
x_1 & 1 & 0 & 1 & 1 \\
x_2-2x_1 & 0 & 1 & -2 & -1 \\
x_3-x_1 & 0 & 0 & -2 & 1 \\
x_4-2x_1 & 0 & -1 & 0 & 2 \\
x_5-3x_1 & 0 & 2 & 0 & -4
\end{array}
\rightarrow
\begin{array}{ccccc}
x_1 & 1 & 0 & 1 & 1 \\
x_2-2x_1 & 0 & 1 & -2 & -1 \\
x_3-x_1 & 0 & 0 & -2 & 1 \\
x_4-2x_1+(x_2-2x_1) & 0 & 0 & -2 & 1 \\
x_5-3x_1-2(x_2-2x_1) & 0 & 0 & 4 & -2
\end{array}
$$

$$
\rightarrow
\begin{array}{ccccc}
x_1 & 1 & 0 & 1 & 1 \\
x_2-2x_1 & 0 & 1 & -2 & -1 \\
-\frac{1}{2}(x_3-x_1) & 0 & 0 & 1 & -\frac{1}{2} \\
x_4-4x_1+x_2 & 0 & 0 & -2 & 1 \\
x_5+x_1-2x_2 & 0 & 0 & 4 & -2
\end{array}
\rightarrow
\begin{array}{ccccc}
x_1+\frac{1}{2}(x_3-x_1) & 1 & 0 & 0 & \frac{3}{2} \\
x_2-2x_1-(x_3-x_1) & 0 & 1 & 0 & -2 \\
-\frac{1}{2}(x_3-x_1) & 0 & 0 & 1 & -\frac{1}{2} \\
x_4-4x_1+x_2-(x_3-x_1) & 0 & 0 & 0 & 0 \\
x_5+x_1-2x_2+2(x_3-x_1) & 0 & 0 & 0 & 0
\end{array}
$$

最後の 2 行から $x_4-3x_1+x_2-x_3=0$, $x_5-x_1-2x_2+2x_3=0$ を得ます．すなわち

$$x_4=3x_1-x_2+x_3, \quad x_5=x_1+2x_2-2x_3$$

となり，生成元 x_4 および x_5 は x_1, x_2, x_3 の 1 次結合です．それらは，部分空間 W の生成元としては不要になるので（9 章，命題 2）$W=\langle x_1, x_2, x_3 \rangle$ となります．また，元 x_1, x_2, x_3 は 1 次独立であることを確かめてください（10 章，例 3）．したがって，集合 $\{x_1, x_2, x_3\}$ は W の基底となり $\dim W=3$ です．ここで，上記の階段形で得られた元

$$w_1=\frac{1}{2}x_1+\frac{1}{2}x_3, \quad w_2=x_2-x_1-x_3, \quad w_3=\frac{1}{2}x_1-\frac{1}{2}x_3$$

の集合 $\{w_1, w_2, w_3\}$ は W の基底になります（10 章）．生成元 w_1, w_2, w_3 の成分（上記の階段形）を参考にすると，標準基底の元 e_4 は $e_4 \notin W$ です．なぜならば，もし $e_4 \in W$ ならば

$$e_4=aw_1+bw_2+cw_3$$

と表されます．ここで $a, b, c \in \mathbb{R}$ です．これを書き直すと

$$
\begin{pmatrix} 0 \\ 0 \\ 0 \\ 1 \end{pmatrix}
= a \begin{pmatrix} 1 \\ 0 \\ 0 \\ \frac{3}{2} \end{pmatrix}
+ b \begin{pmatrix} 0 \\ 1 \\ 0 \\ -2 \end{pmatrix}
+ c \begin{pmatrix} 0 \\ 0 \\ 1 \\ -\frac{1}{2} \end{pmatrix}
= \begin{pmatrix} a \\ b \\ c \\ \frac{3}{2}a-2b-\frac{1}{2}c \end{pmatrix}
$$

問題 10

です．これより $a=0$, $b=0$, $c=0$, $\frac{3}{2}a - 2b - \frac{1}{2}c = 1$ となり，矛盾です．

よって，元 x_1, x_2, x_3, e_4 は 1 次独立です（10 章，補題 1 (1)）．いま $\dim \mathbb{R}^4 = 4$ なので，集合 $\{x_1, x_2, x_3, e_4\}$ は空間 $\mathbb{R}^4$ の基底になります（9 章，命題 4）． □

問 4 元 $a, b \in \mathbb{R}$ に対して $ax + by = 0$ とします．もし $a \neq 0$ ならば $0 = x + \frac{b}{a}y$ です．ゼロ元 $0 \in \mathbb{R}^2$ は平面 $\mathbb{R}^2$ の原点 O を表すので，この等式は $\mathrm{O} \in L$ を意味します．これは，直線 L が原点 O を通らないことに反します．したがって $a = 0$ です．これより $by = 0$ です．いま $y \neq 0$ なので $b = 0$ を得ます．よって，元 x, y は 1 次独立です． □

問 5 いま，元 $x_1, x_2, x_3 \in X$ は 1 次従属なので，どれかは 0 でない元 $a_1, a_2, a_3 \in \mathbb{R}$ により

$$a_1 x_1 + a_2 x_2 + a_3 x_3 = 0 \tag{1}$$

と表されます．一方

$$\begin{aligned} b_1 y_1 + b_2 y_2 + b_3 y_3 &= b_1(x_1 - 2x_2) + b_2(2x_1 - x_3) + b_3(x_1 + x_2 + x_3) \\ &= (b_1 + 2b_2 + b_3)x_1 + (-2b_1 + b_3)x_2 + (-b_2 + b_3)x_3 \end{aligned} \tag{2}$$

です．式 (1) と (2) を考慮すると，元 $y_1, y_2, y_3 \in X$ が 1 次従属であるためには

$$\begin{cases} b_1 + 2b_2 + b_3 = a_1 \\ -2b_1 + b_3 = a_2 \\ - b_2 + b_3 = a_3 \end{cases}$$

となる，どれかは 0 でない実数 $b_i \in \mathbb{R}$ が存在すれば十分であることを確かめてください．

実数 $b_1, b_2, b_3 \in \mathbb{R}$ を求めるために，係数行列を階段形に変形します．

$$\begin{pmatrix} 1 & 2 & 1 & a_1 \\ -2 & 0 & 1 & a_2 \\ 0 & -1 & 1 & a_3 \end{pmatrix} \to \begin{pmatrix} 1 & 2 & 1 & a_1 \\ 0 & 4 & 3 & 2a_1 + a_2 \\ 0 & -1 & 1 & a_3 \end{pmatrix} \to \begin{pmatrix} 1 & 0 & 3 & a_1 + 2a_3 \\ 0 & 0 & 7 & 2a_1 + a_2 + 4a_3 \\ 0 & -1 & 1 & a_3 \end{pmatrix}$$

$$\to \begin{pmatrix} 1 & 0 & 3 & a_1 + 2a_3 \\ 0 & 1 & -1 & -a_3 \\ 0 & 0 & 1 & \frac{2}{7}a_1 + \frac{1}{7}a_2 + \frac{4}{7}a_3 \end{pmatrix} \to \begin{pmatrix} 1 & 0 & 0 & \frac{1}{7}a_1 - \frac{3}{7}a_2 + \frac{2}{7}a_3 \\ 0 & 1 & 0 & \frac{2}{7}a_1 + \frac{1}{7}a_2 - \frac{3}{7}a_3 \\ 0 & 0 & 1 & \frac{2}{7}a_1 + \frac{1}{7}a_2 + \frac{4}{7}a_3 \end{pmatrix}$$

得られた階段形の係数を用いて，もとの形に戻すと

$$\begin{cases} b_1 = \frac{1}{7}a_1 - \frac{3}{7}a_2 + \frac{2}{7}a_3 \\ b_2 = \frac{2}{7}a_1 + \frac{1}{7}a_2 - \frac{3}{7}a_3 \\ b_3 = \frac{2}{7}a_1 + \frac{1}{7}a_2 + \frac{4}{7}a_3 \end{cases}$$

です．これは，等式 (2) を満たします．実際

$$b_1 + 2b_2 + b_3 = a_1, \quad -2b_1 + b_3 = a_2, \quad -b_2 + b_3 = a_3 \tag{3}$$

となることを確かめてください．もし，すべての b_1, b_2, b_3 が 0 ならば，上式 (3) から $a_1 = 0$, $a_2 = 0$, $a_3 = 0$ となり，これは，どれかの a_1, a_2, a_3 が 0 でないことに反します．よって，どれかの b_1, b_2, b_3 は 0 でないことに注意します．上式 (2) を用いると，式 (3), (1) により

$$b_1 y_1 + b_2 y_2 + b_3 y_3 = a_1 x_1 + a_2 x_2 + a_3 x_3 = 0$$

です．これより，元 y_1, y_2, y_3 は 1 次従属です． □

問 6 生成元の取り替え 1（7 章，定理 2）を用い，生成元

$$\begin{aligned} f_1 &= 1 + t + t^2 + t^3, \\ f_2 &= 1 + t^2 + 2t^3, \\ f_3 &= t + t^3 \end{aligned}$$

の係数行列（左側は f_i の係数，右側は 1, ..., t^3 の係数）の右側を階段形に変形します．

$$\begin{pmatrix} 1 & 0 & 0 & | & 1 & 1 & 1 & 1 \\ 0 & 1 & 0 & | & 1 & 0 & 1 & 2 \\ 0 & 0 & 1 & | & 0 & 1 & 0 & 1 \end{pmatrix} \rightarrow \begin{pmatrix} 1 & 0 & 0 & | & 1 & 1 & 1 & 1 \\ -1 & 1 & 0 & | & 0 & -1 & 0 & 1 \\ 0 & 0 & 1 & | & 0 & 1 & 0 & 1 \end{pmatrix}$$

$$\rightarrow \begin{pmatrix} 1 & 0 & 0 & | & 1 & 1 & 1 & 1 \\ 1 & -1 & 0 & | & 0 & 1 & 0 & -1 \\ 0 & 0 & 1 & | & 0 & 1 & 0 & 1 \end{pmatrix} \rightarrow \begin{pmatrix} 0 & 1 & 0 & | & 1 & 0 & 1 & 2 \\ 1 & -1 & 0 & | & 0 & 1 & 0 & -1 \\ -1 & 1 & 1 & | & 0 & 0 & 0 & 2 \end{pmatrix}$$

$$\rightarrow \begin{pmatrix} 0 & 1 & 0 & | & 1 & 0 & 1 & 2 \\ 1 & -1 & 0 & | & 0 & 1 & 0 & -1 \\ -\frac{1}{2} & \frac{1}{2} & \frac{1}{2} & | & 0 & 0 & 0 & 1 \end{pmatrix} \rightarrow \begin{pmatrix} 1 & 0 & -1 & | & 1 & 0 & 1 & 0 \\ \frac{1}{2} & -\frac{1}{2} & \frac{1}{2} & | & 0 & 1 & 0 & 0 \\ -\frac{1}{2} & \frac{1}{2} & \frac{1}{2} & | & 0 & 0 & 0 & 1 \end{pmatrix}$$

これをもとの式に戻すと

$$\begin{aligned} f_1 - f_3 &= 1 + t^2, \\ \tfrac{1}{2} f_1 - \tfrac{1}{2} f_2 + \tfrac{1}{2} f_3 &= t, \\ -\tfrac{1}{2} f_1 + \tfrac{1}{2} f_2 + \tfrac{1}{2} f_3 &= t^3 \end{aligned}$$

です．これより，元 f_1, f_2, f_3 が生成する部分空間 Y は $Y = \langle 1 + t^2, t, t^3 \rangle$ となります．

一方，生成元 $1 + t^2, t, t^3$ は 1 次独立です．なぜならば，元 $a, b, c \in \mathbb{R}$ に対して

$$a(1 + t^2) + bt + ct^3 = 0$$

ならば，これは，多項式 $a + bt + at^2 + ct^3 = 0$ を意味するので，係数はすべて 0 すなわち $a = 0$, $b = 0$, $c = 0$ です．

したがって，生成元 $1 + t^2, t, t^3$ は 1 次独立なので，集合 $\{1 + t^2, t, t^3\}$ は Y の基底です．これより $\dim Y = 3$ です． □

問題 11

問 1 (1) 元 w_1, w_2, w_3 が生成する部分空間 $W_0 = \langle w_1, w_2, w_3 \rangle$ は $W_0 \subset W$ です（7 章，補題 1）．一方
$$v_1 = \frac{1}{b} w_3, \quad v_2 = w_2 - a w_1, \quad v_3 = w_1$$
に注意すると $W \subset W_0$ を得ます．したがって，等号 $W = W_0$ が成立します．

(2) 元 $s_1, s_2, s_3 \in K$ に対して $s_1 w_1 + s_2 w_2 + s_3 w_3 = 0$ とすると
$$0 = s_1 v_3 + s_2 (v_2 + a v_3) + s_3 (b v_1) = (b s_3) v_1 + s_2 v_2 + (s_1 + a s_2) v_3$$
です．元 v_1, v_2, v_3 は 1 次独立なので $b s_3 = 0, \; s_2 = 0, \; s_1 + a s_2 = 0$ とです．これより $s_1 = 0$ となります．一方 $b \neq 0$ から $s_3 = 0$ を得ます．したがって w_1, w_2, w_3 は 1 次独立になり，生成元の集合 $\{w_1, w_2, w_3\}$ は W の基底です． □

問 2 まず $1 = 1, \; t - a = -a + t, \; (t - a)^2 = a^2 - 2at + t^2$ と表されるので，これを書き直すと
$$\begin{pmatrix} 1 & t-a & (t-a)^2 \end{pmatrix} = \begin{pmatrix} 1 & t & t^2 \end{pmatrix} \begin{pmatrix} 1 & -a & a^2 \\ 0 & 1 & -2a \\ 0 & 0 & 1 \end{pmatrix}$$
です．これより，基底 B を基底 D に変換する変換行列 S は
$$S = \begin{pmatrix} 1 & -a & a^2 \\ 0 & 1 & -2a \\ 0 & 0 & 1 \end{pmatrix}$$
です．逆に
$$1 = 1, \quad t = a + (t-a), \quad t^2 = a^2 + 2a(t-a) + (t-a)^2$$
と表されので，これを書き直すと
$$\begin{pmatrix} 1 & t & t^2 \end{pmatrix} = \begin{pmatrix} 1 & t-a & (t-a)^2 \end{pmatrix} \begin{pmatrix} 1 & a & a^2 \\ 0 & 1 & 2a \\ 0 & 0 & 1 \end{pmatrix}$$
です．これより，基底 D を基底 B に変換する変換行列 T は
$$T = \begin{pmatrix} 1 & a & a^2 \\ 0 & 1 & 2a \\ 0 & 0 & 1 \end{pmatrix}$$
となります． □

問 3 部分空間 W の生成元 x_1, x_2, x_3, x_4 を横ベクトルで表し，成分行列を階段形に変形すると

$$\begin{pmatrix} 1 & 2 & 1 & 1 \\ 3 & a & 1 & 6 \\ 3 & -8 & 9 & 5 \\ 2 & -1 & 5 & 2 \end{pmatrix} \to \begin{pmatrix} 1 & 2 & 1 & 1 \\ 0 & a-6 & -2 & 3 \\ 0 & -14 & 6 & 2 \\ 0 & -5 & 3 & 0 \end{pmatrix} \to \begin{pmatrix} 1 & 2 & 1 & 1 \\ 0 & a-6 & -2 & 3 \\ 0 & 1 & -3 & 2 \\ 0 & -5 & 3 & 0 \end{pmatrix} \to$$

$$\begin{pmatrix} 1 & 0 & 7 & -3 \\ 0 & 0 & 3a-20 & -2a+15 \\ 0 & 1 & -3 & 2 \\ 0 & 0 & -12 & 10 \end{pmatrix} \to \begin{pmatrix} 1 & 0 & 7 & -3 \\ 0 & 1 & -3 & 2 \\ 0 & 0 & 1 & -\frac{5}{6} \\ 0 & 0 & 3a-20 & -2a+15 \end{pmatrix} \to \begin{pmatrix} 1 & 0 & 0 & \frac{17}{6} \\ 0 & 1 & 0 & -\frac{1}{2} \\ 0 & 0 & 1 & -\frac{5}{6} \\ 0 & 0 & 0 & \frac{a}{2}-\frac{5}{3} \end{pmatrix}$$

です．もし $\dfrac{a}{2}-\dfrac{5}{3}=0$ ならば，元

$$w_1 = \begin{pmatrix} 1 \\ 0 \\ 0 \\ \frac{17}{6} \end{pmatrix}, \quad w_2 = \begin{pmatrix} 0 \\ 1 \\ 0 \\ -\frac{1}{2} \end{pmatrix}, \quad w_3 = \begin{pmatrix} 0 \\ 0 \\ 1 \\ -\frac{5}{6} \end{pmatrix}$$

の集合 $\{w_1, w_2, w_3\}$ が W の基底となります（10 章，例 2）．したがって $\dim W = 3$ です．

一方 $\dfrac{a}{2}-\dfrac{5}{3} \neq 0$ ならば，上記の係数行列は，さらに

$$\to \begin{pmatrix} 1 & 0 & 0 & 0 \\ 0 & 1 & 0 & 0 \\ 0 & 0 & 1 & 0 \\ 0 & 0 & 0 & 1 \end{pmatrix}$$

と変形され，標準基底の元

$$e_1 = \begin{pmatrix} 1 \\ 0 \\ 0 \\ 0 \end{pmatrix}, \quad e_2 = \begin{pmatrix} 0 \\ 1 \\ 0 \\ 0 \end{pmatrix}, \quad e_3 = \begin{pmatrix} 0 \\ 0 \\ 1 \\ 0 \end{pmatrix}, \quad e_4 = \begin{pmatrix} 0 \\ 0 \\ 0 \\ 1 \end{pmatrix}$$

がすべて W の生成元となります（10 章，例 2）．したがって $W = \mathbb{R}^4$ となり

$$\dim W = \dim \mathbb{R}^4 = 4$$

です．以上により，求める条件は $\dfrac{a}{2}-\dfrac{5}{3}=0$ すなわち $a = \dfrac{10}{3}$ となります． □

問 4 元 $w_1, \ldots, w_4$ が生成する部分空間は

$$\langle w_1, w_2, w_3, w_4 \rangle \subset \langle v_1, v_2, v_3, v_4 \rangle \tag{1}$$

問題 11

です（7 章，補題 1）．

そこで 11 章の例と同様に，生成元の取り替え 1（7 章，定理 2）を用い，生成元

$$
\begin{aligned}
w_1 &= -2v_1 + v_2 + 3v_3 + 4v_4, \\
w_2 &= 2v_1 - 5v_3 + v_4, \\
w_3 &= v_1 + 4v_2 + 2v_3 - 15v_4, \\
w_4 &= -v_1 - 2x_2 + v_3 + 5v_4
\end{aligned}
\tag{2}
$$

の係数行列

$$
\left(\begin{array}{cccc|cccc}
1 & 0 & 0 & 0 & -2 & 1 & 3 & 4 \\
0 & 1 & 0 & 0 & 2 & 0 & -5 & 1 \\
0 & 0 & 1 & 0 & 1 & 4 & 2 & -15 \\
0 & 0 & 0 & 1 & -1 & -2 & 1 & 5
\end{array}\right)
$$

の右側を階段形に変形します．

まず，第 4 行を用いて第 1, 2, 3 行を変形し，第 4 行を -1 倍して，第 1 行と入れ替えます．

$$
\to \left(\begin{array}{cccc|cccc}
1 & 0 & 0 & -2 & 0 & 5 & 1 & -6 \\
0 & 1 & 0 & 2 & 0 & -4 & -3 & 11 \\
0 & 0 & 1 & 1 & 0 & 2 & 3 & -10 \\
0 & 0 & 0 & 1 & -1 & -2 & 1 & 5
\end{array}\right)
\to \left(\begin{array}{cccc|cccc}
0 & 0 & 0 & -1 & 1 & 2 & -1 & -5 \\
0 & 1 & 0 & 2 & 0 & -4 & -3 & 11 \\
0 & 0 & 1 & 1 & 0 & 2 & 3 & -10 \\
1 & 0 & 0 & -2 & 0 & 5 & 1 & -6
\end{array}\right)
$$

次に，第 3 行を用いて変形し，第 4 行の -2 倍を第 3 行に加えて，第 2, 4 行を入れ替えます．

$$
\to \left(\begin{array}{cccc|cccc}
0 & 0 & -1 & -2 & 1 & 0 & -4 & 5 \\
0 & 1 & 2 & 4 & 0 & 0 & 3 & -9 \\
0 & 0 & 1 & 1 & 0 & 2 & 3 & -10 \\
1 & 0 & -2 & -4 & 0 & 1 & -5 & 14
\end{array}\right)
\to \left(\begin{array}{cccc|cccc}
0 & 0 & -1 & -2 & 1 & 0 & -4 & 5 \\
1 & 0 & -2 & -4 & 0 & 1 & -5 & 14 \\
-2 & 0 & 5 & 9 & 0 & 0 & 13 & -38 \\
0 & 1 & 2 & 4 & 0 & 0 & 3 & -9
\end{array}\right)
$$

第 4 行の -4 倍を第 3 行に加えて，その第 3 行を用いて変形します．

$$
\to \left(\begin{array}{cccc|cccc}
0 & 0 & -1 & -2 & 1 & 0 & -4 & 5 \\
1 & 0 & -2 & -4 & 0 & 1 & -5 & 14 \\
-2 & -4 & -3 & -7 & 0 & 0 & 1 & -2 \\
0 & 1 & 2 & 4 & 0 & 0 & 3 & -9
\end{array}\right)
\to \left(\begin{array}{cccc|cccc}
-8 & -16 & -13 & -30 & 1 & 0 & 0 & -3 \\
-9 & -20 & -17 & -39 & 0 & 1 & 0 & 4 \\
-2 & -4 & -3 & -7 & 0 & 0 & 1 & -2 \\
6 & 13 & 11 & 25 & 0 & 0 & 0 & -3
\end{array}\right)
$$

第 4 行の $-1, 1, -1$ 倍を第 1, 2, 3 行に加えて（成分を小さくして），第 4 行を $-\frac{1}{3}$ して変形します．

$$
\to \left(\begin{array}{cccc|cccc}
-14 & -29 & -24 & -55 & 1 & 0 & 0 & 0 \\
-3 & -7 & -6 & -14 & 0 & 1 & 0 & 1 \\
-8 & -17 & -14 & -32 & 0 & 0 & 1 & 1 \\
6 & 13 & 11 & 25 & 0 & 0 & 0 & -3
\end{array}\right)
\to \left(\begin{array}{cccc|cccc}
-14 & -29 & -24 & -55 & 1 & 0 & 0 & 0 \\
-1 & -\frac{8}{3} & -\frac{7}{3} & -\frac{17}{3} & 0 & 1 & 0 & 0 \\
-6 & -\frac{38}{3} & -\frac{31}{3} & -\frac{71}{3} & 0 & 0 & 1 & 0 \\
-2 & -\frac{13}{3} & -\frac{11}{3} & -\frac{25}{3} & 0 & 0 & 0 & 1
\end{array}\right)
$$

これをもとの式に戻すと
$$\begin{cases} -14w_1 - 29w_2 - 24w_3 - 55w_4 = v_1 \\ -w_1 - \frac{8}{3}w_2 - \frac{7}{3}w_3 - \frac{17}{3}w_4 = v_2 \\ -6w_1 - \frac{38}{3}w_2 - \frac{31}{3}w_3 - \frac{71}{3}w_4 = v_3 \\ -2w_1 - \frac{13}{3}w_2 - \frac{11}{3}w_3 - \frac{25}{3}w_4 = v_4 \end{cases} \quad (3)$$

です. これより
$$\langle v_1, v_2, v_3, v_4 \rangle \subset \langle w_1, w_2, w_3, w_4 \rangle$$

となります（7章，補題1）. よって，上記の (1) から，等号 $\langle v_1, v_2, v_3, v_4 \rangle = \langle w_1, w_2, w_3, w_4 \rangle$ が成立します. いま $\dim Y = 4$ なので，生成元の集合 $\{w_1, \ldots, w_4\}$ は Y の基底です（9章，命題4）. 等式 (2) から

$$(w_1 \ w_2 \ w_3 \ w_4) = (v_1 \ v_2 \ v_3 \ v_4) \begin{pmatrix} -2 & 2 & 1 & -1 \\ 1 & 0 & 4 & -2 \\ 3 & -5 & 2 & 1 \\ 4 & 1 & -15 & 5 \end{pmatrix}$$

と表されるので，基底 $\{v_1, \ldots, v_4\}$ を基底 $\{w_1, \ldots, w_4\}$ に変換する変換行列 P は

$$P = \begin{pmatrix} -2 & 2 & 1 & -1 \\ 1 & 0 & 4 & -2 \\ 3 & -5 & 2 & 1 \\ 4 & 1 & -15 & 5 \end{pmatrix}$$

です. 同様に，等式 (3) から，基底 $\{w_1, \ldots, w_4\}$ を基底 $\{v_1, \ldots, v_4\}$ に変換する変換行列 Q は

$$Q = \begin{pmatrix} -14 & -1 & -6 & -2 \\ -29 & -\frac{8}{3} & -\frac{38}{3} & -\frac{13}{3} \\ -24 & -\frac{7}{3} & -\frac{31}{3} & -\frac{11}{3} \\ -55 & -\frac{17}{3} & -\frac{71}{3} & -\frac{25}{3} \end{pmatrix}$$

となります. □

問 5 部分空間 W_1 の生成元 x_1, x_2 を横ベクトルで表し，成分行列を階段形に変形すると

$$\begin{pmatrix} 1 & -4 & 1 \\ -1 & 7 & 0 \end{pmatrix} \rightarrow \begin{pmatrix} 1 & -4 & 1 \\ 0 & 3 & 1 \end{pmatrix} \rightarrow \begin{pmatrix} 1 & -4 & 1 \\ 0 & 1 & \frac{1}{3} \end{pmatrix} \rightarrow \begin{pmatrix} 1 & 0 & \frac{7}{3} \\ 0 & 1 & \frac{1}{3} \end{pmatrix}$$

です. これより
$$y_1 = \begin{pmatrix} 1 \\ 0 \\ \frac{7}{3} \end{pmatrix}, \quad y_2 = \begin{pmatrix} 0 \\ 1 \\ \frac{1}{3} \end{pmatrix}$$

問題 11

とおくと $W_1 = \langle y_1, y_2 \rangle$ となります（7 章，生成元の取り替え 1（定理 2））．

同様に考えて，部分空間 W_2 の生成元 x_3, x_4 を横ベクトルで表し，成分行列を階段形に変形します．

$$\begin{pmatrix} 1 & 1 & -1 \\ -2 & 0 & -1 \end{pmatrix} \to \begin{pmatrix} 1 & 1 & -1 \\ 0 & 2 & -3 \end{pmatrix} \to \begin{pmatrix} 1 & 1 & -1 \\ 0 & 1 & -\frac{3}{2} \end{pmatrix} \to \begin{pmatrix} 1 & 0 & \frac{1}{2} \\ 0 & 1 & -\frac{3}{2} \end{pmatrix}$$

これより

$$y_3 = \begin{pmatrix} 1 \\ 0 \\ \frac{1}{2} \end{pmatrix}, \quad y_4 = \begin{pmatrix} 0 \\ 1 \\ -\frac{3}{2} \end{pmatrix}$$

とおくと $W_2 = \langle y_3, y_4 \rangle$ です．そこで，元 $y \in W_1 \cap W_2$ を

$$y = a_1 y_1 + a_2 y_2 = a_3 y_3 + a_4 y_4$$

と表します．ここで $a_1, \ldots, a_4 \in \mathbb{R}$ です．これより

$$y = \begin{pmatrix} a_1 \\ a_2 \\ \frac{7}{3} \cdot a_1 + \frac{1}{3} \cdot a_2 \end{pmatrix} = \begin{pmatrix} a_3 \\ a_4 \\ \frac{1}{2} \cdot a_3 - \frac{3}{2} \cdot a_4 \end{pmatrix}$$

となるので

$$a_1 = a_3, \quad a_2 = a_4, \quad \frac{7}{3} \cdot a_1 + \frac{1}{3} \cdot a_2 = \frac{1}{2} \cdot a_3 - \frac{3}{2} \cdot a_4$$

です．最後の等式から $a_1 + a_2 = 0$ を得ます．よって

$$y = a_1 y_1 - a_1 y_2 = a_1 (y_1 - y_2) = a_1 \begin{pmatrix} 1 \\ -1 \\ 2 \end{pmatrix}$$

となります．したがって，元 $w \in \mathbb{R}^3$ を

$$w = \begin{pmatrix} 1 \\ -1 \\ 2 \end{pmatrix}$$

とおくと，求める空間 $W_1 \cap W_2$ は

$$W_1 \cap W_2 = \{\, rw \mid r \in \mathbb{R} \,\}$$

と表されます．これより，空間 $W_1 \cap W_2$ の基底は $\{w\}$ です． □

問題 12

問 1 積の定義 (#) を用いて計算すると
$$AB = \begin{pmatrix} 1 & 3 & 3 \\ 2 & 1 & -8 \\ 1 & 1 & 6 \end{pmatrix} \begin{pmatrix} 2 & 5 & 2 \\ 4 & -2 & 4 \\ 1 & -5 & 3 \end{pmatrix}$$
$$= \begin{pmatrix} 2+12+3 & 5-6-15 & 2+12+9 \\ 4+4-8 & 10-2+40 & 4+4-24 \\ 2+4+6 & 5-2-30 & 2+4+18 \end{pmatrix} = \begin{pmatrix} 17 & -16 & 23 \\ 0 & 48 & -16 \\ 12 & -27 & 24 \end{pmatrix}$$
$$BA = \begin{pmatrix} 2 & 5 & 2 \\ 4 & -2 & 4 \\ 1 & -5 & 3 \end{pmatrix} \begin{pmatrix} 1 & 3 & 3 \\ 2 & 1 & -8 \\ 1 & 1 & 6 \end{pmatrix}$$
$$= \begin{pmatrix} 2+10+2 & 6+5+2 & 6-40+12 \\ 4-4+4 & 12-2+4 & 12+16+24 \\ 1-10+3 & 3-5+3 & 3+40+18 \end{pmatrix} = \begin{pmatrix} 14 & 13 & -22 \\ 4 & 14 & 52 \\ -6 & 1 & 61 \end{pmatrix}$$

を得ます．これより $AB \neq BA$ です． □

問 2 (1) 積 A^2 を計算すると
$$A^2 = \begin{pmatrix} a & b \\ c & d \end{pmatrix}\begin{pmatrix} a & b \\ c & d \end{pmatrix} = \begin{pmatrix} a^2+bc & ab+bd \\ ac+cd & bc+d^2 \end{pmatrix}$$

なので，条件 $A^2 = E$ から
$$a^2 + bc = bc + d^2 = 1, \quad c(a+d) = b(a+d) = 0$$

です．

(2) もし $a+d \neq 0$ ならば
$$a^2 = d^2 = 1, \quad b = 0, \quad c = 0$$

です．よって $a=1, d=1$ または $a=-1, d=-1$ となるので
$$A = E \quad \text{または} \quad A = -E \tag{1}$$

です．次に $a+d=0$ とします．もし $b=0$ ならば $a^2=1$ より $a=1, d=-1$ または $a=-1, d=1$ なので
$$A = \begin{pmatrix} 1 & 0 \\ c & -1 \end{pmatrix} \quad \text{または} \quad A = \begin{pmatrix} -1 & 0 \\ c & 1 \end{pmatrix} \tag{2}$$

253

問題 12

となります. ここで $c \in \mathbb{R}$ です. 一方 $b \neq 0$ ならば
$$d = -a, \quad c = \frac{1-a^2}{b}$$
なので
$$A = \begin{pmatrix} a & b \\ \frac{1-a^2}{b} & -a \end{pmatrix} \tag{3}$$
です. ここで $a, b \in \mathbb{R}$, $b \neq 0$ です. したがって, 求める行列 A は (1), (2), (3) の 3 つの型です. □

問 3 平面 H の元
$$w = \begin{pmatrix} x \\ y \\ z \end{pmatrix}$$
は, 等式 $ax + by + cz = 0$ を満たすので
$$x = -\frac{b}{a}y - \frac{c}{a}z$$
です. これより, 元 x は y と z により決まると考えてよいので, それぞれを実数 r および s とすれば
$$\begin{cases} x = -\frac{b}{a}r - \frac{c}{a}s \\ y = \phantom{-\frac{b}{a}}r \\ z = \phantom{-\frac{b}{a}r - \frac{c}{a}}s \end{cases}$$
の形に表されます. したがって, 各 $w \in H$ は
$$w = \begin{pmatrix} x \\ y \\ z \end{pmatrix} = r \begin{pmatrix} -\frac{b}{a} \\ 1 \\ 0 \end{pmatrix} + s \begin{pmatrix} -\frac{c}{a} \\ 0 \\ 1 \end{pmatrix} = ru + sv, \quad u = \begin{pmatrix} -\frac{b}{a} \\ 1 \\ 0 \end{pmatrix}, \quad v = \begin{pmatrix} -\frac{c}{a} \\ 0 \\ 1 \end{pmatrix}$$
と書き直されるので, 平面 H は
$$H = \{\, ru + sv \mid r, s \in \mathbb{R} \,\}$$
となります. この場合, 元 u, v は 1 次独立です. なぜならば, もし $ru + sv = 0$, $r, s \in \mathbb{R}$ ならば
$$0 = ru + sv = r \begin{pmatrix} -\frac{b}{a} \\ 1 \\ 0 \end{pmatrix} + s \begin{pmatrix} 0 \\ -\frac{c}{a} \\ 0 \\ 1 \end{pmatrix} = \begin{pmatrix} -\frac{b}{c}r - \frac{c}{a}s \\ r \\ s \end{pmatrix}$$
となるので $r = 0$, $s = 0$ です. したがって, 集合 $\{u, v\}$ は H の基底です.

これより $\dim H = 2$ を得ます. □

問 4 (1) 簡単のために
$$f_1 = 1 - t + t^2, \quad f_2 = -1 + 2t + 2t^2, \quad f_3 = 1 - 2t - t^2$$
とおきます．この場合 $f_1, f_2, f_3 \in \mathbb{R}[t]_2$ です．はじめに，元 f_1, f_2, f_3 が 1 次独立であることを示します．いま，元 $a, b, c \in \mathbb{R}$ に対して $af_1 + bf_2 + cf_3 = 0$ とすると
$$\begin{aligned} 0 = af_1 + bf_2 + cf_3 &= a(1 - t + t^2) + b(-1 + 2t + 2t^2) + c(1 - 2t - t^2) \\ &= (a - b + c) + (-a + 2b - 2c)t + (a + 2b + -c)t^2 \end{aligned} \quad (\#)$$
です．これより
$$\begin{cases} a - b + c = 0 \\ -a + 2b - 2c = 0 \\ a + 2b - c = 0 \end{cases}$$
を得ます．これらの等式を満たす実数 $a, b, c \in \mathbb{R}$ を求めるために，係数行列を階段形に変形します．ただし，右辺の 0 は省略します．

$$\begin{pmatrix} 1 & -1 & 1 \\ -1 & 2 & -2 \\ 1 & 2 & -1 \end{pmatrix} \to \begin{pmatrix} 1 & -1 & 1 \\ 0 & 1 & -1 \\ 0 & 3 & -2 \end{pmatrix} \to \begin{pmatrix} 1 & 0 & 0 \\ 0 & 1 & -1 \\ 0 & 0 & 1 \end{pmatrix} \to \begin{pmatrix} 1 & 0 & 0 \\ 0 & 1 & 0 \\ 0 & 0 & 1 \end{pmatrix}$$

得られた階段形を元の形に戻すと $a = 0$, $b = 0$, $c = 0$ です．したがって，元 f_1, f_2, f_3 は 1 次独立です．

これより，元 f_1, f_2, f_3 で生成される $\mathbb{R}[t]_2$ の部分空間 $W = \langle f_1, f_2, f_3 \rangle$ は $\dim W = 3$ です．いま $\dim \mathbb{R}[t]_2 = 3$ なので $W = \mathbb{R}[t]_2$ となります（10 章，命題 3 の系）．よって，集合 $D = \{f_1, f_2, f_3\}$ は $\mathbb{R}[t]_2$ の基底です．

(2) 基底 D の元を基底 $B = \{1, t-1, (t-1)^2\}$ の元で表すと
$$\begin{aligned} f_1 &= 1 - t + t^2 = 1 - (1 - t) + (1 - t)^2, \\ f_2 &= -1 + 2t + 2t^2 = 3 - 6(1 - t) + 2(1 - t)^2, \\ f_3 &= 1 - 2t - t^2 = -2 + 4(1 - t) - (1 - t)^2 \end{aligned}$$
となることを確認してください．これより
$$(f_1 \ f_2 \ f_3) = (1 \ \ 1 - t \ \ (1-t)^2) \begin{pmatrix} 1 & 3 & -2 \\ -1 & -6 & 4 \\ 1 & 2 & -1 \end{pmatrix}$$
となります．したがって，基底 B を D に変換する変換行列 S は
$$S = \begin{pmatrix} 1 & 3 & -2 \\ -1 & -6 & 4 \\ 1 & 2 & -1 \end{pmatrix}$$

問題 12

です．

問 5 簡単のために

$$u = x_1 + x_2 + ax_3, \quad v = x_1 + ax_2 + x_3, \quad w = ax_1 + x_2 + x_3$$

とおきます．いま，元 $p, q, r \in \mathbb{R}$ に対して $pu + qv + rw = 0$ とします．この式を書き直すと

$$(p + q + ar)x_1 + (p + aq + r)x_2 + (ap + q + r)x_3 = 0$$

です．元 x_1, x_2, x_3 は 1 次独立なので

$$\begin{cases} p + q + ar = 0 \\ p + aq + r = 0 \\ ap + q + r = 0 \end{cases}$$

を得ます．これらの等式を満たす実数 $p, q, r \in \mathbb{R}$ を求めるために，係数行列を階段形に変形します．ただし，右辺の 0 は省略します．

$$\begin{pmatrix} 1 & 1 & a \\ 1 & a & 1 \\ a & 1 & 1 \end{pmatrix} \to \begin{pmatrix} 1 & 1 & a \\ 0 & a-1 & 1-a \\ 0 & 1-a & 1-a^2 \end{pmatrix} \to \begin{pmatrix} 1 & 1 & a \\ 0 & a-1 & 1-a \\ 0 & 0 & 2-a-a^2 \end{pmatrix} \quad (*)$$

もし $2 - a - a^2 \neq 0$ すなわち $(a-1)(a+2) \neq 0$ ならば，上記の係数行列 $(*)$ は，さらに

$$\to \begin{pmatrix} 1 & 1 & a \\ 0 & 1 & -1 \\ 0 & 0 & 1 \end{pmatrix} \to \begin{pmatrix} 1 & 0 & a+1 \\ 0 & 1 & -1 \\ 0 & 0 & 1 \end{pmatrix} \to \begin{pmatrix} 1 & 0 & 0 \\ 0 & 1 & 0 \\ 0 & 0 & 1 \end{pmatrix}$$

と変形され，得られた階段形を元の形に戻すと $p = 0, q = 0, r = 0$ です．よって，元 u, v, w は 1 次独立です．

一方 $(a-1)(a+2) = 0$ の場合，もし $a = 1$ ならば $u = v = w$ なので，元 u, v, w は 1 次従属です．また $a = -2$ ならば，上記の係数行列 $(*)$ は

$$\to \begin{pmatrix} 1 & 1 & -2 \\ 0 & -3 & 3 \\ 0 & 0 & 0 \end{pmatrix} \to \begin{pmatrix} 1 & 1 & -2 \\ 0 & 1 & -1 \\ 0 & 0 & 0 \end{pmatrix} \to \begin{pmatrix} 1 & 0 & -1 \\ 0 & 1 & -1 \\ 0 & 0 & 0 \end{pmatrix}$$

と変形されます．得られた階段形を元の形に戻すと $p = r, \; q = r$ です．したがって，例えば $p = q = r = 1$ の場合

$$u + v + w = (x_1 + x_2 - 2x_3) + (x_1 - 2x_2 + x_3) + (-2x_1 + x_2 + x_3) = 0$$

となるので，元 u, v, w は 1 次従属です．

問 6 問題 7 の問 5 の W に対して $u \in W$ となることに注意します．これより $u \in Y$ です（問題 7, 問 5）．一方，解と係数の関係から $c = 2\alpha$, $d = \alpha^2$ です．これを用いると，実数列 v に対して

$$cn\alpha^{n-1} - d(n-1)\alpha^{n-2} = 2n\alpha^n - (n-1)\alpha^n = (n+1)\alpha^n$$

なので $v \in Y$ です．これより $\langle u, v \rangle \subset Y$ となります（7 章，補題 1）．

逆に，実数列 $\{a_n\} \in Y$ に対して

$$a_n = r\alpha^{n-1} + s(n-1)\alpha^{n-2} \tag{1}$$

となる実数 $r, s \in \mathbb{R}$ が存在することを示します．実際

$$r = a_1, \quad s = a_2 - \alpha a_1 \tag{2}$$

とおいて，数学的帰納法により，等式 (1) を示します．

まず $n = 1, 2$ ならば，等式 (2) から $a_1 = r$, $a_2 = r\alpha + s$ となるので，等式 (1) が成立します．そこで $n \geq 2$ として n 以下については，等式 (1) が成立すると仮定します．ここで $\alpha^2 - c\alpha + d = 0$ および

$$n\alpha^2 - c(n-1)\alpha + d(n-2) = n\alpha^2 - 2(n-1)\alpha^2 + (n-2)\alpha^2 = 0$$

に注意すると

$$(r\alpha^n + sn\alpha^{n-1}) - c(r\alpha^{n-1} + s(n-1)\alpha^{n-2}) + d(r\alpha^{n-2} + s(n-2)\alpha^{n-3})$$
$$= r(\alpha^2 - c\alpha + d)\alpha^{n-2} + s(n\alpha^2 - c(n-1)\alpha + d(n-2))\alpha^{n-3} = 0$$

となります．この等式を用いると

$$a_{n+1} = ca_n - da_{n-1} = c(r\alpha^{n-1} + s(n-1)\alpha^{n-2}) - d(r\alpha^{n-2} + s(n-2)\alpha^{n-3})$$
$$= r\alpha^n + sn\alpha^{n-1}$$

を得ます．したがって，等式 (1) から $\{a_n\} \in \langle u, v \rangle$ です．

いま，実数 $r, s \in \mathbb{R}$ に対して $ru + sv = 0$ とします．この右辺 $ru + sv$ は

$$ru + sv = \{r\alpha^{n-1} + s(n-1)\alpha^{n-2}\}$$

となるので，等式 $ru + sv = 0$ は，数列 $\{r\alpha^{n-1} + s(n-1)\alpha^{n-2}\} = 0$ を意味します．これより，すべての n について $r\alpha^{n-1} + s(n-1)\alpha^{n-2} = 0$ です．特に $n = 1, 2$ の場合

$$r = 0, \quad r\alpha + s = 0$$

です．これより $r, s = 0$ を得ます．したがって u, v は 1 次独立となり，集合 $\{u, v\}$ は Y の基底になります． □

問題 13

問 1 (1) いま $CB = E$ となる 3 次の正方行列

$$B = \begin{pmatrix} b_{11} & b_{12} & b_{13} \\ b_{21} & b_{22} & b_{23} \\ b_{31} & b_{32} & b_{33} \end{pmatrix}$$

が存在するかどうかを考えます（命題 2）．等号 $CB = E$ は

$$\begin{pmatrix} 3 & -3 & 1 \\ -3 & 2 & -1 \\ 2 & -3 & 2 \end{pmatrix} \begin{pmatrix} b_{11} & b_{12} & b_{13} \\ b_{21} & b_{22} & b_{23} \\ b_{31} & b_{32} & b_{33} \end{pmatrix} = \begin{pmatrix} 1 & 0 & 0 \\ 0 & 1 & 0 \\ 0 & 0 & 1 \end{pmatrix}$$

となります．これより，縦ベクトル

$$w_1 = \begin{pmatrix} b_{11} \\ b_{21} \\ b_{31} \end{pmatrix}, \quad w_2 = \begin{pmatrix} b_{12} \\ b_{22} \\ b_{32} \end{pmatrix}, \quad w_3 = \begin{pmatrix} b_{13} \\ b_{23} \\ b_{33} \end{pmatrix}$$

は，それぞれ，連立方程式

$$\begin{cases} 3X_1 - 3X_2 + X_3 = 1 \\ -3X_1 + 2X_2 - X_3 = 0 \\ 2X_1 - 3X_2 + 2X_3 = 0 \end{cases}, \quad \begin{cases} 3X_1 - 3X_2 + X_3 = 0 \\ -3X_1 + 2X_2 - X_3 = 1 \\ 2X_1 - 3X_2 + 2X_3 = 0 \end{cases}, \quad \begin{cases} 3X_1 - 3X_2 + X_3 = 0 \\ -3X_1 + 2X_2 - X_3 = 0 \\ 2X_1 - 3X_2 + 2X_3 = 1 \end{cases}$$

の解です．いずれも，同一の計算で解が求まるので，方程式の解法（6 章，消去法）に従って，係数行列

$$\begin{array}{cccccc} 3 & -3 & 1 & 1 & 0 & 0 \\ -3 & 2 & -1 & 0 & 1 & 0 \\ 2 & -3 & 2 & 0 & 0 & 1 \end{array}$$

を変形すると

$$\to \left(\begin{array}{ccc|ccc} 1 & -1 & \frac{1}{3} & \frac{1}{3} & 0 & 0 \\ -3 & 2 & -1 & 0 & 1 & 0 \\ 2 & -3 & 2 & 0 & 0 & 1 \end{array} \right) \to \left(\begin{array}{ccc|ccc} 1 & -1 & \frac{1}{3} & \frac{1}{3} & 0 & 0 \\ 0 & -1 & 0 & 1 & 1 & 0 \\ 0 & -1 & \frac{4}{3} & -\frac{2}{3} & 0 & 1 \end{array} \right)$$

$$\to \left(\begin{array}{ccc|ccc} 1 & 0 & \frac{1}{3} & -\frac{2}{3} & -1 & 0 \\ 0 & 1 & 0 & -1 & -1 & 0 \\ 0 & 0 & \frac{4}{3} & -\frac{5}{3} & -1 & 1 \end{array} \right) \to \left(\begin{array}{ccc|ccc} 1 & 0 & \frac{1}{3} & -\frac{2}{3} & -1 & 0 \\ 0 & 1 & 0 & -1 & -1 & 0 \\ 0 & 0 & 1 & -\frac{5}{4} & -\frac{3}{4} & \frac{3}{4} \end{array} \right)$$

$$\rightarrow \begin{pmatrix} 1 & 0 & 0 & \bigg| & -\frac{1}{4} & -\frac{3}{4} & -\frac{1}{4} \\ 0 & 1 & 0 & \bigg| & -1 & -1 & 0 \\ 0 & 0 & 1 & \bigg| & -\frac{5}{4} & -\frac{3}{4} & \frac{3}{4} \end{pmatrix}$$

を得ます．それぞれを元の方程式の形に戻すと

$$\begin{cases} X_1 = -\frac{1}{4} \\ X_2 = -1 \\ X_3 = -\frac{5}{4} \end{cases}, \quad \begin{cases} X_1 = -\frac{3}{4} \\ X_2 = -1 \\ X_3 = -\frac{3}{4} \end{cases}, \quad \begin{cases} X_1 = -\frac{1}{4} \\ X_2 = 0 \\ X_3 = \frac{3}{4} \end{cases}$$

となります．これより，求める縦ベクトルは

$$w_1 = \begin{pmatrix} -\frac{1}{4} \\ -1 \\ -\frac{5}{4} \end{pmatrix}, \quad w_2 = \begin{pmatrix} -\frac{3}{4} \\ -1 \\ -\frac{3}{4} \end{pmatrix}, \quad w_3 = \begin{pmatrix} -\frac{1}{4} \\ 0 \\ \frac{3}{4} \end{pmatrix}$$

です．したがって，逆行列 C^{-1} は

$$C^{-1} = \begin{pmatrix} -\frac{1}{4} & -\frac{3}{4} & -\frac{1}{4} \\ -1 & -1 & 0 \\ -\frac{5}{4} & -\frac{3}{4} & \frac{3}{4} \end{pmatrix}$$

となります．

(2) 行列 D に対しても同様に考えて，係数行列

$$\begin{array}{cccccccc} -5 & 5 & 3 & -1 & 1 & 0 & 0 & 0 \\ 2 & 2 & 1 & 2 & 0 & 1 & 0 & 0 \\ 3 & -1 & 1 & 1 & 0 & 0 & 1 & 0 \\ 2 & 3 & -1 & 3 & 0 & 0 & 0 & 1 \end{array}$$

を変形します．簡単のために $(1,1)$ 成分に 1 をつくります．例えば，第 3 行を第 1 行に加えて $-\frac{1}{2}$ 倍します．以下，同様にして変形します．

$$\rightarrow \begin{pmatrix} -2 & 4 & 4 & 0 & \bigg| & 1 & 0 & 1 & 0 \\ 2 & 2 & 1 & 2 & \bigg| & 0 & 1 & 0 & 0 \\ 3 & -1 & 1 & 1 & \bigg| & 0 & 0 & 1 & 0 \\ 2 & 3 & -1 & 3 & \bigg| & 0 & 0 & 0 & 1 \end{pmatrix} \rightarrow \begin{pmatrix} 1 & -2 & -2 & 0 & \bigg| & -\frac{1}{2} & 0 & -\frac{1}{2} & 0 \\ 2 & 2 & 1 & 2 & \bigg| & 0 & 1 & 0 & 0 \\ 3 & -1 & 1 & 1 & \bigg| & 0 & 0 & 1 & 0 \\ 2 & 3 & -1 & 3 & \bigg| & 0 & 0 & 0 & 1 \end{pmatrix}$$

$$\rightarrow \begin{pmatrix} 1 & -2 & -2 & 0 & \bigg| & -\frac{1}{2} & 0 & -\frac{1}{2} & 0 \\ 0 & 6 & 5 & 2 & \bigg| & 1 & 1 & 1 & 0 \\ 0 & 5 & 7 & 1 & \bigg| & \frac{3}{2} & 0 & \frac{5}{2} & 0 \\ 0 & 7 & 3 & 3 & \bigg| & 1 & 0 & 1 & 1 \end{pmatrix} \rightarrow \begin{pmatrix} 1 & -2 & -2 & 0 & \bigg| & -\frac{1}{2} & 0 & -\frac{1}{2} & 0 \\ 0 & 1 & -2 & 1 & \bigg| & -\frac{1}{2} & 1 & -\frac{3}{2} & 0 \\ 0 & 5 & 7 & 1 & \bigg| & \frac{3}{2} & 0 & \frac{5}{2} & 0 \\ 0 & 7 & 3 & 3 & \bigg| & 1 & 0 & 1 & 1 \end{pmatrix}$$

問題 13

ここで,最後の変形は,第 3 行の -1 倍を第 2 行に加えています.

$$\rightarrow \begin{pmatrix} 1 & 0 & -6 & 2 & -\frac{3}{2} & 2 & -\frac{7}{2} & 0 \\ 0 & 1 & -2 & 1 & -\frac{1}{2} & 1 & -\frac{3}{2} & 0 \\ 0 & 0 & 17 & -4 & 4 & -5 & 10 & 0 \\ 0 & 0 & 17 & -4 & \frac{9}{2} & -7 & \frac{23}{2} & 1 \end{pmatrix} \rightarrow \begin{pmatrix} 1 & 0 & -6 & 2 & -\frac{3}{2} & 2 & -\frac{7}{2} & 0 \\ 0 & 1 & -2 & 1 & -\frac{1}{2} & 1 & -\frac{3}{2} & 0 \\ 0 & 0 & 17 & -4 & 4 & -5 & 10 & 0 \\ 0 & 0 & 0 & 0 & \frac{1}{2} & -2 & \frac{3}{2} & 1 \end{pmatrix}$$

得られた最後の行を元の方程式の形で考えると,すべての係数が 0 なので

$$0 \cdot X_1 + \cdots + 0 \cdot X_4 = \frac{1}{2}, \quad -2, \quad \frac{3}{2}, \quad 1$$

となり,矛盾です.したがって,求める解が存在しない,すなわち,行列 D は逆行列をもちません. □

問 2 いま,行列 B を

$$B = (v_1 \cdots v_n) = \begin{pmatrix} b_{11} & \cdots & b_{1n} \\ \vdots & & \vdots \\ b_{n1} & \cdots & b_{nn} \end{pmatrix}$$

として,簡単のために,行列 A および,積 AB を,それぞれ,縦ベクトルにより

$$A = (w_1 \cdots w_n), \quad AB = (z_1 \cdots z_n)$$

と表します.この場合

$$(z_1 \cdots z_n) = AB = (w_1 \cdots w_n) \begin{pmatrix} b_{11} & \cdots & b_{1n} \\ \vdots & & \vdots \\ b_{n1} & \cdots & b_{nn} \end{pmatrix}$$

となるので

$$z_1 = b_{11}w_1 + \cdots + b_{n1}w_n,$$
$$\vdots$$
$$z_n = b_{1n}w_1 + \cdots + b_{nn}w_n$$

です(12 章,式 (1), (2)).これより,積 AB の第 i 列を表す縦ベクトル z_i は

$$z_i = (w_1 \cdots w_n) \begin{pmatrix} b_{1i} \\ \vdots \\ b_{ni} \end{pmatrix} = Av_i$$

を得ます. □

問 3 (1) 行列 A を列ベクトルにより $A = (w_1 \cdots w_n)$ と表します.いま,元 $x, y \in K^n$ を

$$x = \begin{pmatrix} a_1 \\ \vdots \\ a_n \end{pmatrix}, \quad y = \begin{pmatrix} b_1 \\ \vdots \\ b_n \end{pmatrix}$$

とすると

$$A(x+y) = (w_1 \cdots w_n) \begin{pmatrix} a_1+b_1 \\ \vdots \\ a_n+b_n \end{pmatrix} = (a_1+b_1)w_1 + \cdots + (a_n+b_n)w_n$$

$$= (a_1 w_1 + \cdots + a_n w_n) + (b_1 w_1 + \cdots + b_n w_n)$$

$$= (w_1 \cdots w_n) \begin{pmatrix} a_1 \\ \vdots \\ a_n \end{pmatrix} + (w_1 \cdots w_n) \begin{pmatrix} b_1 \\ \vdots \\ b_n \end{pmatrix} = Ax + Ay$$

です．また

$$A(cx) = (w_1 \cdots w_n) \begin{pmatrix} ca_1 \\ \vdots \\ ca_n \end{pmatrix} = (ca_1)w_1 + \cdots + (ca_n)w_n$$

$$= c(a_1 w_1 + \cdots + a_n w_n) = c \cdot (w_1 \cdots w_n) \begin{pmatrix} a_1 \\ \vdots \\ a_n \end{pmatrix} = c \cdot Ax$$

となります．

(2) もし $x, y \in Y$ ならば $Ax = 0$, $Ay = 0$ です．これより

$$A(x+y) = Ax + Ay = 0 + 0 = 0$$

なので $x+y \in Y$ です．また，元 $c \in K$ に対して

$$A(cx) = c \cdot Ax = c \cdot 0 = 0$$

より $cx \in Y$ です．特に $A \cdot 0 = 0$ なので $0 \in Y$ となります．よって Y は K^n の部分空間です（4 章，命題 1）．□

問 4 (1) まず，元 x_1, x_2, x_3 が 1 次独立であることを示します．いま，元 $a, b, c \in K$ に対して

$$ax_1 + bx_2 + cx_3 = 0$$

とします．したがって，元 a, b, c は，方程式

$$\begin{cases} X_1 \phantom{{}+3X_2} + X_3 = 0 \\ -8X_1 + 3X_2 - 9X_3 = 0 \\ 5X_1 - 2X_2 + 6X_3 = 0 \end{cases}$$

問題 13

の解です．方程式の解法（6章，消去法）に従って，係数行列を変形します．

$$\begin{pmatrix} 1 & 0 & 1 \\ -8 & 3 & -9 \\ 5 & -2 & 6 \end{pmatrix} \to \begin{pmatrix} 1 & 0 & 1 \\ 0 & 3 & -1 \\ 0 & -2 & 1 \end{pmatrix} \to \begin{pmatrix} 1 & 0 & 1 \\ 0 & 1 & -\frac{1}{3} \\ 0 & -2 & 1 \end{pmatrix}$$

$$\to \begin{pmatrix} 1 & 0 & 1 \\ 0 & 1 & -\frac{1}{3} \\ 0 & 0 & \frac{1}{3} \end{pmatrix} \to \begin{pmatrix} 1 & 0 & 1 \\ 0 & 1 & -\frac{1}{3} \\ 0 & 0 & 1 \end{pmatrix} \to \begin{pmatrix} 1 & 0 & 0 \\ 0 & 1 & 0 \\ 0 & 0 & 1 \end{pmatrix}$$

元の方程式の形に戻すと，それぞれの解は

$$X_1 = 0, \quad X_2 = 0, \quad X_3 = 0$$

です．これより $a = 0, b = 0, c = 0$ を得ます．したがって x_1, x_2, x_3 は1次独立です．空間 $\mathbb{R}^3$ は3次元なので，集合 $\{x_1, x_2, x_3\}$ は $\mathbb{R}^3$ の基底です（9章，命題4）．

同様にして，元 y_1, y_2, y_3 が1次独立であることを示します．いま，元 $a, b, c \in K$ に対して

$$ay_1 + by_2 + cy_3 = 0$$

とすると，元 a, b, c は，方程式

$$\begin{cases} X_1 + X_2 + X_3 = 0 \\ X_1 + 2X_2 + X_3 = 0 \\ X_2 + X_3 = 0 \end{cases}$$

の解です．係数行列を変形すると

$$\begin{pmatrix} 1 & 1 & 1 \\ 1 & 2 & 1 \\ 0 & 1 & 1 \end{pmatrix} \to \begin{pmatrix} 1 & 1 & 1 \\ 0 & 1 & 0 \\ 0 & 1 & 1 \end{pmatrix} \to \begin{pmatrix} 1 & 0 & 1 \\ 0 & 1 & 0 \\ 0 & 0 & 1 \end{pmatrix} \to \begin{pmatrix} 1 & 0 & 0 \\ 0 & 1 & 0 \\ 0 & 0 & 1 \end{pmatrix}$$

となります．これより $a = 0, b = 0, c = 0$ です．よって y_1, y_2, y_3 は1次独立となり，集合 $\{y_1, y_2, y_3\}$ は $\mathbb{R}^3$ の基底です．

(2) 基底 $\{x_1, x_2, x_3\}$ を基底 $\{y_1, y_2, y_3\}$ に変換する変換行列を

$$P = \begin{pmatrix} b_{11} & b_{12} & b_{13} \\ b_{21} & b_{22} & b_{23} \\ b_{31} & b_{32} & b_{33} \end{pmatrix}$$

とします．この場合

$$\begin{pmatrix} 1 & 0 & 1 \\ -8 & 3 & -9 \\ 5 & -2 & 6 \end{pmatrix} \begin{pmatrix} b_{11} & b_{12} & b_{13} \\ b_{21} & b_{22} & b_{23} \\ b_{31} & b_{32} & b_{33} \end{pmatrix} = \begin{pmatrix} 1 & 1 & 1 \\ 1 & 2 & 1 \\ 0 & 1 & 1 \end{pmatrix}$$

となります．これより，縦ベクトル

$$w_1 = \begin{pmatrix} b_{11} \\ b_{21} \\ b_{31} \end{pmatrix}, \quad w_2 = \begin{pmatrix} b_{12} \\ b_{22} \\ b_{32} \end{pmatrix}, \quad w_3 = \begin{pmatrix} b_{13} \\ b_{23} \\ b_{33} \end{pmatrix}$$

は，それぞれ，連立方程式

$$\begin{cases} X_1 + X_3 = 1 \\ -8X_1 + 3X_2 - 9X_3 = 1 \\ 5X_1 - 2X_2 + 6X_3 = 0 \end{cases}, \quad \begin{cases} X_1 + X_3 = 1 \\ -8X_1 + 3X_2 - 9X_3 = 2 \\ 5X_1 - 2X_2 + 6X_3 = 1 \end{cases}, \quad \begin{cases} X_1 + X_3 = 1 \\ -8X_1 + 3X_2 - 9X_3 = 1 \\ 5X_1 - 2X_2 + 6X_3 = 1 \end{cases}$$

の解です．いずれも，同一の計算で解が求まるので，方程式の解法（6章，消去法）に従って，係数行列

$$\begin{array}{ccccccc} 1 & 0 & 1 & 1 & 1 & 1 \\ -8 & 3 & -9 & 1 & 2 & 1 \\ 5 & -2 & 6 & 0 & 1 & 1 \end{array}$$

を変形すると

$$\rightarrow \left(\begin{array}{ccc|ccc} 1 & 0 & 1 & 1 & 1 & 1 \\ 0 & 3 & -1 & 9 & 10 & 9 \\ 0 & -2 & 1 & -5 & -4 & -4 \end{array}\right) \rightarrow \left(\begin{array}{ccc|ccc} 1 & 0 & 1 & 1 & 1 & 1 \\ 0 & 1 & 0 & 4 & 6 & 5 \\ 0 & -2 & 1 & -5 & -4 & -4 \end{array}\right)$$

$$\rightarrow \left(\begin{array}{ccc|ccc} 1 & 0 & 1 & 1 & 1 & 1 \\ 0 & 1 & 0 & 4 & 6 & 5 \\ 0 & 0 & 1 & 3 & 8 & 6 \end{array}\right) \rightarrow \left(\begin{array}{ccc|ccc} 1 & 0 & 0 & -2 & -7 & -5 \\ 0 & 1 & 0 & 4 & 6 & 5 \\ 0 & 0 & 1 & 3 & 8 & 6 \end{array}\right)$$

を得ます．元の方程式の形に戻すと，それぞれの解は

$$\begin{cases} X_1 = -2 \\ X_2 = 4 \\ X_3 = 3 \end{cases}, \quad \begin{cases} X_1 = -7 \\ X_2 = 6 \\ X_3 = 8 \end{cases}, \quad \begin{cases} X_1 = -5 \\ X_2 = 5 \\ X_3 = 6 \end{cases}$$

となります．これより，求める縦ベクトルは

$$w_1 = \begin{pmatrix} -2 \\ 4 \\ 3 \end{pmatrix}, \quad w_2 = \begin{pmatrix} -7 \\ 6 \\ 8 \end{pmatrix}, \quad w_3 = \begin{pmatrix} -5 \\ 5 \\ 6 \end{pmatrix}$$

です．したがって，変換行列 P は

$$P = \begin{pmatrix} -2 & -7 & -5 \\ 4 & 6 & 5 \\ 3 & 8 & 6 \end{pmatrix}$$

問題 13

となります.

逆行列 P^{-1} を，問 1 の (1) と同様にして，求めます．行列

$$\begin{pmatrix} -2 & -7 & -5 & 1 & 0 & 0 \\ 4 & 6 & 5 & 0 & 1 & 0 \\ 3 & 8 & 6 & 0 & 0 & 1 \end{pmatrix}$$

を変形すると

$$\rightarrow \left(\begin{array}{ccc|ccc} 1 & 1 & 1 & 1 & 0 & 1 \\ 4 & 6 & 5 & 0 & 1 & 0 \\ 3 & 8 & 6 & 0 & 0 & 1 \end{array}\right) \rightarrow \left(\begin{array}{ccc|ccc} 1 & 1 & 1 & 1 & 0 & 0 \\ 0 & 2 & 1 & -4 & 1 & -4 \\ 0 & 5 & 3 & -3 & 0 & -2 \end{array}\right)$$

$$\rightarrow \left(\begin{array}{ccc|ccc} 1 & 1 & 1 & 1 & 0 & 1 \\ 0 & 1 & \frac{1}{2} & -2 & \frac{1}{2} & -2 \\ 0 & 5 & 3 & -3 & 0 & -2 \end{array}\right) \rightarrow \left(\begin{array}{ccc|ccc} 1 & 0 & \frac{1}{2} & 3 & -\frac{1}{2} & 3 \\ 0 & 1 & \frac{1}{2} & -2 & \frac{1}{2} & -2 \\ 0 & 0 & \frac{1}{2} & 7 & -\frac{5}{2} & 8 \end{array}\right)$$

$$\rightarrow \left(\begin{array}{ccc|ccc} 1 & 0 & 0 & -4 & 2 & -5 \\ 0 & 1 & 0 & -9 & 3 & -10 \\ 0 & 0 & \frac{1}{2} & 7 & -\frac{5}{2} & 8 \end{array}\right) \rightarrow \left(\begin{array}{ccc|ccc} 1 & 0 & 0 & -4 & 2 & -5 \\ 0 & 1 & 0 & -9 & 3 & -10 \\ 0 & 0 & 1 & 14 & -5 & 16 \end{array}\right)$$

これより，求める逆行列 P^{-1} は

$$P^{-1} = \begin{pmatrix} -4 & 2 & -5 \\ -9 & 3 & -10 \\ 14 & -5 & 16 \end{pmatrix}$$

です． □

問 5 積 AB が正則行列なので

$$AB \cdot C = E, \quad C \cdot AB = E$$

となる n 次平方行列 C が存在します（12 章, 式 (∗)）．これより

$$A \cdot BC = E, \quad CA \cdot B = E$$

です．したがって，前式から，行列 A は正則行列です（13 章, 命題 2）．また，後式から $B \cdot CA = E$ が成立するので（13 章, 命題 2 の系），行列 B も正則行列となります． □

問題 14

問 1 (1) 第 1 行から 2 を括り出し，第 1 行の $-4, -3$ 倍を，それぞれ，第 2, 3 行に加えると

$$\det A = 2 \cdot \det \begin{pmatrix} 1 & 1 & -\frac{3}{2} \\ 4 & -1 & 6 \\ 3 & 1 & 5 \end{pmatrix} = 2 \cdot \det \begin{pmatrix} 1 & 1 & -\frac{3}{2} \\ 0 & -5 & 12 \\ 0 & -2 & \frac{19}{2} \end{pmatrix}$$

となります．次に，第 2 行から -5 を括り出し，第 2 行の 2 倍を第 3 行に加えると

$$\det A = 2 \cdot (-5) \cdot \det \begin{pmatrix} 1 & 1 & -\frac{3}{2} \\ 0 & 1 & -\frac{12}{5} \\ 0 & -2 & \frac{19}{2} \end{pmatrix} = 2 \cdot (-5) \cdot \det \begin{pmatrix} 1 & 1 & -\frac{3}{2} \\ 0 & 1 & -\frac{12}{5} \\ 0 & 0 & \frac{47}{10} \end{pmatrix}$$
$$= -10 \cdot \frac{47}{10} = -47$$

です（14 章，命題）．

(2) 第 1 行と第 2 行を入れ替えて，第 1 行の $2, -3, -4$ 倍を，それぞれ，第 2, 3, 4 行に加えて，第 2 行と第 4 行を入れ替えます．

$$\det B = -\det \begin{pmatrix} 1 & 0 & 4 & -4 \\ 0 & 2 & 9 & -6 \\ 0 & -5 & -10 & 3 \\ 0 & 1 & -23 & 19 \end{pmatrix} = \det \begin{pmatrix} 1 & 0 & 4 & -4 \\ 0 & 1 & -23 & 19 \\ 0 & -5 & -10 & 3 \\ 0 & 2 & 9 & -6 \end{pmatrix}$$

第 2 行の $5, -2$ 倍を，それぞれ，第 3, 4 行に加えて，第 3 行と第 4 行を入れ替えます．

$$\det B = \det \begin{pmatrix} 1 & 0 & 4 & -4 \\ 0 & 1 & -23 & 19 \\ 0 & 0 & -125 & 98 \\ 0 & 0 & 55 & -44 \end{pmatrix} = -\det \begin{pmatrix} 1 & 0 & 4 & -4 \\ 0 & 1 & -23 & 19 \\ 0 & 0 & 55 & -44 \\ 0 & 0 & -125 & 98 \end{pmatrix}$$

第 3 行から 55 を括り出し，第 3 行の 125 倍を第 4 行に加えると

$$\det B = -55 \cdot \det \begin{pmatrix} 1 & 0 & 4 & -4 \\ 0 & 1 & -23 & 19 \\ 0 & 0 & 1 & -\frac{4}{5} \\ 0 & 0 & 0 & -2 \end{pmatrix} = -55 \cdot (-2) = 110$$

となります．

(3) 第 1 行の -1 倍を第 4 行の加え，第 4 行を第 2 行に加えて，次に，第 2 行の $-9, 5$ 倍を，

問題 14

それぞれ，第 3, 4 行に加えます．

$$\det C = \det \begin{pmatrix} 1 & 9 & 6 & 7 \\ 0 & 6 & 1 & 4 \\ 0 & 9 & 1 & 0 \\ 0 & -5 & -2 & -7 \end{pmatrix} = \det \begin{pmatrix} 1 & 9 & 6 & 7 \\ 0 & 1 & -1 & -3 \\ 0 & 9 & 1 & 0 \\ 0 & -5 & -2 & -7 \end{pmatrix} = \det \begin{pmatrix} 1 & 9 & 6 & 7 \\ 0 & 1 & -1 & -3 \\ 0 & 0 & 10 & 27 \\ 0 & 0 & -7 & -22 \end{pmatrix}$$

第 3 行から 10 を括り出し，第 3 行の 7 倍を第 4 行に加えると

$$\det C = 10 \cdot \det \begin{pmatrix} 1 & 9 & 6 & 7 \\ 0 & 1 & -1 & -3 \\ 0 & 0 & 1 & \frac{27}{10} \\ 0 & 0 & -7 & -22 \end{pmatrix} = 10 \cdot \det \begin{pmatrix} 1 & 9 & 6 & 7 \\ 0 & 1 & -1 & -3 \\ 0 & 0 & 1 & \frac{27}{10} \\ 0 & 0 & 0 & -\frac{31}{10} \end{pmatrix}$$
$$= 10 \cdot \left(-\frac{31}{10}\right) = -31$$

を得ます．

問 2 行列 G を階段形に変形すると

$$G \to \begin{pmatrix} 0 & 5 & 4 & -1 & 3 \\ 0 & 10 & 1 & -2 & 4 \\ 0 & 15 & 5 & -3 & 7 \\ 0 & 5 & 4 & -1 & 3 \\ -1 & 3 & 1 & -1 & 1 \end{pmatrix} \to \begin{pmatrix} 0 & 0 & 0 & 0 & 0 \\ 0 & 0 & -7 & 0 & -2 \\ 0 & 0 & -7 & 0 & -2 \\ 0 & 5 & 4 & -1 & 3 \\ -1 & 3 & 1 & -1 & 1 \end{pmatrix} \to$$

$$\begin{pmatrix} 1 & -3 & -1 & 1 & -1 \\ 0 & 5 & 4 & -1 & 3 \\ 0 & 0 & -7 & 0 & -2 \\ 0 & 0 & 0 & 0 & 0 \\ 0 & 0 & 0 & 0 & 0 \end{pmatrix} \to \begin{pmatrix} 1 & -3 & 0 & 1 & -\frac{5}{7} \\ 0 & 5 & 0 & -1 & \frac{13}{7} \\ 0 & 0 & 1 & 0 & \frac{2}{7} \\ 0 & 0 & 0 & 0 & 0 \\ 0 & 0 & 0 & 0 & 0 \end{pmatrix} \to \begin{pmatrix} 1 & 0 & 0 & \frac{2}{5} & \frac{2}{5} \\ 0 & 1 & 0 & -\frac{1}{5} & \frac{13}{35} \\ 0 & 0 & 1 & 0 & \frac{2}{7} \\ 0 & 0 & 0 & 0 & 0 \\ 0 & 0 & 0 & 0 & 0 \end{pmatrix}$$

となります．これより G の行ランク $= 3$ です．一方，等式 $Gx = 0$ を満たす元 $x \in \mathbb{R}^5$

$$x = \begin{pmatrix} a_1 \\ \vdots \\ a_5 \end{pmatrix}$$

の成分 $a_1, \ldots, a_5 \in \mathbb{R}$ は，最後に得られた行列の成分を係数とする方程式

$$\begin{cases} X_1 \quad\quad\quad\quad + \frac{2}{5}X_4 + \frac{2}{5}X_5 = 0 \\ \quad\quad X_2 \quad\quad - \frac{1}{5}X_4 + \frac{13}{35}X_5 = 0 \\ \quad\quad\quad\quad X_3 \quad\quad + \frac{2}{7}X_5 = 0 \end{cases}$$

の解です．未知数 X_4, X_5 を，それぞれ，実数 r, s とすれば，解は

$$\begin{cases} X_1 = -\frac{2}{5}r - \frac{2}{5}s \\ X_2 = \frac{1}{5}r - \frac{13}{35}s \\ X_3 = \phantom{-\frac{1}{5}r} - \frac{2}{7}s \\ X_4 = r \\ X_5 = \phantom{-\frac{1}{5}r -}\ s \end{cases}$$

の形に表されます．これをベクトルで表すと

$$\begin{pmatrix} X_1 \\ X_2 \\ X_3 \\ X_4 \\ X_5 \end{pmatrix} = r\begin{pmatrix} -\frac{2}{5} \\ \frac{1}{5} \\ 0 \\ 1 \\ 0 \end{pmatrix} + s\begin{pmatrix} -\frac{2}{5} \\ -\frac{13}{35} \\ -\frac{2}{7} \\ 0 \\ 1 \end{pmatrix}$$

です．そこで

$$v = \begin{pmatrix} -\frac{2}{5} \\ \frac{1}{5} \\ 0 \\ 1 \\ 0 \end{pmatrix}, \quad w = \begin{pmatrix} -\frac{2}{5} \\ -\frac{13}{35} \\ -\frac{2}{7} \\ 0 \\ 1 \end{pmatrix}$$

とおくと，求める解集合 Y は

$$Y = \{\, rv + sw \mid r, s \in \mathbb{R} \,\}$$

です．生成元の集合 $\{v, w\}$ は 1 次独立なので Y の基底です（9 章）．よって $\dim Y = 2$ なので

$$\dim Y = 5 - (G \text{ の行ランク})$$

が成立します（実は，一般に，この等式が成立します（問題 24, 問 3））． □

問 3 (1) はじめに $a \neq 0$ の場合を考えます．まず，第 1, 2 行の $-\dfrac{c^2}{a^2}$ 倍を，それぞれ，第 3, 4 行に加えて，第 3, 4 行から $\dfrac{1}{a^2} \cdot (a^2d^2 - b^2c^2)$ を括り出すと

$$\det P = \det \begin{pmatrix} a^3 & a^2b & ab^2 & b^3 \\ a^2c & a^2d & b^2c & b^2d \\ 0 & 0 & ad^2 - \frac{b^2c^2}{a} & bd^2 - \frac{b^3c^2}{a^2} \\ 0 & 0 & cd^2 - \frac{b^2c^3}{a^2} & d^3 - \frac{b^2c^2d}{a^2} \end{pmatrix}$$

$$= \frac{1}{a^4} \cdot (a^2d^2 - b^2c^2)^2 \cdot \det \begin{pmatrix} a^3 & a^2b & ab^2 & b^3 \\ a^2c & a^2d & b^2c & b^2d \\ 0 & 0 & a & b \\ 0 & 0 & c & d \end{pmatrix}$$

問題 14

です．次に，第 1, 3 行の $-\dfrac{c}{a}$ 倍を，それぞれ，第 2, 4 行に加えて計算すると

$$\det P = \frac{1}{a^4} \cdot (a^2d^2 - b^2c^2)^2 \cdot \det \begin{pmatrix} a^3 & a^2b & ab^2 & b^3 \\ 0 & a^2d - abc & 0 & b^2d - \frac{b^3c}{a} \\ 0 & 0 & a & b \\ 0 & 0 & 0 & d - \frac{bc}{a} \end{pmatrix}$$

$$= \frac{1}{a^4} \cdot (a^2d^2 - b^2c^2)^2 \cdot a^3 \cdot (a^2d - abc) \cdot a \cdot \left(d - \frac{bc}{a}\right)$$

$$= (a^2d^2 - b^2c^2)^2 (ad - bc)^2 = (ad - bc)^4 (ad + bc)^2$$

を得ます（この章（14 章），命題）．次に $a = 0$ ならば

$$\det P = \det \begin{pmatrix} 0 & 0 & 0 & b^3 \\ 0 & 0 & b^2c & b^2d \\ 0 & bc^2 & ad^2 & bd^2 \\ c^3 & c^2d & cd^2 & d^3 \end{pmatrix} = (-1)^2 \cdot \det \begin{pmatrix} c^3 & c^2d & cd^2 & d^3 \\ 0 & bc^2 & ad^2 & bd^2 \\ 0 & 0 & b^2c & b^2d \\ 0 & 0 & 0 & b^3 \end{pmatrix}$$

$$= c^3 \cdot bc^2 \cdot b^2c \cdot b^3 = (bc)^6$$

となります．第 2 の等号では，第 1 行と第 4 行，第 2 行と第 3 行を入れ替えています．いま $a = 0$ なので，これは $\det P = (ad - bc)^4 (ad + bc)^2$ と書き換えられます．

(2) 第 n 行を第 $n-1$ 行, $\dots$, 第 1 行と順次入れ替えます．

$$\det Q = (-1)^{n-1} \det \begin{pmatrix} a_1 & & & \\ & 0 & & a_n \\ & & \ddots & \\ a_2 & & & 0 \end{pmatrix}$$

第 n 行を第 $n-1$ 行, $\dots$, 第 2 行と順次入れ替えます．

$$\det Q = (-1)^{(n-1)+(n-2)} \cdot \det \begin{pmatrix} a_1 & & & \\ & a_2 & & \\ & & 0 & a_n \\ & & \ddots & \\ & a_3 & & 0 \end{pmatrix}$$

これを繰り返すと

$$\det Q = (-1)^{(n-1)+(n-2)+\cdots+1} \cdot \det \begin{pmatrix} a_1 & & 0 \\ & \ddots & \\ 0 & & a_n \end{pmatrix} = (-1)^{\frac{n(n-1)}{2}} \cdot a_1 \cdots a_n$$

となります. □

問 4 (1) 簡単のために $P = A^{-1}$ とおきます. 等号
$$PA = A^{-1}A = E, \quad AP = AA^{-1} = E$$
から $P^{-1} = A$ です（12 章）.

(2) 等式
$$(AB)(B^{-1}A^{-1}) = A(BB^{-1})A^{-1} = A \cdot E \cdot A^{-1} = AA^{-1} = E,$$
$$(B^{-1}A^{-1})(AB) = B^{-1}(A^{-1}A)B = B^{-1} \cdot E \cdot B = B^{-1}B = E$$
から $(AB)^{-1} = B^{-1}A^{-1}$ となります.

(3) 等式 $A^{-1}A = E$ を用いると
$$C = E \cdot C = (A^{-1}A)C = A^{-1}(AC) = 0$$
を得ます. □

問 5 いま, 元 $c_1, \ldots, c_r \in K$ に対して
$$c_1 y_1 + \cdots + c_r y_r = 0$$
とします. 簡単のために
$$\begin{pmatrix} s_1 \\ \vdots \\ s_r \end{pmatrix} = A \begin{pmatrix} c_1 \\ \vdots \\ c_r \end{pmatrix}$$
とおきます（13 章, 式 (1)）. この場合
$$s_1 x_1 + \cdots + s_r x_r = (x_1 \cdots x_r) \begin{pmatrix} s_1 \\ \vdots \\ s_r \end{pmatrix} = (x_1 \cdots x_r) \left(A \begin{pmatrix} c_1 \\ \vdots \\ c_r \end{pmatrix} \right)$$
$$= (y_1 \cdots y_r) \begin{pmatrix} c_1 \\ \vdots \\ c_r \end{pmatrix} = c_1 y_1 + \cdots + c_r y_r = 0$$
となります. 元 $x_1, \ldots, x_r$ は W の基底の元なので 1 次独立です. よって $s_1 = 0, \ldots, s_r = 0$ です. これより
$$\begin{pmatrix} c_1 \\ \vdots \\ c_r \end{pmatrix} = E \cdot \begin{pmatrix} c_1 \\ \vdots \\ c_r \end{pmatrix} = A^{-1} \left(A \begin{pmatrix} c_1 \\ \vdots \\ c_r \end{pmatrix} \right) = A^{-1} \begin{pmatrix} s_1 \\ \vdots \\ s_r \end{pmatrix} = 0$$
となり $c_1 = 0, \ldots, c_r = 0$ を得ます. すなわち $y_1, \ldots, y_r$ は 1 次独立です.

部分空間 W は $\dim W = r$ なので, 集合 $\{y_1, \ldots, y_r\}$ は W の基底です（9 章, 命題 4）. □

問題 15

問 1 (1) 第 1, 2, 4 列から 2, 3, 2 を括り出し，第 1 行と第 4 行を入れ替えます．

$$\det A = 2 \cdot 3 \cdot 2 \det \begin{pmatrix} 4 & -1 & 3 & -1 \\ 0 & 1 & 0 & 1 \\ -5 & 2 & -3 & 2 \\ 1 & 0 & 1 & 1 \end{pmatrix} = -12 \cdot \det \begin{pmatrix} 1 & 0 & 1 & 1 \\ 0 & 1 & 0 & 1 \\ -5 & 2 & -3 & 2 \\ 4 & -1 & 3 & -1 \end{pmatrix}$$

第 1 行の 5, −4 倍を，それぞれ，第 3, 4 行に加えます．

$$\det A = -12 \cdot \det \begin{pmatrix} 1 & 0 & 1 & 1 \\ 0 & 1 & 0 & 1 \\ 0 & 2 & 2 & 7 \\ 0 & -1 & -1 & -5 \end{pmatrix}$$

次に，第 2 行の −2, 1 倍を，それぞれ，第 3, 4 行に加えて，第 3 行と第 4 行を入れ替えます．

$$\det A = -12 \cdot \det \begin{pmatrix} 1 & 0 & 1 & 1 \\ 0 & 1 & 0 & 1 \\ 0 & 0 & 2 & 5 \\ 0 & 0 & -1 & -4 \end{pmatrix} = 12 \cdot \det \begin{pmatrix} 1 & 0 & 1 & 1 \\ 0 & 1 & 0 & 1 \\ 0 & 0 & -1 & -4 \\ 0 & 0 & 2 & 5 \end{pmatrix}$$

第 3 行の 2 倍を第 4 行に加えると

$$\det A = 12 \cdot \det \begin{pmatrix} 1 & 0 & 1 & 1 \\ 0 & 1 & 0 & 1 \\ 0 & 0 & -1 & -4 \\ 0 & 0 & 0 & -3 \end{pmatrix} = 12 \cdot (-1) \cdot (-3) = 36$$

となります．

(2) 第 1 行の −2, −1, −1 倍を，それぞれ，第 2, 3, 4 行に加えて，次に，第 4 行の 2 倍を第 2 行に加えます．

$$\det B = \det \begin{pmatrix} 1 & 3 & 3 & 2 \\ 0 & -5 & -14 & -5 \\ 0 & -2 & 3 & 2 \\ 0 & 3 & 2 & 0 \end{pmatrix} = \det \begin{pmatrix} 1 & 3 & 3 & 2 \\ 0 & 1 & -10 & -5 \\ 0 & -2 & 3 & 2 \\ 0 & 3 & 2 & 0 \end{pmatrix}$$

第 2 行の 2, −3 倍を，それぞれ，第 3, 4 行に加えて，次に，第 4 列の −2 倍を第 3 列に加えます．最後に，第 3 行の 2 倍を第 4 行に加えて，計算すると

$$\det B = \det \begin{pmatrix} 1 & 3 & 3 & 2 \\ 0 & 1 & -10 & -5 \\ 0 & 0 & -17 & -8 \\ 0 & 0 & 32 & 15 \end{pmatrix} = \det \begin{pmatrix} 1 & 3 & -1 & 2 \\ 0 & 1 & 0 & -5 \\ 0 & 0 & -1 & -8 \\ 0 & 0 & 2 & 15 \end{pmatrix}$$

$$= \det \begin{pmatrix} 1 & 3 & -1 & 2 \\ 0 & 1 & 0 & -5 \\ 0 & 0 & -1 & -8 \\ 0 & 0 & 0 & -1 \end{pmatrix} = 1$$

を得ます． □

問 2 (1) まず，第 2, 4 列から，それぞれ 2^2, 2 を括り出し，第 3 行と第 4 行を入れ替えると

$$\det C = 2^2 \cdot 2 \cdot \det \begin{pmatrix} 1 & 1 & 1 & 1 \\ 4 & 2 & 1 & -2 \\ 4^3 & 2^3 & 1 & -2^3 \\ 4^2 & 2^2 & 1 & 2^2 \end{pmatrix} = -2^3 \det \begin{pmatrix} 1 & 1 & 1 & 1 \\ 4 & 2 & 1 & (-2) \\ 4^2 & 2^2 & 1 & (-2)^2 \\ 4^3 & 2^3 & 1 & (-2)^3 \end{pmatrix}$$

$$= -2^3((-2)-1)((-2)-2)((-2)-4)(1-2)(1-4)(2-4) = -2^7 3^3 = -3456$$

となります．ここで，第 3 の等号では Vandermonde の行列式を用いています．

(2) 第 $1, \ldots, n$ 列から，それぞれ $1, \ldots, n$ を括り出し Vandermonde の行列式を用いると

$$\det D = n! \cdot \det \begin{pmatrix} 1 & 1 & \cdots & 1 \\ 1 & 2 & \cdots & n \\ \vdots & \vdots & & \vdots \\ 1 & 2^{n-1} & \cdots & n^{n-1} \end{pmatrix}$$

$$= n!(n-(n-1))\cdots(n-1)\cdot((n-1)-(n-2))\cdots((n-1)-1)\cdots(2-1)$$

$$= n!(n-1)!\cdots 2!1!$$

を得ます． □

問 3 (1) 第 3, 4 列を，それぞれ，第 1, 2 列に加え，次に，第 1, 2 行の −1 倍を，それぞれ，第 3, 4 行に加えると

$$\det P = \det \begin{pmatrix} 2a & 0 & a & b \\ 0 & 2a & -b & a \\ 2a & 0 & a & -b \\ 0 & 2a & b & a \end{pmatrix} = \det \begin{pmatrix} 2a & 0 & a & b \\ 0 & 2a & -b & a \\ 0 & 0 & 0 & -2b \\ 0 & 0 & 2b & 0 \end{pmatrix}$$

271

問題 15

です．次に，第 3, 4 列を入れ替えて，計算すると

$$\det P = -\det \begin{pmatrix} 2a & 0 & b & a \\ 0 & 2a & a & -b \\ 0 & 0 & -2b & 0 \\ 0 & 0 & 0 & 2b \end{pmatrix} = -2a \cdot 2a \cdot (-2b) \cdot 2b = 16a^2 b^2$$

となります．

(2) 第 2 行の -1 倍を第 1 行に加えて，第 1 行から，因数 $a+b+c$ を括り出すと

$$\det Q = \det \begin{pmatrix} (b+c)^2 - a^2 & (c+a)^2 - b^2 & (a+b)^2 - c^2 \\ a^2 & b^2 & c^2 \\ 1 & 1 & 1 \end{pmatrix}$$

$$= (a+b+c) \cdot \det \begin{pmatrix} b+c-a & c+a-b & a+b-c \\ a^2 & b^2 & c^2 \\ 1 & 1 & 1 \end{pmatrix}$$

です．次に，第 3 行の $-(a+b+c)$ 倍を第 1 行に加えて，第 1 行から -2 を括り出すと

$$\det Q = (a+b+c) \cdot \det \begin{pmatrix} -2a & -2b & -2c \\ a^2 & b^2 & c^2 \\ 1 & 1 & 1 \end{pmatrix} = -2(a+b+c) \cdot \det \begin{pmatrix} a & b & c \\ a^2 & b^2 & c^2 \\ 1 & 1 & 1 \end{pmatrix}$$

となります．第 3 行と第 2 行を入れ替え，次に，第 2 行と第 1 行を入れ替えて Vandermonde の行列式を用いると

$$\det P = -2(a+b+c) \cdot \det \begin{pmatrix} 1 & 1 & 1 \\ a & b & c \\ a^2 & b^2 & c^2 \end{pmatrix}$$

$$= -2(a+b+c)(c-b)(c-a)(b-a) = 2(a+b+c)(c-b)(b-a)(a-c)$$

を得ます． □

問 4 (1) 行列式の縦ベクトルの性質を用いて，第 1 列に他の列をすべて加えると

$$\det S = \det \begin{pmatrix} x+na & a & \cdots & a & a \\ x+na & x & \ddots & \vdots & \vdots \\ x+na & a & \ddots & a & a \\ \vdots & \vdots & \ddots & x & a \\ x+na & a & \cdots & a & x \end{pmatrix} = (x+na) \cdot \det \begin{pmatrix} 1 & a & \cdots & a & a \\ 1 & x & \ddots & \vdots & \vdots \\ 1 & a & \ddots & a & a \\ \vdots & \vdots & \ddots & x & a \\ 1 & a & \cdots & a & x \end{pmatrix}$$

です．次に，第1列を $-a$ 倍して，他のすべての列に加えると

$$\det S = (x+na) \cdot \det \begin{pmatrix} 1 & 0 & \cdots & 0 & 0 \\ 1 & x-a & \ddots & \vdots & \vdots \\ 1 & 0 & \ddots & 0 & 0 \\ \vdots & \vdots & \ddots & x-a & 0 \\ 1 & 0 & \cdots & 0 & x-a \end{pmatrix} = (x+na)(x-a)^n$$

を得ます（14章, 命題）．

(2) 第4列が2つのベクトルの和であると考えると，行列式の性質 (1) から

$$\det T = \det \begin{pmatrix} 1 & a & a^2 & a^3 \\ 1 & b & b^2 & b^3 \\ 1 & c & c^2 & c^3 \\ 1 & d & d^2 & d^3 \end{pmatrix} + \det \begin{pmatrix} 1 & a & a^2 & bcd \\ 1 & b & b^2 & cda \\ 1 & c & c^2 & dab \\ 1 & d & d^2 & abc \end{pmatrix}$$

となります．右辺の第2項の行列式に対して，各行を，順に a, b, c, d 倍して，第4列から $abcd$ を括り出し，第4列を，順に，第3列，第2列，第1列と入れ替えて計算すると

$$\text{右辺の第2項} = \frac{1}{a} \cdot \frac{1}{b} \cdot \frac{1}{c} \cdot \frac{1}{d} \cdot \det \begin{pmatrix} a & a^2 & a^3 & abcd \\ b & b^2 & b^3 & abcd \\ c & c^2 & c^3 & abcd \\ d & d^2 & d^3 & abcd \end{pmatrix} = \det \begin{pmatrix} a & a^2 & a^3 & 1 \\ b & b^2 & b^3 & 1 \\ c & c^2 & c^3 & 1 \\ d & d^2 & d^3 & 1 \end{pmatrix}$$

$$= -\det \begin{pmatrix} 1 & a & a^2 & a^3 \\ 1 & b & b^2 & b^3 \\ 1 & c & c^2 & c^3 \\ 1 & d & d^2 & d^3 \end{pmatrix} = -\text{右辺の第1項}$$

です．よって $\det T = 0$ です． $\square$

問 5 係数行列を考え，行に関する階段形に変形します（6章）．

$$\begin{pmatrix} 1 & 1 & 1 & 1 \\ a & b & c & d \\ a^2 & b^2 & c^2 & d^2 \end{pmatrix} \rightarrow \begin{pmatrix} 1 & 1 & 1 & 1 \\ 0 & b-a & c-a & d-a \\ 0 & b^2-a^2 & c^2-a^2 & d^2-a^2 \end{pmatrix}$$

$$\rightarrow \begin{pmatrix} 1 & 1 & 1 & 1 \\ 0 & b-a & c-a & d-a \\ 0 & 0 & (c^2-a^2)-(b+a)(c-a) & (d^2-a^2)-(b+a)(d-a) \end{pmatrix}$$

問題 15

$$= \begin{pmatrix} 1 & 1 & 1 & 1 \\ 0 & b-a & c-a & d-a \\ 0 & 0 & (c-a)(c-b) & (d-a)(d-b) \end{pmatrix} \quad (*)$$

これより，はじめに $(a-b)(b-c)(c-a) \neq 0$ の場合を考えます．この場合

$$\rightarrow \begin{pmatrix} 1 & 1 & 1 & 1 \\ 0 & 1 & \frac{c-a}{b-a} & \frac{d-a}{b-a} \\ 0 & 0 & 1 & \frac{(d-a)(d-b)}{(c-a)(c-b)} \end{pmatrix} \rightarrow \begin{pmatrix} 1 & 0 & \frac{c-b}{a-b} & \frac{d-b}{a-b} \\ 0 & 1 & \frac{c-a}{b-a} & \frac{d-a}{b-a} \\ 0 & 0 & 1 & \frac{(d-a)(d-b)}{(c-a)(c-b)} \end{pmatrix}$$

$$\rightarrow \begin{pmatrix} 1 & 0 & 0 & \frac{(d-b)(d-c)}{(a-b)(a-c)} \\ 0 & 1 & 0 & \frac{(d-c)(d-a)}{(b-c)(b-a)} \\ 0 & 0 & 1 & \frac{(d-a)(d-b)}{(c-a)(c-b)} \end{pmatrix}$$

となるので，解

$$x = \frac{(d-b)(d-c)}{(a-b)(a-c)}, \quad y = \frac{(d-c)(d-a)}{(b-c)(b-a)}, \quad z = \frac{(d-a)(d-b)}{(c-a)(c-b)}$$

が存在します．

次に $(a-b)(b-c)(c-a) = 0$ すなわち，元 a, b, c のどれか 2 つが等しい場合を考えます．ここでは $a = b$ とします．上記の $(*)$ から，係数行列は

$$\begin{pmatrix} 1 & 1 & 1 & 1 \\ 0 & 0 & c-a & d-a \\ 0 & 0 & (c-a)^2 & (d-a)^2 \end{pmatrix} \rightarrow \begin{pmatrix} 1 & 1 & 1 & 1 \\ 0 & 0 & c-a & d-a \\ 0 & 0 & 0 & (d-a)(d-c) \end{pmatrix}$$

の形に変形されます．これより，解が存在するためには $(d-a)(d-c) = 0$ が必要です．いま $a = b$ なので，この条件は

$$(d-a)(d-b)(d-c) = 0$$

と書き直されます．他の場合も同様に考えることができ，同じ条件が導かれます．

逆に，この条件が成立すると解が存在します．例えば，もし $d = a$ ならば $x = 1, y = 0, z = 0$ は解になります．他の場合も解が存在することを確かめてください．

以上により，解が存在するための必要十分条件は

$$(a-b)(b-c)(c-a) \neq 0 \quad \text{または} \quad (d-a)(d-b)(d-c) = 0$$

が成立することです． □

問 6 元 $x \in (W_1 \cap W_3) + (W_2 \cap W_3)$ は

$$x = y + z, \quad y \in W_1 \cap W_3, \quad z \in W_2 \cap W_3$$

と表されます（問題 4，問 7）．この場合 $y \in W_1$, $z \in W_2$ なので $y + z \in W_1 + W_2$ すなわち $x \in W_1 + W_2$ です．また $y \in W_3$ かつ $z \in W_3$ なので $y + z \in W_3$ すなわち $x \in W_3$ です．したがって $x \in (W_1 + W_2) \cap W_3$ を得ます． □

問題 16

問 1 (1) 第 3 列を第 4 列に加えて，第 2 行で展開すると

$$\det A = \det \begin{pmatrix} 9 & 13 & -3 & 14 \\ 0 & 0 & 1 & 0 \\ -7 & -13 & 5 & -12 \\ -7 & -9 & 1 & -12 \end{pmatrix} = (-1)^{2+3} \cdot \det \begin{pmatrix} 9 & 13 & 14 \\ -7 & -13 & -12 \\ -7 & -9 & -12 \end{pmatrix}$$

です．次に，第 2 行の -1 倍を第 3 行に加えて，第 3 行で展開し，計算すると

$$\det A = -\det \begin{pmatrix} 9 & 13 & 14 \\ -7 & -13 & -12 \\ 0 & 4 & 0 \end{pmatrix} = -(-1)^{3+2} \cdot 4 \cdot \det \begin{pmatrix} 9 & 14 \\ -7 & -12 \end{pmatrix}$$

$$= 4(-108 + 98) = -40$$

を得ます．

(2) まず，第 3 行の 3 倍を第 1 行に加え，第 4 行の -3 倍を第 2 行に加えます．そこで，第 1, 2, 3 行から，それぞれ，共通の因数を括りだすと

$$\det B = \det \begin{pmatrix} 200 & 0 & 600 & 0 \\ 0 & 200 & 0 & -600 \\ 33 & 9 & 189 & 3 \\ -9 & -57 & 3 & 181 \end{pmatrix} = 200^2 \cdot 3 \cdot \det \begin{pmatrix} 1 & 0 & 3 & 0 \\ 0 & 1 & 0 & -3 \\ 11 & 3 & 63 & 1 \\ -9 & -57 & 3 & 181 \end{pmatrix}$$

です．次に，第 1 行の $-11, 9$ 倍を，それぞれ，第 3, 4 行に加えます．

$$\det B = 200^2 \cdot 3 \cdot \det \begin{pmatrix} 1 & 0 & 3 & 0 \\ 0 & 1 & 0 & -3 \\ 0 & 3 & 30 & 1 \\ 0 & -57 & 30 & 181 \end{pmatrix}$$

第 2 行の $-3, 57$ 倍を，それぞれ，第 3, 4 行に加えると

$$\det B = 200^2 \cdot 3 \cdot \det \begin{pmatrix} 1 & 0 & 3 & 0 \\ 0 & 1 & 0 & -3 \\ 0 & 0 & 30 & 10 \\ 0 & 0 & 30 & 10 \end{pmatrix} = 200^2 \cdot 3 \cdot \det \begin{pmatrix} 1 & 0 & 3 & 0 \\ 0 & 1 & 0 & -3 \\ 0 & 0 & 30 & 10 \\ 0 & 0 & 0 & 0 \end{pmatrix} = 0$$

です． □

問題 16

問 2 第 $(3,2)$ 余因子は

$$\tilde{c}_{32} = (-1)^{3+2} \cdot \det \begin{pmatrix} 20 & 4 & -1 \\ -45 & -11 & 3 \\ -10 & -3 & 1 \end{pmatrix} = -\det \begin{pmatrix} 0 & 0 & -1 \\ 15 & 1 & 3 \\ 10 & 1 & 1 \end{pmatrix}$$

$$= -(-1)^{1+3} \cdot (-1) \cdot \det \begin{pmatrix} 15 & 1 \\ 10 & 1 \end{pmatrix} = 15 - 10 = 5$$

となります. 第 2 の等号では, 第 3 列の $20, 4$ 倍を, それぞれ, 第 $1, 2$ 列に加え, 第 3 の等号では, 第 1 行で展開してあります.

第 $(4,1)$ 余因子は

$$\tilde{c}_{41} = (-1)^{4+1} \cdot \det \begin{pmatrix} -10 & 4 & -1 \\ 25 & -11 & 3 \\ -21 & 10 & -3 \end{pmatrix} = -\det \begin{pmatrix} 0 & 0 & -1 \\ -5 & 1 & 3 \\ 9 & -2 & -3 \end{pmatrix}$$

$$= -(-1)^{1+3} \cdot (-1) \cdot \det \begin{pmatrix} -5 & 1 \\ 9 & -2 \end{pmatrix} = 10 - 9 = 1$$

となります. 第 2 の等号では, 第 3 列の $-10, 4$ 倍を, それぞれ, 第 $1, 2$ 列に加え, 第 3 の等号では, 第 1 行で展開してあります. □

問 3 簡単のために, 行列を D_n として

$$D_n = t^n + c_1 t^{n-1} + \cdots + c_{n-1} t + c_n$$

を数学的帰納法で証明します. もし $n = 1$ ならば

$$\det D_1 = \det \begin{pmatrix} t + c_1 \end{pmatrix} = t + c_1$$

です. そこで $n \geq 2$ として, いま $n-1$ に対して, 等号

$$\det D_{n-1} = \det \begin{pmatrix} t & 0 & \cdots & 0 & c_{n-1} \\ -1 & t & \ddots & \vdots & c_{n-2} \\ 0 & -1 & \ddots & 0 & \vdots \\ \vdots & \ddots & \ddots & t & c_2 \\ 0 & \cdots & 0 & -1 & t + c_1 \end{pmatrix} = t^{n-1} + c_1 t^{n-2} + \cdots + c_{n-1}$$

が成立すると仮定します. 行列式 $\det D_n$ を第 1 行で展開すると

$$\det D_n = (-1)^{1+1} \cdot t \cdot \det D_{n-1} + (-1)^{1+n} \cdot c_n \cdot \det \begin{pmatrix} -1 & t & & 0 \\ & -1 & \ddots & \\ & & \ddots & t \\ 0 & & & -1 \end{pmatrix}$$

$$= t(t^{n-1} + \cdots + c_{n-1}) + c_n \cdot (-1)^{n+1} \cdot (-1)^{n-1} = t^n + c_1 t^{n-1} + \cdots + c_{n-1}t + c_n$$

を得ます.第 2 の等号で,帰納法の仮定を用いています. □

問 4 (1) 第 1 行で展開して計算すると

$$\det H = a \cdot \det \begin{pmatrix} x & 0 & -c \\ 0 & -x & -b \\ -z & -y & -a \end{pmatrix} - b \cdot \det \begin{pmatrix} y & 0 & -c \\ z & -x & -b \\ 0 & -y & -a \end{pmatrix} + c \cdot \det \begin{pmatrix} y & x & -c \\ z & 0 & -b \\ 0 & -z & -a \end{pmatrix}$$

$$= a(ax^2 + cxz - bxy) - b(axy + cyz - by^2) + c(cz^2 + axz - byz)$$

$$= a^2 x^2 + b^2 y^2 + c^2 z^2 - 2(abxy + bcyz - acxz) = (ax - by + cz)^2$$

です.

(2) まず,第 2, 3 行に第 1 行を加えると

$$\det G = \det \begin{pmatrix} a+b+c & -c & -b \\ a+b & a+b & -a-b \\ a+c & -a-c & a+c \end{pmatrix} = (a+b)(a+c) \cdot \det \begin{pmatrix} a+b+c & -c & -b \\ 1 & 1 & -1 \\ 1 & -1 & 1 \end{pmatrix}$$

です.そこで,第 3 列を第 2 列に加えて,第 2 列で展開すると

$$\det G = (a+b)(a+c) \cdot \det \begin{pmatrix} a+b+c & -c-b & -b \\ 1 & 0 & -1 \\ 1 & 0 & 1 \end{pmatrix}$$

$$= (a+b)(a+c) \cdot (-1)^{1+2}(-b-c) \cdot \det \begin{pmatrix} 1 & -1 \\ 1 & 1 \end{pmatrix} = 2(a+b)(a+c)(b+c)$$

を得ます. □

問 5 左辺の行列式を第 3 列で展開すると

$$左辺 = (-1)^{1+3} \cdot \det \begin{pmatrix} a_1 & a_2 \\ b_1 & b_2 \end{pmatrix} + (-1)^{2+3} \cdot x \cdot \det \begin{pmatrix} 1 & 1 \\ b_1 & b_2 \end{pmatrix} + (-1)^{3+3} \cdot y \cdot \det \begin{pmatrix} 1 & 1 \\ a_1 & a_2 \end{pmatrix}$$

となるので,これより

$$(a_1 b_2 - a_2 b_1) - (b_2 - b_1)x + (a_2 - a_1)y = 0$$

です.点 $(a_1, b_1), (a_2, b_2)$ は異なる 2 点なので,係数 $b_2 - b_1$ または $a_2 - a_1$ のどちらかは 0 でないことになります.したがって,この方程式は直線を表します.この直線が 2 点 $(a_1, b_1), (a_2, b_2)$ を通ることを確かめてください.

(もし $x = a_1, y = b_1$ ならば,行列の第 1, 3 列が同一となるので,行列式の値は 0 です(15 章,行列式の性質 (3)).同様に $x = a_2, y = b_2$ の場合も,行列式の値は 0 になります.これは,行列式が表す(方程式の)直線が 2 点 $(a_1, b_1), (a_2, b_2)$ を通ることを意味します.) □

問題 17

問 1 (1) 係数行列の行列式の値を計算すると

$$\det\begin{pmatrix} 3 & -1 \\ 2 & 5 \end{pmatrix} = 15 + 2 = 17$$

です．これより

$$x = \frac{\det\begin{pmatrix} 7 & -1 \\ -2 & 5 \end{pmatrix}}{17} = \frac{35 - 2}{17} = \frac{33}{17},$$

$$y = \frac{\det\begin{pmatrix} 3 & 7 \\ 2 & -2 \end{pmatrix}}{17} = \frac{-6 - 14}{17} = -\frac{20}{17}$$

となります．

(2) Sarrus の方法（16 章）により，係数行列の行列式の値を計算すると

$$\det\begin{pmatrix} 2 & -1 & 3 \\ -1 & 1 & -5 \\ 7 & -2 & 4 \end{pmatrix} = 8 + 35 + 6 - 21 - 4 - 20 = 4$$

です．これより

$$x = \frac{\det\begin{pmatrix} 6 & -1 & 3 \\ -2 & 1 & -5 \\ 3 & -2 & 4 \end{pmatrix}}{4} = \frac{24 + 15 + 12 - 9 - 8 - 60}{4} = -\frac{13}{2},$$

$$y = \frac{\det\begin{pmatrix} 2 & 6 & 3 \\ -1 & -2 & -5 \\ 7 & 3 & 4 \end{pmatrix}}{4} = \frac{-16 - 210 - 9 + 42 + 24 + 30}{4} = -\frac{139}{4},$$

$$z = \frac{\det\begin{pmatrix} 2 & -1 & 6 \\ -1 & 1 & -2 \\ 7 & -2 & 3 \end{pmatrix}}{4} = \frac{6 + 14 + 12 - 42 - 3 - 8}{4} = -\frac{21}{4}$$

となります．

(3) 同様に

$$\det\begin{pmatrix} 2 & -1 & -1 \\ 3 & 1 & 5 \\ 1 & -1 & 4 \end{pmatrix} = 8 - 5 + 3 + 1 + 12 + 10 = 29,$$

$$x = \frac{\det\begin{pmatrix} 3 & -1 & -1 \\ 5 & 1 & 5 \\ 2 & -1 & 4 \end{pmatrix}}{29} = \frac{12 - 10 + 5 + 2 + 20 + 15}{29} = \frac{44}{29},$$

$$y = \frac{\det\begin{pmatrix} 2 & 3 & -1 \\ 3 & 5 & 5 \\ 1 & 2 & 4 \end{pmatrix}}{29} = \frac{40 + 15 - 6 + 5 - 36 - 20}{29} = -\frac{2}{29},$$

$$z = \frac{\det\begin{pmatrix} 2 & -1 & 3 \\ 3 & 1 & 5 \\ 1 & -1 & 2 \end{pmatrix}}{29} = \frac{4 - 5 - 9 - 3 + 6 + 10}{29} = \frac{3}{29}$$

となります。 □

問 2 (1) まず，余因子行列 $\widetilde{A}$ の第 1 行を求めると

$$\tilde{a}_{11} = (-1)^{1+1} \cdot \det\begin{pmatrix} 3 & -1 \\ 1 & 0 \end{pmatrix} = 1,$$

$$\tilde{a}_{21} = (-1)^{2+1} \cdot \det\begin{pmatrix} 1 & -1 \\ 1 & 0 \end{pmatrix} = -1,$$

$$\tilde{a}_{31} = (-1)^{3+1} \cdot \det\begin{pmatrix} 1 & -1 \\ 3 & -1 \end{pmatrix} = -1 + 3 = 2$$

です．同様にして，第 2 行，第 3 行は，それぞれ

$$\tilde{a}_{12} = -1, \quad \tilde{a}_{22} = 1, \quad \tilde{a}_{32} = -1, \quad \tilde{a}_{13} = 2, \quad \tilde{a}_{23} = -3, \quad \tilde{a}_{33} = 7$$

になります．これより，余因子行列 $\widetilde{A}$ は

$$\widetilde{A} = \begin{pmatrix} 1 & -1 & 2 \\ -1 & 1 & -1 \\ 2 & -3 & 7 \end{pmatrix}$$

です．また，行列式 $\det A$ の値は

$$\det A = -1 - 5 + 3 + 4 = 1$$

問題 17

なので，逆行列 A^{-1} は

$$A^{-1} = \frac{1}{\det A} \cdot \widetilde{A} = \widetilde{A} = \begin{pmatrix} 1 & -1 & 2 \\ -1 & 1 & -1 \\ 2 & -3 & 7 \end{pmatrix}$$

となります．

(2) まず，余因子行列 $\widetilde{B}$ の第 1 行を求めると

$$\tilde{b}_{11} = (-1)^{1+1} \cdot \det \begin{pmatrix} 0 & 3 \\ -2 & 5 \end{pmatrix} = 6,$$

$$\tilde{b}_{21} = (-1)^{2+1} \cdot \det \begin{pmatrix} -1 & -2 \\ -2 & 5 \end{pmatrix} = -1 \cdot (-5 - 4) = 9,$$

$$\tilde{b}_{31} = (-1)^{3+1} \cdot \det \begin{pmatrix} -1 & -2 \\ 0 & 3 \end{pmatrix} = -3$$

です．同様にして，第 2 行，第 3 行は，それぞれ

$$\tilde{b}_{12} = 14, \quad \tilde{b}_{22} = 16, \quad \tilde{b}_{32} = -4, \quad \tilde{b}_{13} = 2, \quad \tilde{b}_{23} = 1, \quad \tilde{b}_{33} = -1$$

になります．これより，余因子行列 $\widetilde{B}$ は

$$\widetilde{B} = \begin{pmatrix} 6 & 9 & -3 \\ 14 & 16 & -4 \\ 2 & 1 & -1 \end{pmatrix}$$

です．また，行列式 $\det B$ の値は

$$\det B = -9 - 4 - 5 + 12 = -6$$

なので，逆行列 B^{-1} は

$$B^{-1} = \frac{1}{\det B} \cdot \widetilde{B} = -\frac{1}{6} \cdot \begin{pmatrix} 6 & 9 & -3 \\ 14 & 16 & -4 \\ 2 & 1 & -1 \end{pmatrix} = \begin{pmatrix} -1 & -\frac{3}{2} & \frac{1}{2} \\ -\frac{7}{3} & -\frac{8}{3} & \frac{2}{3} \\ -\frac{1}{3} & -\frac{1}{6} & \frac{1}{6} \end{pmatrix}$$

となります． □

問 3 Sarrus の方法を用いると

$$\det P = \omega^2 + \omega^2 + \omega^2 - \omega - \omega - (\omega^2)^2 = 3\omega(\omega - 1)$$

です．次に，余因子行列 $\widetilde{P}$ の第 1 行を求めると

$$\tilde{p}_{11} = (-1)^{1+1} \cdot \det \begin{pmatrix} \omega & \omega^2 \\ \omega^2 & \omega \end{pmatrix} = \omega^2 - \omega,$$

$$\tilde{p}_{21} = (-1)^{2+1} \cdot \det \begin{pmatrix} 1 & 1 \\ \omega^2 & \omega \end{pmatrix} = -1 \cdot (\omega - \omega^2) = \omega^2 - \omega,$$

$$\tilde{p}_{31} = (-1)^{3+1} \cdot \det \begin{pmatrix} 1 & 1 \\ \omega & \omega^2 \end{pmatrix} = \omega^2 - \omega$$

です．同様にして，第 2 行，第 3 行は，それぞれ

$$\tilde{p}_{12} = \omega^2 - \omega, \quad \tilde{p}_{22} = \omega - 1, \quad \tilde{p}_{32} = -\omega^2 + 1,$$
$$\tilde{p}_{13} = \omega^2 - \omega, \quad \tilde{p}_{23} = -\omega^2 + 1, \quad \tilde{p}_{33} = \omega - 1$$

です．これより，余因子行列 $\widetilde{P}$ は

$$\widetilde{P} = \begin{pmatrix} \omega^2 - \omega & \omega^2 - \omega & \omega^2 - \omega \\ \omega^2 - \omega & \omega - 1 & -\omega^2 + 1 \\ \omega^2 - \omega & -\omega^2 + 1 & \omega - 1 \end{pmatrix}$$

です．そこで，等式 $\omega^2 = -\omega - 1$ を用いて，逆行列 P^{-1} を求めると

$$P^{-1} = \frac{1}{\det P} \cdot \widetilde{P} = \frac{1}{3} \cdot \begin{pmatrix} 1 & 1 & 1 \\ 1 & \omega^2 & \omega \\ 1 & \omega & \omega^2 \end{pmatrix}$$

となります． □

問 4 (1) 第 2, 3, 4 行を，それぞれ a, b, c 倍して，第 1 行に加えて計算すると

$$\det C = \det \begin{pmatrix} a^2 + b^2 + c^2 & 0 & 0 & 0 \\ a & -1 & 0 & 0 \\ b & 0 & -1 & 0 \\ c & 0 & 0 & -1 \end{pmatrix} = (a^2 + b^2 + c^2) \cdot (-1)^3 = -(a^2 + b^2 + c^2)$$

となります．

(2) 第 1 行から第 4 行を引き，第 1 行から $a - b$ を括り出します．

$$\det D = \det \begin{pmatrix} a-b & 0 & 0 & b-a \\ a & b & a & a \\ a & a & b & a \\ b & b & b & a \end{pmatrix} = (a-b) \cdot \det \begin{pmatrix} 1 & 0 & 0 & -1 \\ a & b & a & a \\ a & a & b & a \\ b & b & b & a \end{pmatrix}$$

第 1 行の $-a, -a, -b$ 倍を，それぞれ，第 2, 3, 4 行に加えて，第 2 行から第 3 行を引くと

$$\det D = (a-b) \cdot \det \begin{pmatrix} 1 & 0 & 0 & -1 \\ 0 & b & a & 2a \\ 0 & a & b & 2a \\ 0 & b & b & a+b \end{pmatrix} = (a-b) \cdot \det \begin{pmatrix} 1 & 0 & 0 & -1 \\ 0 & b-a & a-b & 0 \\ 0 & a & b & 2a \\ 0 & b & b & a+b \end{pmatrix}$$

問題 17

です.第 2 行から $a-b$ を括り出し,第 2 行の a, b 倍を,それぞれ,第 3, 4 行に加えます.

$$\det D = (a-b)^2 \cdot \det \begin{pmatrix} 1 & 0 & 0 & -1 \\ 0 & -1 & 1 & 0 \\ 0 & a & b & 2a \\ 0 & b & b & a+b \end{pmatrix} = (a-b)^2 \cdot \det \begin{pmatrix} 1 & 0 & 0 & -1 \\ 0 & -1 & 1 & 0 \\ 0 & 0 & b+a & 2a \\ 0 & 0 & 2b & a+b \end{pmatrix}$$

第 4 行の -1 倍を第 3 行に加えて,第 3 行から $a-b$ を括り出します.

$$\det D = (a-b)^2 \cdot \det \begin{pmatrix} 1 & 0 & 0 & -1 \\ 0 & -1 & 1 & 0 \\ 0 & 0 & a-b & a-b \\ 0 & 0 & 2b & a+b \end{pmatrix} = (a-b)^3 \cdot \det \begin{pmatrix} 1 & 0 & 0 & -1 \\ 0 & -1 & 1 & 0 \\ 0 & 0 & 1 & 1 \\ 0 & 0 & 2b & a+b \end{pmatrix}$$

第 3 行の $-2b$ 倍を第 4 行に加えて計算すると

$$\det D = (a-b)^3 \cdot \det \begin{pmatrix} 1 & 0 & 0 & -1 \\ 0 & -1 & 1 & 0 \\ 0 & 0 & 1 & 1 \\ 0 & 0 & 0 & a-b \end{pmatrix} = (a-b)^3 \cdot (-1) \cdot (a-b) = -(a-b)^4$$

となります. □

問 5 円の方程式を

$$x^2 + y^2 + ax + by + c = 0$$

とします.この方程式が定義する円が 3 点 A(1, 1),B(−1, 4),C(3, −1) を通るので

$$1 + 1 + a + b + c = 0, \quad 1 + 16 - a + 4b + c = 0, \quad 9 + 1 + 3a - b + c = 0$$

となります.したがって,係数 a, b, c は,等式

$$\begin{cases} a + b + c = -2 \\ -a + 4b + c = -17 \\ 3a - b + c = -10 \end{cases}$$

を満たします.Cramer の公式を用いるために,係数行列の行列式の値を計算すると

$$\det \begin{pmatrix} 1 & 1 & 1 \\ -1 & 4 & 1 \\ 3 & -1 & 1 \end{pmatrix} = \det \begin{pmatrix} 0 & 0 & 1 \\ -2 & 3 & 1 \\ 2 & -2 & 1 \end{pmatrix} = \det \begin{pmatrix} -2 & 3 \\ 2 & -2 \end{pmatrix} = 4 - 6 = -2$$

です.これより

$$a = \frac{\det \begin{pmatrix} -2 & 1 & 1 \\ -17 & 4 & 1 \\ -10 & -1 & 1 \end{pmatrix}}{-2} = \frac{\det \begin{pmatrix} 0 & 0 & 1 \\ -15 & 3 & 1 \\ -8 & -2 & 1 \end{pmatrix}}{-2} = \frac{\det \begin{pmatrix} -15 & 3 \\ -8 & -2 \end{pmatrix}}{-2}$$

$$=\frac{30+24}{-2}=-27,$$

$$b=\frac{\det\begin{pmatrix} 1 & -2 & 1 \\ -1 & -17 & 1 \\ 3 & -10 & 1 \end{pmatrix}}{-2}=\frac{\det\begin{pmatrix} 0 & 0 & 1 \\ -2 & -15 & 1 \\ 2 & -8 & 1 \end{pmatrix}}{-2}=\frac{\det\begin{pmatrix} -2 & -15 \\ 2 & -8 \end{pmatrix}}{-2}$$

$$=\frac{16+30}{-2}=-23,$$

$$c=\frac{\det\begin{pmatrix} 1 & 1 & -2 \\ -1 & 4 & -17 \\ 3 & -1 & -10 \end{pmatrix}}{-2}=\frac{\det\begin{pmatrix} 1 & 0 & 0 \\ -1 & 5 & -19 \\ 3 & -4 & -4 \end{pmatrix}}{-2}=\frac{\det\begin{pmatrix} 5 & -19 \\ -4 & -4 \end{pmatrix}}{-2}$$

$$=\frac{-20-76}{-2}=48$$

を得ます．したがって，方程式は

$$x^2+y^2-27x-23y+48=0$$

です．書き換えると

$$\left(x-\frac{27}{2}\right)^2+\left(y-\frac{23}{2}\right)^2=\frac{533}{2}$$

となります． □

問 6 Sarrus の方法により，行列式 $\det A$ の値を計算すると

$$\det A=\det\begin{pmatrix} 0 & -2 & 7 \\ 2 & 6 & -11 \\ 1 & 2 & -2 \end{pmatrix}=0+28+22-42-0-8=0$$

です．次に，ベクトル v_1, v_2, v_3 を横ベクトル

v_1	0	2	1
v_2	-2	6	2
v_3	7	-11	-2

にして，係数行列を階段形に変形します（左側には，変換された元を書いておきます）．

v_3+3v_2	1	7	4		v_3+3v_2	1	7	4		v_3+3v_2	1	7	4
v_1	0	2	1	$\to$	v_1	0	2	1	$\to$	v_1	0	2	1
v_2	-2	6	2		$7v_2+2v_3$	0	20	10		$7v_2+2v_3-10v_1$	0	0	0

問題 17

これより
$$7v_2 + 2v_3 - 10v_1 = 0$$
となり，ベクトル v_1, v_2, v_3 は 1 次従属です（8 章）． □

問 7 いま
$$A = (v_1 \cdots v_n) = \begin{pmatrix} a_{11} & \cdots & a_{1n} \\ \vdots & & \vdots \\ a_{n1} & \cdots & a_{nn} \end{pmatrix}, \quad u = \begin{pmatrix} c_1 \\ \vdots \\ c_n \end{pmatrix}$$
とします．逆行列 A^{-1} は
$$A^{-1} = \begin{pmatrix} \dfrac{\tilde{a}_{11}}{\det A} & \cdots & \dfrac{\tilde{a}_{n1}}{\det A} \\ \vdots & & \vdots \\ \dfrac{\tilde{a}_{1n}}{\det A} & \cdots & \dfrac{\tilde{a}_{nn}}{\det A} \end{pmatrix}$$
です．これより
$$A^{-1}u = \begin{pmatrix} \dfrac{\tilde{a}_{11}}{\det A} & \cdots & \dfrac{\tilde{a}_{n1}}{\det A} \\ \vdots & & \vdots \\ \dfrac{\tilde{a}_{1n}}{\det A} & \cdots & \dfrac{\tilde{a}_{nn}}{\det A} \end{pmatrix} \begin{pmatrix} c_1 \\ \vdots \\ c_n \end{pmatrix}$$
となるので，この縦ベクトルの第 i 成分 b_i は
$$b_i = \frac{\tilde{a}_{1i}}{\det A} \cdot c_1 + \cdots + \frac{\tilde{a}_{ni}}{\det A} \cdot c_n$$
です．一方，元 $u \in K^n$ は，標準基底により
$$u = c_1 e_1 + \cdots + c_n e_n$$
と表されるので，行列式 $\det(v_1 \cdots u \cdots v_n)$ の値は

$$\overset{i\,列}{\det(v_1 \cdots u \cdots v_n)} = c_1 \cdot \overset{i\,列}{\det(v_1 \cdots e_1 \cdots v_n)} + \cdots + c_n \cdot \overset{i\,列}{\det(v_1 \cdots e_n \cdots v_n)}$$

です．ここで 16 章の等式 (4) から
$$\tilde{a}_{ji} = \det(v_1 \cdots e_j \cdots v_n)$$
に注意します．これより，上式は
$$\det(v_1 \cdots u \cdots v_n) = c_1 \cdot \tilde{a}_{1i} + \cdots + c_n \cdot \tilde{a}_{ni}$$
となります．この式を用いて，上記の b_i の式を書き直すと
$$b_i = \frac{\det(v_1 \cdots u \cdots v_n)}{\det A}$$
を得ます．これは Cramer の公式で与えられる値と同一です． □

問題 18

問 1 ある (i_k, k) に対して $a_{i_k k} = 0$ となる成分 $a_{i_k k}$ を含む項は，計算から除外できます．また，添え字 $i_1, \ldots, i_4$ は，すべて異なることに注意すると，残る項は

$$a_{21} a_{32} a_{43} a_{14}$$

だけとなることを確かめてください．したがって

$$\det A = \mathrm{sgn} \begin{pmatrix} 1 & 2 & 3 & 4 \\ 2 & 3 & 4 & 1 \end{pmatrix} \cdot 1 \cdot 4 \cdot 1 \cdot 2 = (-1)^3 \cdot 8 = -8$$

となります． □

問 2 (1) 行列式 $\det B$ の値を Sarrus の方法（16 章）により計算すると

$$\det B = -108 - 4 + 56 + 32 - 18 + 42 = 0$$

です．したがって 17 章の命題からは行列 B が正則行列かどうかを判別できません（しかし 22 章の命題 1 の系から，実は，行列 B は正則行列でないことがわかります）．

そこで，行列 B を縦ベクトルにより $B = (v_1 \ v_2 \ v_3)$ と表し，ベクトル v_1, v_2, v_3 を横ベクトルに書き換えて変形すると

$$\begin{array}{cccc} v_1 & 3 & 1 & 1 \\ v_2 & -2 & 4 & -7 \\ v_3 & -8 & 2 & -9 \end{array} \rightarrow \begin{array}{cccc} v_1 & 3 & 1 & 1 \\ v_2 + 7v_1 & 19 & 11 & 0 \\ v_3 + 9v_1 & 19 & 11 & 0 \end{array}$$

です．これより $v_2 + 7v_1 = v_3 + 9v_1$ すなわち $2v_1 - v_2 + v_3 = 0$ なので，ベクトル v_1, v_2, v_3 は 1 次従属となり（8 章），行列 $B = (v_1 \ v_2 \ v_3)$ は正則行列ではありません（13 章，命題 2）．

(2) 第 1 行の $2, 1, 3$ 倍をそれぞれ第 $2, 3, 4$ 行に加えて，展開公式 1 (1)（16 章）を用いると

$$\det C = \det \begin{pmatrix} -4 & 4 & 3 & -1 \\ -6 & 10 & 7 & 0 \\ -1 & 3 & 4 & 0 \\ -10 & 15 & 8 & 0 \end{pmatrix} = (-1)^{1+4} \cdot (-1) \cdot \det \begin{pmatrix} -6 & 10 & 7 \\ -1 & 3 & 4 \\ -10 & 15 & 8 \end{pmatrix}$$

となります．次に，第 2 行の $-6, -10$ 倍を第 $1, 3$ 行に加え，展開公式 1 (1) を用いて計算すると

$$\det C = \det \begin{pmatrix} 0 & -8 & -17 \\ -1 & 3 & 4 \\ 0 & -15 & -32 \end{pmatrix} = \det \begin{pmatrix} -8 & -17 \\ -15 & -32 \end{pmatrix} = \det \begin{pmatrix} -8 & -17 \\ 1 & 2 \end{pmatrix} = 1$$

問題 18

です．これより C は正則行列です（17 章，命題）．

ここでは 13 章の例と同様な方法で逆行列 C^{-1} を求めるために，係数行列

$$\left(\begin{array}{cccc|cccc} -4 & 4 & 3 & -1 & 1 & 0 & 0 & 0 \\ 2 & 2 & 1 & 2 & 0 & 1 & 0 & 0 \\ 3 & -1 & 1 & 1 & 0 & 0 & 1 & 0 \\ 2 & 3 & -1 & 3 & 0 & 0 & 0 & 1 \end{array}\right)$$

を変形します．

$$\rightarrow \left(\begin{array}{cccc|cccc} -4 & 4 & 3 & -1 & 1 & 0 & 0 & 0 \\ -6 & 10 & 7 & 0 & 2 & 1 & 0 & 0 \\ -1 & 3 & 4 & 0 & 1 & 0 & 1 & 0 \\ -10 & 15 & 8 & 0 & 3 & 0 & 0 & 1 \end{array}\right) \rightarrow \left(\begin{array}{cccc|cccc} 1 & -3 & -4 & 0 & -1 & 0 & -1 & 0 \\ -6 & 10 & 7 & 0 & 2 & 1 & 0 & 0 \\ -10 & 15 & 8 & 0 & 3 & 0 & 0 & 1 \\ 4 & -4 & -3 & 1 & -1 & 0 & 0 & 0 \end{array}\right)$$

$$\rightarrow \left(\begin{array}{cccc|cccc} 1 & -3 & -4 & 0 & -1 & 0 & -1 & 0 \\ 0 & -8 & -17 & 0 & -4 & 1 & -6 & 0 \\ 0 & -15 & -32 & 0 & -7 & 0 & -10 & 1 \\ 0 & 8 & 13 & 1 & 3 & 0 & 4 & 0 \end{array}\right) \rightarrow \left(\begin{array}{cccc|cccc} 1 & -3 & -4 & 0 & -1 & 0 & -1 & 0 \\ 0 & 1 & 2 & 0 & 1 & -2 & 2 & 1 \\ 0 & -8 & -17 & 0 & -4 & 1 & -6 & 0 \\ 0 & 8 & 13 & 1 & 3 & 0 & 4 & 0 \end{array}\right)$$

$$\rightarrow \left(\begin{array}{cccc|cccc} 1 & 0 & 2 & 0 & 2 & -6 & 5 & 3 \\ 0 & 1 & 2 & 0 & 1 & -2 & 2 & 1 \\ 0 & 0 & -1 & 0 & 4 & -15 & 10 & 8 \\ 0 & 0 & -3 & 1 & -5 & 16 & -12 & -8 \end{array}\right) \rightarrow \left(\begin{array}{cccc|cccc} 1 & 0 & 0 & 0 & 10 & -36 & 25 & 19 \\ 0 & 1 & 0 & 0 & 9 & -32 & 22 & 17 \\ 0 & 0 & 1 & 0 & -4 & 15 & -10 & -8 \\ 0 & 0 & 0 & 1 & -17 & 61 & -42 & -32 \end{array}\right)$$

これより

$$C^{-1} = \left(\begin{array}{cccc} 10 & -36 & 25 & 19 \\ 9 & -32 & 22 & 17 \\ -4 & 15 & -10 & -8 \\ -17 & 61 & -42 & -32 \end{array}\right)$$

を得ます． □

問 3 (1) 行列式 $\det G$ の第 1 列に他の列を加えると

$$\det G = \det \left(\begin{array}{cccc} 1+a_1+\cdots+a_n & a_2 & \cdots & a_n \\ 1+a_1+\cdots+a_n & 1+a_2 & \cdots & a_n \\ \vdots & \vdots & & \vdots \\ 1+a_1+\cdots+a_n & a_2 & \cdots & 1+a_n \end{array}\right)$$

$$= (1+a_1+\cdots+a_n) \cdot \det \left(\begin{array}{cccc} 1 & a_2 & \cdots & a_n \\ 1 & 1+a_2 & \cdots & a_n \\ \vdots & \vdots & & \vdots \\ 1 & a_2 & \cdots & 1+a_n \end{array}\right)$$

です．第2の等式では，行列式の縦ベクトルの性質 (2) を用いています（15章）．次に，第1列の $-a_2, \ldots, -a_n$ 倍を，それぞれ，第 $2, \ldots, n$ 列に加えると

$$\det G = (1 + a_1 + \cdots + a_n) \cdot \det \begin{pmatrix} 1 & 0 & \cdots & 0 & 0 \\ 1 & 1 & \cdots & 0 & 0 \\ \vdots & \vdots & \ddots & \vdots & \vdots \\ 1 & 0 & \cdots & 1 & 0 \\ 1 & 0 & \cdots & 0 & 1 \end{pmatrix} = 1 + a_1 + \cdots + a_n$$

を得ます．ここで，第2の等式では14章の命題の系を用いています．

(2) 行列式 $\det H$ の第1列に他の列を加えると

$$\det H = \det \begin{pmatrix} t+a+b+c & a & b & c \\ t+a+b+c & t & c & b \\ t+a+b+c & c & t & a \\ t+a+b+c & b & a & t \end{pmatrix} = (t+a+b+c) \cdot \det \begin{pmatrix} 1 & a & b & c \\ 1 & t & c & b \\ 1 & c & t & a \\ 1 & b & a & t \end{pmatrix}$$

です．そこで，右辺の行列式の値を計算します．まず，第1行の -1 倍を第 $2, 3, 4$ 行に加えると

$$\det \begin{pmatrix} 1 & a & b & c \\ 1 & t & c & b \\ 1 & c & t & a \\ 1 & b & a & t \end{pmatrix} = \det \begin{pmatrix} 1 & a & b & c \\ 0 & t-a & c-b & b-c \\ 0 & c-a & t-b & a-c \\ 0 & b-a & a-b & t-c \end{pmatrix} = \det \begin{pmatrix} t-a & c-b & b-c \\ c-a & t-b & a-c \\ b-a & a-b & t-c \end{pmatrix}$$

となります．この右辺の行列式の値は，第1列に第2列を加えて計算すると

$$\det \begin{pmatrix} t-a & c-b & b-c \\ c-a & t-b & a-c \\ b-a & a-b & t-c \end{pmatrix} = \det \begin{pmatrix} t-a-b+c & c-b & b-c \\ t-a-b+c & t-b & a-c \\ 0 & a-b & t-c \end{pmatrix}$$

$$= (t-a-b+c) \cdot \det \begin{pmatrix} 1 & c-b & b-c \\ 1 & t-b & a-c \\ 0 & a-b & t-c \end{pmatrix} = (t-a-b+c) \cdot \det \begin{pmatrix} 1 & c-b & b-c \\ 0 & t-c & a-b \\ 0 & a-b & t-c \end{pmatrix}$$

$$= (t-a-b+c) \cdot \det \begin{pmatrix} t-c & a-b \\ a-b & t-c \end{pmatrix}$$

です．同様にして，この右辺にある行列式の値は，第2列を第1列に加えて計算すると

$$\det \begin{pmatrix} t-c & a-b \\ a-b & t-c \end{pmatrix} = \det \begin{pmatrix} t+a-b-c & a-b \\ t+a-b-c & t-c \end{pmatrix} = (t+a-b-c) \cdot \det \begin{pmatrix} 1 & a-b \\ 1 & t-c \end{pmatrix}$$

問題 18

$$= (t+a-b-c) \cdot \det \begin{pmatrix} 1 & a-b \\ 0 & t-a+b-c \end{pmatrix} = (t+a-b-c)(t-a+b-c)$$

を得ます．以上により

$$\det H = (t+a+b+c)(t-a-b+c)(t+a-b-c)(t-a+b-c)$$

となります． □

問 4 いま $\theta = \angle \mathrm{BAC}$ とすると
$$S = \frac{1}{2}\,\mathrm{AB} \cdot \mathrm{AC}\,\sin\theta$$
です．また，等式
$$\mathrm{BC}^2 = \mathrm{AB}^2 + \mathrm{AC}^2 - 2 \cdot \mathrm{AB} \cdot \mathrm{AC}\cos\theta$$
が成立します（余弦定理）．これより
$$\cos\theta = \frac{\mathrm{AB}^2 + \mathrm{AC}^2 - \mathrm{BC}^2}{2 \cdot \mathrm{AB} \cdot \mathrm{AC}}$$
です．そこで
$$\mathrm{AB}^2 = (a_2-a_1)^2 + (b_2-b_1)^2, \quad \mathrm{AC}^2 = (a_3-a_1)^2 + (b_3-b_1)^2,$$
$$\mathrm{BC}^2 = (a_3-a_2)^2 + (b_3-b_2)^2$$
を用いると，等式
$$\cos\theta = \frac{(a_2-a_1)(a_3-a_1)+(b_2-b_1)(b_3-b_1)}{\mathrm{AB}\cdot\mathrm{AC}}$$
を得ます．簡単のために
$$x_1 = a_2-a_1, \quad y_1 = b_2-b_1, \quad x_2 = a_3-a_1, \quad y_2 = b_3-b_1$$
とおくと
$$(\sin\theta)^2 = 1 - (\cos\theta)^2 = 1 - \left(\frac{x_1x_2+y_1y_2}{\mathrm{AB}\cdot\mathrm{AC}}\right)^2 = \left(\frac{x_1y_2-x_2y_1}{\mathrm{AB}\cdot\mathrm{AC}}\right)^2$$
となります．これより，面積 S は
$$\frac{1}{2}(x_1y_2-x_2y_1)$$
の絶対値です．ここで
$$x_1y_2 - x_2y_1 = (a_2-a_1)(b_3-b_1) - (a_3-a_1)(b_2-b_1)$$
$$= a_2b_3 + a_1b_2 + a_3b_1 - a_2b_1 - a_3b_2 - a_1b_3 = \det\begin{pmatrix} 1 & a_1 & b_1 \\ 1 & a_2 & b_2 \\ 1 & a_3 & b_3 \end{pmatrix}$$
より，求める結果が導かれます． □

問 5 第 $n+1$ 行の -1 倍を第 $1, \ldots, n$ 行に加えます.

$$\det D = \det \begin{pmatrix} t-a_1 & a_1-a_2 & a_2-a_3 & \cdots & a_{n-1}-a_n & 0 \\ 0 & t-a_2 & a_2-a_3 & \cdots & a_{n-1}-a_n & 0 \\ 0 & 0 & t-a_3 & \ddots & \vdots & \vdots \\ \vdots & \vdots & \ddots & \ddots & a_{n-1}-a_n & 0 \\ 0 & 0 & \cdots & 0 & t-a_n & 0 \\ a_1 & a_2 & \cdots & a_{n-1} & a_n & 1 \end{pmatrix}$$

そこで, 第 $n+1$ 列で展開すると (16 章, 展開公式 1 (1))

$$\det D = (-1)^{(n+1)+(n+1)} \cdot \det \begin{pmatrix} t-a_1 & a_1-a_2 & a_2-a_3 & \cdots & a_{n-1}-a_n \\ & t-a_2 & a_2-a_3 & \cdots & a_{n-1}-a_n \\ & & t-a_3 & \ddots & \vdots \\ & & & \ddots & a_{n-1}-a_n \\ O & & & & t-a_n \end{pmatrix}$$

$$= (t-a_1) \cdots (t-a_n)$$

を得ます. □

問 6 いま $\det \widetilde{A} \neq 0$ と仮定します. もし $A = 0$ ならば $\widetilde{A} = 0$ なので $\det \widetilde{A} = 0$ です. これは仮定に反します. したがって $A \neq 0$ です.

一方, 条件 $\det A = 0$ から
$$\widetilde{A} \cdot A = 0 \qquad (*)$$
です (17 章, 展開公式 3). 仮定 $\det \widetilde{A} \neq 0$ より, 行列 $\widetilde{A}$ は正則行列なので (17 章, 命題), 上式 $(*)$ から $A = 0$ となり (問題 14, 問 4 (3)), これは $A \neq 0$ に反します. □

問題 19

問 1 積 $\sigma\tau$ は

$$\sigma\tau = \begin{pmatrix} 1 & 2 & 3 & 4 & 5 & 6 & 7 & 8 & 9 \\ 3 & 8 & 5 & 1 & 6 & 9 & 2 & 4 & 7 \end{pmatrix} \begin{pmatrix} 1 & 2 & 3 & 4 & 5 & 6 & 7 & 8 & 9 \\ 2 & 7 & 9 & 6 & 1 & 4 & 8 & 3 & 5 \end{pmatrix}$$

$$= \begin{pmatrix} 1 & 2 & 3 & 4 & 5 & 6 & 7 & 8 & 9 \\ 8 & 2 & 7 & 9 & 3 & 1 & 4 & 5 & 6 \end{pmatrix}$$

です.一方 $\tau\sigma$ は

$$\tau\sigma = \begin{pmatrix} 1 & 2 & 3 & 4 & 5 & 6 & 7 & 8 & 9 \\ 2 & 7 & 9 & 6 & 1 & 4 & 8 & 3 & 5 \end{pmatrix} \begin{pmatrix} 1 & 2 & 3 & 4 & 5 & 6 & 7 & 8 & 9 \\ 3 & 8 & 5 & 1 & 6 & 9 & 2 & 4 & 7 \end{pmatrix}$$

$$= \begin{pmatrix} 1 & 2 & 3 & 4 & 5 & 6 & 7 & 8 & 9 \\ 9 & 3 & 1 & 2 & 4 & 5 & 7 & 6 & 8 \end{pmatrix}$$

となります.したがって $\sigma\tau \neq \tau\sigma$ です.

逆置換 σ^{-1} は

$$\sigma^{-1} = \begin{pmatrix} 3 & 8 & 5 & 1 & 6 & 9 & 2 & 4 & 7 \\ 1 & 2 & 3 & 4 & 5 & 6 & 7 & 8 & 9 \end{pmatrix} = \begin{pmatrix} 1 & 2 & 3 & 4 & 5 & 6 & 7 & 8 & 9 \\ 4 & 7 & 1 & 8 & 3 & 5 & 9 & 2 & 6 \end{pmatrix}$$

です.また τ^{-1} は

$$\tau^{-1} = \begin{pmatrix} 2 & 7 & 9 & 6 & 1 & 4 & 8 & 3 & 5 \\ 1 & 2 & 3 & 4 & 5 & 6 & 7 & 8 & 9 \end{pmatrix} = \begin{pmatrix} 1 & 2 & 3 & 4 & 5 & 6 & 7 & 8 & 9 \\ 5 & 1 & 8 & 6 & 9 & 4 & 2 & 7 & 3 \end{pmatrix}$$

となります. □

問 2 積 $\xi\eta$ は

$$\xi\eta = \begin{pmatrix} 1 & 2 & 3 & 4 & 5 & 6 & 7 & 8 & 9 & 10 \\ 3 & 4 & 6 & 10 & 1 & 9 & 2 & 8 & 7 & 5 \end{pmatrix} \begin{pmatrix} 3 & 8 & 2 & 4 & 9 & 5 & 6 & 10 & 1 & 7 \\ 6 & 9 & 3 & 8 & 7 & 10 & 4 & 1 & 2 & 5 \end{pmatrix}$$

$$= \begin{pmatrix} 1 & 2 & 3 & 4 & 5 & 6 & 7 & 8 & 9 & 10 \\ 4 & 6 & 9 & 8 & 5 & 10 & 1 & 7 & 2 & 3 \end{pmatrix}$$

です.逆置換 η^{-1} は

$$\eta^{-1} = \begin{pmatrix} 6 & 9 & 3 & 8 & 7 & 10 & 4 & 1 & 2 & 5 \\ 3 & 8 & 2 & 4 & 9 & 5 & 6 & 10 & 1 & 7 \end{pmatrix} = \begin{pmatrix} 1 & 2 & 3 & 4 & 5 & 6 & 7 & 8 & 9 & 10 \\ 10 & 1 & 2 & 6 & 7 & 3 & 9 & 4 & 8 & 5 \end{pmatrix}$$

となります. これより

$$\eta^{-1}\xi\eta = \begin{pmatrix} 1 & 2 & 3 & 4 & 5 & 6 & 7 & 8 & 9 & 10 \\ 10 & 1 & 2 & 6 & 7 & 3 & 9 & 4 & 8 & 5 \end{pmatrix} \begin{pmatrix} 1 & 2 & 3 & 4 & 5 & 6 & 7 & 8 & 9 & 10 \\ 4 & 6 & 9 & 8 & 5 & 10 & 1 & 7 & 2 & 3 \end{pmatrix}$$

$$= \begin{pmatrix} 1 & 2 & 3 & 4 & 5 & 6 & 7 & 8 & 9 & 10 \\ 6 & 3 & 8 & 4 & 7 & 5 & 10 & 9 & 1 & 2 \end{pmatrix}$$

を得ます. □

問 3 いま $G = \{\sigma\tau \mid \tau \in S_n\}$ とおきます. まず, 置換の積 $\sigma\tau$ は $\sigma\tau \in S_n$ なので $G \subset S_n$ です.

逆に, 元 $\xi \in S_n$ を考えます. 置換 $\sigma \in S_n$ の逆置換 σ^{-1} は $\sigma^{-1} \in S_n$ です (19 章, 命題 2 (3)). したがって, 置換の積 $\tau = \sigma^{-1}\xi$ は $\tau \in S_n$ となります. これより

$$\xi = \sigma\sigma^{-1} \cdot \xi = \sigma\tau$$

と表されるので $\xi \in G$ です. よって $S_n \subset G$ を得ます. 他の等号も, 同様にして, 導かれます.

問 4 (1) 行列式 $\det B$ の第 2 列の $-u$ 倍を第 1 列に加え, 第 3 列の $-v$ 倍を第 2 列に加え, 次に, 第 4 列の $-w$ 倍を第 3 列に加えると

$$\det B = \det \begin{pmatrix} 1-au & a-abv & ab-abcw & abc \\ 0 & 1-bv & b-bcw & bc \\ 0 & 0 & 1-cw & c \\ 0 & 0 & 0 & 1 \end{pmatrix} = (1-au)(1-bv)(1-cw)$$

となります (14 章, 命題).

(2) 行列式 $\det C$ の各 i 行に, それぞれ, 第 1 行の $-a_{i-1}$ 倍を加えると

$$\det C = \begin{pmatrix} 1 & 1 & \cdots & 1 & 1 \\ b_1 - a_1 & 0 & \cdots & 0 & 0 \\ \vdots & b_2 - a_2 & \ddots & \vdots & \vdots \\ b_1 - a_{n-1} & & \ddots & 0 & 0 \\ b_1 - a_n & b_2 - a_n & \cdots & b_n - a_n & 0 \end{pmatrix}$$

$$= (-1)^{1+(n+1)} \cdot \begin{pmatrix} b_1 - a_1 & 0 & \cdots & 0 \\ \vdots & b_2 - a_2 & \ddots & \vdots \\ b_1 - a_{n-1} & & \ddots & 0 \\ b_1 - a_n & b_2 - a_n & \cdots & b_n - a_n \end{pmatrix}$$

$$= (-1)^n (b_1 - a_1) \cdots (b_n - a_n) = (a_1 - b_1) \cdots (a_n - b_n)$$

を得ます. ここで, 第 2 の等号では 16 章の展開公式 1 (1) を, また, 第 3 の等号では 14 章の命題の系を用いています. □

問題 19

問 5 第 n 行の -1 倍を他の行に加えると

$$\det D = \begin{pmatrix} a_1 & & 0 & -a_n \\ & \ddots & & \vdots \\ 0 & & a_{n-1} & -a_n \\ 1 & \cdots & 1 & 1+a_n \end{pmatrix}$$

です．各 i 列の $\dfrac{a_n}{a_i}$ 倍を第 n 列に加えると

$$\det C = \det \begin{pmatrix} a_1 & & 0 & 0 \\ & \ddots & & \vdots \\ 0 & & a_{n-1} & 0 \\ 1 & \cdots & 1 & 1+a_n+\frac{a_n}{a_1}+\cdots+\frac{a_n}{a_{n-1}} \end{pmatrix}$$

$$= \left(1+a_n+\frac{a_n}{a_1}+\cdots+\frac{a_n}{a_{n-1}}\right) \cdot a_1 \cdots a_{n-1} = a_1 \cdots a_n \left(1+\frac{1}{a_1}+\cdots+\frac{1}{a_n}\right)$$

となります．ここで，第 2 の等号では 14 章の命題の系を用いています．

別解 いま，元 $u \in K^n$ を

$$u = \begin{pmatrix} 1 \\ \vdots \\ 1 \end{pmatrix}$$

とおくと，行列 D の第 j 列は $u + a_j e_j$ と表されます．ここで $\{e_1, \ldots, e_n\}$ は空間 K^n の標準基底です．これより

$$\det D = \det(u+a_1 e_1 \ \cdots \ u+a_n e_n)$$

となります．行列式の性質 (1), (3)（15 章，縦ベクトルの場合）を用いると

$$\det D = \det(a_1 e_1 \ \cdots \ a_n e_n) + \sum_{j=1}^n \det(a_1 e_1 \ \cdots \ a_{j-1} e_{j-1} \ u \ a_{j+1} e_{j+1} \ \cdots \ a_n e_n)$$

となること確かめてください．行列式の性質 (2), (4) から

$$\det(a_1 e_1 \ \cdots \ a_n e_n) = a_1 \cdots a_n \cdot \det(e_1 \ \cdots \ e_n) = a_1 \cdots a_n,$$

$$\det(a_1 e_1 \ \cdots \ a_{j-1} e_{j-1} \ u \ a_{j+1} e_{j+1} \ \cdots \ a_n e_n)$$

$$= a_1 \cdots a_{j-1} a_{j+1} \cdots a_n \det(e_1 \ \cdots \ e_{j-1} \ u \ e_{j+1} \ \cdots \ e_n)$$

です．一方 $u = e_1 + \cdots + e_n$ なので

$$\det(e_1 \ \cdots \ e_{j-1} \ u \ e_{j+1} \ \cdots \ e_n) = \det(e_1 \ \cdots \ e_{j-1} \ e_1+\cdots+e_n \ e_{j+1} \ \cdots \ e_n)$$

$$= \det(e_1 \ \cdots \ e_j \ \cdots \ e_n) = 1$$

となります．したがって

$$\det D = a_1 \cdots a_n + \sum_{j=1}^{n} a_1 \cdots a_{j-1} a_{j+1} \cdots a_n$$

$$= a_1 \cdots a_n + a_2 \cdots a_n + a_1 a_3 \cdots a_n + \cdots + a_1 \cdots a_{n-1}$$

を得ます．もし，元 $a_1, \ldots, a_n \in K$ がすべて $a_i \neq 0$ ならば

$$\det D = a_1 \cdots a_n \left(1 + \frac{1}{a_1} + \cdots + \frac{1}{a_n}\right)$$

と書き換えられます． □

問 6 いま，行列 A, B を

$$A = \begin{pmatrix} a_{11} & \cdots & a_{1r} \\ \vdots & & \vdots \\ a_{r1} & \cdots & a_{rr} \end{pmatrix}, \quad B = \begin{pmatrix} b_{11} & \cdots & b_{1r} \\ \vdots & & \vdots \\ b_{r1} & \cdots & b_{rr} \end{pmatrix}$$

とします．この場合，条件 $(w_1 \cdots w_r)A = (w_1 \cdots w_r)B$ は

$$(w_1 \cdots w_r) \begin{pmatrix} a_{11} & \cdots & a_{1r} \\ \vdots & & \vdots \\ a_{r1} & \cdots & a_{rr} \end{pmatrix} = (w_1 \cdots w_r) \begin{pmatrix} b_{11} & \cdots & b_{1r} \\ \vdots & & \vdots \\ b_{r1} & \cdots & b_{rr} \end{pmatrix}$$

となります．これは，等式

$$\begin{cases} a_{11} w_1 + \cdots + a_{r1} w_r = b_{11} w_1 + \cdots + b_{r1} w_r \\ \quad \vdots \\ a_{1r} w_1 + \cdots + a_{rr} w_r = b_{1r} w_1 + \cdots + b_{rr} w_r \end{cases}$$

を意味します（12 章，式 (2)）．元 $w_1, \ldots, w_r$ は 1 次独立なので，上記の等式（1 次結合）の係数は一意的です（8 章，命題 1）．したがって

$$a_{11} = b_{11}, \quad \ldots, \quad a_{r1} = b_{r1},$$
$$\vdots$$
$$a_{1r} = b_{1r}, \quad \ldots, \quad a_{rr} = b_{rr}$$

です．これより $A = B$ を得ます． □

問題 20

問 1 求める置換は

$$\begin{pmatrix} 1 & 2 & 3 & 4 & 5 & 6 & 7 & 8 & 9 \\ 6 & 4 & 3 & 8 & 9 & 7 & 5 & 2 & 1 \end{pmatrix}$$

となります. □

問 2 互換は 2 個の数字だけを入れ換え, 他の数字は変換しない置換なので, いずれの等式も, この定義から直ちに導かれます. すなわち

$$(i\ j)(i\ j) = \begin{pmatrix} 1 & 2 & \cdots & i & \cdots & j & \cdots & n \\ 1 & 2 & \cdots & i & \cdots & j & \cdots & n \end{pmatrix} = id$$

です. □

問 3 まず, 置換 ξ は

$$\xi = (1\ 4\ 2)(3\ 6\ 5\ 7) = (1\ 2)(1\ 4)(3\ 7)(3\ 5)(3\ 6)$$

となります. また

$$\xi = (4\ 5)(1\ 5)(2\ 5)(3\ 6)(4\ 5)(5\ 7)(6\ 7)$$

となることを確かめてください. いずれにしても, 互換の個数は奇数なので, 符号は $\mathrm{sgn}(\xi) = -1$ です. 一方, 置換 η は

$$\eta = (1\ 7\ 9\ 5)(2\ 6\ 4)(3\ 8) = (1\ 5)(1\ 9)(1\ 7)(2\ 4)(2\ 6)(3\ 8)$$

です. また

$$\eta = (1\ 7)(2\ 6)(3\ 8)(4\ 6)(5\ 7)(7\ 9)$$

と表されます. これより $\mathrm{sgn}(\eta) = (-1)^6 = 1$ です. □

問 4 簡単のために

$$\sigma = \begin{pmatrix} 1 & 2 & \cdots & n-1 & n \\ n & n-1 & \cdots & 2 & 1 \end{pmatrix}$$

とおきます. まず

$$\sigma = (1\ 2)\cdots(1\ n-1)(1\ n) \cdot \begin{pmatrix} 1 & 2 & 3 & \cdots & n-1 & n \\ 1 & n & n-1 & \cdots & 3 & 2 \end{pmatrix}$$

とできます. 次に

$$\sigma = (1\ 2)\cdots(1\ n-1)(1\ n) \cdot (2\ 3)\cdots(2\ n-1)(2\ n) \cdot \begin{pmatrix} 1 & 2 & 3 & \cdots & n \\ 1 & 2 & n & \cdots & 3 \end{pmatrix}$$

とします．これを繰り返します．

$$\sigma = (1\ 2)\cdots(1\ n-1)(1\ n)\cdot(2\ 3)\cdots(2\ n-1)(2\ n)\cdot\ \cdots\ \cdot(n-1\ n)\begin{pmatrix} 1 & 2 & \cdots & n \\ 1 & 2 & \cdots & n \end{pmatrix}$$

$$= (1\ 2)\cdots(1\ n-1)(1\ n)\cdot(2\ 3)\cdots(2\ n-1)(2\ n)\cdot\ \cdots\ \cdot(n-1\ n)$$

を得ます．これより

$$\mathrm{sig}(\sigma) = (-1)^{(n-1)+(n-2)+\cdots+1} = (-1)^{\frac{n(n-1)}{2}}$$

です． □

問 5 最高次数の項 $x_1{}^2 x_2$ に着目して，多項式 $f - s_1 s_2$ を計算すると

$$f - s_1 s_2$$
$$= (x_1{}^2 x_2 + x_1{}^2 x_3 + x_2{}^2 x_1 + x_2{}^2 x_3 + x_3{}^2 x_1 + x_3{}^2 x_2) - (x_1 + x_2 + x_3)(x_1 x_2 + x_2 x_3 + x_3 x_1)$$
$$= -3 x_1 x_2 x_3 = -3 s_3$$

です．これより $f = s_1 s_2 - 3 s_3$ を得ます．または，多項式 f を'うまく'変形すると

$$f = (x_1{}^2 x_2 + x_2{}^2 x_1) + (x_2{}^2 x_3 + x_3{}^2 x_2) + (x_1{}^2 x_3 + x_3{}^2 x_1)$$
$$= x_1 x_2 (x_1 + x_2 + x_3 - x_3) + x_2 x_3 (x_1 + x_2 + x_3 - x_1) + x_3 x_1 (x_1 + x_2 + x_3 - x_2)$$
$$= (x_1 + x_2 + x_3)(x_1 x_2 + x_2 x_3 + x_3 x_1) - 3 x_1 x_2 x_3$$
$$= s_1 s_2 - 3 s_3$$

となります． □

問 6 (1) 簡単のために，いま

$$Y = \{\eta\sigma \mid \sigma \in B\}$$

とおき，等号 $Y = A_n$ を示します．まず，奇置換 $\sigma \in B$ は奇数個の互換の積として表されます．これより，互換 η との積 $\eta\sigma$ は，偶数個の互換の積なので，積 $\eta\sigma$ は偶置換，すなわち $\eta\sigma \in A_n$ です．したがって $Y \subset A_n$ となります．

逆に，偶置換 $\xi \in A_n$ は，偶数個の互換の積として表されます．よって，互換 η との積 $\sigma = \eta\xi$ は，奇数個の互換の積なので，積 σ は奇置換，すなわち $\sigma \in B$ です．したがって，等式 $\eta\eta = id$（問 2）から

$$\xi = \eta\eta \cdot \xi = \eta \cdot \eta\xi = \eta\sigma$$

と表されます．これより $\xi \in Y$ となり $A_n \subset Y$ を得ます．この証明で，偶数と奇数を逆に考えることにより，集合 B に関する等号が導かれることを確かめてください．

(2) 数字 1, 2, 3 の置換は，すべて，巡回置換の形で表せて

$$id,\ (1\ 2),\ (1\ 3),\ (2\ 3),\ (1\ 2\ 3),\ (1\ 3\ 2)$$

問題 20

の 6 個です．このなかで，偶置換は id, $(1\ 2\ 3) = (1\ 3)(1\ 2)$, $(1\ 3\ 2) = (1\ 2)(1\ 3)$ の 3 個なので

$$A_3 = \{id,\ (1\ 2\ 3),\ (1\ 3\ 2)\}$$

です．同様に考えて，数字 1, 2, 3, 4 の置換を巡回置換の積の形で表し，そのなかで偶置換となるのは 12 個，すなわち

$$A_4 = \{id,\ (1\ 2\ 3),\ (1\ 3\ 2),\ (1\ 2\ 4),\ (1\ 4\ 2),\ (1\ 3\ 4),\ (1\ 4\ 3),$$
$$(2\ 3\ 4),\ (2\ 4\ 3),\ (1\ 2)(3\ 4),\ (1\ 3)(2\ 4),\ (1\ 4)(2\ 3)\}$$

となることを確認してください． □

問 7 簡単のために $\tau = (1\ 2\ 4)$ とおくと，等式 $\sigma\tau = \tau\sigma$ を満たす σ が求める置換です．そこで

$$\sigma = \begin{pmatrix} 1 & 2 & 3 & 4 \\ a & b & c & d \end{pmatrix}$$

とします．この場合

$$\sigma\tau = \begin{pmatrix} 1 & 2 & 3 & 4 \\ b & d & c & a \end{pmatrix}, \quad \tau\sigma = \begin{pmatrix} 1 & 2 & 3 & 4 \\ \tau(a) & \tau(b) & \tau(c) & \tau(d) \end{pmatrix}$$

となることを確かめてください．これより，等式 $\sigma\tau = \tau\sigma$ が成立するのは

$$\tau(a) = b, \quad \tau(b) = d, \quad \tau(c) = c, \quad \tau(d) = a$$

となる場合です．いま $\tau = (1\ 2\ 4)$ なので $c = 3$ です．したがって

(1) $a = 1,\ b = 2,\ d = 4$

(2) $a = 2,\ b = 4,\ d = 1$

(3) $a = 4,\ b = 1,\ d = 2$

の 3 通りが考えられます．それぞれに従って，置換 σ は

$$\sigma = \begin{pmatrix} 1 & 2 & 3 & 4 \\ 1 & 2 & 3 & 4 \end{pmatrix}, \quad \sigma = \begin{pmatrix} 1 & 2 & 3 & 4 \\ 2 & 4 & 3 & 1 \end{pmatrix}, \quad \sigma = \begin{pmatrix} 1 & 2 & 3 & 4 \\ 4 & 1 & 3 & 2 \end{pmatrix}$$

すなわち $\sigma = id$, $\sigma = (1\ 2\ 4)$, $\sigma = (1\ 4\ 2)$ となります． □

問 8 第 n 行から第 $n-1$ 行を引き，次に，第 $n-1$ 行から第 $n-2$ 行を引き，…，最後に，第 2 行から第 1 行を引くと

$$\det D = \det \begin{pmatrix} 1 & 2 & 3 & \cdots & n \\ 2 & 3 & 4 & \cdots & 1 \\ \vdots & \vdots & \vdots & & \vdots \\ n-1 & n & 1 & \cdots & n-2 \\ 1 & 1-n & 1 & \cdots & 1 \end{pmatrix} = \det \begin{pmatrix} 1 & 2 & 3 & \cdots & n \\ 2 & 3 & 4 & \cdots & 1 \\ \vdots & \vdots & \vdots & & \vdots \\ n-2 & n-1 & n & \cdots & n-3 \\ 1 & 1 & 1-n & \cdots & 1 \\ 1 & 1-n & 1 & \cdots & 1 \end{pmatrix}$$

$$= \cdots = \det \begin{pmatrix} 1 & 2 & 3 & \cdots & n \\ 1 & 1 & 1 & \cdots & 1-n \\ \vdots & \vdots & \vdots & & \vdots \\ 1 & 1 & 1-n & \cdots & 1 \\ 1 & 1-n & 1 & \cdots & 1 \end{pmatrix}$$

です.各列から第 1 列を引くと

$$\det D = \det \begin{pmatrix} 1 & 1 & 2 & \cdots & n-1 \\ 1 & 0 & 0 & \cdots & -n \\ \vdots & \vdots & \vdots & & \vdots \\ 1 & 0 & -n & \cdots & 0 \\ 1 & -n & 0 & \cdots & 0 \end{pmatrix}$$

となります.第 n 列の $\dfrac{1}{n}$ 倍を第 1 列に加え,次に,第 $n-1$ 列の $\dfrac{1}{n}$ 倍を第 1 列に加え,…,最後に,第 2 列の $\dfrac{1}{n}$ 倍を第 1 列に加えると

$$\det D = \det \begin{pmatrix} 1+\frac{n-1}{n}+\frac{n-2}{n}+\cdots+\frac{1}{n} & 1 & 2 & \cdots & n-1 \\ 0 & 0 & 0 & \cdots & -n \\ \vdots & \vdots & \vdots & & \vdots \\ 0 & 0 & -n & \cdots & 0 \\ 0 & -n & 0 & \cdots & 0 \end{pmatrix}$$

です.第 1 列で展開すると(16 章,展開公式 1 (1))

$$\det D = \left(1+\frac{n-1}{n}+\frac{n-2}{n}+\cdots+\frac{1}{n}\right) \cdot \det \begin{pmatrix} O & & & -n \\ & & \cdot & \\ & -n & & \\ -n & & & O \end{pmatrix}$$

を得ます.ここで,右辺の $n-1$ 次正方行列の行列式の値が

$$\det \begin{pmatrix} O & & -n \\ & \cdot & \\ -n & & O \end{pmatrix} = (-1)^{\frac{(n-1)(n-2)}{2}} \cdot (-n)^{n-1}$$

である(問題 14,問 3)ことを用いると

$$\det D = \left(1+\frac{n-1}{n}+\frac{n-2}{n}+\cdots+\frac{1}{n}\right) \cdot (-1)^{\frac{(n-1)(n-2)}{2}} \cdot (-n)^{n-1} = (-1)^{\frac{n(n-1)}{2}} \cdot \frac{n^{n-1}(n+1)}{2}$$

となります. □

問題 21

問 1 ある (i_k, k) に対して $a_{i_k k} = 0$ となる項は計算から除外できます．また，添え字 $i_1, \ldots, i_4$ は，すべて異なることに注意すると，残る項は

$$a_{11}a_{32}a_{43}a_{24}, \quad a_{41}a_{12}a_{33}a_{24}, \quad a_{41}a_{22}a_{33}a_{14}, \quad a_{41}a_{32}a_{13}a_{24}$$

です．したがって

$$\det A = \mathrm{sgn}\begin{pmatrix} 1 & 2 & 3 & 4 \\ 1 & 3 & 4 & 2 \end{pmatrix} 1 \cdot d \cdot (-1) \cdot 2 + \mathrm{sgn}\begin{pmatrix} 1 & 2 & 3 & 4 \\ 4 & 1 & 3 & 2 \end{pmatrix} 1 \cdot a \cdot 1 \cdot 2$$

$$+ \mathrm{sgn}\begin{pmatrix} 1 & 2 & 3 & 4 \\ 4 & 2 & 3 & 1 \end{pmatrix} 1 \cdot c \cdot 1 \cdot b + \mathrm{sgn}\begin{pmatrix} 1 & 2 & 3 & 4 \\ 4 & 3 & 1 & 2 \end{pmatrix} 1 \cdot d \cdot 4 \cdot 2$$

$$= -2d + 2a - bc - 8d = 2a - bc - 10d$$

となります． □

問 2 縦ベクトルの場合に証明します．はじめに，性質 (5) を示します．いま i 列目のベクトル w_i に j 列目のベクトル w_j の c 倍 cw_j を加えた行列式を計算します．性質 (1) から

$$\det(\cdots \ w_i + cw_j \ \cdots \ w_j \ \cdots) = \det(\cdots \ w_i \ \cdots \ w_j \ \cdots) + \det(\cdots \ cw_j \ \cdots \ w_j \ \cdots)$$

となります．この第 2 項は，性質 (2), (3) を用いると

$$\det(\cdots \ cw_j \ \cdots \ w_j \ \cdots) = c \cdot \det(\cdots \ w_j \ \cdots \ w_j \ \cdots) = 0$$

です．したがって，性質 (5) が成立します．

次に i, j 列目がベクトル $w_i + w_j$ の場合を考えます．性質 (3) から

$$\det(\cdots \ w_i + w_j \ \cdots \ w_i + w_j \ \cdots) = 0$$

です．この左辺を，性質 (1), (3) を用いて計算すると

$$\text{左辺} = \det(\cdots \ w_i \ \cdots \ w_i \ \cdots) + \det(\cdots \ w_i \ \cdots \ w_j \ \cdots)$$
$$+ \det(\cdots \ w_j \ \cdots \ w_i \ \cdots) + \det(\cdots \ w_j \ \cdots \ w_j \ \cdots)$$
$$= \det(\cdots \ w_i \ \cdots \ w_j \ \cdots) + \det(\cdots \ w_j \ \cdots \ w_i \ \cdots)$$

となり，性質 (6) が成立します． □

解答

問 3 (1) 第 3 行と第 1 行を入れ替え，第 1 行の $3, -2, 9$ 倍を，それぞれ，第 $2, 3, 4$ 行に加えます．

$$\det B = -\det \begin{pmatrix} 1 & 9 & 1 & 3 \\ -3 & 2 & 9 & -4 \\ 2 & -7 & 6 & -9 \\ -9 & -5 & 3 & 8 \end{pmatrix} = -\det \begin{pmatrix} 1 & 9 & 1 & 3 \\ 0 & 29 & 12 & 5 \\ 0 & -25 & 4 & -15 \\ 0 & 76 & 12 & 35 \end{pmatrix}$$

次に，第 3 行の $1, 3$ 倍を，それぞれ，第 $2, 4$ 行に加えて，第 2 行と第 4 行を入れ替えると

$$\det B = -\det \begin{pmatrix} 1 & 9 & 1 & 3 \\ 0 & 4 & 16 & -10 \\ 0 & -25 & 4 & -15 \\ 0 & 1 & 24 & -10 \end{pmatrix} = \det \begin{pmatrix} 1 & 9 & 1 & 3 \\ 0 & 1 & 24 & -10 \\ 0 & -25 & 4 & -15 \\ 0 & 4 & 16 & -10 \end{pmatrix}$$

です．第 2 行の $25, -4$ 倍を，それぞれ，第 $3, 4$ 行に加えて，第 4 行の 7 倍を第 3 行に加えると

$$\det B = \det \begin{pmatrix} 1 & 9 & 1 & 3 \\ 0 & 1 & 24 & -10 \\ 0 & 0 & 604 & -265 \\ 0 & 0 & -80 & 30 \end{pmatrix} = \det \begin{pmatrix} 1 & 9 & 1 & 3 \\ 0 & 1 & 24 & -10 \\ 0 & 0 & 44 & -55 \\ 0 & 0 & -80 & 30 \end{pmatrix}$$

となります．第 3 行から 44 を括り出し，第 3 行の 80 倍を第 4 行に加えると

$$\det B = 44 \cdot \det \begin{pmatrix} 1 & 9 & 1 & 3 \\ 0 & 1 & 24 & -10 \\ 0 & 0 & 1 & -\frac{5}{4} \\ 0 & 0 & -80 & 30 \end{pmatrix} = 44 \cdot \det \begin{pmatrix} 1 & 9 & 1 & 3 \\ 0 & 1 & 24 & -10 \\ 0 & 0 & 1 & -\frac{5}{4} \\ 0 & 0 & 0 & -70 \end{pmatrix}$$

$$= 44 \cdot (-70) = -3080$$

を得ます．

(2) 行列 $H \cdot {}^t H$ を計算すると

$$H \cdot {}^t H = \begin{pmatrix} a & b & c & d \\ -b & a & -d & c \\ -c & d & a & -b \\ -d & -c & b & a \end{pmatrix} \begin{pmatrix} a & -b & -c & -d \\ b & a & d & -c \\ c & -d & a & b \\ d & c & -b & a \end{pmatrix}$$

$$= \begin{pmatrix} a^2+b^2+c^2+d^2 & 0 & 0 & 0 \\ 0 & a^2+b^2+c^2+d^2 & 0 & 0 \\ 0 & 0 & a^2+b^2+c^2+d^2 & 0 \\ 0 & 0 & 0 & a^2+b^2+c^2+d^2 \end{pmatrix}$$

問題 21

です．これより
$$(\det H)^2 = \det H \cdot \det {}^t H = \det(H \cdot {}^t H) = (a^2+b^2+c^2+d^2)^4$$
となり $\det H = \pm(a^2+b^2+c^2+d^2)^2$ を得ます．ここで $b, c, d = 0$ の場合を考えると $\det H = a^4$ となるので，求める値は $\det H = (a^2+b^2+c^2+d^2)^2$ です．

別解 行列のスカラー倍（22章）を用いると，次のようにして求めることができます．行列
$$I = \begin{pmatrix} 0 & 1 & 0 & 0 \\ -1 & 0 & 0 & 0 \\ 0 & 0 & 0 & -1 \\ 0 & 0 & 1 & 0 \end{pmatrix}, \quad J = \begin{pmatrix} 0 & 0 & 1 & 0 \\ 0 & 0 & 0 & 1 \\ -1 & 0 & 0 & 0 \\ 0 & -1 & 0 & 0 \end{pmatrix}, \quad K = \begin{pmatrix} 0 & 0 & 0 & 1 \\ 0 & 0 & -1 & 0 \\ 0 & 1 & 0 & 0 \\ -1 & 0 & 0 & 0 \end{pmatrix}$$
を考えると，行列 H および ${}^t H$ は
$$H = aE + bI + cJ + dK, \qquad {}^t H = aE - bI - cJ - dK$$
と表されることを確かめてください．さらに，等式
$$I^2 = J^2 = K^2 = -E, \quad IJ = K, \quad JK = I, \quad KI = J$$
が成立します．これより
$$JI = -J \cdot (-E) \cdot I = -(JK)(KI) = -IJ = -K$$
です．同様に $KJ = -I$, $IK = -J$ となります．したがって
$$\begin{aligned} H \cdot {}^t H &= (aE + bI + cJ + dK)(aE - bI - cJ - dK) \\ &= (a^2 E - abI - acJ - adK) + (baI - b^2 I^2 - bcIJ - bdIK) \\ &\quad + (caJ - cbJI - c^2 J^2 - cdJK) + (daK - dbKI - dcKJ - d^2 K^2) \\ &= (a^2 + b^2 + c^2 + d^2)E \end{aligned}$$
を得ます．（4つの実数を用いて $aE + bI + cJ + dK$ の形に表される'数'を4元数といいます．特に $c, d = 0$ の場合は，複素数を表します．したがって，行列 I は虚数単位 i になります．） □

問 4 行列を D_n と表し，その行列式を $a_n = \det D_n$ とおきます．いま $n \geq 3$ として，行列式 $\det D_n$ を第1行で展開すると

$$a_n = \det D_n = (1+x^2) \cdot \det D_{n-1} - x \cdot \det \begin{pmatrix} x & x & & & O \\ & 1+x^2 & x & & \\ & x & 1+x^2 & \ddots & \\ & & \ddots & \ddots & x \\ O & & & x & 1+x^2 \end{pmatrix}$$

$$= (1+x^2) \cdot \det D_{n-1} - x^2 \cdot \det D_{n-2} = (1+x^2) \cdot a_{n-1} - x^2 \cdot a_{n-2} \qquad (1)$$

となることを確かめてください．第 2 の等号では 16 章の命題 1 を用いています．

ここで $a_1 = \det D_1 = 1 + x^2$ です．また $n = 2$ ならば
$$a_2 = \det D_2 = \det \begin{pmatrix} 1+x^2 & x \\ x & 1+x^2 \end{pmatrix} = (1+x^2)^2 - x^2 = 1 + x^2 + x^4$$
です．これより $n \geq 3$ に対して，等式 (1) から
$$a_n - a_{n-1} = x^2(a_{n-1} - a_{n-2}) = \cdots = x^{2(n-2)}(a_2 - a_1) = x^{2(n-2)} \cdot x^4 = x^{2n}$$
となります．したがって
$$a_n = (a_n - a_{n-1}) + \cdots + (a_2 - a_1) + a_1 = x^{2n} + \cdots + x^4 + (x^2 + 1) = x^{2n} + \cdots + x^2 + 1$$
を得ます． □

問 5 元 $\sigma, \tau \in A_n$ は偶置換なので $\mathrm{sgn}(\sigma) = 1$, $\mathrm{sgn}(\tau) = 1$ です．したがって
$$\mathrm{sgn}(\sigma\tau) = \mathrm{sgn}(\sigma)\mathrm{sgn}(\tau) = 1$$
となります（21 章，命題 3）．これより $\sigma\tau \in A_n$ です．

(1) 対称群 S_n では結合律が成立する（19 章，命題 2 (1)）ので，集合 A_n でも結合律が成立します．

(2) 恒等置換 id は $\mathrm{sgn}(id) = 1$ となる（命題 3）ので $id \in A_n$ です．

(3) もし $\sigma \in A_n$ ならば $\mathrm{sgn}(\sigma) = 1$ より $\mathrm{sgn}(\sigma^{-1}) = 1$（命題 3）なので $\sigma^{-1} \in A_n$ です．

いま $n \geq 2$ とします（$n = 1$ の場合は $S_1 = A_1 = \{id\}$ です）．偶置換と奇置換の定義（20 章）から，対称群 S_n の奇置換の集合 B に対して，等式
$$S_n = A_n \cup B, \quad A_n \cap B = \emptyset$$
が成立することに注意します．すなわち，対称群 S_n は，共通な元をもたない 2 つの集合 A_n と B の元から成る集合です．

集合 A_n, B は，また，互換 $\eta \in S_n$ を用いて
$$A_n = \{\eta\sigma \mid \sigma \in B\}, \quad B = \{\eta\xi \mid \xi \in A_n\}$$
と表されます（問題 20, 問 6）．したがって，対応および逆対応
$$\xi \mapsto \eta\xi, \quad \text{および} \quad \eta\sigma \mapsto \sigma$$
により，集合 A_n の元と集合 B の元は 1 対 1 に対応します．これより 2 つの集合 A_n と B の元の個数は同じです．対称群 S_n の元の個数は $n!$ なので，集合（交代群）A_n の元の個数は $\dfrac{n!}{2}$ です． □

問題 21

問 6 行列 A および,転置行列 ^tA を

$$A = \begin{pmatrix} a_{11} & \cdots & a_{1n} \\ \vdots & & \vdots \\ a_{n1} & \cdots & a_{nn} \end{pmatrix}, \quad {}^tA = \begin{pmatrix} b_{11} & \cdots & b_{1n} \\ \vdots & & \vdots \\ b_{n1} & \cdots & b_{nn} \end{pmatrix}$$

とすると $b_{ij} = a_{ji}$ です.行列 $\widetilde{{}^tA}$ の第 (i,j) 成分,つまり,転置行列 ^tA の第 (j,i) 余因子 $\tilde{b}_{ji}$ は

$$\tilde{b}_{ji} = (-1)^{j+i} \cdot \det \begin{pmatrix} b_{11} & \cdots & b_{1,i-1} & b_{1,i+1} & \cdots & b_{1n} \\ \vdots & & \vdots & \vdots & & \vdots \\ b_{j-1,1} & \cdots & b_{j-1,i-1} & b_{j-1,i+1} & \cdots & b_{j-1,n} \\ b_{j+1,1} & \cdots & b_{j+1,i-1} & b_{j+1,i+1} & \cdots & b_{j+1,n} \\ \vdots & & \vdots & \vdots & & \vdots \\ b_{n1} & \cdots & b_{n,i-1} & b_{n,i+1} & \cdots & b_{nn} \end{pmatrix} \quad (\#)$$

で定義されます(16 章).これを書き直すと

$$\tilde{b}_{ji} = (-1)^{j+i} \cdot \det \begin{pmatrix} a_{11} & \cdots & a_{i-1,1} & a_{i+1,1} & \cdots & a_{n1} \\ \vdots & & \vdots & \vdots & & \vdots \\ a_{1,j-1} & \cdots & a_{i-1,j-1} & a_{i+1,j-1} & \cdots & a_{n,j-1} \\ a_{1,j+1} & \cdots & a_{i-1,j+1} & a_{i+1,j+1} & \cdots & a_{n,j+1} \\ \vdots & & \vdots & \vdots & & \vdots \\ a_{1n} & \cdots & a_{i-1,n} & a_{i+1,n} & \cdots & a_{nn} \end{pmatrix}$$

$$= (-1)^{i+j} \cdot \det \begin{pmatrix} a_{11} & \cdots & a_{1,j-1} & a_{1,j+1} & \cdots & a_{1n} \\ \vdots & & \vdots & \vdots & & \vdots \\ a_{i-1,1} & \cdots & a_{i-1,j-1} & a_{i-1,j+1} & \cdots & a_{i-1,n} \\ a_{i+1,1} & \cdots & a_{i+1,j-1} & a_{i+1,j+1} & \cdots & a_{i+1,n} \\ \vdots & & \vdots & \vdots & & \vdots \\ a_{n1} & \cdots & a_{n,j-1} & a_{n,j+1} & \cdots & a_{nn} \end{pmatrix}$$

となります(21 章,命題 2).これは,行列 A の第 (i,j) 余因子 $\tilde{a}_{ij}$ なので $\tilde{b}_{ji} = \tilde{a}_{ij}$ です.

一方,転置行列 $^t\widetilde{A}$ の第 (i,j) 成分,つまり,余因子行列 $\widetilde{A}$ の第 (j,i) 成分は,行列 A の第 (i,j) 余因子 $\tilde{a}_{ij}$ です.したがって 2 つの行列 $\widetilde{{}^tA}$ と $^t\widetilde{A}$ の第 (i,j) 成分は一致します. □

問 7 曲線

$$y = a_0 + a_1 x + \cdots + a_{n-1} x^{n-1} \quad (1)$$

が点 $P_1 = (x_1, y_1), \ldots, P_n = (x_n, y_n)$ を通るとします.

この場合，係数 $a_0, \ldots, a_{n-1}$ は，等式

$$\begin{cases} a_0 + a_1 x_1 + \cdots + a_{n-1} x_1^{n-1} = y_1 \\ \quad\vdots \\ a_0 + a_1 x_n + \cdots + a_{n-1} x_n^{n-1} = y_n \end{cases}$$

を満たします．この等式は

$$\begin{pmatrix} 1 & x_1 & \cdots & x_1^{n-1} \\ \vdots & \vdots & & \vdots \\ 1 & x_n & \cdots & x_n^{n-1} \end{pmatrix} \begin{pmatrix} a_0 \\ a_1 \\ \vdots \\ a_{n-1} \end{pmatrix} = \begin{pmatrix} y_1 \\ y_2 \\ \vdots \\ y_n \end{pmatrix} \tag{2}$$

と書き直されます．簡単のために，いま n 次の正方行列 A を

$$A = \begin{pmatrix} 1 & x_1 & \cdots & x_1^{n-1} \\ \vdots & \vdots & & \vdots \\ 1 & x_n & \cdots & x_n^{n-1} \end{pmatrix}$$

とおきます．Vandermonde の行列式（15 章，例 3）を用いると

$$\det A = \det({}^t A) = \det \begin{pmatrix} 1 & 1 & \cdots & 1 \\ x_1 & x_2 & & x_n \\ \vdots & \vdots & & \vdots \\ x_1^{n-1} & x_2^{n-1} & \cdots & x_n^{n-1} \end{pmatrix} = \prod_{1 \le i < k \le n} (x_k - x_i) \ne 0$$

となります．したがって A は正則行列なので，逆行列 A^{-1} が存在します．

上式 (2) から，係数 a_i は

$$\begin{pmatrix} a_0 \\ a_1 \\ \vdots \\ a_{n-1} \end{pmatrix} = E \cdot \begin{pmatrix} a_0 \\ a_1 \\ \vdots \\ a_{n-1} \end{pmatrix} = A^{-1} \cdot A \begin{pmatrix} a_0 \\ a_1 \\ \vdots \\ a_{n-1} \end{pmatrix} = A^{-1} \begin{pmatrix} y_1 \\ y_2 \\ \vdots \\ y_n \end{pmatrix}$$

となり，一意的に決まります．逆に，この式を満たす a_i に対して，等式 (2) が成立すること，したがって，曲線 (1) は点 $P_1 = (x_1, y_1), \ldots, P_n = (x_n, y_n)$ を通ることを確かめてください． □

問題 22

問 1 行列の積の定義 $(*)$（22 章）から

$$\begin{pmatrix} A & B \end{pmatrix} \begin{pmatrix} C \\ D \end{pmatrix} = \begin{pmatrix} a_{11} & \cdots & a_{1r} & b_{11} & \cdots & b_{1s} \\ \vdots & & \vdots & \vdots & & \vdots \\ a_{r1} & \cdots & a_{rr} & b_{r1} & \cdots & b_{rs} \end{pmatrix} \begin{pmatrix} c_{11} & \cdots & c_{1r} \\ \vdots & & \vdots \\ c_{r1} & \cdots & c_{rr} \\ d_{11} & \cdots & d_{1r} \\ \vdots & & \vdots \\ d_{s1} & \cdots & d_{sr} \end{pmatrix}$$

$$= \begin{pmatrix} a_{11}c_{11} + \cdots + a_{1r}c_{r1} + b_{11}d_{11} + \cdots + b_{1s}d_{s1} & \cdots & a_{11}c_{1r} + \cdots + a_{1r}c_{rr} + b_{11}d_{1r} + \cdots + b_{1s}d_{sr} \\ & \vdots & \\ a_{r1}c_{11} + \cdots + a_{rr}c_{r1} + b_{r1}d_{11} + \cdots + b_{rs}d_{s1} & \cdots & a_{r1}c_{1r} + \cdots + a_{rr}c_{rr} + b_{r1}d_{1r} + \cdots + b_{rs}d_{sr} \end{pmatrix}$$

$$= \begin{pmatrix} AC + BD \end{pmatrix}$$

となります．同様にして

$$\begin{pmatrix} C \\ D \end{pmatrix} \begin{pmatrix} A & B \end{pmatrix} = \begin{pmatrix} c_{11} & \cdots & c_{1r} \\ \vdots & & \vdots \\ c_{r1} & \cdots & c_{rr} \\ d_{11} & \cdots & d_{1r} \\ \vdots & & \vdots \\ d_{s1} & \cdots & d_{sr} \end{pmatrix} \begin{pmatrix} a_{11} & \cdots & a_{1r} & b_{11} & \cdots & b_{1s} \\ \vdots & & \vdots & \vdots & & \vdots \\ a_{r1} & \cdots & a_{rr} & b_{r1} & \cdots & b_{rs} \end{pmatrix}$$

$$= \begin{pmatrix} c_{11}a_{11} + \cdots + c_{1r}a_{r1} & \cdots & * & c_{11}b_{11} + \cdots + c_{1r}b_{r1} & \cdots & * \\ & \vdots & & & \vdots & \\ c_{r1}a_{11} + \cdots + c_{rr}a_{r1} & \cdots & * & c_{r1}b_{11} + \cdots + c_{rr}b_{r1} & \cdots & * \\ d_{11}a_{11} + \cdots + d_{1r}a_{r1} & \cdots & * & d_{11}b_{11} + \cdots + d_{1r}b_{r1} & \cdots & * \\ & \vdots & & & \vdots & \\ d_{s1}a_{11} + \cdots + d_{sr}a_{r1} & \cdots & * & d_{s1}b_{11} + \cdots + d_{sr}b_{r1} & \cdots & * \end{pmatrix} = \begin{pmatrix} CA & CB \\ DA & DB \end{pmatrix}$$

を得ます. □

問 2 行列に関する分配律から

$$(E - A)(E + A + \cdots + A^{m-1}) = (E + A + \cdots + A^{m-1}) - A(E + A + \cdots + A^{m-1})$$
$$= (E + A + \cdots + A^{m-1}) - (A + A^2 + \cdots + A^m)$$
$$= E - A^m = E$$

となります. □

問 3 いま

$$A = \begin{pmatrix} a_{11} & \cdots & a_{1n} \\ \vdots & & \vdots \\ a_{m1} & \cdots & a_{mn} \end{pmatrix}, \quad B = \begin{pmatrix} b_{11} & \cdots & b_{1k} \\ \vdots & & \vdots \\ b_{n1} & \cdots & b_{nk} \end{pmatrix}$$

とすると, それぞれの転置行列は

$${}^t A = \begin{pmatrix} a_{11} & \cdots & a_{m1} \\ \vdots & & \vdots \\ a_{1n} & \cdots & a_{mn} \end{pmatrix}, \quad {}^t B = \begin{pmatrix} b_{11} & \cdots & b_{n1} \\ \vdots & & \vdots \\ b_{1k} & \cdots & b_{nk} \end{pmatrix}$$

です. これより, 積 ${}^t B \cdot {}^t A$ は $k \times m$ 行列で, その (i,j) 成分は

$$b_{1i}a_{j1} + b_{2i}a_{j2} + \cdots + b_{ni}a_{jn} \tag{$*$}$$

となります. 一方, 積 AB は $m \times k$ 行列なので, 転置行列 ${}^t(AB)$ は $k \times m$ 行列です. また, 転置行列 ${}^t(AB)$ の (i,j) 成分は, 積 AB の (j,i) 成分です. 積 AB の (j,i) 成分は

$$a_{j1}b_{1i} + a_{j2}b_{2i} + \cdots + a_{jn}b_{ni}$$

なので, これは, 上記の成分 $(*)$ と一致します.

問 4 命題 3 の系 (22 章) を用いると

$$\det \begin{pmatrix} A & B \\ B & A \end{pmatrix} = \det \begin{pmatrix} A+B & B \\ B+A & A \end{pmatrix} = \det \begin{pmatrix} A+B & B \\ O & A-B \end{pmatrix} = \det(A+B) \cdot \det(A-B)$$

です. 最後の等号は, 命題 3 から導かれます. □

問 5 はじめに, 体 K の元を成分とする n 次の正方行列 A に対して, 等式

$$\det(c \cdot A) = c^n \cdot \det A \tag{$*$}$$

が成立することに注意します. ここで $c \in K$ です. 実際, スカラー倍 $c \cdot A$ の定義から

$$\det(c \cdot A) = \det \begin{pmatrix} ca_{11} & \cdots & ca_{1n} \\ \vdots & & \vdots \\ ca_{n1} & \cdots & ca_{nn} \end{pmatrix} = c^n \cdot \det \begin{pmatrix} a_{11} & \cdots & a_{1n} \\ \vdots & & \vdots \\ a_{n1} & \cdots & a_{nn} \end{pmatrix}$$

305

問題 22

を得ます．最後の等号では，行列式の性質 (2)（14, 15 章）を用いています．

いま A を実数を成分とする n 次の正方行列とします．ここで n は奇数です．まず $\det({}^tA) = \det A$ に注意します（21 章，命題 2）．一方 $-A = (-1) \cdot A$ なので，はじめに示した等式 $(*)$ を用いると

$$\det A = \det({}^tA) = \det(-A) = \det((-1) \cdot A) = (-1)^n \cdot \det A = -\det A$$

なので $2 \cdot \det A = 0$ です．これより $\det A = 0$ を得ます． □

問 6 (1) いま A は正則行列なので $\det A \neq 0$ です（22 章，命題 1 の系）．等式 $A \cdot A^{-1} = E$ から

$$\det A \cdot \det(A^{-1}) = \det E = 1$$

（23 章，命題 1）なので $\det(A^{-1}) = \dfrac{1}{\det A}$ です．

(2) すでに証明した (1) から

$$\det(A^{-1}BA) = \det(A^{-1}) \cdot \det B \cdot \det A = \frac{1}{\det A} \cdot \det B \cdot \det A = \det B$$

となります． □

(3) もし $\det A = 0$ ならば $\det \widetilde{A} = 0$ です（問題 18，問 6）．したがって，等式が成立します．そこで $\det A \neq 0$ とします．等式 $A \cdot \widetilde{A} = \det A \cdot E$（17 章，展開公式 3）および，問 5 の解答で示した等式 $(*)$ から

$$\det A \cdot \det \widetilde{A} = \det(A \cdot \widetilde{A}) = \det\left(\det A \cdot E\right) = (\det A)^n \cdot \det E = (\det A)^n$$

です．いま $\det A \neq 0$ なので，これより，求める等式が導かれます． □

問 7 命題 3（22 章）から

$$\det H = \det A \cdot \det D$$

です．いま A, D を正則行列とします．この場合 $\det A \neq 0$, $\det D \neq 0$ なので（22 章，命題 1 の系）$\det H \neq 0$ です．これより H は正則行列です．そこで，逆行列 H^{-1} を

$$H^{-1} = \begin{pmatrix} M & N \\ S & T \end{pmatrix}$$

とおきます．ここで M は r 次の正方行列，N は $r \times s$ 行列，S は $s \times r$ 行列，そして T は s 次の正方行列です．この場合

$$\begin{pmatrix} E & O \\ O & E \end{pmatrix} = E = HH^{-1} = \begin{pmatrix} A & B \\ O & D \end{pmatrix} \begin{pmatrix} M & N \\ S & T \end{pmatrix} = \begin{pmatrix} AM + BS & AN + BT \\ DS & DT \end{pmatrix}$$

となるので，等式

$$AM + BS = E, \quad AN + BT = 0, \quad DS = 0, \quad DT = E$$

が成立します．これより $T = D^{-1}$ となるので

$$0 = D^{-1} \cdot DS = S$$

です．よって $AM = E$ なので $M = A^{-1}$ を得ます．また

$$N = A^{-1} \cdot AN = A^{-1} \cdot (-BT) = -A^{-1}BD^{-1}$$

となります．したがって，逆行列 H^{-1} は

$$H^{-1} = \begin{pmatrix} A^{-1} & -A^{-1}BD^{-1} \\ O & D^{-1} \end{pmatrix}$$

と表されます．

逆に H が正則行列ならば $\det H \neq 0$ なので，上述の等式から $\det A \neq 0$, $\det D \neq 0$ です．これより A, D は正則行列です． □

問 8 等式

$$\begin{pmatrix} A & B \\ C & E \end{pmatrix} \begin{pmatrix} E & O \\ -C & E \end{pmatrix} = \begin{pmatrix} AE - BC & B \\ CE - EC & E \end{pmatrix} = \begin{pmatrix} A - BC & B \\ O & E \end{pmatrix}$$

を用いると

$$\det \begin{pmatrix} A & B \\ C & E \end{pmatrix} \cdot \det \begin{pmatrix} E & O \\ -C & E \end{pmatrix} = \det \begin{pmatrix} A - BC & B \\ O & E \end{pmatrix}$$

となります．左辺の第 2 式，および，右辺は，それぞれ

$$\det \begin{pmatrix} E & O \\ -C & E \end{pmatrix} = \det E \cdot \det E = 1,$$

$$\det \begin{pmatrix} A - BC & B \\ O & E \end{pmatrix} = \det(A - BC) \cdot \det E = \det(A - BC)$$

なので（22 章，命題 3），求める等式が得られます． □

問題 23

問 1 行列 A を行に関する階段形に変形すると

$$A \to \begin{pmatrix} 0 & 12 & 48 & -3 & 45 \\ 1 & -2 & -9 & 1 & -8 \\ 0 & 18 & 60 & -3 & 57 \\ 0 & -3 & -6 & 0 & -6 \end{pmatrix} \to \begin{pmatrix} 0 & 0 & 24 & -3 & 21 \\ 1 & 0 & -5 & 1 & -4 \\ 0 & 0 & 24 & -3 & 21 \\ 0 & 1 & 2 & 0 & 2 \end{pmatrix}$$

$$\to \begin{pmatrix} 1 & 0 & -5 & 1 & -4 \\ 0 & 1 & 2 & 0 & 2 \\ 0 & 0 & 1 & -\frac{1}{8} & \frac{7}{8} \\ 0 & 0 & 0 & 0 & 0 \end{pmatrix} \to \begin{pmatrix} 1 & 0 & 0 & \frac{3}{8} & \frac{3}{8} \\ 0 & 1 & 0 & \frac{1}{4} & \frac{1}{4} \\ 0 & 0 & 1 & -\frac{1}{8} & \frac{7}{8} \\ 0 & 0 & 0 & 0 & 0 \end{pmatrix}$$

なので、行ランクは 3 です。次に、行列 A を列に関する階段形に変形すると

$$A \to \begin{pmatrix} 1 & 2 & 3 & 2 & 5 \\ 5 & -2 & -9 & 1 & -8 \\ -1 & 4 & -3 & 4 & 1 \\ 1 & -1 & 3 & -1 & 2 \end{pmatrix} \to \begin{pmatrix} 1 & 0 & 0 & 0 & 0 \\ 5 & -12 & -24 & -9 & -33 \\ -1 & 6 & 0 & 6 & 6 \\ 1 & -3 & 0 & -3 & -3 \end{pmatrix}$$

$$\to \begin{pmatrix} 1 & 0 & 0 & 0 & 0 \\ 0 & 0 & 1 & 0 & 0 \\ -1 & 6 & 0 & 6 & 6 \\ 1 & -3 & 0 & -3 & -3 \end{pmatrix} \to \begin{pmatrix} 1 & 0 & 0 & 0 & 0 \\ 0 & 1 & 0 & 0 & 0 \\ 0 & 0 & 1 & 0 & 0 \\ \frac{1}{2} & 0 & -\frac{1}{2} & 0 & 0 \end{pmatrix}$$

より、列ランクは 3 です。 □

問 2 いま、列ベクトル $v_1, \ldots, v_n \in K^m$ を用いて $A = (v_1 \cdots v_n)$ と表すと $-A = (-v_1 \cdots -v_n)$ です。これより

$$(A \text{ の列ランク}) = \dim \langle v_1, \ldots, v_n \rangle, \quad (-A \text{ の列ランク}) = \dim \langle -v_1, \ldots, -v_n \rangle$$

となります (23 章, 命題 1)。ここで、各 v_i は $-v_i \in \langle v_1, \ldots, v_n \rangle$ なので

$$\langle -v_1, \ldots, -v_n \rangle \subset \langle v_1, \ldots, v_n \rangle$$

です (7 章, 補題 1)。同様に $v_i = -(-v_i)$ から $\langle v_1, \ldots, v_n \rangle \subset \langle -v_1, \ldots, -v_n \rangle$ となり、等号

$$\langle v_1, \ldots, v_n \rangle = \langle -v_1, \ldots, -v_n \rangle$$

が成立します。したがって、求める等号が得られます。 □

問 3 正則行列 P の逆行列 P^{-1} も正則行列です（12 章）．命題 1 の系（23 章）を用いると

$$(A \text{ の列ランク}) = (P^{-1} \cdot PA \text{ の列ランク}) \leq (PA \text{ の列ランク}) \leq (A \text{ の列ランク})$$

となり，等号 $(PA \text{ の列ランク}) = (A \text{ の列ランク})$ を得ます．同様に考えて

$$(A \text{ の列ランク}) = (AQ \cdot Q^{-1} \text{ の列ランク}) \leq AQ \text{ の列ランク}) \leq (A \text{ の列ランク})$$

なので，等号 $(AQ \text{ の列ランク}) = (A \text{ の列ランク})$ が成立します．これより

$$(A \text{ の列ランク}) = (PA \text{ の列ランク}) = (AQ \text{ の列ランク}) = (PAQ \text{ の列ランク})$$

となります． □

問 4 (1) いま A, B は正則行列なので，積 BA も正則行列で，逆行列は $(BA)^{-1} = A^{-1}B^{-1}$ となります（問題 14, 問 4 (2)）．また，展開公式 3（17 章）から

$$\widetilde{A} = \det A \cdot A^{-1}, \quad \widetilde{B} = \det B \cdot B^{-1}, \quad \widetilde{BA} = \det(BA) \cdot (BA)^{-1}$$

です．したがって，等式 $\det(BA) = \det B \cdot \det A = \det A \cdot \det B$（22 章, 命題 1）を用いると

$$\widetilde{A} \cdot \widetilde{B} = \det A \cdot \det B \cdot A^{-1}B^{-1} = \det(BA) \cdot (BA)^{-1} = \widetilde{BA}$$

を得ます．

(2) 展開公式 3（17 章）から $\widetilde{E} = E \cdot \widetilde{E} = \det E \cdot E = E$ です．

(3) 証明した (1), (2) を用いると

$$\widetilde{A} \cdot \widetilde{A^{-1}} = \widetilde{A^{-1}A} = \widetilde{E} = E$$

となるので $\widetilde{A^{-1}} = \widetilde{A}^{-1}$ です． □

問 5 行列式は，行列の成分の多項式です（21 章, 式 (#)）．したがって，成分が整数である行列の行列式の値は整数になります．いま，逆行列 A^{-1} の成分が整数であるとします．この場合 $\det A$, $\det(A^{-1})$ は，いずれも，整数です．等式 $A \cdot A^{-1} = E$ から

$$\det A \cdot \det(A^{-1}) = \det E = 1$$

（22 章, 命題 1）なので $\det A = \pm 1$ となります．

逆に $\det A = \pm 1$ とします．余因子 $\tilde{a}_{ij}$ は，行列 A の成分（整数）を用いて定義される行列の行列式（16 章, 式 (#)）なので，整数です．したがって，それらを成分とする余因子行列 $\widetilde{A}$ の成分は整数です．いま $\det A = \pm 1$ であり，逆行列が $A^{-1} = \dfrac{1}{\det A} \cdot \widetilde{A}$ で与えられる（17 章）ことに注意すると，逆行列 A^{-1} の成分は整数になります． □

問 6 行列 A を列ベクトルにより $A = (v_1 \cdots v_n)$ と表します．いま $\det A = 0$ なので，行列 A は正則行列ではありません（22 章, 命題 1 の系）．したがって，元 $v_1, \ldots, v_n \in K^n$ は 1 次独立

問題 23

でない（13 章, 命題 2）, すなわち 1 次従属です. これは, どれかは 0 でない元 $a_1, \ldots, a_n \in K$ により, ゼロ 0 を表す 1 次結合

$$a_1 v_1 + \cdots + a_n v_n = 0$$

が存在することを意味します（8 章, 1 次従属の条件 (2)）. そこで, 元 $x \in K^n$ を

$$x = \begin{pmatrix} a_1 \\ \vdots \\ a_n \end{pmatrix}$$

とおくと $x \neq 0$ で

$$Ax = (v_1 \cdots v_n) \begin{pmatrix} a_1 \\ \vdots \\ a_n \end{pmatrix} = a_1 v_1 + \cdots + a_n v_n = 0$$

となります. □

問 7 簡単のために, 行列式を定義する 4 次の正方行列を

$$A = \begin{pmatrix} 1 & a & b & 0 \\ 0 & 1 & a & b \\ 1 & \alpha & \beta & 0 \\ 0 & 1 & \alpha & \beta \end{pmatrix}$$

とおきます. 行列 A の第 $3, 4$ 行に, それぞれ, 第 $1, 2$ 行の -1 倍を加え, 計算すると

$$\det A = \det \begin{pmatrix} 1 & a & b & 0 \\ 0 & 1 & a & b \\ 0 & \alpha - a & \beta - b & 0 \\ 0 & 0 & \alpha - a & \beta - b \end{pmatrix} = \det \begin{pmatrix} 1 & a & b \\ \alpha - a & \beta - b & 0 \\ 0 & \alpha - a & \beta - b \end{pmatrix}$$

$$= (\beta - b)^2 + b(\alpha - a)^2 - a(\alpha - a)(\beta - b) = (b - \beta)^2 + (a\beta - b\alpha)(a - \alpha)$$

です. ここで, 第 2 の等号では 16 章の命題 1 (i) を, また, 第 3 の等号では Sarrus の方法（16 章）を用いています.

はじめに $\det A = 0$ と仮定します. すなわち

$$(b - \beta)^2 + (a\beta - b\alpha)(a - \alpha) = 0 \tag{$*$}$$

とします. もし $a = \alpha$ ならば, 等式 $(*)$ から $b = \beta$ です. この場合 2 つの方程式は同一なので, 共通の（複素数）根をもちます. そこで $a \neq \alpha$ とします. 等式 $(*)$ を用いると

$$\left(-\frac{b - \beta}{a - \alpha} \right)^2 + a \left(-\frac{b - \beta}{a - \alpha} \right) + b = \frac{(b - \beta)^2 + (a\beta - b\alpha)(a - \alpha)}{(a - \alpha)^2} = 0$$

310

$$\left(-\frac{b-\beta}{a-\alpha}\right)^2 + \alpha\left(-\frac{b-\beta}{a-\alpha}\right) + \beta = \frac{(b-\beta)^2 + (a\beta - b\alpha)(a-\alpha)}{(a-\alpha)^2} = 0$$

となるので 2 つの方程式は，共通根

$$t = -\frac{b-\beta}{a-\alpha}$$

をもちます．

　逆に 2 つの方程式が共通根 $s \in \mathbb{C}$ をもつと仮定します．この場合

$$s^2 + as + b = 0, \quad s^2 + \alpha s + \beta = 0$$

です．これより

$$(a-\alpha)s + (b-\beta) = 0$$

を得ます．もし $a = \alpha$ ならば，この等式より $b = \beta$ です．よって，等式 (∗) が成立します．すなわち $\det A = 0$ です．そこで $a \neq \alpha$ とします．この場合

$$s = -\frac{b-\beta}{a-\alpha}$$

となるので，この根 s を 1 つの方程式に代入すると

$$\left(-\frac{b-\beta}{a-\alpha}\right)^2 + a\left(-\frac{b-\beta}{a-\alpha}\right) + b = 0$$

です．これより，等式 (∗) が導かれることを確かめてください．したがって $\det A = 0$ です．

別証明　はじめに 2 つの方程式が共通根 $s \in \mathbb{C}$ をもつと仮定します．もし $s = 0$ ならば 2 つの方程式から $b = 0, \beta = 0$ です．したがって，行列式 $\det A$ の第 4 列の成分がすべて 0 なので，行列式の性質 (2) から，行列式の値 $\det A = 0$ です．

　そこで $s \neq 0$ とします．この場合

$$(s^2 + as + b)s = 0, \quad s^2 + as + b = 0, \quad (s^2 + \alpha s + \beta)s = 0, \quad s^2 + \alpha s + \beta = 0$$

なので，等式

$$A\begin{pmatrix} s^3 \\ s^2 \\ s \\ 1 \end{pmatrix} = \begin{pmatrix} 1 & a & b & 0 \\ 0 & 1 & a & b \\ 1 & \alpha & \beta & 0 \\ 0 & 1 & \alpha & \beta \end{pmatrix} \begin{pmatrix} s^3 \\ s^2 \\ s \\ 1 \end{pmatrix} = 0$$

が成立します．もし $\det A \neq 0$ ならば，行列 A は正則行列です（17 章，命題）．したがって，逆行列 A^{-1} が存在するので

$$\begin{pmatrix} s^3 \\ s^2 \\ s \\ 1 \end{pmatrix} = E \cdot \begin{pmatrix} s^3 \\ s^2 \\ s \\ 1 \end{pmatrix} = A^{-1} \cdot A \begin{pmatrix} s^3 \\ s^2 \\ s \\ 1 \end{pmatrix} = 0$$

問題 23

です．これより $s=0$ となり，これは $s \neq 0$ に反します．よって $\det A = 0$ を得ます．

逆に $\det A = 0$ とします．よって $\det({}^tA) = 0$ です（21 章，命題 2）．簡単のために，転置行列

$$ {}^tA = \begin{pmatrix} 1 & 0 & 1 & 0 \\ a & 1 & \alpha & 1 \\ b & a & \beta & \alpha \\ 0 & b & 0 & \beta \end{pmatrix} $$

を縦ベクトルにより

$$ {}^tA = (v_1 \ v_2 \ v_3 \ v_4) \tag{2} $$

と表します．いま ${}^tA$ は正則行列でない（22 章，命題 1 の系）ので，縦ベクトル v_1, v_2, v_3, v_4 は 1 次従属です（13 章，命題 2）．したがって $c_1 v_1 + c_2 v_2 + c_3 v_3 + c_4 v_4 = 0$ すなわち

$$ c_1 \begin{pmatrix} 1 \\ a \\ b \\ 0 \end{pmatrix} + c_2 \begin{pmatrix} 0 \\ 1 \\ a \\ b \end{pmatrix} + c_3 \begin{pmatrix} 1 \\ \alpha \\ \beta \\ 0 \end{pmatrix} + c_4 \begin{pmatrix} 0 \\ 1 \\ \alpha \\ \beta \end{pmatrix} = 0 $$

となる元 $c_i \in \mathbb{C}$ が存在します．ここで $(c_1, c_2, c_3, c_4) \neq 0$ です．この等式を書き直すと

$$ c_1 + c_3 = 0, \quad c_1 a + c_2 + c_3 \alpha + c_4 = 0, \quad c_1 b + c_2 a + c_3 \beta + c_4 \alpha = 0, \quad c_2 b + c_4 \beta = 0 \tag{\#} $$

です．これより，多項式としての等式

$$ (c_1 t + c_2)(t^2 + at + b) = -(c_3 t + c_4)(t^2 + \alpha t + \beta) \tag{*} $$

を得ます．

もし $c_1 = 0$ ならば，等式 (#) および，条件 $(c_1, c_2, c_3, c_4) \neq 0$ から

$$ c_1 = c_3 = 0, \quad c_2 = -c_4 \neq 0 $$

です．等式 (*) から

$$ t^2 + at + b = t^2 + \alpha t + \beta $$

となり 2 つの方程式は同一です．したがって，根は同一であり，共通根が存在します．

そこで $c_1 \neq 0$ とします．この場合 $c_3 \neq 0$ なので，等式 (*) の両辺は，ともに 3 次式です．左辺の 2 次方程式 $t^2 + at + b = 0$ の 2 つの根は，また 3 次方程式

$$ (c_3 t + c_4)(t^2 + \alpha t + \beta) = 0 $$

の根（3 つの根）のうちの 2 つです．一方 1 次方程式 $c_3 t + c_4 = 0$ の根は 1 つなので，方程式 $t^2 + at + b = 0$ の根のなかで，少なくとも 1 つは，方程式 $t^2 + \alpha t + \beta = 0$ の根になります．したがって，この根が求める 2 つの方程式の共通根です． □

問題 24

問 1 行列 A を行に関する階段形に変形すると

$$A \to \begin{pmatrix} 1 & 1 & 1 & -1 \\ 3 & 5 & 1 & 1 \\ 1 & -2 & 4 & -7 \end{pmatrix} \to \begin{pmatrix} 1 & 1 & 1 & -1 \\ 0 & 2 & -2 & 4 \\ 0 & -3 & 3 & -6 \end{pmatrix} \to \begin{pmatrix} 1 & 0 & 2 & -3 \\ 0 & 1 & -1 & 2 \\ 0 & 0 & 0 & 0 \end{pmatrix}$$

なので,行ランクは 2 です.また,列に関する階段形に変形すると

$$A \to \begin{pmatrix} 1 & 5 & 3 & 1 \\ 1 & 1 & 1 & -1 \\ 4 & -2 & 1 & -7 \end{pmatrix} \to \begin{pmatrix} 1 & 0 & 0 & 0 \\ 1 & -4 & -2 & -2 \\ 4 & -22 & -11 & -11 \end{pmatrix} \to \begin{pmatrix} 1 & 0 & 0 & 0 \\ 0 & 1 & 0 & 0 \\ -\frac{3}{2} & \frac{11}{2} & 0 & 0 \end{pmatrix}$$

より,列ランクは 2 です.次に,行列 A の 3 次の小行列式をすべて計算すると

$$\det \begin{pmatrix} 3 & 5 & 1 \\ 1 & 1 & 1 \\ 1 & -2 & 4 \end{pmatrix} = 12 + 5 - 2 - 1 - 20 + 6 = 0,$$

$$\det \begin{pmatrix} 3 & 5 & 1 \\ 1 & 1 & -1 \\ 1 & -2 & -7 \end{pmatrix} = -21 - 5 - 2 - 1 + 35 - 6 = 0,$$

$$\det \begin{pmatrix} 3 & 1 & 1 \\ 1 & 1 & -1 \\ 1 & 4 & -7 \end{pmatrix} = -21 - 1 + 4 - 1 + 7 + 12 = 0,$$

$$\det \begin{pmatrix} 5 & 1 & 1 \\ 1 & 1 & -1 \\ -2 & 4 & -7 \end{pmatrix} = -35 + 2 + 4 + 2 + 7 + 20 = 0$$

です.しかし,例えば 2 次の小行列

$$\det \begin{pmatrix} 3 & 5 \\ 1 & 1 \end{pmatrix} = 3 - 5 = -2 \neq 0$$

なので,小行列式ランクは 2 です. □

問 2 はじめに,行列式 $\det B$ を求めると

$$\det B = \det \begin{pmatrix} 1 & a & 1 & a+1 \\ 0 & -a-1 & a & -a \\ 0 & 1 & 0 & -1 \\ 0 & -a^2-a+1 & -a & -a^2-2a-2 \end{pmatrix} = \det \begin{pmatrix} 0 & a & -2a-1 \\ 1 & 0 & -1 \\ 0 & -a & -2a^2-3a-1 \end{pmatrix}$$

313

問題 24

$$= -\det \begin{pmatrix} 1 & 0 & -1 \\ 0 & a & -2a-1 \\ 0 & 0 & -2a^2-5a-2 \end{pmatrix} = a(2a^2+5a+2) = a(a+2)(2a+1)$$

です. したがって $a \neq 0, -2, -\dfrac{1}{2}$ ならば $\det B \neq 0$ なので rank $B = 4$ です.

次に $a = 0$ の場合を考えます. 例えば

$$\det \begin{pmatrix} 1 & a & a+1 \\ 1 & -1 & 1 \\ 1 & a+1 & a \end{pmatrix} = \det \begin{pmatrix} 1 & 0 & 1 \\ 1 & -1 & 1 \\ 1 & 1 & 0 \end{pmatrix} = 1 + 1 - 1 = 1$$

より rank $B = 3$ です. 一方 $a = -2$ または $a = -\dfrac{1}{2}$ ならば $a \neq 0$ なので, 例えば

$$\det \begin{pmatrix} 1 & a & 1 \\ 1 & -1 & a+1 \\ 1 & a+1 & 1 \end{pmatrix} = \det \begin{pmatrix} 1 & a & 1 \\ 0 & -a-1 & a \\ 0 & 1 & 0 \end{pmatrix} = -a \neq 0$$

です. したがって rank $B = 3$ です. □

問 3 等式 $Ax = 0$ を満たす元 $x \in K^n$

$$x = \begin{pmatrix} c_1 \\ \vdots \\ c_n \end{pmatrix}$$

の成分 $c_1, \ldots, c_n \in K$ は, 行列 A の成分を係数とする方程式

$$\begin{cases} a_{11}X_1 + \cdots + a_{1n}X_n = 0 \\ \quad \vdots \\ a_{m1}X_1 + \cdots + a_{mn}X_n = 0 \end{cases}$$

の解です. 方程式の解を求めるために, 係数行列を行に関する階段形 (5 章) に変形します.

いま, 係数行列の行ランク (6 章) が k である, すなわち rank$A = k$ とします. 行ランクを定義する成分 1 に対応する未知数を, 簡単のために添え字を付け替えて $X_1, \ldots, X_k$ とします. このことは, 得られた階段形の列を入れ替えて, 階段形を

$$\begin{pmatrix} 1 & & 0 & b_{1,k+1} & \cdots & b_{1n} \\ & \ddots & & \vdots & & \vdots \\ 0 & & 1 & b_{k,k+1} & \cdots & b_{kn} \\ 0 & \cdots & 0 & 0 & \cdots & 0 \\ \vdots & & \vdots & \vdots & & \vdots \\ 0 & \cdots & 0 & 0 & \cdots & 0 \end{pmatrix}$$

の形にすることを意味します．したがって，成分 $c_1, \ldots, c_n \in K$ は，方程式

$$\begin{cases} X_1 \quad\quad\quad + b_{1,k+1}X_{k+1} + \cdots + b_{1n}X_n = 0 \\ \quad\quad \ddots \\ \quad\quad\quad X_k + b_{k,k+1}X_{k+1} + \cdots + b_{kn}X_n = 0 \end{cases}$$

の解です．未知数 $X_1, \ldots, X_k$ は他の未知数 $X_{k+1}, \ldots, X_n$ で決まる（6 章）ので，それらを，それぞれ，実数 $s_{k+1}, \ldots, s_n$ とすれば，解は

$$\begin{cases} X_1 \;\; = (-b_{1,k+1})s_{k+1} + \cdots + (-b_{1n})s_n \\ \quad\;\; \vdots \\ X_k \;\; = (-b_{k,k+1})s_{k+1} + \cdots + (-b_{kn})s_n \\ X_{k+1} = \quad\quad\quad s_{k+1} \\ \quad\;\; \vdots \quad\quad\quad\quad\quad\quad\quad \ddots \\ X_n \;\; = \quad\quad\quad\quad\quad\quad\quad\quad s_n \end{cases}$$

の形に表されます．これをベクトルで表すと

$$\begin{pmatrix} X_1 \\ \vdots \\ X_k \\ X_{k+1} \\ \vdots \\ X_n \end{pmatrix} = s_{k+1}w_{k+1} + \cdots + s_n w_n, \quad w_{k+1} = \begin{pmatrix} -b_{1,k+1} \\ \vdots \\ -b_{k,k+1} \\ 1 \\ 0 \\ \vdots \\ 0 \end{pmatrix}, \ldots, w_n = \begin{pmatrix} -b_{1n} \\ \vdots \\ -b_{kn} \\ 0 \\ \vdots \\ 0 \\ 1 \end{pmatrix}$$

です．したがって，求める解集合 Y は

$$Y = \{s_{k+1}w_{k+1} + \cdots + s_n w_n \mid s_{k+1}, \ldots, s_n \in K\}$$

となります．生成元 $w_{k+1}, \ldots, w_n$ は 1 次独立となることを確かめてください．したがって，これらの元の集合は Y の基底です（9 章）．これより $\dim Y = n - k$ となり，求める等式を得ます．□

問 4 いま，列ベクトルを用いて $P = (v_1 \; \cdots \; v_n)$ と表します．この場合

$$\operatorname{rank} P = \dim \langle v_1, \ldots, v_n \rangle$$

です（23 章，命題 1）．一方 P が正則行列であるための必要十分条件は $v_1, \ldots, v_n$ が 1 次独立なことです（13 章，命題 2）．これは，生成元の集合 $\{v_1, \ldots, v_n\}$ が K^n の部分空間 $\langle v_1, \ldots, v_n \rangle$ の基底であること，すなわち $\dim \langle v_1, \ldots, v_n \rangle = n$ を意味します．これより P が正則行列であるための必要十分条件は $n = \operatorname{rank} P$ となります．□

問題 24

問 5 行列 A の余因子 $\tilde{a}_{ij}$ は A の $n-1$ 次の小行列式に符号 $(-1)^{i+j}$ を掛けたものです（16 章，式 (#)）．いま rank $A \leq n-2$ なので，行列 A の $n-1$ 次の小行列式は，すべて 0 です（24 章，命題 2 (1)）．したがって，各余因子 $\tilde{a}_{ij} = 0$ となり $\tilde{A} = 0$ です． □

問 6 いま，列ベクトル（m 次の縦ベクトル）を用いて

$$A = (v_1 \ \cdots \ v_n), \quad B = (w_1 \ \cdots \ w_n)$$

と表すと $A + B = (v_1 + w_1 \ \cdots \ v_n + w_n)$ です（22 章）．これより

$$\mathrm{rank}(A+B) = \dim \langle v_1 + w_1, \ldots, v_n + w_n \rangle$$

です（23 章，命題 1）．簡単のために

$$W = \langle v_1 + w_1, \ldots, v_n + w_n \rangle, \quad Y = \langle v_1, \ldots, v_n, w_1, \ldots, w_n \rangle$$

とおくと $v_1 + w_1, \ldots, v_n + w_n \in Y$ なので W は Y の部分空間です（7 章，補題 1）．よって

$$\mathrm{rank}(A+B) \ (= \dim W) \ \leq \ \dim Y$$

です（10 章，命題 3 の系）．いま

$$r = \mathrm{rank}\, A \ (= \dim \langle v_1, \ldots, v_n \rangle), \quad s = \mathrm{rank}\, B \ (= \dim \langle w_1, \ldots, w_n \rangle)$$

とおきます（23 章，命題 1）．基底は生成元のなかから選べる（10 章，命題 2）ので，簡単のため，添え字を付け替えて，集合 $\{v_1, \ldots, v_r\}$, $\{w_1, \ldots, w_s\}$ を，それぞれの基底とします．すなわち

$$\langle v_1, \ldots, v_n \rangle = \langle v_1, \ldots, v_r \rangle, \quad \langle w_1, \ldots, w_n \rangle = \langle w_1, \ldots, w_s \rangle$$

とします．この場合，各 $v_i \in \langle v_1, \ldots, v_r \rangle$ かつ $w_i \in \langle w_1, \ldots, w_s \rangle$ なので

$$Y = \langle v_1, \ldots, v_n, w_1, \ldots, w_n \rangle \subset \langle v_1, \ldots, v_r, w_1, \ldots, w_s \rangle$$

となります．これより

$$\mathrm{rank}(A+B) \leq \dim Y \leq \dim \langle v_1, \ldots, v_r, w_1, \ldots, w_s \rangle$$

です．右辺の空間の基底を $r+s$ 個の生成元 $v_1, \ldots, v_r, w_1, \ldots, w_s$ のなかから選べる（10 章，命題 2）ので，その個数（= 次元）は $r+s$ 以下です．したがって

$$\dim \langle v_1, \ldots, v_r, w_1, \ldots, w_s \rangle \leq r+s$$

です．これで，求める右側の不等式

$$\mathrm{rank}(A+B) \leq r+s = \mathrm{rank}\, A + \mathrm{rank}\, B$$

を得ます．この不等式を用いると

$$\mathrm{rank}\,A = \mathrm{rank}((A+B)+(-B)) \le \mathrm{rank}(A+B) + \mathrm{rank}(-B)$$

です．しかし $\mathrm{rank}\,B = \mathrm{rank}(-B)$（問題 23, 問 2）なので

$$\mathrm{rank}\,A - \mathrm{rank}\,B \le \mathrm{rank}(A+B)$$

と書き直されます．同様に考えて $\mathrm{rank}\,B - \mathrm{rank}\,A \le \mathrm{rank}(B+A)$ です．したがって，求める左側の不等式 $|\mathrm{rank}\,A - \mathrm{rank}\,B| \le \mathrm{rank}(A+B)$ が成立します． □

問 7 等号

$$\begin{pmatrix} a & b & c \\ c & a & b \\ b & c & a \end{pmatrix} \begin{pmatrix} 1 & 1 & 1 \\ 1 & \omega & \omega^2 \\ 1 & \omega^2 & \omega \end{pmatrix} = \begin{pmatrix} a+b+c & a+\omega b+\omega^2 c & a+\omega^2 b+\omega c \\ c+a+b & c+\omega a+\omega^2 b & c+\omega^2 a+\omega b \\ b+c+a & b+\omega c+\omega^2 a & b+\omega^2 c+\omega a \end{pmatrix}$$

$$= \begin{pmatrix} 1 & 1 & 1 \\ 1 & \omega & \omega^2 \\ 1 & \omega^2 & \omega \end{pmatrix} \begin{pmatrix} a+b+c & 0 & 0 \\ 0 & a+\omega b+\omega^2 c & 0 \\ 0 & 0 & a+\omega^2 b+\omega c \end{pmatrix}$$

に注意します．行列 P は正則行列（問題 17, 問 3）なので，上記の等式から

$$P^{-1}AP = \begin{pmatrix} a+b+c & 0 & 0 \\ 0 & a+\omega b+\omega^2 c & 0 \\ 0 & 0 & a+\omega^2 b+\omega c \end{pmatrix} \quad (*)$$

を得ます．したがって

$$\det A = \det(P^{-1}AP) = \det \begin{pmatrix} a+b+c & 0 & 0 \\ 0 & a+\omega b+\omega^2 c & 0 \\ 0 & 0 & a+\omega^2 b+\omega c \end{pmatrix}$$

$$= (a+b+c)(a+\omega b+\omega^2 c)(a+\omega^2 b+\omega c) = a^3+b^3+c^3-3abc$$

となります．ここで，第 1 の等号では，問題 22 の問 6 (2) を用いています．

上述の計算，特に，等式 $(*)$ は，次のように理解できます．いま，行列 B を

$$B = \begin{pmatrix} 0 & 1 & 0 \\ 0 & 0 & 1 \\ 1 & 0 & 0 \end{pmatrix}$$

とおくと

$$B^2 = \begin{pmatrix} 0 & 1 & 0 \\ 0 & 0 & 1 \\ 1 & 0 & 0 \end{pmatrix} \begin{pmatrix} 0 & 1 & 0 \\ 0 & 0 & 1 \\ 1 & 0 & 0 \end{pmatrix} = \begin{pmatrix} 0 & 0 & 1 \\ 1 & 0 & 0 \\ 0 & 1 & 0 \end{pmatrix}$$

問題 24

となるので

$$A = \begin{pmatrix} a & 0 & 0 \\ 0 & a & 0 \\ 0 & 0 & a \end{pmatrix} + \begin{pmatrix} 0 & b & 0 \\ 0 & 0 & b \\ b & 0 & 0 \end{pmatrix} + \begin{pmatrix} 0 & 0 & c \\ c & 0 & 0 \\ 0 & c & 0 \end{pmatrix} = a \cdot E + b \cdot B + c \cdot B^2$$

です．これより

$$P^{-1}AP = P^{-1} \cdot (a \cdot E + b \cdot B + c \cdot B^2) \cdot P = a \cdot E + b \cdot P^{-1}BP + c \cdot P^{-1}B^2P$$

となります．また，等号

$$\begin{pmatrix} 0 & 1 & 0 \\ 0 & 0 & 1 \\ 1 & 0 & 0 \end{pmatrix} \begin{pmatrix} 1 & 1 & 1 \\ 1 & \omega & \omega^2 \\ 1 & \omega^2 & \omega \end{pmatrix} = \begin{pmatrix} 1 & \omega & \omega^2 \\ 1 & \omega^2 & \omega \\ 1 & 1 & 1 \end{pmatrix} = \begin{pmatrix} 1 & 1 & 1 \\ 1 & \omega & \omega^2 \\ 1 & \omega^2 & \omega \end{pmatrix} \begin{pmatrix} 1 & 0 & 0 \\ 0 & \omega & 0 \\ 0 & 0 & \omega^2 \end{pmatrix}$$

が成立するので

$$P^{-1}BP = \begin{pmatrix} 1 & 0 & 0 \\ 0 & \omega & 0 \\ 0 & 0 & \omega^2 \end{pmatrix}$$

です．これより

$$P^{-1}B^2P = P^{-1}BP \cdot P^{-1}BP = \begin{pmatrix} 1 & 0 & 0 \\ 0 & \omega & 0 \\ 0 & 0 & \omega^2 \end{pmatrix} \begin{pmatrix} 1 & 0 & 0 \\ 0 & \omega & 0 \\ 0 & 0 & \omega^2 \end{pmatrix} = \begin{pmatrix} 1 & 0 & 0 \\ 0 & \omega^2 & 0 \\ 0 & 0 & \omega \end{pmatrix}$$

を得ます．第2の等号では $\omega^3 = 1$ を用いています．したがって，等式 $(*)$

$$P^{-1}AP = a \cdot \begin{pmatrix} 1 & 0 & 0 \\ 0 & 1 & 0 \\ 0 & 0 & 1 \end{pmatrix} + b \cdot \begin{pmatrix} 1 & 0 & 0 \\ 0 & \omega & 0 \\ 0 & 0 & \omega^2 \end{pmatrix} + c \cdot \begin{pmatrix} 1 & 0 & 0 \\ 0 & \omega^2 & 0 \\ 0 & 0 & \omega \end{pmatrix}$$

$$= \begin{pmatrix} a+b+c & 0 & 0 \\ 0 & a+\omega b + \omega^2 c & 0 \\ 0 & 0 & a+\omega^2 b + \omega c \end{pmatrix}$$

が導かれます．

このような方法は，同様な形の行列（巡回行列）

$$A = \begin{pmatrix} a_1 & a_2 & \cdots & a_n \\ a_n & a_1 & \cdots & a_{n-1} \\ \vdots & \vdots & & \vdots \\ a_2 & a_3 & \cdots & a_1 \end{pmatrix}$$

に対しても有効です（服部 昭 著『線形代数学』，§22）． □

問題 25

問 1 行列

$$\begin{array}{ccc|ccc} 4 & -6 & 4 & 1 & 0 & 0 \\ 2 & -5 & 4 & 0 & 1 & 0 \\ -1 & 3 & -3 & 0 & 0 & 1 \end{array}$$

に左側から基本変形を施します．ここで，左側は行列 A で，右側は単位行列 E です．

第 3 行を -1 倍して，第 1 行と入れ替えます．変形に用いる基本行列を右（下）側に書きます．用いられる基本行列は，すべて 3 次の基本行列なので，次数を表す添え字 3 を省略して表すことにします．

$$\begin{array}{ccc|ccc} 1 & -3 & 3 & 0 & 0 & -1 \\ 2 & -5 & 4 & 0 & 1 & 0 \\ 4 & -6 & 4 & 1 & 0 & 0 \end{array} \qquad T(1,3)\, M(3,-1)\, E = T(1,3)\, M(3,-1)$$

次に，第 2, 3 行に第 1 行の $-2, -4$ 倍を加えます．

$$\begin{array}{ccc|ccc} 1 & -3 & 3 & 0 & 0 & -1 \\ 0 & 1 & -2 & 0 & 1 & 2 \\ 0 & 6 & -8 & 1 & 0 & 4 \end{array} \qquad A(3,1:-4)\, A(2,1:-2)\, T(1,3)\, M(3,-1)$$

第 1, 3 行に第 2 行の $3, -6$ 倍を加えます．

$$\begin{array}{ccc|ccc} 1 & 0 & -3 & 0 & 3 & 5 \\ 0 & 1 & -2 & 0 & 1 & 2 \\ 0 & 0 & 4 & 1 & -6 & -8 \end{array} \qquad \begin{array}{l} A(3,2:-6)\, A(1,2:3)\, A(3,1:-4) \\ \quad \cdot A(2,1:-2)\, T(1,3)\, M(3,-1) \end{array}$$

第 3 行を $\frac{1}{4}$ 倍します．

$$\begin{array}{ccc|ccc} 1 & 0 & -3 & 0 & 3 & 5 \\ 0 & 1 & -2 & 0 & 1 & 2 \\ 0 & 0 & 1 & \frac{1}{4} & -\frac{3}{2} & -2 \end{array} \qquad \begin{array}{l} M\left(3, \frac{1}{4}\right)\, A(3,2:-6)\, A(1,2:3) \\ \quad \cdot A(3,1:-4)\, A(2,1:-2)\, T(1,3)\, M(3,-1) \end{array}$$

第 1, 2 行に第 3 行の 3, 2 倍を加えると

$$\begin{array}{ccc|ccc} 1 & 0 & 0 & \frac{3}{4} & -\frac{3}{2} & -1 \\ 0 & 1 & 0 & \frac{1}{2} & -2 & -2 \\ 0 & 0 & 1 & \frac{1}{4} & -\frac{3}{2} & -2 \end{array} \qquad \begin{array}{l} A(2,3:2)\, A(1,3:3)\, M\left(4, \frac{1}{4}\right)\, A(3,2:-6) \\ \quad \cdot A(1,2:3)\, A(3,1:-4)\, A(2,1:-2)\, T(1,3)\, M(3,-1) \end{array}$$

を得ます．これより ramk $A = 3$ なので，行列 A は正則行列です（問題 24, 問 4）．また，最後に得られた基本行列の積，すなわち，右側の行列は A の逆行列です． □

問題 25

問 2 基本行列 $M_m(i,b)$ で表される変形は，行列 $M_m(i,c)$ の第 i 行を b 倍する変形なので

$$M_m(i,b)\, M_m(i,c)$$
$$= M_m(i,b) \cdot \begin{pmatrix} 1 & & & & & & O \\ & \ddots & & & & & \\ & & 1 & & & & \\ & & & c & & & \\ & & & & 1 & & \\ & & & & & \ddots & \\ O & & & & & & 1 \end{pmatrix} = \begin{pmatrix} 1 & & & & & & O \\ & \ddots & & & & & \\ & & 1 & & & & \\ & & & bc & & & \\ & & & & 1 & & \\ & & & & & \ddots & \\ O & & & & & & 1 \end{pmatrix} \, i\,\text{行}$$
$$= M_m(i,bc)$$

となります．ここで $M_m(i,1) = E$ に注意すると

$$M_m(i,c^{-1})\, M_m(i,c) = M_m(i,c^{-1}c) = M_m(i,1) = E$$

です．したがって $M_m(i,c)^{-1} = M_m(i,c^{-1})$ を得ます．

次に，基本行列 $A_m(i,j:b)$ で表される変形は，行列 $A_m(i,j:c)$ に対して，その第 i 行に第 j 行の b 倍を加える変形なので

$$A_m(i,j:b)\, A_m(i,j:c) = A_m(i,j:b) \begin{pmatrix} 1 & & & & & & O \\ & \ddots & & & & & \\ & & 1 & & c & & \\ & & & \ddots & & & \\ & & & & 1 & & \\ & & & & & \ddots & \\ O & & & & & & 1 \end{pmatrix} \begin{matrix} \\ \\ i\,\text{行} \\ \\ j\,\text{行} \\ \\ \end{matrix}$$

$$= \begin{pmatrix} 1 & & & & & & O \\ & \ddots & & & & & \\ & & 1 & & c+b & & \\ & & & \ddots & & & \\ & & & & 1 & & \\ & & & & & \ddots & \\ O & & & & & & 1 \end{pmatrix} = A_m(i,j:c+b) = A_m(i,j:b+c)$$

となります．ここで $A_m(i,j:0) = E$ に注意すると

$$A_m(i,j:-c)\, A_m(i,j:c) = A_m(i,j:(-c)+c) = A_m(i,j:0) = E$$

です．したがって $A_m(i,j:c)^{-1} = A_m(i,j:-c)$ です．

最後に,基本行列 $T_m(i,j)$ による変形は,第 i 行と第 j 行を入れ替える変形なので,これを続けて行うともとに戻ります.つまり $T_m(i,j)\cdot T_m(i,j) = E$ なので $T_m(i,j)^{-1} = T_m(i,j)$ を得ます. □

問 3 基本行列 $A_m(i,j:a)$ で表される変形は行列 A の第 i 行に第 j 行の a 倍を加える変形なので

$$BCB^{-1}C^{-1} = A_m(i,j:b)\, A_m(j,k:c)\, A_m(i,j:-b)\, A_m(j,k:-c)$$

$$= A_m(i,j:b)\, A_m(j,k:c)\, A_m(i,j:-b) \begin{pmatrix} 1 & & & & & & O \\ & \ddots & & & & & \\ & & 1 & & & & \\ & & & & & & \\ & & & & 1 & -c & \\ & & & & & & \\ & & & & & 1 & \\ & & & & & & \ddots \\ O & & & & & & 1 \end{pmatrix} \begin{matrix} \\ \\ \\ i\text{ 行} \\ \\ j\text{ 行} \\ \\ k\text{ 行} \\ \end{matrix}$$

$$= A_m(i,j:b)\, A_m(j,k:c) \begin{pmatrix} 1 & & & & & & O \\ & \ddots & & & & & \\ & & 1 & -b & bc & & \\ & & & & & & \\ & & & 1 & -c & & \\ & & & & & & \\ & & & & 1 & & \\ & & & & & \ddots & \\ O & & & & & & 1 \end{pmatrix} \begin{matrix} \\ \\ i\text{ 行} \\ \\ j\text{ 行} \\ \\ k\text{ 行} \\ \\ \end{matrix}$$

$$= A_m(i,j:b) \begin{pmatrix} 1 & & & & & & O \\ & \ddots & & & & & \\ & & 1 & -b & bc & & \\ & & & 1 & -c+c & & \\ & & & & 1 & & \\ & & & & & \ddots & \\ O & & & & & & 1 \end{pmatrix} \begin{matrix} \\ \\ i\text{ 行} \\ j\text{ 行} \\ k\text{ 行} \\ \\ \end{matrix}$$

$$= \begin{pmatrix} 1 & & & & & & O \\ & \ddots & & & & & \\ & & 1 & -b+b & bc & & \\ & & & 1 & 0 & & \\ & & & & 1 & & \\ & & & & & \ddots & \\ O & & & & & & 1 \end{pmatrix} = A_m(i,k:bc)$$

と変形されます. □

問題 25

問 4 単位行列 $E = (e_1 \cdots e_m)$ の第 i 列と第 j 列を入れ替えると

$$T_m(i,j) = E \cdot T_m(i,j) = (e_1 \cdots e_j \cdots e_i \cdots e_m)$$

です（列に関する基本変形は，基本行列を右から掛けることに注意します）．一方，次のような変形を考えます．

$$E = (\cdots e_i \cdots e_j \cdots) \xrightarrow{i\,\text{列に}\,j\,\text{列を加える}} (\cdots e_i + e_j \cdots e_j \cdots) \xrightarrow{j\,\text{列に}\,i\,\text{列の}\,-1\,\text{倍を加える}} (\cdots e_i + e_j \cdots -e_i \cdots)$$

$$\xrightarrow{i\,\text{列に}\,j\,\text{列を加える}} (\cdots e_j \cdots -e_i \cdots) \xrightarrow{j\,\text{列を}\,-1\,\text{倍する}} (\cdots e_j \cdots e_i \cdots)$$

この変形を基本行列を用いて表すと

$$E \cdot A_m(j,i:1) \cdot A_m(i,j:-1) \cdot A_m(j,i:1) \cdot M_m(j,-1)$$

です．したがって

$$T_m(i,j) = A_m(j,i:1) \cdot A_m(i,j:-1) \cdot A_m(j,i:1) \cdot M_m(j,-1)$$

を得ます． $\square$

問 5 正則行列 A に対して $A^{-1} = P_k \cdots P_1$ となる基本行列 $P_1, \ldots, P_k$ が存在します（25 章，命題 1 の証明）．これより

$$A = (A^{-1})^{-1} = (P_k \cdots P_1)^{-1} = P_1^{-1} \cdots P_k^{-1}$$

です（問題 14，問 4 (2)）．基本行列の逆行列 $P_1^{-1}, \ldots, P_k^{-1}$ は基本行列なので（問 2），行列 A は基本行列の積になります． $\square$

問 6 いま $x \in \mathbb{R}^3$ を

$$x = \begin{pmatrix} a_1 \\ a_2 \\ a_3 \end{pmatrix}$$

とおきます．この場合，等式 $Dx = cx$ は

$$\begin{pmatrix} 6 & -3 & 2 \\ 12 & -7 & 6 \\ 8 & -6 & 6 \end{pmatrix} \begin{pmatrix} a_1 \\ a_2 \\ a_3 \end{pmatrix} = c \begin{pmatrix} a_1 \\ a_2 \\ a_3 \end{pmatrix}$$

です．これを書き換えると

$$\begin{pmatrix} 6-c & -3 & 2 \\ 12 & -7-c & 6 \\ 8 & -6 & 6-c \end{pmatrix} \begin{pmatrix} a_1 \\ a_2 \\ a_3 \end{pmatrix} = 0$$

となります．いま $v_1, v_2, v_3 \in \mathbb{R}^3$ を

$$v_1 = \begin{pmatrix} 6-c \\ 12 \\ 8 \end{pmatrix}, \quad v_2 = \begin{pmatrix} -3 \\ -7-c \\ -6 \end{pmatrix}, \quad v_3 = \begin{pmatrix} 2 \\ 6 \\ 6-c \end{pmatrix}$$

とおくと，上式は

$$a_1 v_1 + a_2 v_2 + a_3 v_3 = 0$$

です．この等式を満たす $a_1, a_2, a_3 \in K$ が，いずれも 0 となることは，元 v_1, v_2, v_3 が 1 次独立であることを意味します（8 章，命題 1）．すなわち，行列

$$D - c \cdot E = \begin{pmatrix} 6-c & -3 & 2 \\ 12 & -7-c & 6 \\ 8 & -6 & 6-c \end{pmatrix}$$

は正則行列です（13 章，命題 2）．これは $\det(A - c \cdot E) \neq 0$ と同値です（22 章，命題 1 の系）．したがって，求める条件は $\det(A - c \cdot E) \neq 0$ です．ここで

$$\det\left(A - c \cdot E \right) = \det \begin{pmatrix} 6-c & -3 & 2 \\ 12 & -7-c & 6 \\ 8 & -6 & 6-c \end{pmatrix}$$

$$= (6-c)(-7-c)(6-c) - 144 - 144 + 16(7+c) + 36(6-c) + 36(6-c)$$

$$= -c^3 + 5c^2 - 8c + 4 = -(c-1)(c-2)^2$$

です．これより $c \neq 1, 2$ を得ます． □

問 7 列ベクトル $v_1, \ldots, v_r \in K^n$ を用いて $B = (v_1 \cdots v_r)$ と表すと

$$AB = (Av_1 \cdots Av_r)$$

となることを確かめてください（問題 13，問 2）．条件 $AB = 0$ から

$$Av_1 = 0, \quad \ldots, \quad Av_r = 0$$

となります．いま K^n の部分空間 $Y = \{x \in K^n \mid Ax = 0\}$ を考えます（問題 13，問 3）．この場合 $v_1, \ldots, v_r \in Y$ です．これより $\langle v_1, \ldots, v_r \rangle$ は Y の部分空間（7 章，補題 1）なので

$$\dim \langle v_1, \ldots, v_r \rangle \leq \dim Y$$

が成立します（10 章，命題 3 の系）．この不等式の左辺は $\operatorname{rank} B$ です（23 章，命題 1）．一方，右辺は $n - \operatorname{rank} A$ です（問題 24，問 3）．したがって

$$\operatorname{rank} B \leq n - \operatorname{rank} A$$

問題 25

を得ます．これは，求める不等式です． □

問 8 (1) 行列 A のランクが $n-1$ なので，行列 A は正則行列でない（問題 24，問 4），すなわち $\det A = 0$ です（17 章，命題）．したがって，展開公式 3（17 章）から $A \cdot \widetilde{A} = 0$ です．

(2) いま $\mathrm{rank}\, A = n-1$ なので 0 でない $n-1$ 次の小行列式が存在します（24 章，命題 2 (2)）．この小行列式は $n-1$ 次なので

$$\det \begin{pmatrix} a_{11} & \cdots & a_{1,i-1} & a_{1,i+1} & \cdots & a_{1n} \\ \vdots & & \vdots & \vdots & & \vdots \\ a_{j-1,1} & \cdots & a_{j-1,i-1} & a_{j-1,i+1} & \cdots & a_{j-1,n} \\ a_{j+1,1} & \cdots & a_{j+1,i-1} & a_{j+1,i+1} & \cdots & a_{j+1,n} \\ \vdots & & \vdots & \vdots & & \vdots \\ a_{n1} & \cdots & a_{n,i-1} & a_{n,i+1} & \cdots & a_{nn} \end{pmatrix}$$

の形をしています．これは余因子 $\tilde{a}_{ji}$ の ± 1 倍です（16 章，式 (#)）．したがって $\tilde{a}_{ji} \neq 0$ です．これより $\widetilde{A} \neq 0$ を得ます．

(3) すでに示した (1) を用いると，問 7 から

$$\mathrm{rank}\, A + \mathrm{rank}\, \widetilde{A} \leq n$$

です．いま $\mathrm{rank}\, A = n-1$ なので $\mathrm{rank}\, \widetilde{A} \leq 1$ となります．

一方 (2) から $\widetilde{A} \neq 0$ なので $\tilde{a}_{ij} \neq 0$ となる成分 $\tilde{a}_{ij}$ が存在します．これより

$$(\widetilde{A} \text{ の小行列式ランク}) \geq 1$$

です．すなわち $\mathrm{rank}\, \widetilde{A} \geq 1$ です．したがって，求める $\mathrm{rank}\, \widetilde{A} = 1$ を得ます． □

問 9 命題 2（25 章）から

$$PAQ = \begin{pmatrix} E_r & O \\ O & O \end{pmatrix}$$

となる n 次正則行列 P, Q が存在します．いま $n \times r$ 行列 G および $r \times n$ 行列 H を

$$G = \begin{pmatrix} E_r \\ O \end{pmatrix}, \quad H = \begin{pmatrix} E_r & O \end{pmatrix}$$

で定義します．この場合，積 GH は n 次の正方行列で

$$GH = \begin{pmatrix} E_r \\ O \end{pmatrix} \begin{pmatrix} E_r & O \end{pmatrix} = \begin{pmatrix} E_r \cdot E_r & E_r \cdot O \\ O \cdot E_r & O \cdot O \end{pmatrix} = \begin{pmatrix} E_r & O \\ O & O \end{pmatrix} = PAQ$$

です（問題 22，問 1）．これより

$$A = P^{-1} \cdot PAQ \cdot Q^{-1} = P^{-1} G \cdot H Q^{-1}$$

となります．そこで $B = P^{-1}G, C = HQ^{-1}$ とおけば，行列 B, C は，それぞれ $n \times r$, $r \times n$ 行列で，等式 $A = BC$ が成立します． □

参考文献

浅野啓三，永尾　汎，行列と行列式，共立出版，1956

有馬　哲，線型代数入門，東京図書，1974

有馬　哲，浅枝　陽，演習詳解線型代数，東京図書，1976

E. アルチン，ガロア理論入門，寺田文行訳，東京図書，1974

川久保勝夫，線形代数学，日本評論社，1999

川又雄二郎，射影空間の幾何学，朝倉書店，2001

斎藤　毅，線形代数の世界，東京大学出版会，2007

齋藤正彦，線型代数入門，東京大学出版会，1966

齋藤正彦，線型代数演習，東京大学出版会，1985

佐武一郎，線型代数学，裳華房，1974

田中　仁，線形の理論，共立出版，2007

中岡　稔，服部晶夫（代表著者），線型代数入門，紀伊國屋書店，1986

永田雅宜（代表著者），理系のための線型代数の基礎，紀伊國屋書店，1987

二木昭人，基礎講座線形代数学，培風館，1999

西岡久美子，「Jordan 標準形のわかり易い求め方」，数学，55 巻 4 号，2003

服部　昭，線型代数学，朝倉書店，1982

日野原幸利，線型代数，理工学社，1973

三宅敏恒，入門線形代数，培風館，1991

Lindsay N. Childs, A Concrete Introduction to Higher Algebra, Springer, 1995

Steven Roman, Advanced Linear Algebra, GTM 135, Springer, 1992

数学者および記号一覧

Cramer, Gabriel, ガブリエル・クラメール, 1704 - 1752

Vandermonde, Alexandre-Théophile,
　　　　　アレクサーンドル・テオフィル・ヴァンデルモーンド, 1735 - 1796

Gauss, Carl Friedrich, カルル・フリードリヒ・ガウス, 1777 - 1855

Sarrus, Pierre, ピエール・サリュス, 1798 - 1861

$\mathbb{Z}$	3	$\langle x_1, \ldots, x_r \rangle$	39
$\mathbb{Q}$	3	dim	74
$\mathbb{R}$	3	$\{e_1, \ldots, e_n\}$	75
$\mathbb{C}$	3	E	98
:=	3	det	111
$\in$	3	Δ	125
$\notin$	3	$\widetilde{A}$	140
$\subset$	4	sgn	149
$\cup$	5	S_n	155
$\cap$	5	$(i\ j)$	159
$\emptyset$	7	$(i_1\ i_2\ \cdots\ i_r)$	161
$\mathbb{R}[t]$	20	min	196
$\mathbb{R}[t]_n$	20	rank	201
K^n	23	$M_m(i,c)$	203
deg	25	$A_m(i,j:c)$	204
max	25	$T_m(i,j)$	205

索引

あ行

余り	30
1 次関係	58
1 次結合	36
1 次従属	67
1 次独立	65
上三角行列	113
n 次元ベクトル空間	23
演算	9

か行

解集合（解の集合）	34
階段形	41, 82, 187, 188
拡大体	12
加法	18
加法群	19, 157
環	27
簡約律	10, 19, 27
奇置換	165
基底	74
基底の拡張	85
基底の取り替え	87, 88
基本行列	206
基本変形	47, 187, 188
逆行列	101, 140
逆置換	152
共通部分	5
行ランク	48, 188
行列	179
行列式	111
行列式の基本性質	112, 119, 171
行列式の定義式	167
行列の区分け	183
行列の積	96, 180
行列の和	179
空集合	7
偶置換	165
Cramer の公式	137
群	157
係数行列	48
元	1, 3
恒等置換	156
互換	148, 159

さ行

差積	125
Sarrus の方法	132
次元	74
次数	25
下三角行列	115
集合	3
巡回置換	161
商	30
小行列式	195
小行列式ランク	195
消去法	45
除法の定理	28
数	1
数学的帰納法	28

索引

スカラー	1, 18
整数環	27
生成元	36, 39
生成元の取り替え	56, 71, 72
生成される部分空間	36, 39
正則行列	101
成分行列	57
正方行列	90
ゼロ元	18

た行

体	2, 9
対称群	157
多項式	20, 25
多項式環	27
縦ベクトル	23
単位行列	98
置換	151
置換の積	155
展開公式	127, 140
転置行列	170

は行

掃き出し法	45
標準基底	75, 104
Vandermonde の行列式	122
符号値	149
部分空間	31
部分集合	4
部分体	12
ベクトル	1
ベクトル空間	19
変換行列	90, 95
変換式	90
包含関係	5

ま行

マイナス元	18
モニック	26

や行

有限次元	81
有限生成なベクトル空間	79
有限体	12
余因子	127
余因子行列	139
要素	3
横ベクトル	22

ら行

ランク	201
連立 1 次方程式の解法	40, 45, 47

わ行

和集合	5

近藤 庄一 (こんどう・しょういち)

略歴
  1947 年　北海道旭川市に生まれる．
  1970 年　早稲田大学理工学部数学科を卒業．
  現　在　早稲田大学教育学部教授，理学博士．

主な著書に
『初等的数論の代数』(サイエンティスト社，1996)

ひとりで学べる 線型代数 1　ベクトル空間と行列式
2008 年 4 月 25 日　初版第 1 刷発行

著　者　近　藤　庄　一
発行者　横　山　　　伸
発　行　有限会社 数　学　書　房
      〒101-0051 東京都千代田区神田神保町 1-32 南部ビル
      TEL & FAX　03-5281-1777
      e-mail : mathmath@sugakushobo.co.jp
      URL : http://www.sugakushobo.co.jp/
      振替口座　00100-0-372475
印　刷
製　本　モリモト印刷
装　幀　岩崎寿文

© Shoichi Kondo 2008　　Printed in Japan
ISBN 978-4-903342-05-4

線形代数千一夜物語
小松建三著／才女シェヘラザードがお茶目な王様に数学を教えるという愉快な物語。特殊な記号・用語より日常使われている普通の言葉で解説。A5判・192頁・1900円

線形代数学
中村郁著／どのような分野で具体的に応用されているのか？ の疑問に答える。著者長年の講義経験の集大成。A5判・288頁・2400円

整数の分割
J.アンドリュース、K.エリクソン共著、佐藤文広訳／オイラー、ルジャンドル、ラマヌジャン、セルバーグなどが研究発展してきた分野。本邦初の入門書。A5判・200頁・2800円

数理と社会──身近な数学でリフレッシュ
河添健著／各種の数理モデルを理解する知識が身につくことをめざす。四六版・200頁・1900円

代数曲線・代数曲面入門──複素代数幾何の源流
安藤哲哉著／日本人初のフィールズ賞受賞者小平邦彦先生をはじめ多くの日本人数学者が貢献した複素代数幾何学への入門書。A5判・496頁・7000円

複素関数入門 原著第4版新装版
R.V.チャーチル、J.W.ブラウン共著、中野實訳／数学的厳密さを失うことなく解説した。500題以上の問題と解答をつけ、教科書・演習書・参考書として最適。A5判・312頁・2857円

15週で学ぶ複素関数論 改訂版
志賀弘典著／理論と実際を最短の労力で理解できることをめざす。改訂にあたり、複素一次変換の章を付け加えた。A5判・176頁・2300円

微分方程式
原岡喜重著／微分方程式の魅力と威力を感じることができる教科書。A5判・144頁・2000円

グレブナー基底の現在
日比孝之編／魅惑的な研究テーマという秘宝を発掘するためのガイドブック。A5判・256頁・3800円

この数学書がおもしろい
数学書房編集部編／おもしろい本、お薦めの書、思い出の1冊を、41名が紹介。A5判・176頁・1900円

本体価格表示

数学書房